“十二五”职业教育国家规划教材
经全国职业教育教材审定委员会审定

微机原理与接口技术项目教程

主　编　姜　荣
副主编　王　芳　王贵臣　李　满　董文华
参　编　王　芹　刘振山　徐进强
　　　　张淑红　蹇木伟　赵　林

机械工业出版社

本书以 Intel 8086 微处理器为基础，以 Intel 80486 微处理器为背景，讲述 32 位微型计算机原理、汇编语言程序设计和接口技术。全书共 9 个项目，主要包括微型计算机的系统组成、微处理器的指令系统、汇编语言程序设计、微处理器的外部特性与存储器的扩展、基本输入/输出接口、中断控制接口、并行接口、串行接口与通信技术、数-模与模-数转换电路等。为了加深本书的学习，在附录中，给出一套《微机原理与接口技术》期末模拟试题，通过这些试题的练习和应用，能对该课程的整体把握起到较好的指导作用。

本书可选作高等职业院校“微型计算机原理与接口技术”、“微型计算机原理及应用”或“汇编语言程序设计”等课程的教材或参考书，主要读者为计算机、电子工程和自动控制等相关专业和学科的高职高专学生以及自考、成教学生，也适用于本科生、计算机应用开发人员、希望了解计算机应用技术的普通读者和培训班学员。

为方便教学，本书有电子课件、项目决战答案、模拟试卷及答案等教学资源，凡选用本书作为授课教材的老师，均可通过 QQ（2314073523）咨询。

图书在版编目（CIP）数据

微机原理与接口技术项目教程/姜荣主编．—北京：机械工业出版社，2013.8（2024.1 重印）
“十二五”职业教育国家规划教材
ISBN 978-7-111-43874-8

Ⅰ.①微…　Ⅱ.①姜…　Ⅲ.①微型计算机-理论-高等职业教育-教材②微型计算机-接口技术-高等职业教育-教材　Ⅳ.①TP36

中国版本图书馆 CIP 数据核字（2013）第 204644 号

机械工业出版社（北京市百万庄大街 22 号　邮政编码 100037）
策划编辑：曲世海　责任编辑：曲世海　王　荣
版式设计：常天培　责任校对：张　媛
封面设计：赵颖喆　责任印制：刘　媛
涿州市般润文化传播有限公司印刷
2024 年 1 月第 1 版第 8 次印刷
184mm×260mm · 17.25 印张 · 426 千字
标准书号：ISBN 978-7-111-43874-8
定价：49.80 元

电话服务
客服电话：010-88361066
010-88379833
010-68326294

网络服务
机　工　官　网：www.cmpbook.com
机　工　官　博：weibo.com/cmp1952
金　　书　　网：www.golden-book.com
机工教育服务网：www.cmpedu.com

前　　言

微型计算机技术发展非常迅速，从最初的8位微型计算机到今天的64位微型计算机，各种新技术、新产品不断出现，微型计算机迅速在各个领域得到广泛应用，因而掌握微型计算机系统知识及接口技术就显得尤为重要。

根据高等职业教育“实用、通用、够用”的特点，在基于2006年由姜荣、王芹两位老师编写的《微机原理、汇编语言及接口技术》基础上，结合姜荣老师主编的《32位微机原理、汇编语言及接口技术》在项目教学中的探索和实践，通过2011年5月到新加坡理工学院、南洋理工学院等5所新加坡理工院校的学习，融入德国专家托马斯·胡革教授（Mr. Hug）、贾科博特先生（Mr. Jakobeit）、黑瑟先生（Mr. Heiser）等基于工作过程的教学理念，对原有教材重新定位，重新编写。

本书内容丰富，深入浅出，注重实用，出版本书的目的就是为广大高职高专院校师生提供一本适用、实用的教材。在编写过程中，我们遇到很多困难，内容更新多次，到2011年10月中旬，本书才基本定稿。我们的规划设计和出版理念得到机械工业出版社的大力支持，在我们困难和迷茫时，给了我们信心，使我们的教材能够按期出版。

本书以Intel 80486 CPU和IBM PC系列微型计算机为描述对象，较详细、系统地介绍了32位微型计算机的基本原理和接口技术。全书共分9个项目，包括微型计算机的系统组成、微处理器的指令系统、汇编语言程序设计、微处理器的外部特性与存储器的扩展、基本输入/输出接口、中断控制接口、并行接口、串行接口与通信技术、数-模与模-数转换电路等。本书中，约有20处标有“*”，大到任务，小到知识点，该部分为选修内容，供不同高校、不同专业选学。

编写时，考虑到高职高专学生和其他读者的知识水平，采用了浅显、明晰、循序渐进的描述方法；书中附有简洁的插图，与文字论述相对照，以方便阅读。本书融原理与应用于一体，有利于教师组织课堂教学和学生课下自学与理解。本书共组织了9个项目实战，供各高校选择。这9个实践项目分别是微型计算机系统的组装与调试，一个简单汇编语言程序的设计，一个汇编语言程序的设计与调试，一个半导体存储器系统的扩展，设计一个DMAC接口电路并编程，8259A中断控制器的应用，并行接口的应用，利用8251A设计一串行接口，模-数、数-模转换及其应用。

本书的理论授课84学时，动手实践60学时。

本书由姜荣副教授策划并任主编，王芳副教授、王贵臣老师、李满副教授、董文华老师任副主编，参加编写的还有蹇木伟、赵林、周红伍、王芹、徐进强、刘振山、张淑红、王钢、张燕、马秋梅、马志刚等。项目一、二及附录由姜荣编写，项目三由姜荣、王贵臣编写，项目四由王贵臣编写，项目五由李满编写，项目六由姜荣、王芳编写，项目七由蹇木伟、赵林编写，项目八由董文华编写，项目九由王芳、董文华编写，王芹、徐进强、刘振山、张淑红、周红五、王钢、张燕、马秋梅、马志刚等校企人员为本书提供了素材并设计了部分图片，高明参加了部分章节的编写和审稿。

感谢威海职业学院、山东华宇职业技术学院、山东信息职业技术学院、山东大学、山东凯文科技职业学院等高校的领导和同仁，也感谢威海仁和电子、北洋集团等企业的支持。

由于编者学识水平有限，书中难免存在错误及不妥之处，诚心期待同行与读者批评赐教。

编　者

目 录

项目一　微型计算机的系统组成

【项目导读】

本项目学习前，应首先学习前序课程“数字电路”、“计算机文化基础”或“计算机应用”，并对“模拟电路”有一定的了解。

本项目从微型计算机系统的基本结构和工作原理出发，重点介绍了微型计算机硬件系统组成、软件系统分类；系统的工作流程及微型机中信息的表示。通过本项目的学习，可以了解计算机的有关知识，为后续内容的学习打下良好的基础。

【学习目标】

□了解微型计算机的发展历史。

□了解微型计算机的应用领域。

□熟练掌握数制的基本概念、数制间的相互转换。

□掌握带符号数的表示，并能熟练进行原码、反码、补码的变换。

□熟练掌握补码的运算。

□理解浮点数的表示方法。

□理解字符的表示方法，掌握汉字编码的层次结构。

□理解指令信息的表示，了解指令中的地址结构、操作码结构。

□初步掌握计算机硬件系统的典型结构、计算机软件系统的主要内容。

【学习建议】

在了解微型计算机发展历史和应用的基础上，把重点放在数制转换、补码运算、信息表示和计算机系统结构上。本项目教学安排6学时，其中理论授课4学时，动手实践2学时。

1.1　项目开篇：微型计算机系统是如何工作的

计算机技术是20世纪发展最快的技术之一，自1946年第一台电子计算机问世以来，它的发展可谓一日千里，经历了由电子管计算机、晶体管计算机、集成电路计算机到大规模、超大规模集成电路计算机五代的更替。而目前，已有非“冯·诺依曼”计算机和“神经”计算机的研制，并取得了一定的进展，在业界形成一定的影响。

微型计算机作为计算机的一种，具有体积小、价格低、工作可靠、使用方便、通用性强等特点，其主要应用有数值计算、数据处理及信息管理、计算机辅助设计、过程控制、人工智能（AI）等几个方向。

图1-1为一典型PC（Personal Computer，个人计算机）的外观图。通过这个外观图，可以看出PC主要由主机、显示器、键盘、鼠标以及耳机或音箱等组成。

那么PC具体由哪些元器件组成，又是如何工作的呢？图1-2为PC主机的内部结构，包括主板、CPU、内存条、硬盘、声卡、显卡、光驱、鼠标、键盘等。

其工作原理可描述如下：

图 1-1　典型 PC 的外观图

用户根据要完成的任务预先编好程序，再通过输入设备（如键盘）将程序送入存储器中。微型计算机开始工作后，首先将该程序在存储器中的起始地址送入微处理器中的程序计数器（PC）中，微处理器根据 PC 中的地址值找到对应的存储单元，并取出存放在其中的指令操作码送入微处理器中的指令寄存器（IR）中，由指令译码器（ID）对操作码进行译码，

a) 主机的内部结构

b) 主板

c) CPU

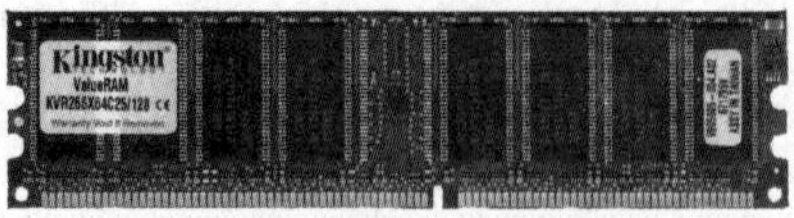

d)内存条

e)硬盘

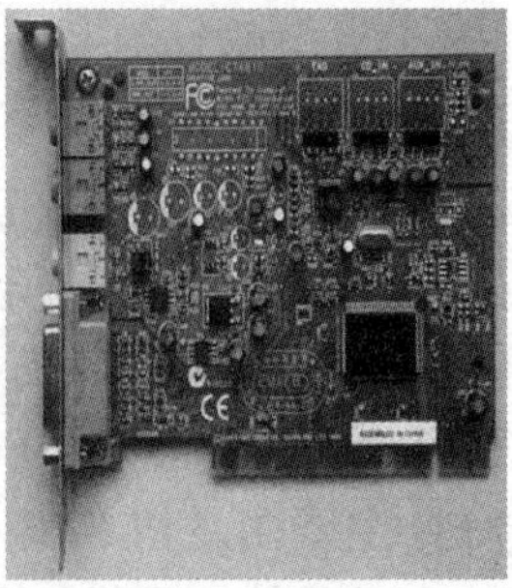

f)声卡

图 1-2　PC 主机的内部结构

g) 显卡　　h) 鼠标　　i) 键盘

图 1-2 （续）

并由微操作控制电路发出相应的微操作控制脉冲序列去取出指令的剩余部分（如果指令不止 1 个字节的长度），同时执行指令赋予的操作功能。在取出指令过程中，每取出 1 个单元的指令，PC 自动加 1，形成下一个存储单元的地址。以上为一条指令的执行过程，如此不断重复上述过程，直至执行完最后一条指令为止。

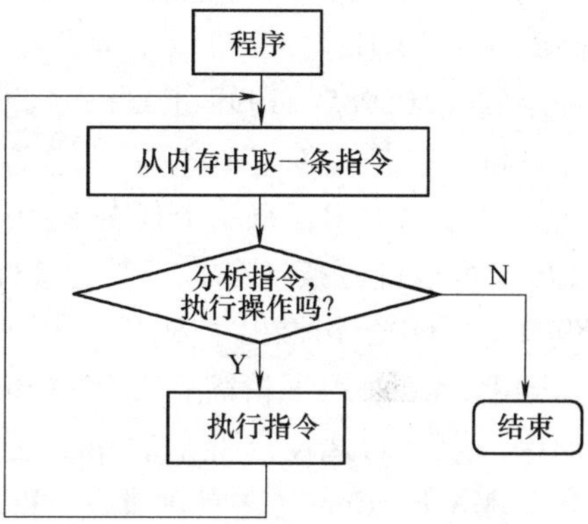

图 1-3 微型计算机的工作原理

综上所述，微型计算机的基本工作过程是执行程序的过程，也就是 CPU 自动从程序存放的第一个存储单元起，逐步取出指令、分析指令，并根据指令规定的操作类型和操作对象，执行指令规定的相关操作。如此重复，周而复始，直至执行完程序的所有指令，从而实现程序的基本功能，这就是微型计算机的基本工作原理。微型计算机的工作原理可用图 1-3 描述。

1.2 项目备战：微型计算机的系统组成

由前面所述可知，通常所说的计算机，准确地说应该是计算机系统，是由硬件系统和软件系统组成，按人的要求接收和存储信息，自动进行数据处理和计算，并输出结果信息的机器系统。

任务 1.2.1 了解微型计算机的发展及应用

1. 微型计算机的发展

1971 年，世界上第一个微处理器芯片 4004 诞生，是由 Intel 公司推出的。短短 40 多年的时间，以字长和典型微处理器芯片作为各阶段标志的微型计算机的发展已经经历了 5 代。

第一代（1971 ~ 1972 年）——此阶段的主要产品是 4 位和低档 8 位微型计算机。4004 芯片字长 4 位，主要用于计算器、照相机、电视机等家用电器上。8008 字长 8 位，其寻址空间由 4004 寻址的 640B 扩大为 16KB，基本指令扩充为 48 条，周期为 20 ~ 50μs，时钟频率为 500kHz，集成度约 3500 晶体管/片，其使用软件主要有机器语言和简单的汇编语言。

第二代（1973～1977年）——此阶段的主要产品为中、高档8位微型计算机。第二代微处理器与第一代相比，其集成度提高了1～4倍，运算速度提高了10～15倍，指令系统相对比较完善，已具备典型的计算机体系结构及中断、直接存储器存取等功能。软件方面除汇编语言外，还可以使用如BASIC、FORTRAN等高级语言。

第三代（1978～1984年）——此阶段的主要产品是16位微型计算机，如Intel公司的8086/8088、Motorola公司的M68000、Zilog公司的Z8000等。16位微处理器比8位微处理器有更大的寻址空间、更强的运算能力、更快的处理速度和更完善的指令系统。1982年，Intel公司又推出了16位高级微处理器80286，它具有多任务系统所必需的任务转化功能和多种保护功能。同一年，Motorola公司也推出了同类型的MC68010，这两种微处理器的数据总线虽然仍是16位的，但地址总线增加到24位，其存储器直接寻址能力可达16MB，时钟频率提高到5～25MHz。

第四代（1985～1999年）——此阶段的典型代表产品是采用80386微处理器的32位微型计算机。它是一种与8086向上兼容的32位微处理器，具有32位的地址线，存储器直接寻址能力可达4GB，每一个任务具有64TB（2^{46}B）的逻辑存储空间，其执行速度达到3～4MIPS（每秒百万条指令）。32位微处理器的出现，使微处理器开始进入一个崭新的时代。1989年，Intel公司推出了80486微处理器，80486在继续沿用80386“虚拟8086”工作模式的基础上，又采用了精简指令集（Reduced Instruction Set Computing，RISC）结构，以加速处理单一指令的速度。此后，Intel公司又陆续研制生产了Pentium、Pentium Pro（高能奔腾）、MMX Pentium（多能奔腾）、Pentium Ⅱ、Pentium Ⅲ、Pentium 4等多种系列的微处理器。目前进入市场的Pentium 4系列微处理器，采用了NetBurst的新式处理器结构，可以加快突发方式传送数据速度，如流媒体、MP3播放程序和视频压缩程序以及互联网等的传送速度。Pentium 4芯片的集成度达到2500万个晶体管。目前，市面流行的CPU的工作频率均在3.44GHz以上，并且多核CPU已占据市场主流。

第五代（2000年至今）——Intel公司和HP公司联合定义了IA-64位指令构架，并于2000年8月展示了Intel公司的Itanium（安腾）CPU，这是一种采用长指令字（LIW）、指令预测、分支消除、推理装入和其他一些先进技术的微处理器。

2003年，64位计算在企业计算和个人计算两个领域全面开花：AMD公司和Intel公司相继推出了用于服务器和工作站产品的64位处理器——Opteron和新一代安腾2，加入传统RISC平台组成的64位企业计算“俱乐部”，在企业计算领域展开角逐；在桌面市场，不仅苹果公司推出了全球首款采用64位处理器的个人计算机PowerMac G5，AMD公司也发布了适用于X86架构的Athlon 64系列64位处理器，将原本用于高端服务器的64位计算技术带入了个人计算机领域。AMD公司的Athlon 64处理器的最大物理内存为1TB，支持的最大虚拟内存为256TB。第一代的Athlon 64主板将提供4个DIMM插槽，如果使用2GB DIMM，则PC将支持8GB的内存。处理器从内存读取数据比从硬盘读取数据要快6万倍，因此，采用64位处理器，可以大大改善PC的性能。

2005年3月14日，AMD公司正式推出了AMD Turion 64移动计算技术。在AMD一系列基于业界领先的AMD64架构的计算创新中，它是其中的最新技术。AMD Turion 64移动计算技术采用了独特的优化设计，应用到了便携式计算机中。

21世纪，微型计算机的发展历史迈进了一个飞速发展的全新时代。

2. 微型计算机的应用

微型计算机作为计算机的一种，应用领域非常广泛，从科学计算、数据处理、实时控制到计算机辅助设计。微型计算机具有体积小、价格低、工作可靠、使用方便、通用性强等特点，其应用主要有如下几个方向。

(1) 数值计算、数据处理及信息管理方向　这一应用方向包括了工程计算、图形图像处理、文字图表处理、数据库管理及家庭娱乐等。从事这项工作的微型计算机主要是通用微型计算机。它要求有较快的工作速度、较高的运算精度、较大的内存容量和较完备的输入/输出设备；此外，还要求为用户提供方便友好的界面和简便快捷的维护和扩充，其典型代表就是 PC（Personal Computer）。PC 是面向个人单独使用的一类微型计算机。

(2) 计算机辅助设计方向　这一应用方向主要指通过人机对话，使计算机辅助人们完成设计、加工等工作。它包括计算机辅助设计（CAD）、计算机辅助制造（CAM）、计算机辅助教育（CAE）及计算机辅助教学（CAI）等方面。

(3) 过程控制方向　这一应用方向是指用计算机及时采集检测数据，按最佳值迅速地对控制对象进行自动控制或调节。现代工业的生产规模不断扩大，技术、工艺日趋复杂，从而对实现生产过程自动化控制系统的要求也日益提高。利用计算机进行过程控制，不仅可以大大提高控制的自动化水平、及时性和准确性，也改善了劳动条件，降低了成本。

(4) 人工智能（AI）方向　人工智能是计算机应用中处于前沿地位的一个重要分支。人工智能是指利用计算机模拟实现人的某些智能行为，包括专家系统、模式识别、机器翻译、自动定理证明、作曲、博弈和机器人控制等。

任务 1.2.2　认识微型计算机的硬件系统

图 1-4 为典型微型计算机硬件系统的构成框图，它由微处理器（CPU）、存储器、I/O 接口和 I/O 设备、系统总线等组成。

1. 微处理器

微处理器及其支持电路是微型计算机系统的核心，又称 CPU，它对系统的各个部件进行统一的协调和控制。它是采用大规模或超大规模集成电路技术做成的芯片，芯片内集成了控制器、运算器和若干高速存储单元，即寄存器组。

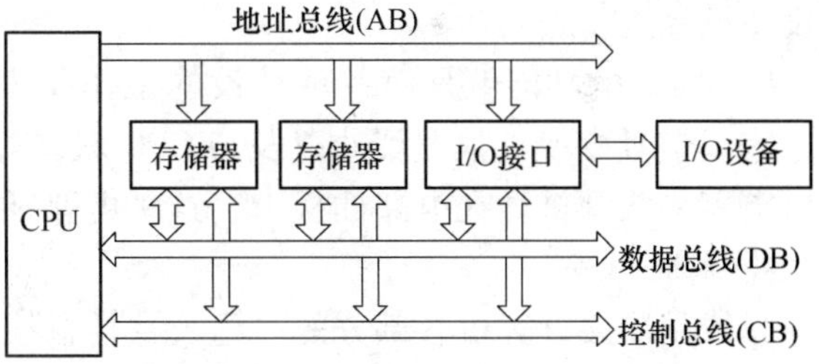

图 1-4　典型微型计算机硬件系统的构成框图

控制器的主要作用是使整个计算机能够自动地执行程序，并控制计算机各功能部件协调一致地工作。执行程序时，控制器先从主存中按顺序取出程序中的一条指令，解释该指令并形成数据地址，取出所需的数据，然后向其他功能部件发出执行该指令所需的各种时序控制信号，再从主存中取出下一条指令执行，如此循环，直到程序完成。计算机自动工作的过程就是逐条执行程序中指令的过程。

运算器是计算机中执行各种算术运算和逻辑运算的部件，也叫算术逻辑单元。

寄存器组是 CPU 内部的临时存储单元，其数量根据不同的 CPU 而异。每个寄存器按其功能都有专门的名称和符号，如 32 位微型计算机中存放数据的寄存器 EAX、EBX、ECX、EDX 等，存放指令地址的指令寄存器 EIP，存放状态信息的标志寄存器 EFLAGS 等。

2. 存储器

存储器是计算机中具有记忆能力的部件，它能根据地址接收和保存指令或数据，并能根据命令提供有关地址的指令或数据。

微型计算机上的存储器分为“主存”和“辅存”两类，前者主要由半导体存储器组成，其造价高、速度快，但容量小，主要用来存放当前正在运行的程序和正待处理的数据；后者主要由硬盘、光盘等存储器构成，造价低、容量大、信息可长期保存，但速度慢，主要用来存放暂不运行的程序和暂不处理的数据。前者被安排在主机内的电路板上，CPU 可以通过总线直接存取，因而也称“内存”；后者被安装在主机箱内或主机箱外，CPU 通过 I/O 接口对其进行存取，所以也称“外存”。

在计算机系统中，存储器是信息更新速度极快的设备。它的外形体积制作得越来越小，容量却越来越大，速度也越来越快，价格越来越低，寿命越来越长，并且一个系统所采用存储器类型也逐渐增多，形成了图 1-5 所示的存储体系。

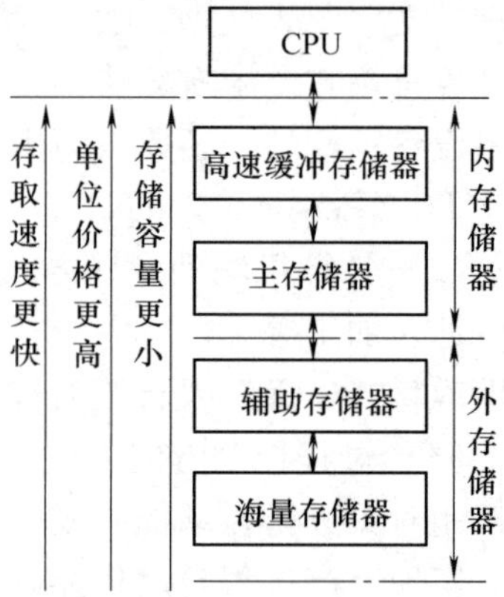

图 1-5　存储器的存储体系

3. I/O 设备和 I/O 接口

I/O 设备是指微型计算机上配备的输入/输出设备，也称外部设备或外围设备，简称外设，其功能是为微型计算机提供具体的输入/输出手段。

微型计算机上配置的标准输入设备和标准输出设备分别是指键盘和显示器，两者又合称为控制台。此外，常见的输入设备还有鼠标、数字化仪、扫描仪等；常见的输出设备还有绘图仪、打印机等。作为外部存储器驱动装置的磁盘驱动器，既可看做是一个输出设备又可看做是一个输入设备。随着多媒体技术的发展，发声器、触摸屏、声音图像识别器等输入/输出设备已经逐步普及。

I/O 接口的功能就是使各种外设的工作速度、驱动方式和 CPU 实现匹配。通过接口电路来完成信号变换、数据缓冲以及与 CPU 联络等工作。在微型计算机系统中，较复杂的 I/O 接口电路一般都被做在电路插板上，这种电路插板又被称为“卡”（Card）。

4. 系统总线

总线是连接计算机各部分的一组公共传输线，是计算机传送信息的通道。系统总线是指从微处理器引出的若干信号线，CPU 通过它们与存储器和 I/O 设备进行信息交换。

在系统总线中，有传送地址信息的“地址总线”（Address Bus，AB）、传送数据信息的“数据总线”（Data Bus，DB）和传送控制信息的“控制总线”（Control Bus，CB）三种总线形式。

在一个系统中，有控制和使用总线能力的设备称为“主控器”或“总线请求设备”，如 CPU、DMA 控制器以及协处理器等；而连在总线上的存储器和 I/O 设备则是被访问和控制的对象，被称为“被控器”。

由于系统总线是传送信息的公共通道，因此非常繁忙。其使用特点如下：

1）在某一时刻，只能有一个主控器控制系统总线。

2）在连接系统总线的各个设备中，某时刻只能有一个发送者向总线发送信号，但可以有多个设备从总线上同时获得信号。

正是由于采用了"总线结构"，才使微型计算机系统具有了组态灵活、扩展方便的特点。

任务 1.2.3　了解微型计算机的软件系统

软件是指使计算机运行所需的程序和有关的文档。其中，程序是计算任务处理对象和处理规则的描述；文档是与软件研制、维护和使用有关的资料。软件使用户面对的不再是单纯的机器（裸机），而是一台抽象的逻辑机器（虚拟机）。通俗地说，软件是用户与机器的接口。计算机的软件系统由系统软件和应用软件组成。

1. 系统软件

系统软件是用来管理计算机、简化程序设计方法、提高计算机使用效率、发挥和扩大计算机功能的软件。它主要包括操作系统（如 DOS、Windows）、语言处理程序（如各种编译程序、解释程序、汇编语言程序等）、数据库系统（如 Visual FoxPro 等）、网络操作系统（如基于 TCP/IP 协议的 UNIX、Microsoft Windows NT 等）等。

操作系统（Operating System，OS）是直接运行在裸机上的最基本的系统软件，任何其他软件都必须在 OS 的支持下才能运行。OS 是一个庞大的管理控制程序，它大致包括处理器管理、存储管理、文件管理和作业管理等四个管理功能。

本书的应用程序是建立在磁盘操作系统 MS-DOS 或 Windows XP（或以上版本）中的 MS-DOS 环境的基础上，利用微软宏汇编语言程序 MASM 5. ×以上版本和其连接程序 LINK 生成。

2. 应用软件

应用软件是在计算机硬件和系统软件的支持下，为解决各类实际问题而设计的软件。它们主要包括字处理软件（如 Word、WPS 等）、电子表格软件（如 Excel 等）、绘图软件（如 Auto CAD、3ds max 等）、课件制作软件（如 PowerPoint、Tool Book、Authorware Professional 等）、网络通信软件（如 IE、Netscape 等）。

本书应用程序的开发过程中，将利用文本编辑程序编写汇编语言源程序，如 DOS 的全屏幕编辑程序 Edit 或 Windows 的记事本 Notepad。

任务 1.2.4　掌握微型计算机的信息表示

既然软件系统是计算机系统的一个不可或缺的部分，是通过控制信息来实现对硬件的操作的，那么在计算机中信息又是如何存在、如何处理的呢？

实际上，计算机中信息主要分为数据信息和指令信息两种。数据信息又分为数值型数据和非数值型数据。非数值型数据中主要是字符数据，如英文字母、运算符、汉字等。所有信息必须经过编码后才能输入到计算机中。

1. 数值型数据的表示

一个数值型数据的完整表示包含三个方面的要素：①采用什么进位计数制？②如何表示一个带符号数，即如何使符号数字化？③如何表示带小数点的数？这些问题在"计算机文化基础"或"计算机应用基础"、"数字电路技术"等课程都有详细的介绍，在此不再赘述，仅仅再补充带符号数和小数的表示。

（1）有符号数的表示　在计算机中，有符号数有 3 种表示形式，即原码、反码和补码。

1）原码。二进制数的最高位为符号位，符号位为 0 表示正数，为 1 表示负数，其余各位等同于真值的绝对值。

2）反码。正数的反码表示与“原码”一样，负数的反码表示是在“原码”表示的基础上通过将除符号位（为 1）以外的各位取反（即 0 变 1，1 变 0）来获得。

3）补码。正数的补码表示与“原码”一样；负数的补码表示是在“反码”表示的基础上通过加 1 来获得，也可理解为将绝对值的二进制（与机器字长有关，不足的用 0 代替）整个取反，然后加 1。

设例 1-1 ~ 例 1-5 的机器字长为 8 位。

例 1-1　请将 42、−42 分别用原码、反码和补码表示。

解： 它们的原码、反码和补码可表示如下：

X =	+	010 1010	X =	−	010 1010
$[X]_{原}$ =	0	010 1010	$[X]_{原}$ =	1	010 1010
	↓	↓		↓	↓
	符号位	尾数		符号位	尾数
$[X]_{反}$ =	0	010 1010	$[X]_{反}$ =	1	101 0101
	↓	↓		↓	↓
	符号位不变	同原码		符号位不变	取反
$[X]_{补}$ =	0	010 1010	$[X]_{补}$ =	1	101 0110
	↓	↓		↓	↓
	符号位不变	同原码		符号位不变	取反加 1

（2）补码的加减运算　微型计算机内部数据采用“补码”表示，便于实现加减运算，若结果的符号位为 0，表示正数；若结果的符号为 1，表示负数。最高位产生进位，则自然丢失。补码的符号位与数值部分一起参加运算，并自动获得结果，所得的结果也是补码，另外补码还可以方便实现长度的扩展。

补码运算的一般公式如下：

1）补码的加法：$[X]_{补}+[Y]_{补}=[X+Y]_{补}$。

2）补码的减法：$[X-Y]_{补}=[X]_{补}+[-Y]_{补}$，$[-Y]_{补}$即对$[Y]_{补}$求补。

例 1-2　写出十进制数 25、32、−25、−32 的补码。

解： $(25)_{10}=(0001\ 1001)_2$

正数的补码等于它本身，所以十进制数 25 的补码是 0001 1001，同理，十进制数 32 的补码是 0010 0000。

$(-25)_{10}$的补码是对其正数的二进制按位取反，末尾加 1，即$(25)_{10}=(0001\ 1001)_2$，然后再按位取反加 1，整个过程即为 1110 0110 + 1 = 1110 0111。

同理，得$(-32)_{10}$的补码为 1110 0000。

例 1-3　用补码运算求解十进制数 32 − 25。

解：十进制　　　　二进制

32	0010 0000	；正数的补码是其本身
-25 ⇒	+1110 0111	；负数的补码是反码 +1
7	1 0000 0111	；7 的补码，正数的补码是其本身

"1" 作为进位位，自动丢失；最高位 "0" 作为符号位，表示结果为正数。

例 1-4　补码运算，求解十进制数 32 -（ -25）。

解：十进制　　　　二进制

32	0010 0000	0010 0000	;正数的补码是其本身
-（ -25） ⇒	-1110 0111 ⇒	+0001 1001	;负数的补码是反码 +1
57		0011 1001	;57 的补码,正数的补码是其本身

设有产生进位,最高位"0"作为符号位,表示结果为正数。

例 1-5　补码运算,求解十进制数 -25 -32。

解：十进制　　　　二进制

-25	1110 0111	；负数的补码是反码 +1
- 32 ⇒	+1110 0000	；负数的补码是反码 +1
-57	1 1100 0111	； -57 的补码

左起第一个 "1" 作为进位位，自动丢失；第二个 "1" 作为符号位，表示结果为负数。

在确定了运算字长和数据的表示方法后，所能表示的数据范围也就相应决定了。当运算结果超出能表示的数据范围，就会产生溢出。如某机字长 8 位，采用补码表示，则定点整数的表示范围为 -128 ~127，当运算结果超出这个数，即产生了溢出，会使运算结果不正确。因此，在运算过程中，计算机必须判断是否产生溢出，若有溢出则停止，或转入中断服务程序进行处理。

（3）溢出判断　一个 n 位有符号二进制数补码所能表示的最大正数是 $2^{n-1}-1$，最小负数的数值是 -2^{n-1}。例如：

8 位字长，用补码表示的数值范围是 $-2^{7}\sim2^{7}-1$，即 -128 ~127。

16 位字长，用补码表示的数值范围是 $-2^{15}\sim2^{15}-1$，即 -32768 ~32767。

32 位字长，用补码表示的数值范围是 $-2^{31}\sim2^{31}-1$，即 -2147483648 ~2147483647。

当两个有符号数的二进制数进行补码运算时，若运算结果超出以上范围，数值部分便会发生溢出，引起计算结果不正确。微型计算机中常用的溢出判别法是双高位判别法，用 C_S 和 C_P 代表两个高位。其中，C_S 表示最高位（符号位）的进位或借位情况，若有借位，则 $C_S=1$，否则 $C_S=0$；C_P 表示数值部分最高位的进位或借位情况，如有进位或借位，$C_P=1$，否则 $C_P=0$。

判别是否溢出的依据是：若 C_S 和 C_P 同为 0 或同为 1，则结果无溢出发生，结果正确；若 $C_S=1$、$C_P=0$ 或 $C_S=0$、$C_P=1$，则结果发生溢出。

通过分析可知，两个正数或负数相加、正数减负数、负数减正数这四种情况，都有可能产生溢出。

例 1-6 试判断下面加法、减法溢出情况。

解：

$$\begin{array}{rcr} 90 & & 0101\ 1010 \\ +\underline{107} & \Rightarrow & +\underline{0110\ 1011} \\ 197 & & 0\ 1100\ 0101 \end{array} \qquad \begin{array}{rcr} -110 & & 1001\ 0010 \\ -\ \underline{92} & \Rightarrow & +\underline{1010\ 0100} \\ -202 & & 1\ 0011\ 0110 \end{array}$$

$C_S=0$、$C_P=1$，正溢出，结果出错　　　　$C_S=1$、$C_P=0$，负溢出，结果出错

$$\begin{array}{rcr} -110 & & 1001\ 0010 \\ -\ \underline{32} & \Rightarrow & +\underline{1110\ 0000} \\ -142 & & 1\ 0111\ 0010 \end{array} \qquad \begin{array}{rrr} 107 & 0110\ 1011 & 0110\ 1011 \\ -(-92) & -\underline{(1010\ 0100)} & +\underline{0101\ 0100} \\ 199 & & 0\ 1011\ 1111 \end{array}$$

$C_S=1$、$C_P=0$，负溢出，结果出错　　　　$C_S=0$、$C_P=1$，正溢出，结果出错

（4）定点数和浮点数　在计算机中表示小数时根据其小数点位置是否固定，分为定点表示法和浮点表示法。这两种表示方法不仅关系到小数点的问题，而且关系到数的表示范围、精度及计算机内部电路的复杂程度。约定小数点隐含地固定在某个位置不变，这种表示数的方法叫定点表示法。用定点表示法表示的数叫定点数。原则上，小数点固定在哪一位并无关系，但为了方便，总是把小数点规定在数的最前面或最后面，即总是把所有的数化为纯小数或纯整数来对待。选择哪一种表示法在计算机硬件上并无区别，可在程序中约定。它们的格式如下：

符号位	尾数.

符号位	.尾数

而将小数点的位置可以改变的表示数的方法称作浮点表示法。浮点表示法类似于科学计数法，任一数均可通过改变指数部分，使小数点位置发生变动。浮点表示法的一般形式是

$$N=2^P\times S$$

其中，P、S 都是带符号的数，P 称为阶码，S 称为尾数，2 则是数制的基数，固定不变，所以是隐含的，在计算机内部实际表示时并不出现。

通常，用一位二进制数 P_f 表示阶码的符号位，当 $P_f=0$ 时，表示阶码为正；当 $P_f=1$ 时，表示阶码为负。

尾数 S 用一位二进制 S_f 表示尾数的符号，当 $S_f=0$ 时，表示尾数为正；当 $S_f=1$ 时，表示尾数为负。浮点数在机器中的表示方法如下：

阶符 P_f	阶码 P	尾符 S_f	尾数 S

例 1-7 把二进制数 $N=-9\times2^5$ 表示为浮点数。

解：

阶符 0	阶码 101	尾符 1	尾数 1001

2. 字符的表示

字符是非数值信息表示的基础，也可以用它来间接表示数值型数据。

（1）二-十进制编码　所谓二-十进制编码就是将十进制数的每一位写成二进制数的形式。因十进制有 0~9 这 10 个数，但 4 位二进制可编出 $2^4=16$ 种不同组合状态，取其中的

10 种表示 0 ~ 9 这 10 个数，其余作为伪码舍弃。二-十进制编码的方案很多，最常用的是 8421 码，又称 BCD 码。BCD 编码表见表 1-1。

表 1-1　BCD 编码表

十进制数	BCD 码	十进制数	BCD 码
0	0000	5	0101
1	0001	6	0110
2	0010	7	0111
3	0011	8	1000
4	0100	9	1001

例 1-8　利用 BCD 码表示十进制数 73.5。

解： $(73.5)_{10} = (0111\ 0011.0101)_{BCD}$

（2）ASCII 码　字符数据包括各种运算符号、关系符号、货币符号、控制符号、字母和数字等。国际上广泛采用美国信息交换标准码（American Standard Code for Information Interchange，ASCII 码），ASCII 码用 7 位二进制编码，可以表示 128 个字符。其中 95 个为可打印字符，33 个为不可打印字符和显示字符，ASCII 编码表见表 1-2。

表 1-2　ASCII 编码表

低 4 位	高 3 位							
	000	001	010	011	100	101	110	111
0000	NUL	DLE	SP	0	@	P	·	P
0001	SOH	DC1	1	1	A	Q	a	q
0010	STX	DC2	″	2	B	R	b	r
0011	ETX	DC3	#	3	C	5	c	s
0100	EOT	DC4	$	4	D	T	d	t
0101	ENQ	NAK	%	5	E	U	e	u
0110	ACK	SYN	&	6	F	V	f	v
0111	BEL	ETB	·	7	G	W	g	w
1000	BS	CAN	(	8	H	X	h	x
1001	HT	EM	)	9	I	Y	i	y
1010	LF	SUB	*	:	J	Z	j	z
1011	VT	ESC	+	;	K	[	k	{
1100	FF	FS	,	<	L	\	l	|
1101	CR	GS	-	=	M	]	m	}
1110	SQ	RS	.	>	N	^	n	~
1111	SI	US	/	?	O	_	o	DEL

要知道某个字符的 ASCII 码，可先在表中查到它的位置，确定它所在的行和列，根据列确定高位码，根据行确定低位码，高位码与低位码合在一起就是 ASCII 码。一个 ASCII 码可以用不同的数制表示。

在 ASCII 码表中，十进制码值为 0 ~ 31 和 127 的共 33 个字符是控制字符，其余 95 个字符是用于写程序和命令的，称为信息码。

除标准的7位ASCII码外，还有精简的6位ASCII码和扩展的8位ASCII码。前者可表示64个不同符号，主要用于某些特定的小系统；后者可表示256个不同符号，主要用于图形场合，它用一批图形符号替换了7位ASCII码表中的低端字符（控制码），并扩展了高端，其他字符与7位ASCII码完全一致。

（3）汉字编码　与西文不同，汉字字符很多，所以汉字编码比西文编码复杂。在一个汉字信息处理系统的不同部位，需要用到不同的几种编码。汉字编码的过程如图1-6所示。

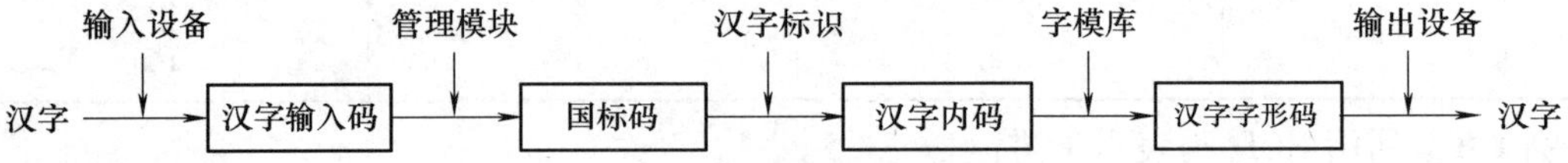

图1-6　汉字编码的过程

1）汉字输入码。汉字输入码是输入汉字所使用的编码，也称为汉字外部码（外码）。它的作用是用键盘上的字母和数字来描述汉字。目前我国的汉字输入编码方案有上千种，根据编码规则，这些汉字输入码可分为流水码、音码、形码和音形结合码四种。

2）汉字交换码。汉字交换码是用于不同汉字信息处理系统间或通信系统之间进行信息交换的汉字码。1981年，国家标准总局制定并颁布了GB 2312—1980《信息交换用汉字编码字符集　基本集》，它规定了汉字信息交换用的基本图形、字符及其二进制编码。这些有标准的交换码，也称国标码。该码码长16位，如“啊”字的国标码为3021H。

3）汉字内码。汉字内部码是计算机内部供存储、处理、传输用的代码。1990年，我国提出了ASCII码体系的汉字内码体系的推荐方案，它与国标交换码有了一简单对应关系，仍使用双字节编码表示。

4）汉字字形码。汉字字形码是指汉字字形点阵信息的数字代码，存放在汉字库中，可用于打印机的输出。

3. 指令信息的表示

除了数据信息，计算机中还存放着程序信息。程序的最终可执行形态就是用机器代码表示的指令序列，它们是产生各种控制信息的基础。一台计算机全部指令的集合，构成了该机的指令系统。

在一条指令中通常包含以下信息：

1）操作码。指令中的若干位代码构成操作码，它表明该指令所要完成的操作是什么，如加、减、乘、除等。因此，每一条指令都有一个对应的操作码。

2）操作数或操作地址。指令应给出操作数（参与操作的数据）的有关信息，或直接给出操作数，或是给出操作数存放处的地址，如寄存器或存储单元的地址码。

3）存放运算结果的地址。

4）后继指令地址。即给出当现行指令执行完后，到何处读取下一条指令的信息，这一地址多以隐含方式给出。

因此，大部分指令的基本格式如下：

操作码 OP	地址码　A

（1）指令中的地址结构　在大多数指令中，地址信息所占位数最多，因此地址结构是

指令格式的一个重要问题。若在指令代码中明显给出地址，则称这种地址为显地址。若地址是隐含的方式约定，而指令中不给出地址码，则称这种地址为隐地址。简化指令地址结构的基本途径就是使用隐地址。按地址结构，实用指令可分为三地址指令、二地址指令、一地址指令、零地址指令。

（2）操作码结构　操作码的位数决定了操作类型的多少，位数越多所能表示的操作种类也就越多。例如操作码有 8 位，则该指令系统最多可以有 $2^8=256$ 种指令。但如果指令字长有限，则地址部分的位数与操作码位数相互制约，即如果地址部分所占位数越多，允许操作码可占用的位数就越少，从而限制了指令的种类数。所以，在操作码结构设计上有一些不同的处理方法，如使操作码长度固定、使操作码长度可变、使操作码功能单一或使用复合型操作码功能等。

1.3　项目实战：微型计算机系统的组装与调试

【要求】　项目实战前，教师需指导学生初步认识计算机内部各器件的组成，使学生对计算机主板、显卡、声卡、网卡、CPU 及内存条等器件的作用和工作原理有一定的了解；教师还应对学生进行初步技能培训，使学生初步掌握一些常用工具，例如螺钉旋具、镊子、尖嘴钳等的使用，掌握微型计算机系统组装的工作流程和基本操作规范，避免造成短路或其他电路故障，确保学生项目实战过程中的用电安全，完成微型计算机系统的组装。学生需查阅资料了解指令信息的相关知识，例如什么是变字长指令，什么是固定字长指令，以及指令在计算机中如何传递，数据在计算机中如何传递等。

根据前面的知识，我们了解了微型计算机系统的工作原理和基本组成，那么现在就可以根据前面的知识，结合图 1-1、图 1-2 组装一台微型计算机了。

一、项目实战所需器材

螺钉旋具、镊子、接线钳等常用工具一套。

32 位微型计算机散件一套、操作系统安装光盘一张（具体版本依机器配置而定）、实验箱一台、应用软件一套（可选）。

二、项目实战内容

本项目实战的内容主要是利用实验室内的计算机零部件实现计算机的组装，并能根据硬件搭配，选择安装合适的操作系统和常用应用软件。通过本项目的实战，学生应能根据在实验室掌握的技术，根据客户不同的需要，组装不同层次的计算机。

三、项目实战步骤

1. 在 32 位微型计算机散件中分别找出微处理器、存储器、声卡、网卡、显卡、键盘和鼠标等，仔细观察其外形和文字标识，按照硬件系统分类将其归类摆放。

2. 将微型计算机各个部件按照微型计算机的工作原理连接、组装成一台完整的微型计算机。需要注意的是，在组装前，手触摸自来水管进行静电放电处理。组装完成后要检查一遍，确认是否安装正确。

3. 在确认组装无误的情况下给微型计算机加电，将操作系统安装光盘放入光驱开始安装操作系统。

4. 安装完操作系统以及相关驱动程序后再练习安装应用软件。

5. 打开装有操作系统的微型计算机进入系统，在微型计算机中识别各个内部硬件参数（如 CPU 频率、内存容量等），并将看到的硬件参数分类记录。

6. 练习通过键盘等 I/O 设备对微型计算机输入/输出数据，进一步熟悉微型计算机操作。

四、项目实战总结

1. 谈谈观察到微型计算机内部结构后的体会以及对微型计算机组成原理的深层理解。
2. 谈谈对硬件系统和软件系统概念的理解，并画出微型计算机系统结构层次图。
3. 能画出计算机的框图，并能标注出计算机各部分的名称。

1.4 项目决战：深入理解微型计算机系统的工作原理

【要求】 通过习题的练习，加深对微型计算机系统工作原理的理解，实现本项目的学习。习题可根据情况选做。

一、单项选择题

1. 通常所说的 32 位计算机是指（ ）。
A. CPU 字长为 32 位　　B. 通用寄存器数目为 32 个
C. 可处理的数据长度为 32 位　　D. 地址总线的宽度为 32 位

2. 从计算机的逻辑组成来看，通常所说的 PC 的“主机”包括（ ）。
A. 中央处理器（CPU）和总线　　B. 中央处理器（CPU）和主存
C. 中央处理器（CPU）、主存和总线　　D. 中央处理器（CPU）、主存和外设

3. 除了 I/O 设备本身的性能外，影响计算机 I/O 数据传输速度的主要因素是（ ）。
A. 系统总线的传输速率　　B. 主存储器的容量
C. Cache 存储器性能　　D. CPU 的字长

4. 下面是关于“计算机系统”的叙述，其中最完整的是（ ）。
A. 一个“计算机系统”是指计算机的硬件系统。
B. 一个“计算机系统”是指计算机上配置的操作系统。
C. 一个“计算机系统”由计算机硬件和配置的操作系统组成。
D. 一个“计算机系统”由计算机硬件以及配置的系统软件和应用软件组成。

5. 下面关于微处理器的叙述中，错误的是（ ）。
A. 微处理器是用单片超大规模集成电路制成的具有运算和控制功能的处理器。
B. 一台微型计算机的 CPU 可能由 1 个、2 个或多个微处理器组成。
C. 日常使用的 PC 只有一个微处理器，它就是中央处理器。
D. 目前巨型计算机的 CPU 也由微处理器组成。

6. 一台计算机中的寄存器、闪存（Cache）、主存及辅存，其存取速度从高到低的顺序是（ ）。
A. 主存、快存、寄存器、辅存　　B. 快存、主存、寄存器、辅存
C. 寄存器、快存、主存、辅存　　D. 寄存器、主存、快存、辅存

7. 以下哪一组是应用软件？（ ）
A. DOS 和 Word　　B. Windows 98 和 WPS

C. Word 和 Excel　　D. DOS 和 Windows 98

8. 计算机能够直接执行的计算机语言是（　　）。

A. 汇编语言　　B. 机器语言

C. 高级语言　　D. 自然语言

二、填空题

1. 中央处理器由__________和__________构成。

2. 微处理器就是________________，以它为核心再配上__________、__________、__________和__________就构成一台完整的微型计算机。

3. 采用 GB 2312—1980 汉字编码标准时，一个汉字在计算机中占__________个字节。

三、计算题

1. 数制和码制转化

(1) $(1011\ 1101.0011)_2 = (\quad\quad)_{10} = (\quad\quad)_8 = (\quad\quad)_{16}$

(2) $(247)_{10} = (\quad\quad)_2 = (\quad\quad)_{16} = (\quad\quad)_8$

(3) $(3BCD2)_{16} = (\quad\quad)_2 = (\quad\quad)_8 = (\quad\quad)_{10}$

(4) $(1001\ 0110)_{BCD} = (\quad\quad)_2$

2. 设字长为 8 位，$[-1]_{补} = (\quad\quad)_{16}$，若 $[X]_{补} = (5A)_{16}$，则 $X = (\quad\quad)$。

3. 设字长为 8 位，$[X]_{补} = (9F)_{16}$，当 X 分别为原码、补码、反码和无符号数的时候，其真值是多少？

4. 设字长为 8 位，用补码形式完成下列十进制数运算，要求有运算过程并讨论结果是否有溢出。

(1) (+75)+(−6)　　(2) (−35)+(−75)

(3) (−85)−(−15)　　(4) (+120)+(+18)

四、问答题

1. 试查出 A、a、ESC、DEL、GS、SI 的 ASCII 码。

2. 简述汉字编码原理。计算机中如何区别 ASCII 码和汉字内码？

3. 简述微处理器子系统的组成和工作原理。

4. 简述微型计算机由哪几部分组成。

5. 什么是系统软件和应用软件？举例说明常见的软件分别属于哪种系统。

1.5　项目挑战：微型计算机系统的发展现状及其展望

到了 21 世纪，微型计算机的发展越来越迅速，该阶段主要体现在各种器件的融合和微型化上。

2011 年，Intel 公司全新架构的 32nm 制程 Sandy Bridge 处理器全面上市，取代原有的 CPU 系列产品。现在的处理器都在提出一个新的理念“融合”，即将 CPU 和 GPU 集合起来。在核心代号为 Clarkdale 的 32nm 工艺 i3/i5 处理器中，Intel 公司已经做到了，不过之前的解决方案是将一颗 32nm 制程的 CPU 核心和 45nm 制程的 GPU 核心封装在一起。而 Sandy Bridge 则是 32nm 的 CPU 和 GPU 都在一块晶圆上，这是革命性的。较现有同频率的产品，在维持相近的功耗的基础上，显示与处理效能方面有 10% 以上的进步。

AMD 羿龙™ Ⅱ处理器提供无与伦比的多核价值。这些处理器提供支持高清娱乐的 Ultimate Visual Experience™（极致视觉体验）、先进的多任务性能，并为能效更高、体积更小的机器提供节能创新技术。

2012 年，计算机在硬件、软件方面更是取得了较大的发展，在其他方面如量子计算机、光子计算机、生物计算机也取得了一定的发展，计算机发展和开拓还具有广阔的天地，需要我们的共同努力。

项目二　微处理器的指令系统

【项目导读】

本项目主要讲解微处理器指令系统的基本知识，包括8086及80486的内部结构、寄存器组；微型计算机系统中常用的寻址方式；数据传送类指令、算术运算指令、逻辑运算与位操作指令、串操作类指令、控制转移类指令、处理器控制类指令等指令格式和功能。

【学习目标】

□了解8086的内部结构，了解它的寄存器组。

□通过对比8086，了解80486的内部结构。

□掌握微处理器的寻址方式。

□掌握微处理器的指令系统及指令功能。

【学习建议】

在了解8086及80486的内部结构基础上，把重点放在理解微处理器的寻址方式及指令系统的命令格式及功能上。本项目教学安排20学时，其中理论授课14学时，动手实践6学时。

2.1　项目开篇：一个简单的汇编语言程序的编写

计算机的系统软件和应用软件可以用低级语言编写，也可以用高级语言编写。汇编语言是一种以处理器指令系统为基础的低级语言，采用助记符表达指令操作码，采用标识符表示指令操作数。利用汇编语言编写程序的主要优点是可以直接、有效地控制计算机硬件，因而容易创建代码序列短小、运行快速的可执行程序。当然，汇编语言作为一种低级语言，它的功能有限，编程也较繁琐，对处理器指令的依赖性很强；而高级语言是脱离具体机器（即独立于机器）的通用语言，不依赖特定计算机的结构与指令系统。用同一种高级语言编写的源程序，一般可以在不同计算机上运行而获得相同结果。

不论是汇编语言还是高级语言，程序设计的过程大致相同，一般都要经过问题分析、算法确定、框图勾画、程序编写等步骤，关于程序设计的详细内容，将在项目三中讲解。

例2-1　编写一段汇编语言程序，完成求和SUM = X + Y功能。

解：要编写这个程序，首先要了解微处理器指令系统和汇编语言编写的基本格式。汇编语言程序由语句序列构成。每条语句一般占一行，分表达指令的执行性语句和表达伪指令的说明性语句。下面按照例2-1的要求编写一个完整的汇编语言程序实例，来共同认识汇编语言源程序的语句结构和典型格式。

程序设计如下：

```
TITLE    EXAMPLE  FOR“典型格式”      ;定义标题
DATA     SEGMENT  'DATA'             ;定义数据段的逻辑段,段名DATA
         X     DB   12H              ;定义数据X=12H
```

```
        Y       DB   30H                      ;定义数据 Y =30H
        SUM     DB   0H                       ;定义存放结果的主存单元
DATA    ENDS                                  ;数据段结束
STACK   SEGMENT  STACK  'STACK'               ;定义堆栈段的逻辑段,段名 STACK
        DB   100H   DUP(?)                    ;分配堆栈大小,设置为 1600 个字节
STACK   ENDS                                  ;堆栈段定义结束
CODE    SEGMENT  'CODE'                       ;定义代码段的逻辑段,段名 CODE
ASSUME  CS:CODE,DS:DATA,SS:STACK              ;确定各个逻辑段的类型
START:  MOV   AX,DATA                         ;程序起始点
        MOV   DS,AX                           ;设置 DS 指向程序数据段的段地址
        MOV   AL,X                            ;X→AL
        ADD   AL,Y                            ;计算 X + Y,并将结果送入 AL
        MOV   SUM,AL                          ;存放数据结果
        MOV   AH,4CH                          ;终止用户程序,返回 DOS
        INT   21H
CODE    ENDS                                  ;代码段结束
        END   START                           ;汇编结束,返回程序起始点
```

从这个例子可以看出，一个汇编语言源程序是由许多语句组成，这些语句是如何组合在一起的，又是如何编译的呢？通过计算机，它是如何实现和完成 SUM = X + Y 这个运算的呢？这就必须先了解微处理器的指令系统和汇编语言的格式。

2.2 项目备战：汇编指令系统与程序编写格式

从项目开篇可以看出，汇编语言由若干逻辑段组成的。每个逻辑段由伪指令 SEGMENT 开始，以伪指令 ENDS 结束。DATA、STACK、CODE 等都是一个逻辑段名。每个逻辑段可由若干语句组成，语句又有指令语句和伪指令语句等几种形式。指令语句表示要计算机完成一个具体的运算或操作，而伪指令语句是用于指示汇编语言程序如何“翻译”源程序。在指令语句中，又用到了寄存器组和逻辑单元等内部器件，因此，要想编写一个完整的汇编语言程序，必须了解系统的内部结构、指令系统以及如何将这些指令结合起来，即程序的设计格式。

任务 2.2.1 了解 8086/8088 的内部结构

在项目开篇中，使用了微型计算机内部许多寄存器，这些寄存器与程序是紧密联系在一起的，汇编语言作为低级语言，必须与计算机的硬件打交道，这是与高级语言的区别。那么这些寄存器的功能和用途是怎样的呢？下面就这个问题先来了解一下 8086/8088 的内部结构和寄存器组。

1. 8086/8088 CPU 的内部结构

8086/8088 CPU 的内部是由两个独立的工作单元构成，分别是总线接口单元（Bus Interface Unit，BIU）和执行单元（Execution Unit，EU）。图 2-1 中，点画线右半部分是 BIU，左

半部分是 EU。两者并行操作，提高了 CPU 的运行效率。

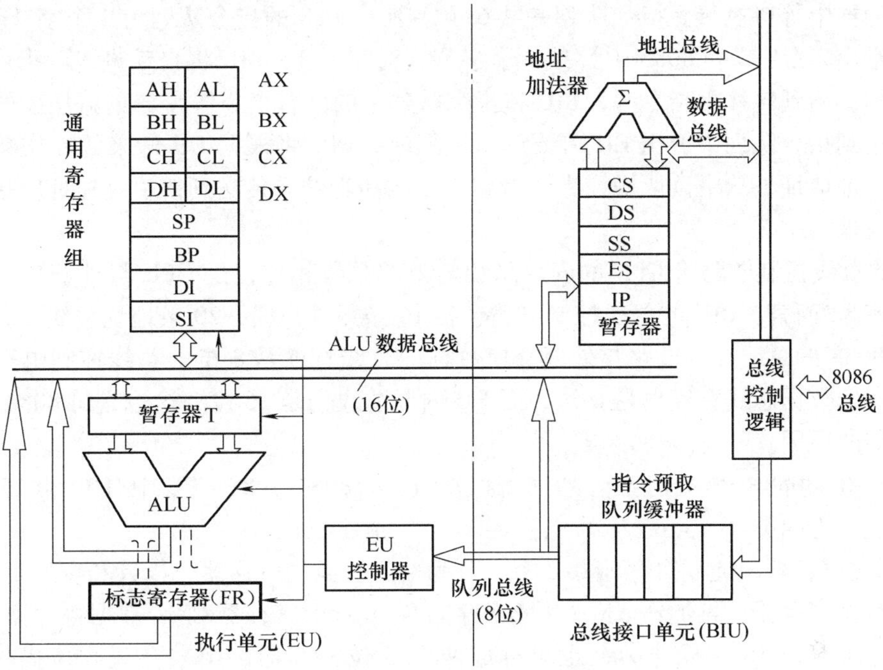

图 2-1　8086/8088 CPU 的内部结构

（1）指令执行单元（EU）　指令执行单元（EU）主要由算术逻辑运算单元（ALU）、标志寄存器（Flags Register，FR）、通用寄存器组和 EU 控制器等四个部件组成。指令执行单元（EU）的主要功能是执行命令。一般情况下指令顺序执行，EU 可不断地从 BIU 指令队列缓冲器中取得执行的指令，连续执行指令，而省去了访问存储器取指令所需的时间。如果指令执行过程中需要访问存储器存取数据时，只需将要访问的地址送给 BIU，等操作数到来后再继续执行。遇到转移类指令时，则将指令队列中的后续指令作废，等待 BIU 重新从存储器中取出新的指令代码进入指令队列缓冲器后，EU 才能继续执行指令。这种情况下，EU 和 BIU 的并行操作会受到一定的影响，但只要转移类指令出现的频率不是很高，两者的并行操作仍然能取得较好的效果。

EU 中的算术逻辑运算单元（ALU）可完成 16 位或 8 位二进制数的运算，运算结果一方面通过内部总线送到通用寄存器组或 BIU 的内部寄存器中以等待写到存储器；另一方面影响状态标志寄存器（FR）的状态标志位。16 位暂存器 T 用于暂时存放参加运算的操作数。

EU 控制器则负责从 BIU 的指令队列缓冲器中取指令、分析指令（即对指令译码），然后根据译码结果向 EU 内部各部件发出控制命令以完成指令的功能。

（2）总线接口单元（BIU）　总线接口单元（BIU）主要由地址加法器、专用寄存器组、指令预取队列缓冲器以及总线控制逻辑等部件组成。其主要功能是负责完成 CPU 与存储器或 I/O 设备之间的数据传送。BIU 中的地址加法器将来自段寄存器的 16 位地址段首地址左移 4 位后与来自 IP 寄存器或 EU 提供的 16 位偏移地址相加（通常将“段首地址：偏移地址”称为逻辑地址），形成一个 20 位的实际地址（又称为物理地址），以对 1MB 的存储空间进行寻址。即当 CPU 执行指令时，BIU 根据指令的寻址方式通过地址加法器形成指令在存储器中的物理地址，然后访问该物理地址所对应的存储单元，从中取出指令代码送到指令队列缓冲器中等待执行。指令队列一共6个字节（8088的指令队列为4个字节），一旦指令队列中空出2个字节（8086中）或1个字节（8088中），BIU将自动进入读指令操作以填满指令队列。遇到转移类指令时，BIU将指令队列中的已有指令作废，重新从新的目标地址中取指令送到指令队列中。当EU需要读写数据时，BIU将根据EU送来的操作数地址形成操作数的物理地址，从中读取操作数或者将指令的执行结果传送到该物理地址所指定的内存单元或外设端口中。

BIU的总线控制电路将CPU的内部总线与外部总线相连，是CPU与外部交换数据的通路。对于8086而言，BIU的总线控制电路包括16条数据总线、20条地址总线和若干条控制总线。而8088的总线控制电路与外部交换数据的总线宽度是8位，总线控制电路与通用寄存器组之间的数据总线宽度也是8位，而EU内部总线仍是16位，这也是将8088称为准16位微处理器的原因。

（3）8086/8088 CPU寄存器阵列（寄存器组） 8086/8088 CPU中有14个16位的寄存器，按用途分为四类：

1）通用寄存器。通用寄存器共8个，分为两组：数据寄存器、指针和变址寄存器。

① 数据寄存器：累加器AX、基址寄存器BX、计数寄存器CX、数据寄存器DX，每个数据寄存器可存放16位操作数，也可拆成两个8位寄存器，用来存放8位操作数，AX、BX、CX、DX分别可拆成AH、AL、BH、BL、CH、CL、DH、DL，其中，AH、BH、CH、DH为高8位，AL、BL、CL、DL为低8位。

② 指针和变址寄存器：堆栈指针SP、基址指针BP、源变址寄存器SI、目的变址寄存器DI，可用来存放数据和地址，但只能按16位进行存取操作。

通用寄存器的特定用法见表2-1。

表2-1 通用寄存器的特定用法

寄存器	数据	寄存器	数据
AX	字乘、字除、字I/O	CL	多位移位和循环移位
AL	字节乘、字节除、字节I/O 查表转换、十进制运算	DX	间接I/O地址
AH	字节乘、字节除	SP	堆栈操作
BX	查表转换	SI	数据串操作
CX	数据串操作、循环	DI	数据串操作

2）段寄存器。8086/8088段寄存器有4个，分别为代码段寄存器CS、数据段寄存器DS、附加段寄存器ES和堆栈段寄存器SS。其作用分别如下：

代码段寄存器CS：用于存放当前代码段的段地址。

数据段寄存器DS：用于存放当前数据段的段地址。

附加段寄存器ES：用于存放当前附加段的段地址。

堆栈段寄存器SS：用于存放当前堆栈段的段地址。

3）专用寄存器。8086/8088专用寄存器有两个，分别是标志寄存器（FR）和指令指针（Instruction Pointer，IP）。

标志寄存器（FR）仅定义了9位，其中6位用做状态标志位，3位用做控制标志位，如图2-2所示。

15	14	13	12	11	10	9	8	7	6	5	4	3	2	1	0
				OF	DF	IF	TF	SF	ZF		AF		PF		CF

图2-2　8086/8088标志寄存器

这些标志位的含义如下：

CF：进位标志位。当做加法时最高位出现进位或做减法时最高位出现借位时，该标志位置1，反之为0。

PF：奇偶标志位。当运算结果的低8位中1的个数为偶数时，则该标志位置1，反之为0。

AF：半进位标志位。做字节加法时，当低4位有向高4位的进位，或在做减法时，低4位有向高4位的借位时，该标志位就置1。标志位通常用于对BCD算术运算结果的调整。例如，1101 1000 + 1010 1110 = 1 1000 0110，其中AF = 1，CF = 1。

ZF：零标志位。当运算结果为0时，该标志位置1，否则清0。

SF：符号标志位。当运算结果的最高位为1时，该标志位置1，否则清0，即与运算结果的最高位相同。

TF：陷阱标志位（单步标志位、跟踪标志位）。当该标志位置1时，将使8086/8088进入单步工作方式，通常用于程序的调试。

IF：中断允许标志位。若该标志位置1，则处理器可以响应可屏蔽中断，否则就不能响应可屏蔽中断。

DF：方向标志位。若该标志位置1，则串操作指令的地址修改为自动减量方向，反之，为自动增量方向。

OF：溢出标志位。当进行加法运算时，若两个加数的最高位为0，而和的最高位为1，则产生上溢出；若两个加数的最高位为1，而和的最高位为0，则产生下溢出；两个加数的最高位不相同时，不可能产生溢出。当进行减法运算时，若被减数的最高位为0，减数的最高位为1，而差的最高位为1，则产生上溢出；若被减数的最高位为1，减数的最高位为0，而差的最高位为0，则产生下溢出；被减数及减数的最高位相同时，不可能产生溢出。

如果所进行的运算是带符号数的运算，则溢出标志恰好能够反映运算结果是否超出了8位或16位带符号数所能表达的范围，即字节运算大于127或小于 -128时，字运算大于32767或小于 -32768时，该位置1，反之为0。

指令指针（IP）是用来存放要取的下一条指令在当前代码段中的偏移地址，程序不能直接访问IP，在程序运行过程中，BIU可修改IP中内容。

例2-2　标志寄存器使用示例。

解：

$$
\begin{array}{rcccc}
 & 0101 & 0100 & 0011 & 1001 \\
+ & 0100 & 0101 & 0110 & 1010 \\
\hline
 & 1001 & 1001 & 1010 & 0011
\end{array}
$$

CF = 0、AF = 1、PF = 1、ZF = 0、SF = 1、OF = 1（两正数相加结果为负）。

一般来讲，不是每次运算后所有的标志位都改变，只是在某些操作之后，才对其中某个标志位进行检查。

2. 8086 存储器组织

（1）存储容量　8086 有 20 根地址总线，因此，它可以直接寻址的存储器单元数为 2^{20}。

（2）物理地址　8086 可直接寻址 1MB 的存储空间，其地址区域为 00000H ~ FFFFFH，与存储单元一一对应的 20 位地址，我们称之为存储单元的物理地址。

（3）存储器的分段及段地址　由于 CPU 内部的寄存器都是 16 位的，为了能够提供 20 位的物理地址，系统中采用了存储器分段的方法。规定存储器的一个段为 64KB，由段寄存器来确定存储单元的段地址，由指令提供该单元相对于相应段起始地址的 16 位偏移量。

这样，系统的整个存储空间可分为 16 个互不重叠的逻辑段，如图 2-3 所示。

存储器的每个段的容量为 64KB，并允许在整个存储空间内浮动，即段与段之间可以部分重叠、完全重叠、连续排列，非常灵活，如图 2-4 所示。

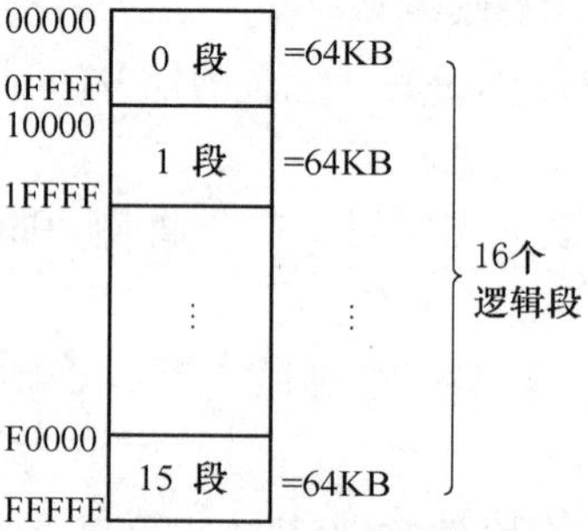

图 2-3　存储空间逻辑段结构

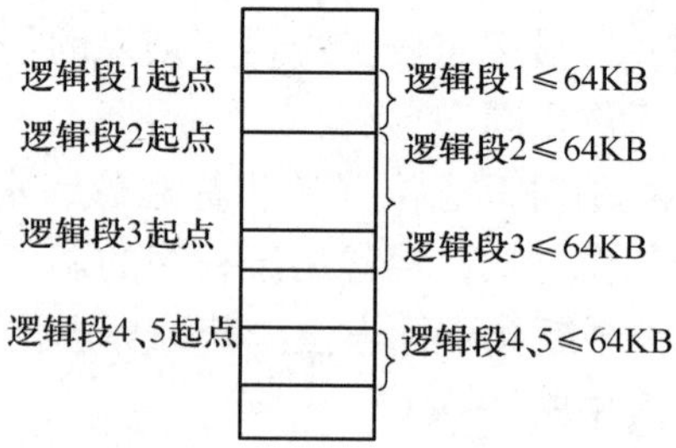

图 2-4　分段逻辑结构

（4）偏移地址　偏移地址是某存储单元相对其所在段起始位置的偏移字节数，或简称偏移量。它是一个 16 位的地址，根据指令的不同，可以来自于 CPU 中不同的 16 位寄存器（IP、SP、BP、SI、DI、BX 等）。

（5）物理地址的形成　物理地址是由段地址与偏移地址共同决定的，段地址来自于段寄存器（CS、DS、ES、SS），是 16 位地址，由段地址及偏移地址计算物理地址的表达式如下：

物理地址 = 段地址 × 16 + 偏移地址

例如，系统启动后，指令的物理地址由 CS 的内容与 IP 的内容共同决定，由于系统启动时 CS = FFFFH，IP = 0000H，所以初始指令的物理地址为 FFFF0H，我们可以在 FFFF0H 单元开始的几个单元中，固化一条无条件转移指令的代码，即转移到系统初始化程序部分。

（6）存储器分段管理　存储器分段组织带来存储器管理的新特点：第一，在程序代码量、数据量不是太大的情况下，可使它们处于同一段内，即使它们在 64KB 的范围内，这样可以减少指令的长度，提高指令运行的速度；第二，内存分段为程序的浮动分配创造了条件；第三，物理地址与形式地址并不是一一对应的，从形式地址生成有效地址的各种方式称为寻址方式；第四，各个分段之间可以重叠。

（7）特殊的内存区域　8088/8086 系统中，有些内存区域的作用是固定的，用户不能随便使用。

中断矢量区：00000H ~ 003FFH，共 1KB，用以存放 256 种中断类型的中断矢量，每个中断矢量占用4个字节，共256B×4=1024B=1KB。

显示缓冲区：B0000H～B0F9FH，约4000（25×80×2）B，是单色显示器的显示缓冲区，存放文本方式下，所显示字符的ASCII码及属性码；B8000H～BBF3FH，约16KB，是彩色显示器的显示缓冲区，存放图形方式下，屏幕显示像素的代码。

启动区：FFFF0H～FFFFFH，共16个单元，用以存放一条无条件转移指令的代码，转移到系统的初始化部分。

这几部分在以后的项目中会逐渐接触和运用。

任务2.2.2　了解80486的内部结构

在任务2.2.1中，我们了解了8086/8088的内部结构，但实际上经常用到32位编址和程序设计，那么在32位微处理器中，寄存器的功能和用途是怎样的呢？下面就这个问题来了解一下80486的内部结构和寄存器组。

1. 80486的基本结构介绍

80486由7大部分组成，它们是运算部分、存储管理部分、高速缓冲存储器、控制部分、指令预取部分、总线接口部分和译码部分等，80486微处理器基本结构示意图如图2-5所示。

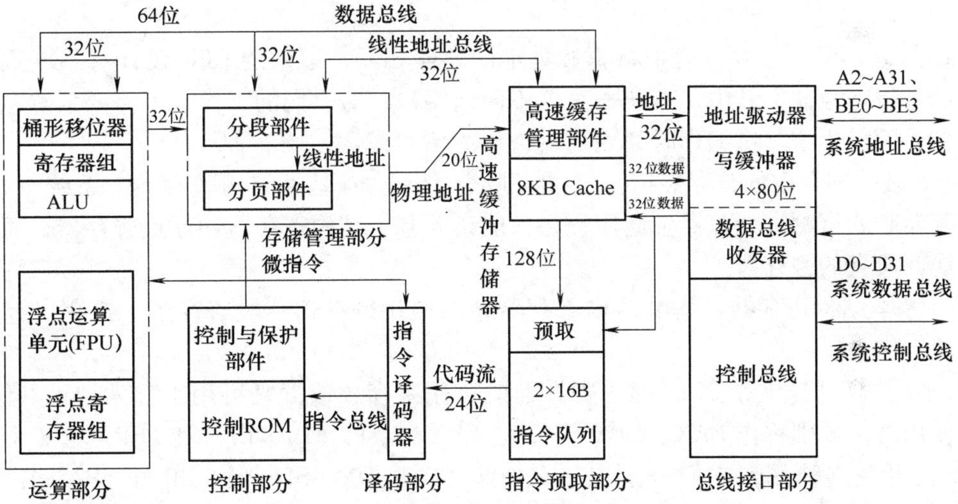

图2-5　80486微处理器基本结构示意图

运算部分主要由定点运算部件和浮点运算部件两部分组成。进行定点运算时需要算术逻辑运算单元（ALU）、移位器和寄存器组；进行浮点运算时需要浮点运算单元（FPU）和浮点寄存器组。

80486存储管理部分是为了实现虚拟存储器而设置的，它由分段部件和分页部件两部分组成。分段部件管理逻辑地址空间，并把逻辑地址转换为线性地址；分页部件把线性地址转换为32位物理地址。页管理部件是一个可选择的部件，如果不使用页管理部件，线性地址就是物理地址。

为了提高计算机的运算速度，80486在内部还集成了一个8KB的高速缓冲存储器（Cache），Cache用来存放最近运行程序所需要的指令代码和数据。指令预取部件中包含了两个16B的队列寄存器。指令预取部件与Cache之间有一条单向的128位宽度的通路，因此，每次从Cache中最多可取16B的信息。指令预取部件也有一条指向指令译码器的24位宽度的指令代码流通路。指令译码器对指令的操作码进行翻译，并把翻译后的信息通过指令总线送给控制部件。

80486采用微程序设计，它的控制部分由控制与保护部件和控制ROM组成。控制部分根据指令译码器送来的信息产生微指令，并通过微指令对运算部分、存储管理部分及指令译码器发出控制信号。

总线接口部分的功能是产生访问微处理器以外的存储器和输入/输出接口所需要的地址、数据和命令。

在微处理器内部，运算部分与Cache之间由双向的64位宽度的数据总线相连，它们之间可以进行32位或64位的信息传输，而存储管理部分只取数据线中的32位进行操作。

微处理器与外部的信息交换是通过总线接口部分的数据总线收发器进行的。在微处理器内部有两组方向不同的32位数据线，当外部信息输入时，可通过一组数据线把信息送往Cache和指令预取队列；当向外送出信息时，是通过数据收发器中的写缓冲器进行的。这样可缓解高速运行的CPU与较低速度运行的存储器、输入/输出接口之间的矛盾，且可实现并行处理。

2. 寄存器组

寄存器是CPU内部用来存放数据和地址的存储单元，不同的CPU设计有不同数目、不同长度的一组寄存器。其中，有些寄存器不面向用户，对它们的工作，不需要了解；还有一些寄存器是面向用户、供编程时使用的，被称为“可编程”寄存器。

80486微处理器中的寄存器组按功能可以分为4类：基本结构寄存器、系统级寄存器、浮点寄存器和调试测试寄存器。应用程序只能访问基本结构寄存器和浮点寄存器，而系统程序则可访问所有的寄存器。

（1）基本结构寄存器　基本结构寄存器包括通用寄存器、段寄存器、指令指针和标志寄存器等。

1）通用寄存器。8个32位通用寄存器既可用来存放数据又可用来存入地址。做32位寄存器使用时，分别称作EAX、EBX、ECX、EDX、ESI、EDI、EBP和ESP。这8个寄存器的低16位可独立使用，它们分别以AX、BX、CX、DX、SI、DI、BP和SP命名。其中，AX、BX、CX、DX的低位字节或高位字节又可作为独立的8位寄存器使用，低位字节的寄存器分别称作AL、BL、CL和DL，高位字节的寄存器分别称作AH、BH、CH和DH，如图2-6所示。

2）段寄存器。设计程序时，一般把指令代码和数据分别保存于不同的存储器空间。80486微处理器除具有8086具有的4个段寄存器外，还有2个FS、GS附加段寄存器，它们直接或间接地指出指令代码和数据所用的地址空间。段寄存器组如图2-7所示。

3）指令指针。指令指针EIP是32位寄存器，它用于保存下一条相对于代码段寄存器的基址的偏移量。EIP的低16位可以做独立使用的寄存器，称作IP，它在实地址模式时，与CS组合后，形成20位的物理地址。逻辑地址变换为物理地址的示意图如图2-8所示。偏移地址是指主存单元距离起始位置的偏移量，在程序设计中，采用的“段地址：偏移地址”形式，称为逻辑地址。段基址左移十六进制的一位（二进制的4位，即乘以16），加上偏移地址，得到 20 位物理地址，完成逻辑地址到物理地址的变换。

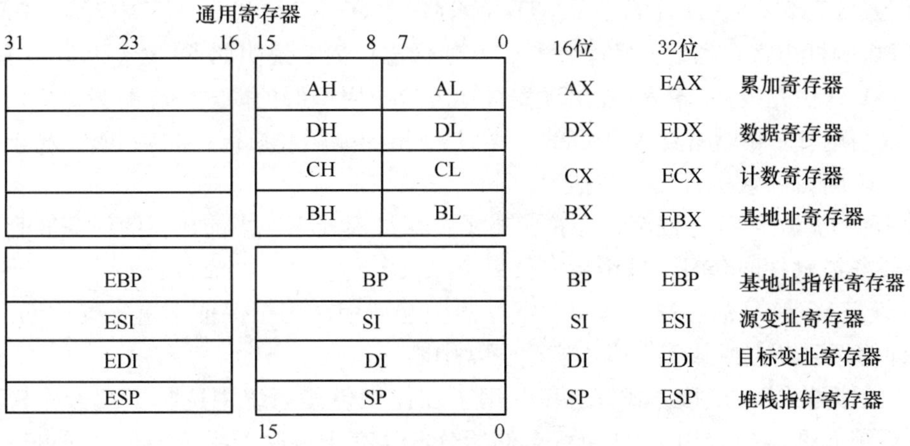

图 2-6　32 位通用寄存器组

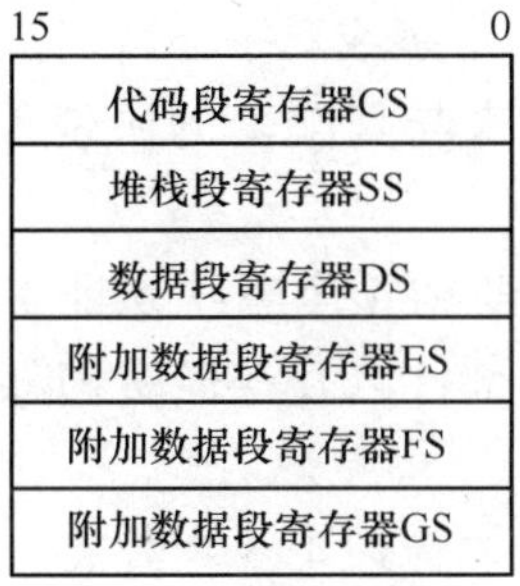

图 2-7　段寄存器组

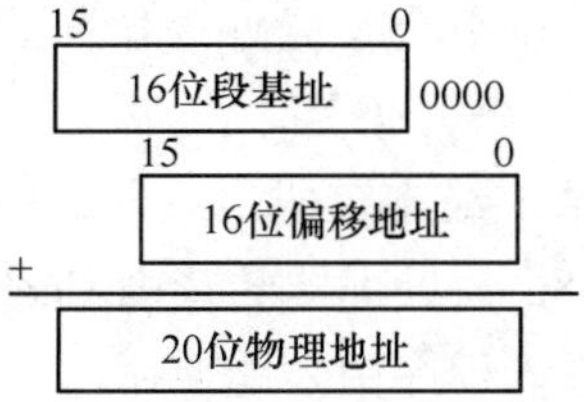

图 2-8　逻辑地址变换为物理地址

4）标志寄存器。标志寄存器 EFLAGS 是 32 位的寄存器。EFLAGS 中的位可分为标志位和控制位两类，标志位指明程序运行时微处理器的实时状态；控制位由用户设置，以控制 80486 进行某种操作。EFLAGS 的低 16 位也可作为一个独立的标志寄存器使用，被称作 FLAGS，在实地址模式时很有用。80486 标志寄存器如图 2-9 所示。

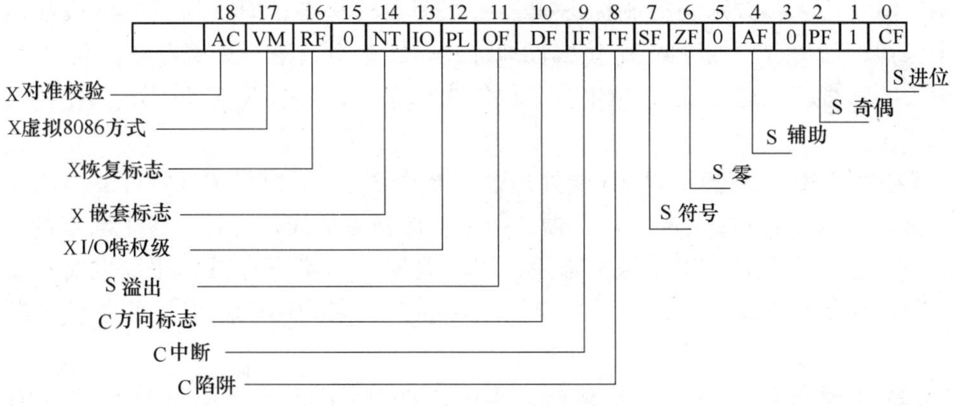

图 2-9　80486 标志寄存器

S—状态标志　C—控制标志　X—系统标志

标志寄存器的 CF、PF、AF、ZF、SF 标志位和 OF 溢出标志位在执行算术和逻辑指令后会发生改变，某些标志位也作为微处理器的控制特征使用。CF（进位）、PF（奇偶性）、AF（辅助进位）、ZF（零）、SF（符号）、TF（陷阱）、OF（溢出）、IF（中断）、DF（方向）和 8086 CPU 的标志寄存器定义完全一样，其他标志位简要说明如下：

IOPL（I/O 优先级）：输入/输出优先级标志位。用于保护模式操作时为 I/O 设备选择优先级。如果当前任务的优先级高于 IOPL，则 I/O 指令能顺利执行；如果 IOPL 高于当前优先级，则产生中断，导致执行程序被挂起。

NT（任务嵌套）：任务嵌套标志位，指示在保护模式下，当前执行的任务嵌套于另一任务中。当任务被软件嵌套时，这个标志位复位。

RF（恢复）：恢复标志位，与调试寄存器一起使用，用于保证不重复处理断点。当 RF =1 时，即使遇到断点或故障，也不产生异常中断。

VM（虚拟方式）：虚拟方式标志位，用于在保护模式系统中选择虚拟操作模式。虚拟操作模式系统允许多个 1MB 长的 DOS 存储器分区共存于存储器系统中，这样可以允许系统执行多个 DOS 程序。

AC（队列检查）：如果在不是字或双字的边界上寻找一个字或双字，队列检查标志位被缉获。只有 80486SX 微处理器包含队列检查位，这个位用来与其配套的协处理器 80487SX 同步。

（2）系统级寄存器　系统级寄存器包含 4 个控制寄存器和 4 个系统地址寄存器，它们控制着 80486 微处理器的片内 Cache、运算部分的浮点运算部件以及存储管理部分。这些寄存器只在系统程序中才能使用。

1）系统地址寄存器。系统地址寄存器在保护方式下用来管理 4 个系统表。由于只能在保护方式下使用，因此又称为保护方式寄存器，主要有全局描述符表寄存器（GDTR）、中断描述符表寄存器（IDTR）、局部描述符表寄存器（LDTR）和任务状态寄存器（TR），段寄存器与系统地址寄存器一起为操作系统完成存储管理、多任务环境、任务保护提供硬件支持。关于这些寄存器的详细解释及应用可参阅相关资料。

2）控制寄存器。控制寄存器共 4 个，各 32 位，用来存放全局性与任务无关的机器状态。其中，CR0 用来存放系统控制标志或表示处理器的状态；CR2 为页故障线性地址寄存器，用来保存最后出现页故障的 32 位线性地址；CR3 为页目录基址寄存器，其中高 20 位存放页目录表的物理基地址，低 12 位中有 2 位作为标志位，其余 10 位未用；CR1 为将来 Intel 处理器保留。

（3）调试与测试寄存器　80486 微处理器有 8 个 32 位可编程调试寄存器，用来支持调试功能。其中，DR0 ~ DR3 为断点寄存器，用来存放断点的线性地址，各个断点的发生条件可由调试 DR7 设定；DR4、DR5 保留未用；DR6 是断点状态寄存器，用以说明是哪种性质的断点及断点异常是否发生；DR7 为断点控制寄存器，它指明断点发生的条件及断点的类型。

80486 微处理器有 5 个测试寄存器，其中，TR3 ~ TR5 用于测试自身的片内 Cache，TR6、TR7 用于控制分页部件中转换旁视缓冲存储器（TLB）的工作，TR6 作为测试命令寄存器，用来存放测试控制命令，TR7 作为数据寄存器，用来存放转换旁视缓冲存储器测试的数据。

任务2.2.3　了解汇编语言的寻址方式

在前面，我们了解了汇编语言的基本格式。对于一条汇编语言指令来说，指令由操作码和操作数两部分组成。操作数采取哪一种寻址方式，会影响机器运行的速度和效率。CPU的寻址方式越多，功能就越强，程序设计的灵活性就越大。80486有三种寻址方式：立即数寻址、寄存器寻址和存储器寻址。

1. 立即数寻址

在这种寻址方式中，操作数直接在指令中给出，即为立即数。立即数只能是源操作数，目标操作数必须是寄存器或存储器。立即数寻址方式常用来为寄存器或存储器赋值。立即数可以是常数（数值或符号），也可以是算术表达式。

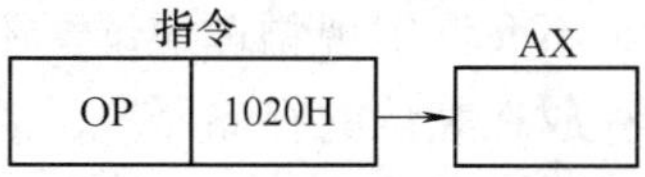

图2-10　立即数寻址示意图

例如，“MOV　AX，1020H”指令中，1020H为立即数，该指令的功能是将立即数传送到AX中，立即数寻址示意图如图2-10所示。

例2-3　立即数寻址示例。

解：

```
MOV   AX, 4020H          ; 4020H→AX
MOV   CH, 11100111B      ; 11100111B→CH
MOV   ECX, 0A2C468EFH    ; 0A2C468EFH→ECX
MOV   DH, 12 * 3         ; 36→DH
MOV   BL, 'B'            ; 42H→BL，“B”的ASCII码为42H
```

注意：

1）立即数所采用的数制用后缀字母表示，默认时表示十进制。

2）十六进制立即数若以A～F打头，必须冠以前缀0，以免汇编语言程序误认作标识符。

3）单引号或双引号中的一个或多个数或字符表示一个字符串，汇编语言程序将汇编成对应的ASCII码存储在存储器中，如“B”汇编成42H，“AB”汇编成41H和42H。

4）立即数的长度可为8位、16位或32位，但源操作数和目标操作数必须类型一致。

2. 寄存器寻址

操作数存放在CPU的内部寄存器中，操作数可为8位、16位或32位通用寄存器或16位段寄存器。

例如，“MOV　AL，BL”指令，其功能是将BL中的数据送至AL寄存器，寄存器寻址示意图如图2-11所示。

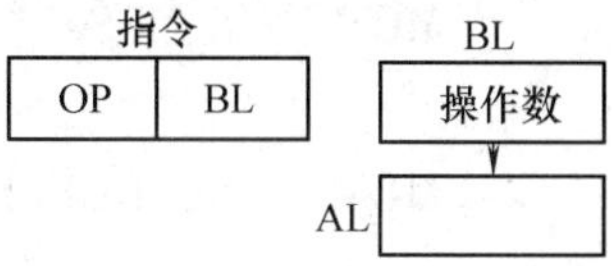

图2-11　寄存器寻址示意图

例2-4　寄存器寻址示例。

解：

```
MOV   AH, AL       ; AL→AH
MOV   DS, BX       ; BX→DS
SUB   EAX, ECX     ; EAX－ECX→EAX
```

以“MOV　AH，AL”为例，假设AL的内容为23H，则该指令相当于立即数寻址“MOV　AH，23H”。因为这类指令的操作数存放于CPU内部，不需要访问存储器，因而其执行速度较快。在双操作数的指令中，操作数之一必是寄存器寻址得到的。汇编语言在表达寄存器寻址时使用寄存器名，其实质就是它存放的数据。

3. 存储器寻址

80486 在实地址模式方式下可访问 1MB 的物理存储空间，在保护模式下可访问 4GB 的物理存储空间，因此存储器是存放操作数的巨大外部空间，程序设计中更多的操作数是存放在存储单元中的，对这些操作数进行操作需采用存储器寻址方式。

存储器寻址方式下，操作数的地址可以直接在指令中给出；也可以放在寄存器中，以间接的方式给出。Intel 80486 采用分段的方式来管理存储器，指令中只能出现存储器的逻辑地址，不允许出现物理地址。不同的存储器寻址方式中或用不同的寄存器作间接寻址，操作数都存放在默认的存储器段，若不采用默认段，则必须在存储器操作数前加段超越前缀。存储器中操作数的偏移地址由各种主存寻址方式得到，这称之为有效地址（EA）。

存储器寻址方式根据操作数的存储情况分为直接寻址、寄存器间接寻址、基址寻址、变址寻址、基址变址寻址和相对基址变址 6 种寻址方式。

（1）直接寻址　存储器操作数的 16 位偏移地址直接包含在指令代码中，默认段为数据段。如果不使用默认段，则必须加段超越前缀。在直接寻址中，为取得操作数，必须先求出存放操作数的存储单元的物理地址。如果操作数在数据段中，则求得：物理地址 =（DS）×16 + EA，直接寻址示意图如图 2-12 所示。

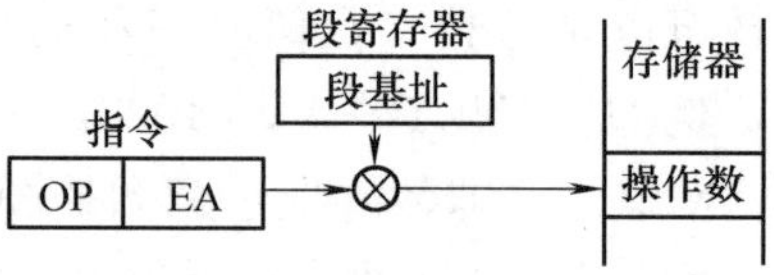

图 2-12　直接寻址示意图

例如，将数据段中偏移地址为 1000H 处的存储数据送至 AX 寄存器。

MOV　AX，[1000H]　　　；DS：[1000H] →AX

该指令给定了有效地址 [1000H]，与默认数据段 DS 一起构成操作数所在的存储单元的物理地址。若 DS = 3000H，则操作数所在的物理地址为 3000H × 16 + 1000H = 31000H，假设存储单元（31001H）（31000H）= 3FB6H，则执行上述指令后，AX = 3FB6H。直接寻址允许用符号地址代替数值地址。

例 2-5　直接寻址示例。

解：
```
MOV   EAX, [0500H]        ; 将 DS 段中偏移量为 0500H 的连续 4 个存储单元
                          ; 中的数据送至 EAX 中
MOV   CX, ES: [4A3DH]     ; 将 ES 段中偏移量为 4A3DH 的存储单元的内容
                          ; 送至 CX 中，ES 为段超越前缀
MOV   BX, BUFFER          ; 等价于"MOV   BX, [BUFFER]"，将 DS 段中变
                          ; 量名为 BUFFER 的连续两个存储单元的内容送至
                          ; BX 寄存器
```

（2）寄存器间接寻址　这种寻址方式中，操作数在存储器中，而操作数有效地址（EA）存放在某个寄存器中，寄存器间接寻址示意图如图 2-13 所示。寄存器的使用在 16 位寻址和 32 位寻址时不一样。

1）16 位寻址。SI、DI、BX 及 BP 这 4 个 16 位寄存器作为间接寻址寄存器，用来存储操作数的段内偏移量。若用 SI、DI、BX 来间接寻址，则默认操作数在 DS 段；若用 BP 来间接寻址，则默认操作数在 SS 段，否则需要使用段超越前

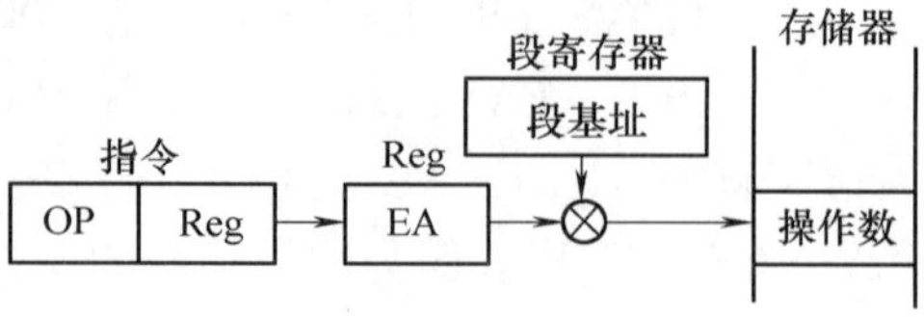

图 2-13　寄存器间接寻址示意图

缀进行变换。16 位寻址的源操作数的物理地址 =（DS/SS）×16 +（BX/SI/DI/BP）

例 2-6　将数据段中由 BX 指定偏移地址处的存储数据送至 AX 寄存器。

解：MOV　AX，[BX]　　　　；DS：[BX]→AX

该指令中的有效地址存放在 BX 寄存器中，而数据则存放在数据段主存单元中，假设 BX 内容为 3000H，则该指令等同直接寻址“MOV　AX，[3000H]”，又若 DS = 2000H，(23001H)(23000H) =4523H，相当于立即数寻址“MOV　AX，4523H”。

2）32 位寻址。用 EAX、EBX、ECX、EDX、ESI、EDI、EBP、ESP 这 8 个 32 位寄存器作为间接寻址寄存器，用它们存放操作数的段内偏移量。若用 EAX、EBX、ECX、EDX、ESI、EDI 来间接寻址，则默认操作数在 DS 段；若用 EBP 和 ESP 来间接寻址，则默认操作数在 SS 段，否则使用段超越前缀。

例 2-7　寄存器 32 位间接寻址示例。

解：MOV　EDI，100H

MOV　EAX，[EDI]　　；将 DS 段有效地址为 100H 的连续 4 个单元的内容
　　　　　　　　　　；送至累加器 EAX

（3）基址寻址　这种寻址方式中，操作数在存储器中，其有效地址为基址寄存器的内容加上指令中给出的偏移量之和，基址寻址和变址寻址示意图如图 2-14 所示。

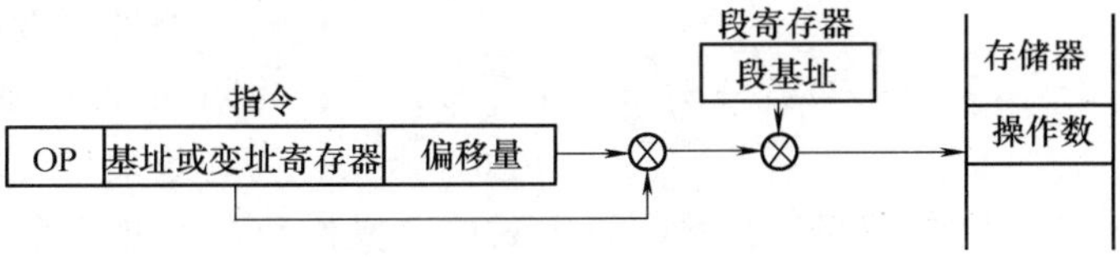

图 2-14　基址寻址或变址寻址示意图

1）16 位寻址。可用 BX 或 BP 这 2 个 16 位寄存器作为基址寄存器。若用 BX 进行基址寻址，则操作数所在的默认段是 DS 段；若用 BP 进行基址寻址，则操作数所在的默认段是 SS 段；若不使用默认段，则加段超越前缀。

例 2-8　16 位基址寻址示例。

解：MOV　AX，10H[BX]

该指令使用了 BX 寄存器，偏移量为 10H，那么操作数的有效地址 EA = BX + 10H，与默认数据段 DS 一起构成操作数所在的存储单元的物理地址。若 DS = 4000H，BX = 1000H，则操作数所在的物理地址 = 4000H × 16 + 1000H + 10H = 41010H，假设(41011H)(41010H) = 5FC8H，执行上述指令后，AX = 5FC8H。

偏移量可以用变量代替，例如“MOV AX，BUF_X[BX]”，其中 BUF_X 为一个变量。

例 2-9　16 位基址寻址示例，用变量做偏移量。

解：MOV　AL，DATA[BP]　　；偏移量 DATA 与 BP 内容之和作为有效地址，取
　　　　　　　　　　　　　；出其内容送到 AL 寄存器

例如，偏移量 DATA = 20H，则“MOV　AL，DATA[BP]”相当于“MOV　AL，20H[BP]”。

2）32 位寻址。用 EAX、EBX、ECX、EDX、ESI、EDI、EBP、ESP 这 8 个 32 位寄存器作为基址寻址寄存器。其中，EBP 和 ESP 以 SS 段为默认段寄存器，其余均以 DS 为默认段寄存器；若不使用默认段，则加段超越前缀。

例 2-10　32 位基址寻址示例。

解：MOV EDX，20H［EBX］ ；将数据段中以 EBX 内容与 20H 之和作为有效
；地址，取出其内容送至 EDX 寄存器

（4）变址寻址 这种寻址方式中，操作数在存储器中，其有效地址为变址寄存器的内容乘以比例因子（32 位寻址），不乘比例因子（16 位寻址）加上指令给出的偏移量之和。因此，变址寻址分为无比例因子（16 位）寻址和有比例因子（32 位）寻址。

1）16 位寻址。这种寻址方式中，操作数在存储器中，而操作数所在存储器地址的有效值为变址寄存器的内容加上指令中给出的偏移量之和。变址寄存器只能取 SI 和 DI 两个 16 位寄存器，操作数所在的段默认为 DS 段，若不使用默认段，则使用段超越前缀。

例 2-11 16 位变址寻址示例。

解：ADD AX，30H［SI］

已知 DS = 3000H，SI = 1000H，AX = 5678H，（31031H）（31030H）= 1883H。在上述指令中，源操作数在数据段，EA = 1000H + 30H = 1030H，则物理地址 =（DS）×16 + EA = 31030H，取出其存储的连续两个字节 1883H，再与 AX = 5678H 相加，和为 6EFBH，最后存至 AX 寄存器中。

例 2-12 16 位变址寻址示例，用变量做偏移量。

解：MOV AL，DATA［DI］ ；将数据段中以偏移量 DATA 与 DI 内容之和作为
；有效地址，取出其内容送到 AL 寄存器

MOV DX，ES：BUFF［SI］ ；将附加段 ES 中以偏移量 BUFF 与 SI 内容之和作
；为有效地址，取出其内容送到 DX 寄存器

2）32 位寻址。这种寻址方式中，操作数在存储器中，而操作数所在存储器地址的有效值为变址寄存器的内容乘以比例因子，再加上指令中给出的偏移量，即

EA =（变址寄存器）×比例因子 + 偏移量

变址寄存器可取 EAX、EBX、ECX、EDX、ESI、EDI、EBP 等 7 个 32 位寄存器，若用 EAX、EBX、ECX、EDX、ESI、EDI 来进行变址寻址，则操作数所在的默认段是 DS 段；若用 EBP 来进行变址寻址，则规定操作数在 SS 段，否则使用段超越前缀。比例因子可取 1、2、4、8。

例 2-13 32 位变址寻址示例。

解：MOV BX，32H[EAX * 4] ；将数据段中以 EAX 的内容乘以 4，加上 32H
；作为有效地址，取出其内容送到 BX 寄存器

MOV BX，ES：32H[EAX * 4] ；将附加段 ES 中以 EAX 的内容乘以 4，加上
；32H 作为有效地址，取出其内容送到 BX 寄
；存器

（5）基址变址寻址 基址变址寻址方式是基址寻址和变址寻址两种方式的组合，也分为有比例因子的基址加变址寻址（32 位）和无比例因子的基址加变址寻址（16 位）两种。在应用时，要分清段地址。

1）16 位寻址。在这种寻址方式中，操作数在存储器中，而操作数所在存储器地址的有效值为基址寄存器的内容加变址寄存器的内容。基址寄存器取 BX 和 BP 两个 16 位寄存器，变址寄存器取 SI 和 DI 两个 16 位寄存器。

若用 BX 作基址寄存器，则操作数所在的默认段是 DS 段；若用 BP 作基址寄存器，则操

作数所在的默认段是SS段。若不使用默认段，则加段超越前缀。

例2-14　16位基址变址寻址示例。

解： MOV　AX，[BX][SI]

若已知DS=3000H，BX=2000H，SI=1000H，(33001H)(33000H)=279BH，则执行上述指令后，AX中的内容是多少？

在上述指令中，源操作数在数据段，其有效值EA=(BX)+(SI)=2000H+1000H=3000H，物理地址=(DS)×16+EA=33000H，取出其存储的两个字节279BH，存到AX中。

2）32位寻址。32位寻址时，操作数在存储器中，而操作数所在存储器地址的有效值为变址寄存器的内容乘以比例因子加基址寄存器的内容，即

EA=（基址寄存器）+（变址寄存器）×比例因子

基址寄存器和变址寄存器均可取EAX、EBX、ECX、EDX、ESI、EDI、EBP等7个32位寄存器，若用EAX、EBX、ECX、EDX、ESI、EDI作为基址寄存器，则操作数所在的默认段为DS段；若用EBP作基址寄存器，则默认操作数在SS段；若不使用默认段，则加段超越前缀。比例因子可取1、2、4、8。

（6）相对基址变址寻址　相对基址变址寻址方式是基址寻址和变址寻址两种方式的组合，也分为有比例因子的相对基址变址寻址（32位）和无比例因子的相对基址变址寻址（16位）两种。

1）16位寻址。在这种寻址方式中，操作数在存储器中，而操作数所在存储器地址的有效值为基址寄存器的内容加变址寄存器的内容，再加上指令中给出的偏移量之和。基址寄存器取BX和BP两个16位寄存器，变址寄存器取SI和DI两个16位寄存器。

若用BX作基址寄存器，则操作数所在的默认段是DS段；若用BP作基址寄存器，则操作数所在的默认段是SS段。若不使用默认段，则加段超越前缀。

例2-15　16位相对基址变址寻址示例。

解： ADD　AX，10H[BX][SI]

若已知DS=3000H，BX=2000H，SI=1000H，AX=5678H，(33011H)(33010H)=179AH，则执行上述指令后，AX中的内容是多少？

在上述指令中，源操作数在数据段，其有效值EA=(BX)+(SI)+偏移量=2000H+1000H+10H=3010H，物理地址=(DS)×16+EA=33010H，取出其存储的两个字节179AH，再加上AX之值5678H，得6E12H存到AX中。

2）32位寻址。在这种寻址方式中，操作数在存储器中，而操作数所在存储器地址的有效值为变址寄存器的内容乘以比例因子加基址寄存器的内容，再加上指令中给出的偏移量，即

EA=（基址寄存器）+（变址寄存器）×比例因子+偏移量

基址寄存器和变址寄存器均可取EAX、EBX、ECX、EDX、ESI、EDI、EBP等7个32位寄存器，若用EAX、EBX、ECX、EDX、ESI、EDI作为基址寄存器，则操作数所在的默认段为DS段；若用EBP作基址寄存器，则默认操作数在SS段；若不使用默认段，则加段超越前缀。比例因子可取1、2、4、8。

例2-16　32位相对基址变址寻址示例。

解： MOV　BX，32H[EBX][EAX*4]　　；将(EBX)+(EAX)×4+32H作为

```
                                      ；有效地址，取出连续两个字节的内
                                      ；容送到BX寄存器
    MOV  BX，ES：40H[EBX][EAX*8]      ；取出ES段中有效地址=(EBX)+
                                      ；(EAX)×8+40H连续两个字节的
                                      ；内容送BX寄存器
```

（7）小结　在存储器寻址方式下需要注意如下事项：

1）在基址寻址、变址寻址、基址变址寻址、相对基址变址寻址这4种寻址方式中，有效地址表达式中的位移量是无符号整数。

2）带有比例因子的变址寻址，这种寻址方式常用于检索一维数组元素，当数组元素都是2B时，比例因子取2。同理，当一维数组元素都由4B长或8B长的元素组成时，比例因子应选4或8。

3）带有比例因子的基址变址寻址常用于检索二维数组元素。

4）在寄存器间接寻址、基址寻址、变址寻址、基址变址寻址、相对基址变址寻址这5种寻址方式中，用户可以使用16位的寄存器寻址，也可以使用32位的寄存器寻址。需要注意的是：当CPU工作在实地址模式的时候，段地址最大为64KB，不论采用16位寄存器寻址还是32位寄存器寻址，都必须保证CPU最终算出的有效地址不超过FFFFH，而且操作数最高字节单元的有效地址也不能超过FFFFH，否则执行寻址操作时，系统将要瘫痪。

5）对于存储器寻址方式，操作数在哪个段，若在指令中无特别说明，则按默认段寻找操作数，否则，在指令操作数前加段超越前缀改变段属性。

例2-17　有效地址范围示例。

解：

```
执行：MOV  EBX，10000H         ；EBX中有效地址大于FFFFH
      MOV  AL，[EBX]           ；执行该指令，系统瘫痪
执行：MOV  SI，0FFFFH          ；虽然SI中的有效地址不大于FFFFH，但[SI]寻
                               ；址的是双字节数，高有效地址为10000H，超出
                               ；了FFFFH
      MOV  AX，[SI]            ；执行该指令后系统死机
```

任务2.2.4　掌握汇编指令系统

1. 数据传送类指令

数据传送是计算机中最基本、最重要的一种操作。这类指令用于实现存储器与寄存器、寄存器与寄存器、寄存器与I/O接口、存储器与I/O接口之间的数据传送。其共同特点是源操作数不变，不影响标志寄存器的状态。

数据传送指令包括通用数据传送指令、I/O数据传送指令、堆栈操作指令、标志操作指令和地址传送指令等。

（1）通用数据传送指令　通用数据传送指令包括数据传送指令MOV、符号扩展传送指令MOVSX、交换指令XCHG、字节交换指令BSWAP等。

1）数据传送指令MOV。把源操作数传送到目标寄存器或目标单元，源操作数不变，不影响标志位。

格式：MOV　目标操作数，源操作数

该条指令在使用时需要注意如下事项：

① 在这类指令中，源操作数可以是 8 位、16 位或 32 位的立即数、寄存器、段寄存器或存储器操作数。目标操作数是与源操作数等字长的寄存器、段寄存器（CS 除外）或存储单元。源操作数和目标操作数不能同为存储器操作数。

② 源操作数和目标操作数的类型必须匹配。如果目标操作数是用间址、基址、变址、基址变址或相对基址变址寻址的存储单元，而源操作数是单字节或双字节立即数，则必须用 PTR 运算符说明目标操作数的属性。

③ 不能直接向段寄存器写入立即数，对段寄存器初始化应借用一个 16 位的寄存器过渡。

④ 以 CS 为目标的一切传送指令都是非法的。

⑤ 数据传送指令不影响标志寄存器的状态。

例 2-18 ~ 例 2-22 为以上注意事项的示例。

例 2-18　立即数传送示例。

解：
```
MOV    AX，1247H              ；立即数到寄存器，1247H→AX
MOV    EBX，12345678H         ；立即数到寄存器，12345678H→EBX
MOV    [1200H]，12H           ；立即数到存储器，12H→[1200H]
```

例 2-19　寄存器与寄存器之间的数据传送示例。

解：
```
MOV  AL，DH                   ；DH→AL，字节传送
MOV  EAX，ESI                 ；ESI→EAX，双字传送
```

例 2-20　寄存器与存储器之间的数据传送示例。

解：
```
MOV   [BX]，AX                ；AX 的数据送至 BX 所指的存储单元
MOV   EAX，[EBX + ESI]        ；基址变址寻址，其有效地址所指的数据
                              ；送至 EAX
```

例 2-21　PTR 运算符的应用示例。

解： MOV　25H [BX]，12H

这条指令未指出源操作数的数据类型，汇编时会提示错误，应用属性修改运算符 PTR 说明其属性，改写如下：

```
MOV   BYTE   PTR   25H [BX]，12H     ；12H→数据段由基址确定的字节型单元
MOV   WORD   PTR   25H [BX]，12H     ；12H→数据段由基址寻址确定的字型单元
```

例 2-22　立即数到段寄存器的传送示例。

解：
```
MOV  AX，DATA                 ；DATA 为数据段段名，编译后即为 DATA
MOV  DS，AX                   ；段的基地址
```

2）符号扩展传送指令。

格式：MOVSX　目标寄存器，源操作数　；有符号扩展传送指令

　　　MOVZX　目标寄存器，源操作数　；无符号扩展传送指令

这两条指令的作用都是将 8 位源操作数扩展为 16 位，并传送到目标操作数；或者将 16 位操作数扩展为 32 位，并传送到目标操作数。MOVSX 是有符号扩展传送指令，将源操作数传送到目标操作数的低位，用源操作数的符号位补足目标操作数的高位。MOVZX 是无符号

数扩展传送指令，将源操作数传送到目标操作数的低位，用 0 补足目标操作数的高位。

源操作数可为立即数、寄存器或存储器操作数，目标操作数是 16 位或 32 位寄存器，目标操作数的长度必须是源操作数的两倍，源操作数不变。

例 2-23 符号扩展传送示例。

解：

```
MOV     AL, 90H        ; 90H→AL
MOVSX   BX, AL         ; FF90H→BX，AL 为有符号数，FFH 为 AL 符号
                       ; 位的扩展
MOVZX   DX, AL         ; 0090H→DX，AL 为无符号数，DX 的高 8 位补 0
```

3）交换指令。该指令用来将源操作数与目标操作数互换。两个操作数可以是通用寄存器和存储器，两个操作数数据类型应匹配，但不能同时为存储器操作数。指令执行后不影响标志寄存器。

格式：XCHG　　目标操作数，源操作数

例 2-24 数据交换示例。

解：

```
XCHG  AX, BX           ; 16 位寄存器间交换数据
XCHG  AX, DATA[DI]     ; 寄存器和存储器间交换数据
XCHG  ESI, EDI         ; 32 位寄存器间交换数据
```

例 2-25 将偏移地址为 2040H 单元和 2050H 单元的内容互换。

解：

```
MOV   AL, [2040H]
XCHG  AL, [2050H]
MOV   [2040H], AL
```

4）字节交换指令。将 32 位通用寄存器的第 1 个字节和第 4 个字节交换，第 2 个字节和第 3 个字节交换。指令执行后不影响标志位。

格式：BSWAP　32 位寄存器

例 2-26 数据交换示例。

解：

```
MOV    EDX, 12345678H
BSWAP  EDX             ; EDX = 78563412H
```

5）查表指令。取出 DS：[BX + AL] 中的第 1 个字节→AL，或者取出 DS：[EBX + AL] 中的第 1 个字节→AL。

格式：XLAT

例 2-27 将表格中的 6 号元素（假设为 20H）取出。

解：

```
LEA   BX, TABLE        ; 表头 TABLE 的有效地址→BX
MOV   AL, 06H          ; 表中的偏移量→AL
XLAT                   ; 20H→AL
```

由于该指令不能单独执行，有时称它们为复合指令。

例 2-28 建立一个 0 ~ 9 的二次方表，求 5 的二次方值。将 0 ~ 9 的二次方表建立在偏移地址为 3000H 内存中，存储单元存放的二次方值见表 2-2。

解： 完成求 5 的二次方指令序列为

```
MOV  BX, 3000H         ; 指向二次方表的首地址
MOV  AL, 5             ; 将 5 送入 AL
```

XLAT　　　　　　　　　　；执行换码指令，二次方值放在 AL 中

表 2-2　存储单元存放的二次方值

地址	二次方值
3000H	00
3001H	01
…	…
3009H	81

以上例子完全是为说明 XLAT 指令而设计的，实际应用中求二次方未必使用这种方法。

（2）I/O 数据传送指令　I/O 数据传送指令用于外部设备 I/O 端口与 CPU 之间的信息交换。传送中 CPU 只能用累加器 AL、AX 和 EAX 接收或发送信息。外部设备最多可有 65536 个 I/O 端口，端口地址为 0000H ~ FFFFH。当端口地址为 0 ~ FFH 时，可以用指令直接指定；当端口地址大于 FFH 时，需将端口地址装入 DX 寄存器中，再用 I/O 数据传送指令传送。

用于 I/O 数据传送的指令有 IN（输入）和 OUT（输出）两条。

1）IN 指令（输入）。该条指令将端口的数据读出送入 CPU 累加器。

格式：IN　累加器，端口

2）OUT 指令（输出）。该条指令将 CPU 累加器中的数据写入端口。

格式：OUT　端口，累加器

例 2-29　I/O 数据传送指令示例。

解：
```
1）IN     AL，28H      ；端口地址为 28H 的字节数据读出送 AL 寄存器
2）OUT    15H，AL      ；AL 的数据写入端口地址为 15H 的端口中
3）MOV    DX，03FCH    ；DX 指向的端口地址为 03FCH
4）IN     EAX，DX      ；将地址存放在 DX +3、DX +2、DX +1 和 DX 中
                       ；的端口中的数据输入到 EAX
5）OUT    DX，EAX      ；将 EAX 中的数据输出到地址存放在 DX +3、
                       ；DX +2、DX +1 和 DX 中的端口中
```

（3）堆栈操作指令　堆栈是人为定义的一块连续的存储空间，用来暂存数据。堆栈的一端固定不动，另一端随数据的进出而变化。堆栈操作时，SS 给出栈基址，栈顶的偏移量（有效地址）由 SP 或 ESP 给出，故 SP 或 ESP 的值就决定了堆栈的大小，堆栈的最大容量是 SP 或 ESP 的初值与 SS 间的距离，在用程序设置 SP 或 ESP 的初值时，应充分予以考虑。SP 或 ESP 给出堆栈中最后一个数据的地址。

在 80 ×86 系列中，堆栈数据按照“先进后出”的原则存取。随着数据的进出，堆栈栈顶地址的变化是向下生成方式，即进栈时栈顶地址变小，出栈时栈顶地址变大。

1）进栈指令。把源操作数压入 SP 所指的栈顶，源操作数可为 16 位或 32 位立即数、通用寄存器和存储器操作数，以及 16 位段寄存器。如果存储器操作数不是直接寻址，则必须用 PTR 运算符说明其属性。

格式：PUSH　源操作数

说明：进栈时，首先调整堆栈指针，然后把源操作数压栈，即：

①　16 位操作数进栈：SP −2→SP，16 位操作数→（SP）。

② 32 位操作数进栈：ESP－4→ESP，32 位操作数→（ESP）。

2）出栈命令。把 SP 所指的栈顶的内容弹到目标操作数，目标操作数可以是除 CS 之外的段寄存器，也可以是 16 位或 32 位的通用寄存器、存储单元。如果存储单元不是直接寻址，则必须用 PTR 运算符说明其属性。

格式：POP　目标操作数

说明：出栈时，先从栈顶弹出 2 个或 4 个字节，送目标操作数，然后调整堆栈指针，即：

① 16 位操作数出栈：SS：[SP] 的 2 个字节→16 位目标操作数，SP＋2→（SP）。

② 32 位操作数出栈：SS：[ESP] 的 4 个字节→32 位目标操作数，ESP＋4→ESP。

例 2-30　堆栈操作示例。

解：
```
PUSH  AX                          ; SP-2→SP, AX→(SP)
PUSH  EBX                         ; ESP-4→ESP, EBX→(ESP)
PUSH  WORD  PTR  12H[SI][BX]      ; SP-2→SP, [12H+SI+BX]存储单元
                                  ; 的字→(SP)
PUSH  DWORD  PTR  12H[DI]         ; ESP-4→ESP, [12H+DI]存储单元中
                                  ; 的双字→(SP)
POP   BX                          ; (SP)→BX, SP+2→SP
POP   EBX                         ; (ESP)→EBX, ESP+4→ESP
POP   DWORD  PTR [SI]             ; (ESP)→[SI], ESP+4→ESP
```

例 2-31　设 SS＝0200H，SP＝0012H，AX＝1234H，CX＝5678H，执行以下 3 条指令后，画出堆栈空间数据变化示意图。

```
PUSH   AX          ; SP-2→SP, AX→(SP)
PUSH   CX          ; SP-2→SP, CX→(SP)
POP    BX          ; 将当前堆栈中的内容弹到 BX
```

解：堆栈空间数据变化示意图如图 2-15 所示。

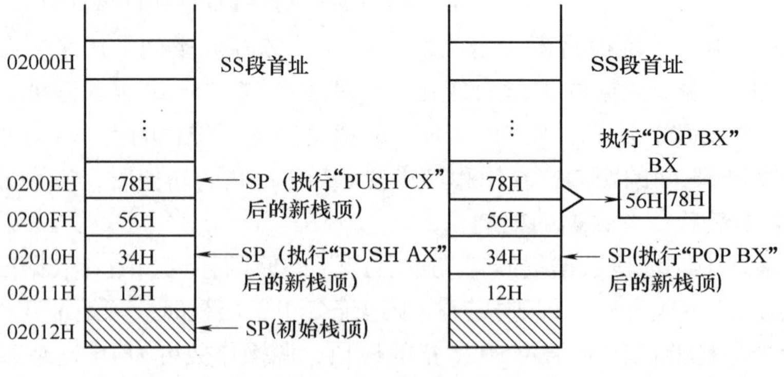

图 2-15　堆栈空间数据变化示意图

3）16 位通用寄存器进栈/出栈指令。

格式：PUSHA

　　　POPA

执行 PUSHA 时，首先，SP－16→SP，然后依次把 AX、CX、DX、BX、SP、BP、SI 和

DI 这 8 个通用寄存器的内容压入堆栈；执行 POPA 时，将当前栈顶指针 SP 所指的 16 个字节，依次弹出，装入 DI、SI、BP、SP、BX、DX、CX 和 AX 这 8 个通用寄存器，再使 SP + 16→SP。

4）32 位通用寄存进栈/出栈指令。

格式：PUSHAD
　　　POPAD

执行 PUSHAD 时，首先，ESP − 32→ESP，再依次把 EAX、ECX、EDX、EBX、ESP、EBP、ESI 和 EDI 这 8 个通用寄存器的内容压入堆栈，进栈的 ESP 值是调整前的值。执行 POPAD 时，将当前栈顶指针 ESP 所指的 32 个字节，依次弹出，装入 EDI、ESI、EBP、ESP、EBX、EDX、ECX 和 EAX 这 8 个通用寄存器中，再使 ESP + 32→ESP。

（4）标志操作指令　标志操作指令包括标志寄存器传送指令、进栈/出栈指令等指令。

1）标志寄存器传送指令。

格式：LAHF
　　　SAHF

LAHF 将标志寄存器低 8 位传送到 AH 寄存器中，SAHF 将 AH 寄存器的内容传送到标志寄存器低 8 位。

标志操作指令提供了直接对标志寄存器进行操作的方法，操作数包含在助记符中，许多指令的执行会影响到标志位，而标志寄存器中有些控制位的状态也会影响某些指令的执行。

2）16 位标志寄存器进栈/出栈指令。

格式：PUSHF
　　　POPF

执行 PUSHF 时，首先，SP − 2→SP，再将标志寄存器低 16 位压入堆栈。执行 POPF 时，将当前栈顶指针 SP 所指的一个字弹至标志寄存器的低 16 位，然后，SP + 2→SP。

3）32 位标志寄存器进栈/出栈指令。

格式：PUSHFD
　　　POPFD

执行 PUSHFD 时，首先，ESP − 4→ESP，再将 32 位标志寄存器的内容压入堆栈。执行 POPFD 时，将当前栈顶指针 ESP 所指的一个双字弹至 32 位标志寄存器，然后，ESP + 4→ESP。

（5）地址传送指令　这类指令用于在程序中改变地址，它们处理变量的地址，而不是变量的值或变量的内容。

1）有效地址传送指令。目标寄存器为 16 位或 32 位的寄存器，源操作数为存储器操作数。该指令将存储单元的有效地址传送到目标寄存器中。

格式：LEA　目标寄存器，源操作数

例 2-32　有效地址的获取示例。

解：
```
LEA    BX, BUF           ; BUF 单元的有效地址→BX
LEA    EAX, [SI+5]       ; 数据段采用 SI+5 变址寻址的那个单元的有
                         ; 效地址→EAX
LEA    EBX, [EAX]        ; EAX 的内容作为有效地址传送至 EBX 寄存器
```

例 2-33 已知 BX = 2000H，SI = 3000H，执行下列指令后，BX 的内容是多少？

解： LEA BX，10H[BX][SI]

有效地址 EA = (BX) + (SI) + 偏移量 = 2000H + 3000H + 10H = 5010H，所以 BX = 5010H。

2）地址指针传送指令。操作码助记符有 LDS、LES、LGS、LSS、LFS，其后两位字母代表段寄存器，它们是隐含的目标寄存器，共有 5 条地址指针传送指令。这类指令传送一个目标地址，包括段地址和段内偏移量。

格式：操作码助记符 目标寄存器，源操作数

需要说明的是：

① 如果目标寄存器是 16 位通用寄存器，则源操作数应是 32 位存储器操作数。指令执行后，主存储器操作数高 16 位送至隐含的段寄存器，低 16 位送至目标寄存器指定的通用寄存器。

② 如果目标寄存器是 32 位通用寄存器，则源操作数应包含 48 位地址。指令执行后，存储器源操作数高 16 位送至操作码指定的段寄存器，低 32 位送至目标寄存器指定的 32 位通用寄存器。

例 2-34 地址指针传送示例。

解： LES BX，[SI] ；将 32 位地址指针分别送至 ES 和 BX

LSS EAX，[EDI] ；将 48 位地址指针分别送至 SS 和 EAX

例 2-35 已知 DS = A000H，BX = 0800H，(A0801H)(A0800H) = 1234H，(A0803H)(A0802H) = 3000H，则执行下列指令后，DS：SI 等于多少？

解： LDS SI，[BX]

该指令是一寄存器间接寻址，先计算出 BX 所指向的物理地址 = DS × 16 + BX = A0800H，将其连续的 4 个单元的数据分别送到 SI、DS，得 DS：SI = 3000H：1234H。

2. 算术运算类指令

80 × 86 的指令系统提供了加、减、乘、除四则运算指令，可用于字节、字、双字的有符号数或无符号数的运算，若为有符号数，则以补码形式表示，这时有符号数和无符号数的运算可使用相同的指令。80486 还可完成 BCD 数的运算。算术运算类指令会影响到标志位的状态。

（1）加法和减法指令 加法指令包含 ADD、ADC 和 INC 三条指令，减法指令包括 SUB、SBB、DEC、NEG 和 CMP 五条指令。它们分别执行字或字节的加法和减法运算，除 INC 和 DEC 不影响 CF 标志位外，其他按定义影响全部状态标志位。

1）不带进位的加、减指令。

格式：ADD 目标操作数，源操作数

目标操作数 + 源操作数→目标操作数。

格式：SUB 目标操作数，源操作数

目标操作数 − 源操作数→目标操作数。

2）带进位加、减指令。

格式：ADC 目标操作数，源操作数

目标操作数 + 源操作数 + CF→目标操作数。

格式：SBB　目标操作数，源操作数

目标操作数 - 源操作数 - CF→目标操作数。

其中的 CF 是上一条指令执行后产生的进位/借位标志位。

ADC 和 SBB 指令主要与 ADD 和 SUB 指令相结合，实现多字节加法和减法运算。

需要注意的是：

① 上述4 条指令，目标操作数为8 位、16 位或32 位的寄存器操作数、存储器操作数，源操作数可以是与目标操作数等长的寄存器操作数、存储器操作数或立即数，但两操作数不能同时为存储器操作数，并且类型必须一致。

② 如果源操作数是单字节或双字节立即数，而目标操作数是用间址、基址、变址、基址变址、相对基址变址寻址的存储器操作数，则目标操作数必须用 PTR 运算符说明是字节型还是字型，否则汇编时会出错。

③ 以上 4 条指令的运算结果会影响状态标志位 AF、CF、PF、OF、ZF 和 SF。

例 2-36　无符号数的加法示例。

解：
```
ADD  AL，12H
ADD  WORD  PTR  [BX]，5B28H     ；“WORD  PTR”是伪指令，用以指明该存
                                ；储器操作数的类型
```

例 2-37　两个 4B 数分别存放在 BUFFER1 和 BUFFER2 的存储区中，先对其求和，并放在 BUFFER3 存储区中。

解：
```
CLC                         ；清进位位
MOV   AX，BUFFER1           ；取第一个数的低 16 位
ADD   AX，BUFFER2           ；与第二个加数的低 16 位相加
MOV   BUFFER3，AX           ；部分和存放在 BUFFER3 存储区的低位地址
MOV   AX，BUFFER1 +2        ；取第一个数的高 16 位
ADC   AX，BUFFER2 +2        ；与第二个加数的高 16 位相加，并加进位
MOV   BUFFER3 +2，AX        ；部分和存放在 BUFFER3 存储区的高位地址
```

例 2-38　无符号双字加法和减法。

解：
```
MOV   AX，7856H             ；AX =7856H
MOV   DX，8234H             ；DX =8234H
ADD   AX，8998H             ；AX =01EEH，CF =1，SF =0，ZF =0
ADC   DX，1234H             ；DX =9469H，CF =0，SF =1，ZF =0
SUB   AX，4491H             ；AX =BD5DH，CF =1，SF =1，ZF =0
SBB   DX，8000H             ；DX =1468H，CF =0，SF =0，ZF =0
```

上述程序段完成以后，DX. AX =8234 7856H +1234 8998H -8000 4491H =1468 BD5DH。

3）增量指令 INC。目标操作数加 1 送到目标操作数。

格式：INC 目标操作数

4）减量指令 DEC。目标操作数减 1 送到目标操作数。

格式：DEC　目标操作数

INC 指令对操作数加 1（增量），DEC 指令对操作数减 1（减量），是单操作数指令，结果仍返回操作数。不影响进位标志位 CF，受影响的状态标志位有 OF、SF、ZF、AF 和 PF。

操作数可以是 8 位、16 位或 32 位的寄存器操作数或存储器操作数。

例 2-39 增量减量运算示例。

解：
```
INC   AX                  ; AX+1→AX
INC   WORD  PTR[BX]       ; 存储器操作数字单元加 1
DEC   WORD  PTR[SI]       ; 存储器操作数字单元减 1
DEC   EAX                 ; EAX-1→EAX
```

5）求补指令。该指令对目标操作数求补，即用 0 减去目标操作数，结果送回目标操作数，操作数可以是 8 位、16 位或 32 位的寄存器、存储器操作数。受影响的状态标志位是 OF、SF、ZF、AF、PF、CF。

格式：NEG 目标操作数

需要注意的是，操作数以补码的形式表示，若源操作数为正数，指令执行后变为负数；若源操作数为负数，指令执行后变成正数。

例 2-40 求补运算示例。

解：
```
MOV  AX, 0FF64H
NEG  AL          ; AX=0FF9CH, OF=1, SF=1, ZF=0, PF=1, CF=1
SUB  AL, 9DH     ; AX=0FFFFH, OF=0, SF=1, ZF=0, PF=1, CF=1
NEG  AX          ; AX=0001H, OF=0, SF=0, ZF=0, PF=0, CF=1
```

6）比较指令 CMP。用目标操作数减去源操作数后，结果不保留，但影响状态标志位 AF、CF、OF、PF、SF、ZF，两操作数保持不变。该指令通常用于比较两个操作数的大小关系，后面一般跟条件转移指令。

格式：CMP 目标操作数，源操作数

该操作中，源操作数可以是 8 位、16 位或 32 位寄存器、存储器或立即数。目标操作数为与源操作数等长的寄存器操作数、存储器操作数。

7）交换相加指令。将源操作数和目标操作数交换，再将交换后的源操作数和目标操作数相加，结果送到目标操作数。

格式：XADD 目标操作数，源操作数

在该操作中，源操作数只能是寄存器操作数，可为 8 位、16 位、32 位。目标操作数可为寄存器操作数或存储器操作数，但必须与源操作数类型匹配。

XADD 指令影响状态标志位 AF、CF、OF、PF、SF、ZF。

例 2-41 交换相加运算示例。

解：
```
MOV   AX, 1625H     ; 1625H→AX
MOV   BX, 2340H     ; 2340H→BX
XADD  AX, BX        ; 1625H→BX, 3965H→AX
                    ; OF=0, CF=0, PF=1, SF=0, ZF=0
```

（2）符号扩展指令　使用有符号二进制除法指令时，若被除数和除数等长，则应先使用符号扩展指令将被除数的长度扩展为除数长度的两倍，再进行除法运算。符号扩展指令不影响标志位。

1）CBW。将 AL 中的 8 位带符号数，带符号扩展为 16 位，送到 AX 中。带符号扩展是指对正数高位扩展为全“0”，对负数高位扩展为全“1”。即若 AL 为正数，执行该指令后，

AH＝00H；若 AL 为负数，执行该指令后，AH＝FFH。

格式：CBW　　；16 位扩展

2）CWD。将 AX 中的 16 位带符号数，带符号位扩展为 32 位，送到 DX 和 AX 中。高 16 位送到 DX 中，低 16 位送到 AX 中。若 AX 为正数，执行该指令后，DX＝0000H；若 AX 为负数，执行该指令后，DX＝FFFFH。

格式：CWD　　；32 位扩展

3）CWDE。将 AX 中的 16 位带符号数，带符号位扩展为 32 位，送到 EAX 中。若 AX 为正数，执行该指令后，EAX 的高 16 位为 0；若 AX 为负数，执行该指令后，EAX 的高 16 位为 FFFFH。

格式：CWDE　　；32 位扩展

4）CDQ。将 EAX 中的 32 位带符号数，带符号扩展为 64 位，送到 EDX 和 EAX 中。低 32 位送到 EAX 中，高 32 位送到 EDX 中。若 EAX 为正数，执行该指令后，EDX＝0000 0000H；若 AX 为负数，执行该指令后，EDX＝FFFF FFFFH

格式：CDQ　　；64 位扩展

例 2-42　符号扩展示例。

解：
```
MOV   AL , 64H        ; AL =64H，表示十进制数 100
CBW                   ; 将符号位“0”扩展，AX =0064H，仍然表示 100
MOV   AX , 0FF00H     ; AX = FF00H，表示有符号十进制数 -256
CWD                   ; 将符号位“1”扩展，DX. AX = FFFF FF00H，仍然
                      ; 表示 -256
```

（3）乘法指令　乘法指令实现两个二进制操作数的相乘运算，并针对无符号数和有符号数设计了不同的指令。

1）无符号二进制数乘法指令。

格式：MUL　乘数

功能描述如下：

①　乘数和被乘数必须是等长的无符号数，乘积为双倍长。指令格式中写的是乘数，它可以是 8 位、16 位或 32 位的寄存器操作数或存储器操作数。

②　字节相乘：被乘数默认在 AL 中，乘积存入 AX 寄存器。若高位积 AH 为 0，则 CF 标志位、OF 标志位置 0，否则置 1。

③　字相乘：被乘数默认在 AX 中，乘积存入 DX 和 AX 寄存器。若高位积 DX 为 0，则 CF 标志位、OF 标志位置 0，否则置 1。

④　双字相乘：被乘数默认在 EAX 中，乘积存入 EDX 和 EAX 寄存器。若高位积 EDX 为 0，则 CF 标志位、OF 标志位置 0，否则置 1。

2）有符号二进制数乘法指令。IMUL 指令，默认其乘数、被乘数均为有符号的补码数，最高位是符号位，0 为正，1 为负，执行指令后，若 OF 标志位为 1，表示有溢出。

格式 1：IMUL　乘数

带符号数的乘法指令，乘数、被乘数的预置和乘积的存放均与 MUL 指令相同。

例 2-43　字节数乘法示例：A5H×64H。

解：
```
MOV   AL, 64H    ; AL =64H，表示无符号数是 100，有符号数也是 100
```

```
MOV  BL, 0A5H     ; 表示无符号数是165, 有符号数则是-91
```

若执行：

```
① MUL  BL         ; 无符号数乘法：AX=4074H，表示十进制数为16500
                  ; OF=CF=1，说明AX高8位含有有效数字，不是符号扩展
② IMUL  BL        ; 有符号字节乘法：AX=DC74H，表示十进制数为-9100
                  ; OF=CF=1，说明AX高8位含有有效数字，不是符号扩展
```

格式2：IMUL 目标操作数，源操作数

功能：将目标操作数乘以源操作数，结果回送到目标操作数。目标操作数可以是16位或32位的寄存器或存储器操作数，源操作数是与目标操作数等长的立即数、寄存器操作数或存储器操作数。

源操作数和目标操作数的数据类型要求一致，乘积只取和目标操作数相同的位数，高位部分将被舍去，且CF=OF=1，其他标志位无定义。

例2-44 有符号数乘法示例：-6×4。

解：

```
MOV   BX, -6      ; 取被乘数
IMUL  BX, 4       ; BX = -24
```

格式3：IMUL 目标操作数，源操作数，立即数

功能：源操作数乘以立即数，结果送回目标操作数，目标操作数只能是16位或32位的通用寄存器操作数，源操作数是与目标操作数等长的寄存器操作数或存储器操作数，立即数与源操作数、目标操作数等长，8位立即数能自动进行符号扩展，转换成16位或32位立即数。

例2-45 有符号数乘法示例：32×4。

解：

```
MOV   EAX, 32
IMUL  EBX, EAX, 4     ; EBX=0000 0080H, EAX=0000 0020H
```

要求目标操作数和源操作数类型相同，乘积超出目标操作数部分，将被舍去，并且使CF=OF=1。使用这类指令时，需在IMUL指令后加一条判断溢出的指令，溢出时转错误处理程序进行处理。

（4）除法指令 除法指令实现两个二进制操作数的相除运算，并针对无符号数和有符号数设计了不同的指令。

格式：

```
DIV   除数     ; 无符号数的除法指令
IDIV  除数     ; 带符号数的除法指令
```

说明：除数可为通用寄存器操作数或存储器操作数，被除数默认在累加器（AX，DX. AX，EDX. EAX）中，被除数的长度必须为除数双倍字长。当进行无符号数除法时，被除数高位按0扩展为双倍除数字长；当进行有符号数除法时，被除数以补码表示。可使用扩展指令CBW、CWD、CWDE、CDQ进行高位扩展。

例2-46 在偏移地址为2340H和2341H内存单元中存有两个有符号字节数，求这两个数相除的结果，并将结果分别存入存储单元2342H和2343H中。

解：

```
MOV   AL, [2340H]
CBW
IDIV  [2341H]
```

```
MOV    [2342H], AL
MOV    [2343H], AH
```

例 2-47　除法运算示例。

解：

```
MOV    AX, BLOCK
CWD                      ; 被除数高位扩展
MOV    BX, 1000H
IDIV   BX
```

对于有符号数除法，其商和余数均采用补码形式表示，余数与被除数同符号。当除数为零或商超过了规定所能表示的范围时，将会出现溢出现象，产生一个中断类型码为“0”的中断。执行除法指令后标志位无定义。

例 2-48　字数据除法示例。

解：

```
MOV    DX, 4
MOV    AX, 3                       ; DX. AX =40003H，表示十进制数 262147
MOV    WORD  PTR [30H], 8000H      ; [30H] =8000H，表示无符号数 32768、
                                   ; 有符号数 -32768
①DIV   WORD  PTR  [30H]            ; 无符号数运算，商 AX =8，余数 DX =3
②IDIV  WORD  PTR  [30H]            ; 有符号数运算，商 AX = -8，余数 DX =3
```

如果执行“DIV　WORD　PTR　[30H]”这条指令，就按照无符号计算，如果执行“IDIV　WORD　PTR　[30H]”这条指令，就按照有符号数计算，其结果完全不同。

(5)* BCD 码调整指令　BCD 码是用 4 位二进制编码表示一位十进制数。因为 4 位二进制编码有 16 种编码 0 ~ F，而 BCD 码只使用其中 0 ~ 9 这 10 种编码，所以要实现十进制 BCD 运算还需要对二进制运算结果进行调整。十进制调整指令就是在需要时让二进制结果跳过 A ~ F 这 6 种不用的编码，而仍以 BCD 码反映正确的 BCD 码运算结果。

BCD 码又分压缩和非压缩两种类型：所谓压缩，就是用一个字节表示两位 BCD 数；所谓非压缩 BCD 数，就是一个字节只表示一位 BCD 数，有效位在低 4 位，高 4 位为 0。二进制编码、压缩 BCD 码、非压缩 BCD 码、ASCII 码这四种编码的对照表见表 2-3。

表 2-3　四种编码对照表

真值（十进制数）	二进制编码	压缩 BCD 码	非压缩 BCD 码	ASCII 码
2	02H	02H	02H	32H
64	40H	64H	0604H	3634H

1）压缩 BCD 码加法调整指令 DAA。加法的压缩 BCD 数调整指令，用来把默认的 AL 内容转换成两位压缩的 BCD 数。

格式：DAA

调整方法如下：

若 AL 中低 4 位大于 9，或标志位 AF =1（表示低 4 位向高 4 位有进位），则

$$AL+6\rightarrow AL\quad 1\rightarrow AF$$

若 AL 中高 4 位大于 9，或标志位 CF =1（表示高 4 位有进位），则

$$AL+60H\rightarrow AL\quad 1\rightarrow CF$$

DAA 指令一般紧跟在 ADD 或 ADC 指令之后使用，影响标志位为 SF、ZF、AF、PF、CF。OF 无定义。

2）压缩 BCD 码减法调整指令 DAS。减法的压缩 BCD 数调整指令，用来把默认的 AL 内容转换成两位压缩的 BCD 数。

格式：DAS

调整方法如下：

若 AL 中低 4 位大于 9，或标志位 AF = 1（表示低 4 位向高 4 位有借位），则

$$AL-6\rightarrow AL \quad 1\rightarrow AF$$

若 AL 中高 4 位大于 9，或标志位 CF = 1（表示高 4 位向高位有借位），则

$$AL-60H\rightarrow AL \quad 1\rightarrow CF$$

DAS 指令一般紧跟在 SUB 或 SBB 指令之后使用，影响标志位为 SF、ZF、AF、PF、CF。OF 无定义。

例 2-49 压缩 BCD 码的加法和减法运算示例。

解：

```
MOV   AL, 56H      ; AL = 56H，作为压缩 BCD 码表示 56
MOV   BL, 35H      ; BL = 35H，作为压缩 BCD 码表示 35
ADD   AL, BL       ; 按照二进制数进行加法：AL = 56H + 35H = 8BH
DAA                ; 按照压缩 BCD 码进行调整：AL = 91H
                   ; 实现压缩 BCD 码加法：56 + 35 = 91
SUB   AL, 49H      ; 按照二进制数进行减法：AL = 91H - 49H = 48H，产生借位
DAS                ; 按照压缩 BCD 码进行调整：AL = 42H
                   ; 实现压缩 BCD 码减法：91 - 49 = 42
```

3）非压缩 BCD 码加法调整指令 AAA。加法调整指令，操作数隐含在 AL 中，跟在以 AL 为目的操作数的 ADD 或 ADC 指令之后，对 AL 进行非压缩 BCD 码调整。如果调整中产生了进位，则将进位 1 加到 AH 中，同时，CF = AF = 1，否则，CF = AF = 0。

格式：AAA

调整方法：若 AL 中低 4 位小于 9 或等于 9，仅 AL 高 4 位清零，标志位 AF = CF = 0；若 AL 中低 4 位大于 9 或标志位 AF = 1（有进位），则 $AL+6\rightarrow AL$，$AH+1\rightarrow AH$，AF = CF = 0，AL 中高 4 位清零。

AAA 指令一般紧跟在 ADD 或 ADC 指令之后使用，影响标志位为 AF、CF，其他标志位无定义。

4）非压缩 BCD 码减法调整指令 AAS。减法调整指令，跟在以 AL 为目标操作数的 SUB 或 SBB 指令之后，对 AL 进行非压缩 BCD 码调整。如果调整中产生了借位，则将 AH 减去借位 1，同时，CF = AF = 1，否则，CF = AF = 0。

格式：AAS

调整方法：若 AL 中低 4 位小于 9 或等于 9，仅高 4 位清零，标志位 $AF\rightarrow CF$；若 AL 中低 4 位大于 9 或标志位 AF = 1（有借位），则 $AL-6\rightarrow AL$，$AH-1\rightarrow AH$，$1\rightarrow AF$，$AF\rightarrow CF$，AL 中高 4 位清零。

AAS 指令一般紧跟在 SUB 或 SBB 指令之后使用，影响标志位为 AF、CF，其他标志位无定义。

例 2-50　压缩 BCD 码的加法和减法运算示例。

解：
```
MOV  AX, 0604H  ; AX = 0604H，作为非压缩 BCD 码表示 64
MOV  BL, 07H    ; BL = 07H，作为非压缩 BCD 码表示 7
ADD  AL, BL     ; 按照二进制数进行加法：AL = 04H + 07H = 0BH
AAA             ; 按照非压缩 BCD 码进行调整：AX = 0701H
                ; 实现非压缩 BCD 码加法：64 + 7 = 71
SUB  AL, 03H    ; 按照二进制数进行减法：AL = 01H - 03H = FEH，产生借位
AAS             ; 按照非压缩 BCD 码进行调整：AX = 0608H
                ; 实现非压缩 BCD 码减法：71 - 3 = 68
```

5）非压缩 BCD 码乘法调整指令 AAM。将 AX 中的乘积调整为非压缩 BCD 码。

格式：AAM

调整方法：AL/10，商→AH，余数→AL。

非压缩 BCD 码乘法调整指令 AAM 跟在以 AX 为目标操作数的 MUL 指令之后，对 AX 进行非压缩 BCD 码调整。利用 MUL 指令相乘的两个非压缩 BCD 码的高 4 位必须为 0。

例 2-51　非压缩 BCD 码的乘法示例。

解：
```
MOV  AX, 0705H  ; BCD 数 7→AH，BCD 数 5→AL
MUL  AH         ; AL × AH = 23H→ AX
AAM             ; 把结果调整为两个非压缩 BCD 数 0305H
```

AAM 指令影响标志位为 SF、ZF、PF，其他标志位无影响。

6）非压缩 BCD 码除法调整指令 AAD。与其他运算的 BCD 调整指令相比，操作正好相反，其他运算的 BCD 调整是将二进制结果调整成为正确的 BCD 数，而 AAD 指令是在除法运算前，把默认的 AX 中的两位非压缩 BCD 数调整成二进制数，然后再用 DIV 指令除以一个非压缩的 BCD 码数，这样得到非压缩 BCD 码数的除法结果。其中，要求 AL、AH 和除数的高 4 位为 0。

格式：AAD

调整方法：AH × 10 + AL→AL，0→AH。

例 2-52　非压缩 BCD 码的除法示例。

解：
```
MOV  BL, 03H
MOV  AX, 0806H
AAD             ; 将 86 转换成二进制数，则 AX = 0056H
DIV  BL         ; AL 为二进制商 1CH，AH 为余数 2
```

AAD 指令对标志位的影响和 AAM 指令对标志位的影响相一致。

3. 程序控制转移类指令

计算机执行程序一般是按顺序地逐条执行指令，但经常需要根据不同的条件做不同的处理，比如，有时需要跳过几条指令，有时需要跳过几段指令，有时需要重复执行某段程序，或者转移到另一个程序段去执行，用于控制程序流程的指令，包括转移、循环、过程调用和中断调用。

（1）无条件转移指令 JMP　所谓无条件转移指令，就是无任何先决条件就能使程序改变执行顺序。

1）段内直接转移。程序无条件转移到标号给定的目标地址，即给出新的 IP 值，通常用标号表示。新 IP 值 = 当前 IP 值 + 指令中给定的偏移量。

格式：JMP　SHORT　标号　　　；短转移

　　　JMP　NEAR　PTR　标号　；近转移

SHORT 和 NEAR 是汇编语言中的运算符，SHORT 指的是段内短转移，仅用于 JMP 指令，指令偏移量为 8 位。NEAR 指的是段内近转移，指令偏移量为 16 位或 32 位。不含属性运算符，则默认为近转移。

例 2-53　无条件转移示例。

解：

```
      JMP  NEXT
           ⋮
NEXT：MOV  AL，BL
```

标号 NEXT 为转移的目标地址，汇编语言程序会算出目标地址与 JMP 指令间的距离。

2）段内间接转移。“JMP　寄存器操作数”指令地址在通用寄存器中，将其内容直接送 IP 或 EIP 实现程序转移；“JMP　存储器操作数”指令地址在存储器中，默认段寄存器根据参与寻址的通用寄存器来确定，将指定存储单元的字取出直接送 IP 或 EIP 实现程序转移。

格式：JMP　寄存器操作数　　；目标地址在寄存器中

　　　JMP　存储器操作数　　；目标地址在存储器中

例 2-54　设 DS = 1000H，EBX = 0000 2000H，求下列程序运行的结果。

解：

```
JMP  BX                  ；将2000H送IP
JMP  NEAR  PTR［BX］      ；将地址1000：2000单元存放的一个字送IP
JMP  NEAR  PTR［EBX］     ；将段选择符为1000H、偏移地址为0000 2000H单元
                         ；存放的双字送EIP
```

3）段间直接转移。“FAR　PTR”说明标号具有远程属性，即目标地址与该指令不在同一个段中。将指令中由标号指定的段值送 CS，偏移地址送 IP。

格式：JMP　FAR　PTR　标号

例 2-55　在实地址模式下，标号 NEXT 定义为 1200H：34A8H，执行下列指令后，程序转移到何处执行？

解： JMP　FAR　PTR　NEXT

段间直接转移，程序转移至 CS：IP = 1200H：34A8H 处继续执行。

4）段间间接转移。由“FAR PTR 存储器操作数”指定的存储器操作数作为转移地址。在 16 位寻址方式中，存储器操作数中含有 32 位目标地址：高 16 位为 CS 值，低 16 位为 IP 值。

格式：JMP　FAR　PTR　存储器操作数

（2）子程序调用指令 CALL　子程序调用指令，就是无条件转移到过程名去执行一个程序或子程序，并且这个过程或子程序程序执行完毕后，仍返回到 CALL 的下一条指令继续执行原程序。

子程序调用指令分为段内直接调用、段内间接调用、段间直接调用和段间间接调用 4 种格式。

1）段内直接调用。主程序调用由过程名给定的过程（子程序），主程序和子程序在同

一段内，过程入口地址直接给出。

格式：CALL　过程名　　　　；入口地址直接给出

调用过程：将断点处 IP（EIP）的值压入堆栈，将过程中第一条指令的偏移量（也称入口地址）送入 IP（EIP）。

2）段内间接调用。主程序调用子程序，主程序和子程序在同一段内，过程入口地址间接给出。

格式：CALL　寄存器操作数　　　　；入口地址在寄存器中

　　　CALL　存储器操作数　　　　；入口地址在存储器中

调用过程：将断点处 IP（EIP）的值压入堆栈。在寄存器寻址方式下，寄存器操作数的内容作为入口地址的偏移量送入 IP（EIP）。在存储器寻址方式下，存储器操作数的内容作为入口地址的偏移量送入 IP（EIP）。

3）段间直接调用。主程序调用由过程名给定的子程序，主程序和子程序不在同一段内，过程入口地址直接给出。

格式：CALL　FAR　PTR　过程名　　　　；入口地址直接给出

调用过程：将断点处 CS 的值和 IP（EIP）的值压入堆栈（CS 的值存入高地址，IP（EIP）的值存入低地址），将过程中的入口地址段值送入 CS，偏移量送入 IP（EIP）。

4）段间间接调用。主程序调用子程序，主程序和子程序不在同一段内，过程入口地址间接给出。

格式：CALL　FAR　PTR　存储器操作数　　　；入口地址在存储器中

调用过程：将断点处 CS 值和 IP（EIP）值压入堆栈；将由寄存器指出的存储器的内容作为入口地址，其高位是段值，送入 CS，低位是偏移量，送入 IP（EIP）。

（3）子程序返回指令 RET　子程序返回指令，执行与 CALL 指令相反的操作，从子程序返回到主程序。该指令有带操作数和不带操作数两种形式。返回指令是子程序的最后一条指令，使子程序结束后，程序返回到主程序的断点处。

格式：RET　　　　　　　；无返回参数

　　　RET　n　　　　　　；有返回参数

返回过程如下：

1）当过程为 NEAR 属性时，将堆栈中保存的断点处 IP（EIP）的值弹出堆栈，送回 IP（EIP）。

2）当过程为 FAR 属性时，将堆栈中保存的断点处 CS 和 IP（EIP）的值弹出堆栈，送回 CS 和 IP（EIP）。

3）调用过程时，利用堆栈向子程序传递参数，那么在子程序返回时应使用带参数的返回指令，n 取偶数。其过程是：先执行 RET，再根据 n 的值修改堆栈指针 SP/ESP，目的是清除子程序调用时入栈的参数。

（4）条件转移指令　条件转移指令最常见的用法是紧跟在比较指令之后，测试比较指令产生的状态标志位。当条件满足时执行指定标号处的指令，否则顺序执行。

条件转移指令有统一的格式，即

操作码助记符　转移地址标号

各种转移条件隐含在操作码助记符当中，有的指令又有几种等价的操作码助记符，用户可以按照自己的习惯选用。

1）单标志位条件转移指令。单标志位条件转移指令使用情况见表2-4。

表2-4 单标志位条件转移指令使用情况

指令助记符	判断条件	说明
JC/JB/JNAE	CF=1时转移	有进位/低于/不高于且不等于时转移
JNC/JNB/JAE	CF=0时转移	无进位/不低于/高于或等于时转移
JZ/JE	ZF=1时转移	结果为0/等于时转移
JNZ/JNE	ZF=0时转移	结果不为0/不等于时转移
JS	SF=1时转移	结果为负数时转移
JNS	SF=0时转移	结果为正数时转移
JP/JPE	PF=1时转移	结果中1的个数为偶数时转移
JNP/JPO	PF=0时转移	结果中1的个数为奇数时转移
JO	OF=1时转移	有溢出时转移
JNO	OF=0时转移	无溢出时转移

2）无符号数比较条件转移指令。此类指令根据两个标志位组合条件判断是否需要转移，见表2-5。

表2-5 无符号数比较条件转移指令

指令助记符	判断条件	说明［以（A-B）为例］
JA/JNBE	$CF=0 \wedge ZF=0$ 时转移	高于/不低于且不等于（A>B）时转移
JNA/JBE	$CF=1 \vee ZF=1$ 时转移	不高于/低于或等于（A≤B）时转移
JC/JB/JNAE	$CF=1 \wedge ZF=0$ 时转移	低于/不高于且不等于（A<B）时转移
JNB/JAE/JNC	$CF=0 \vee ZF=1$ 时转移	不低于/高于或等于（A≥B）时转移

3）有符号数比较条件转移指令。此类指令根据3个标志位组合条件判断是否需要转移，见表2-6。

表2-6 有符号数比较条件转移指令

指令助记符	判断条件	说明［以（A-B）为例］
JG/JNLE	$ZF=0 \wedge SF \oplus OF=0$	大于/不小于且不等于（A>B）时转移
JGE/JNL	$ZF=1 \vee SF \oplus OF=0$	大于等于/不小于（A≥B）时转移
JL/JNGE	$ZF=0 \wedge SF \oplus OF=1$	小于/不大于且不等于（A<B）时转移
JLE/JNG	$ZF=1 \vee SF \oplus OF=1$	小于等于/不大于（A≤B）时转移

4）测试CX条件转移指令。测试CX条件转移指令见表2-7。

表2-7 测试CX条件转移指令

指令助记符	指令功能	说明
JCXZ	当CX=0时转移	转移范围为-128~127B
JECXZ	当ECX=0时转移	转移范围-128~127B，只适用于32位微处理器，计数器是ECX

例2-56 两个32位的有符号数DATA_1和DATA_2，若DATA_1≥100，则程序转移到BIGGER处，否则计算DATA_1-DATA_2；若DATA_1<DATA_2，则将RESULT单元置FFH，否则将RESULT单元置00H。

解：

```
        MOV     EAX, DATA_1             ; 数据DATA_1送到EAX
```

```
        MOV    EBX, DATA_2          ; 数据 DATA_2 送到 EBX
        CMP    EAX, 100             ; 比较大小
        JGE    BIGGER               ; DATA_1≥100, 跳转
        SUB    EAX, EBX             ; 否则, 两数相减
        JL     SMALL                ; 若 DATA_1 < DATA_2, 跳转
        MOV    DL, 00H
        JMP    RELT
SMALL:  MOV    DL, 0FFH
RELT:   MOV    RESULT, DL
        ⋮
BIGGER:
        ⋮
```

（5）循环指令　这类指令用（E）CX计数器中的内容控制循环次数，先将循环计数值存放在（E）CX中，每循环一次（E）CX内容减1，直到（E）CX为0时循环结束。循环指令见表2-8。

表2-8　循环指令

指令助记符	指令功能	说明
LOOP	（E）CX－1→（E）CX	若（E）CX≠0，则循环
LOOPZ/LOOPE	（E）CX－1→（E）CX	若（E）CX≠0且ZF＝1，则循环
LOOPNZ/LOOPNE	（E）CX－1→（E）CX	若（E）CX≠0且ZF＝0，则循环

例2-57　设含有100个字的数组DAT，其中有若干个0，找出第一个0，并将其有效地址送ADDR单元。

解：

```
      LEA    BX, DAT                ; 数组 DAT 的有效地址→BX
      LEA    DI, ADDR               ; ADDR 单元的有效地址→DI
      MOV    SI, 0FFFEH             ; -2→SI
      MOV    CX, 100                ; 设元素个数
NEXT: INC    SI
      INC    SI                     ; 比较的是字
      CMP    WORD PTR[BX+SI], 0     ; 数组中的数与 0 比较
      LOOPNZ NEXT                   ; 不为 0, 循环比较
      ADD    SI, BX                 ; 为 0, 取其有效地址
      MOV    [DI], SI               ; 送 ADDR 单元
```

（6）中断指令与系统功能调用　处理器因为某个特殊事件将当前程序挂起（暂停），转去处理这个特殊事件的程序，处理结束再返回被挂起的程序，上述过程称为“中断”。当前程序被挂起的位置称为“断点”，处理特殊事件的程序称为“中断服务程序”。

1）中断指令。在实地址模式下，中断矢量以4个字节存放在中断矢量表中，中断矢量表为1KB（00000H～003FFH），中断矢量表允许存放256个中断矢量，每个中断矢量包含一个中断服务程序地址（段基址和16位偏移地址），中断矢量地址指针由中断类型码乘以4

得到。

在保护模式下，用中断描述符表代替中断矢量表，每个中断由 8 个字节的中断描述符来说明，中断描述符表允许 256 个中断描述符，每个中断描述符包含一个中断服务地址（段选择符、32 位偏移地址、访问权限等）。中断描述符地址指针由中断类型码乘以 8 得到。

中断指令格式：INT　n

功能：产生中断类型码为 n 的软中断，该指令包含中断操作码和中断类型码两部分，中断类型码 n 为 8 位，取值范围为 0 ~ FFH。

实地址模式下，n×4 获取中断矢量表地址指针；保护模式下，n×8 获取中断描述符表地址指针。

根据地址指针，从中断矢量表或中断描述符表中取出中断服务程序地址送到 IP（EIP）和 CS 中，控制程序转移去执行中断服务程序。

中断返回指令格式：IRET/IRETD

该指令实现在中断服务程序结束后，返回到主程序中断断点处，继续执行主程序。

其他中断类指令见表 2-9。

表 2-9　中断类指令

指令助记符	指令功能及说明
CLI	清除中断允许标志位，0→IF
STI	置位中断允许标志位，1→IF
INTO	溢出中断指令：若溢出标志位 OF = 1，产生 4 号中断，否则程序顺序执行
LIDT SRC	根据 SRC 所指存储单元内容修改中断描述符寄存器 IDTR 的基限和限长
SIDT DEST	将中断描述符表寄存器 IDTR 内容保存到 DEST 所指向的存储单元

2）系统功能调用方法。中断调用指令的执行过程非常类似于子程序的调用，只不过要保存和恢复标志寄存器。计算机系统常利用中断为用户提供硬件设备的驱动程序。IMB PC 系列微型计算机中的基本输入/输出系统 ROM-BIOS 和操作系统 DOS 都提供了丰富的中断服务让用户使用。

另一方面，汇编语言程序提供的功能非常有限，用户只能利用 ROM-BIOS 和操作系统提供的资源，所以系统功能调用是汇编语言程序设计的一个重要方面。

ROM-BIOS 和 DOS 功能调用的方法一样，一般都有如下 4 个步骤：

① 在 AH 寄存器中设置系统功能调用号。

② 在指定寄存器中设置入口参数。

③ 用中断调用指令（INT　n）执行功能调用。

④ 根据出口参数分析功能调用执行情况。

DOS 功能调用的中断向量号主要是 21H，ROM-BIOS 主要是 10H、13H、16H、17H 等。因为每个中断服务程序都提供了多个子功能，所以利用 AH 寄存器区别各个子功能。

3）DOS 输入/输出功能调用。DOS 输入/输出功能调用，包括单字符、字符串的输入/输出调用。

① 键盘输入单字符。这是 1 号系统功能调用，执行 AH = 01 号功能调用，将从键盘读取一个字符，并将该字符回显到屏幕上。若无字符可读，则一直等待直到输入字符，输入字

符的 ASCII 码值通过 AL 返回。键盘输入单字符的调用格式如下：

```
MOV   AH, 01H
INT   21H
```

② 键盘输入字符串。这是0AH 号系统功能调用，执行 AH =0AH 号功能调用，等待用户输入一个或多个字符，最后回车确认，输入字符的 ASCII 码顺序放在 DS：DX 指定的存储缓冲区，并在屏幕回显。因此首先应在存储区中定义一个缓冲区，缓冲区第一个字节放规定字符串的最大字节数，第二个字节由系统送入实际键入的字符数，从第三个字节开始用于存放键入的字符串，最后通过键入回车键表示字符串的输入结束。如果实际键入的字符数未达到最大规定数，其缓冲区的空余区间填0；如果实际键入字符数超过缓冲区的容量，则超出的字符自动丢失，并且响铃警告。注意，回车键值也存于缓冲区内。键盘输入字符串的调用格式如下：

```
MOV   DX，缓冲区偏移量
MOV   AH, 0AH
INT   21H
```

例 2-58　创建一个从键盘输入字符串的程序段。

解：

```
        ；数据段
BUFF  DB    9              ;第一个字节存入可能输入的最大字符数(含最后的回车符)
      DB    4              ;第二个字节用于存放实际输入的字符数(不含最后的回车符)
      DB    9  DUP(0)      ;第三个字节开始用于存放输入的字符串(最后总是回车符)
      ；代码段
      MOV   DX,OFFSET  BUFF
      MOV   AH,0AH
      INT   21H
```

这里，DUP 操作符表示重复，重复内容在后面括号内，重复次数在前面（本例重复 9 次）。假设从键盘按了“abcd”和回车，则 BUFF 缓冲区依次是 09H、04H、61H、62H、63H、64H、0DH、00H、00H、00H、00H。

③ 输出单个字符。这是02 号功能调用，执行 AH =02H 号功能调用，将在显示器当前光标位置显示 DL 给定的字符，且光标移动到下一个字符位置。当输出响铃字符（ASCII 码为07H）、退格字符（08H）、回车字符（0DH）和换行字符（0AH）时，该功能调用可以自动识别并能进行相应处理。其调用格式如下：

```
MOV   DL，从键盘输入字符
MOV   AH, 02H
INT   21H
```

例 2-59　创建一个实现屏幕光标回车和换行的子程序。

解：

```
CUR_OFF   PROC        ；子程序名 CUR_OFF，无入口、出口参数
PUSH      AX          ；保护使用到的寄存器值
PUSH      DX
MOV       AH, 02H     ；设置功能号：02H→AH
MOV       DL, 0DH     ；提供入口参数：0DH（回车）→ DL
```

```
    INT       21H          ; DOS 功能调用：显示
    MOV       AH, 02H      ; 设置功能号：02H →AH
    MOV       DL, 0AH      ; 提供入口参数：0AH（换行）→DL
    INT       21H          ; DOS 功能调用：显示
    POP       DX
    POP       AX           ; 恢复被改变的寄存器值
    RET                    ; 子程序返回
    CUR_OFF   ENDP         ; 子程序结束
```

④ 输出字符串。这是09号功能调用，执行AH=09H号功能调用，从当前光标处开始显示DS：DX指向的字符串。DS存放字符串所在存储区的段地址，DX存放偏移地址，缓冲区中的字符串以字符‘$’作为结束标志。其调用格式如下：

```
MOV  DX，字符串的偏移地址
MOV  AH，09H
INT  21H
```

例2-60 提示按任意键继续，并实现按键后继续功能。

解：

```
         ；数据段
BUFF  DB  'Press any key to contiune…', '$'  ；在数据段定义字符串
         ；代码段
      MOV  AH , 09H              ；设置功能号：09H→AH
      MOV  DX , OFFSET  BUFF     ；提供入口参数：字符串的
                                 ；偏移地址→DX
      INT   21H                  ；DOS 功能调用：显示
      MOV  AH, 01H               ；设置功能号：01H→AH
      INT   21H                  ；按键后退出功能调用，继续
                                 ；执行后续指令
```

⑤ 返回操作系统。这是4CH号功能调用，执行AH=4CH号功能调用，表示用户程序结束，返回DOS操作系统。其调用格式如下：

```
MOV  AH, 4CH
INT  21H
```

4）* ROM-BIOS输入/输出功能调用。DOS功能调用提供了较丰富的通用中断服务程序，在汇编语言程序设计时，一般采用它就可以了。但是，当DOS尚未启动或不允许采用DOS调用时，就只有采用ROM-BIOS功能调用。ROM-BIOS提供了更基本的、不依赖操作系统的功能调用。

① 键盘字符输入。键盘输入功能调用指令是“INT 16H”。执行该调用，实现一个字符的输入。当用户按键后，该调用返回键值代码给AX。如果按下标准ASCII码键，AL=ASCII码，AH=扫描码；按下扩展键：AL=00H，AH=键扩展码；按下“ALT+小键盘数字按键”：AL=ASCII码，AH=00H。其调用格式如下：

```
MOV  AH, 0
INT  16H
```

② 显示器显示字符。显示器输入/输出功能调用指令是"INT　10H"，执行该调用，实现一个字符的输出。注意，通常使 BX = 0。其调用格式如下：

```
MOV   AH, 0EH
INT   10H
```

例 2-61　用 ROM-BIOS 功能调用显示按下的标准 ASCII 码字符。

解：

```
MOV   AH, 0            ; 功能号：0→AH
INT   16H              ; 键盘功能调用（INT 16H）
; 出口参数，也是下一功能调用的入口参数：按键的 ASCII 码→AL
MOV   BX, 0            ; 入口参数：0→BX
MOV   AH, 0EH          ; 功能号：0EH→AH
INT   10H              ; 显示功能调用（INT 10H）
```

4. 逻辑运算与位操作类指令

当需要对字节或字数据中的各个二进制位进行操作时，可以考虑采用逻辑运算与位操作类指令。

（1）逻辑运算指令　逻辑运算指令包含与指令、或指令、非指令等。

1）逻辑与指令 AND。源操作数和目标操作数按位相与，结果回送目标操作数。只有相与的两位都是1，结果才是1；否则，与的结果为0。常将目标操作数的某些位与0 相与，从而屏蔽这些位。

格式：AND　目标操作数，源操作数

例 2-62　逻辑与运算示例。

解：

```
MOV   AL, 98H        ; AL = 98H
AND   AL, 0F0H       ; AL = 90H，屏蔽低 4 位
```

2）逻辑或指令 OR。源操作数和目标操作数按位相或，结果回送目标操作数。只要相或的两位有 1 位是 1，结果是 1；否则，或的结果为 0。常将目标操作数的某些位与 1 相或，使这些位置 1，其他位不变。

格式：OR　目标操作数，源操作数

例 2-63　逻辑或运算示例。

解：

```
MOV   AX, 0906H      ; AX = 0906H
OR    AX, 3030H      ; AX = 3936H
```

3）逻辑异或指令 XOR。源操作数和目标操作数按位相异或，结果回送目标操作数。相异或的两位不相同时，结果是 1；否则，异或的结果为 0。

格式：XOR　目标操作数，源操作数

常将目标操作数的某些位与 1 相异或，使这些位取反，其他位与 0 异或，保持不变。

AND、OR、XOR 这三条指令中，源操作数可以是 8 位、16 位、32 位的寄存器操作数、存储器操作数、立即数，目标操作数可以是与源操作数等长的寄存器操作数或存储器操作数，两操作数不可同时为存储器操作数。它们影响 PF、SF 和 ZF 标志位，AF 未定义，0→CF，0→OF。

例 2-64　逻辑异或运算示例。

解：

```
XOR   AX, 00FFH      ; 将 AX 的低 8 位取反，高 8 位不变
```

XOR　AX，AX　　　；使 AX =0 且 CF =0，这是使寄存器及 CF 清 0 常用的方法

例 2-65　分析下列程序段，指出其执行功能和执行后结果。

解： MOV　AX，9EB2H

CWD

XOR　AX，DX

SUB　AX，DX

分析：第二条指令是该程序段中的关键，它将 AX 中的字型数扩展成 32 位，扩展到 DX 的内容与 AX 的 D15 位有关，该例中 DX = FFFFH。第三条指令是对原 AX 内容求反，因为 AX 中的每一位都与“1”进行异或操作。第四条指令是对 AX 求反后加 1（实为减 -1）。该程序段执行的是对带符号数求绝对值，结果为 614EH。

4）逻辑非指令 NOT。把目标操作数按位取反后送回目标操作数，不影响标志位。即原来为 0 的位变为 1，原来为 1 的位变为 0。该指令的目标操作数不能为立即数寻址。

格式：NOT　目标操作数

例 2-66　逻辑非运算示例。

解： MOV　AX，1234H

NOT　AX

指令执行后，AX 的内容为 EDCBH。

（2）移位与循环移位指令　移位与循环移位指令分为一般移位指令、循环移位指令和双精度移位指令等。

1）一般移位指令。一般移位指令分算术移位和逻辑移位，分别具有左移和右移操作。

指令格式：

算术左移：SAL　操作数，移位位数

逻辑左移：SHL　操作数，移位位数

算术右移：SAR　操作数，移位位数

逻辑右移：SHR　操作数，移位位数

说明： 移位指令示意图如图 2-16 所示。

图 2-16　移位指令示意图

① 算术左移和逻辑左移指令的功能完全一样。将操作数向左移动规定的位数，每移动一次，最高位移入 CF 中，其余各位依次左移一位，最低位补 0。

② 算术右移指令将操作数向右移动规定的位数，每移动一次，最低位移入 CF 中，其余各位依次右移一次，最高位（符号位）保持不变。

③ 逻辑右移指令将操作数向右移动规定的位数，每移动一次，最低位移入 CF 中，其余各位依次右移一位，最高位补 0。

④ 操作数可为 8 位、16 位、32 位寄存器操作数或存储器操作数，移位位数可以为立即数或 CL 寄存器的内容。左移指令常用于目标操作数乘 2 操作；右移指令常用于目标操作

数除2操作。算术移位指令适合于有符号数的运算，逻辑移位指令适合于无符号数的运算。

⑤　当移位次数大于1时，需要使用CL寄存器控制移位次数。

⑥　上述指令影响标志位OF、SF、ZF、PF、CF。

例2-67　算术左移的用法示例。

解：

```
MOV   BX，6E8CH
MOV   CL，2
SAL   BX，CL                  ；BX = BA30H，CF = 1
```

例2-68　逻辑左移的用法示例。

解： 逻辑左移的用法和算术左移的用法相同。

```
MOV   SI，2B4CH
MOV   CL，3
SHL   SI，CL                  ；SI = 5A60H，CF = 1
```

例2-69　逻辑右移的用法示例。

解：

```
MOV   SI，2B4CH
MOV   CL，3
SHR   SI，CL                  ；SI = 0569H，CF = 1
```

例2-70　算术右移的用法示例。

解：

```
MOV   BX，6E8CH
MOV   CL，2
SAR   BX，CL                  ；BX = 1BA3H，CF = 0
```

例2-71　用一般移位指令使存储区DAT_1中的字乘以17。

解：

```
LEA   DI，DAT_1               ；设定地址指针
MOV   BX，[DI]                ；被乘数→BX
MOV   AX，BX                  ；被乘数→AX
MOV   CL，4                   ；设定移位次数
SAL   AX，CL                  ；算术左移，AX×16→AX
ADD   AX，BX                  ；AX×16 + BX→AX，相当于乘以17
MOV   2[DI]，AX               ；积转存至存储单元DAT_1 + 2
```

2）循环移位指令。循环移位指令类似一般移位指令，但要将从一端移出的位返回到另一端形成循环，分为不带进位循环移位和带进位循环移位，分别具有左移或右移操作。

格式：

```
ROL   操作数，移位次数        ；不含进位的循环左移
ROR   操作数，移位次数        ；不含进位的循环右移
RCL   操作数，移位次数        ；含进位的循环左移
RCR   操作数，移位次数        ；含进位的循环右移
```

说明： 循环移位指令如图2-17所示。

①　含进位的循环左移位，将操作数向左移动规定的位数，每移动一次，最高位移入CF中，其余位依次左移一次，同时CF移入最低位中。含进位的循环右移与含进位的循环左移移动方向刚好相反。

②　不含进位的循环左移位，将操作数向左移动规定的位数，每移动一次，最高位移入

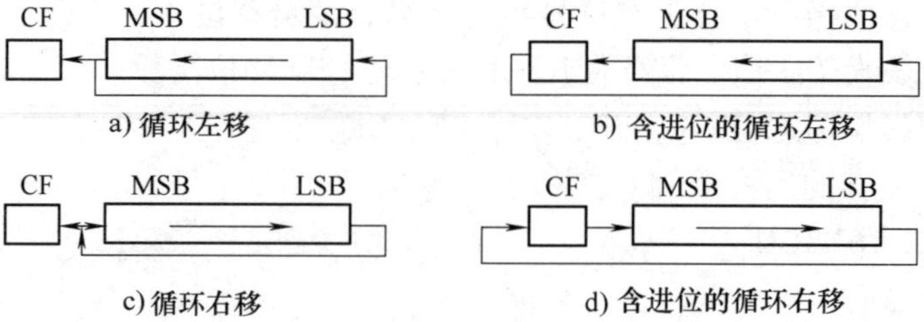

图 2-17 循环移位指令

最低位，其余各位依次左移一位，同时最高位还移入 CF 中。不含进位的循环右移与不含进位的循环左移移动方向刚好相反。

③ 操作数可为 8 位、16 位、32 位寄存器操作数或存储器操作数，移位次数可为立即数或 CL 寄存器的内容。

④ 当移位次数大于 1 时，需要使用 CL 寄存器控制移位次数。

例 2-72 循环移位指令 ROL、RCL 用法示例。

解：
```
MOV   AL, 0A3H
ROL   AL, 1          ; AL=47H, CF=1
RCL   AL, 1          ; AL=8FH, CF=0
```

例 2-73 循环移位指令 ROR、RCR 用法示例。

解：
```
MOV   AX, 8C36H
MOV   CL, 5
ROR   AX, CL         ; AX=B451H, CF=1
RCR   AX, 1          ; AX=BA28H, CF=1
```

3）* 双精度移位指令。对于由双精度数构成的目标操作数和源操作数，按给出的移位位数进行移位。SHLD 是对目标操作数进行左移，如图 2-18a 所示；SHRD 是对目标操作数进行右移，如图 2-18b 所示。先移出位送标志位 CF，另一端空出位由源操作数移入目标操作数，而源操作数不变。

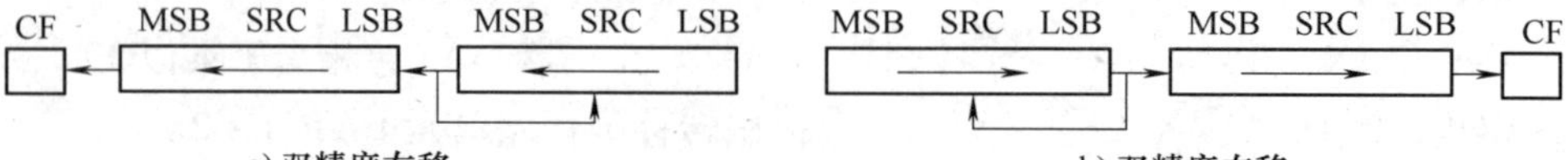

图 2-18 双精度移位指令

格式：SHLD 目标操作数，源操作数，移位位数 ；双精度左移

SHRD 目标操作数，源操作数，移位位数 ；双精度右移

目标操作数可以是 16 位或 32 位通用寄存器操作数或存储器操作数；源操作数可以为 16 位或 32 位通用寄存器操作数；移位位数可以为立即数或 CL 寄存器内容。目的操作数和源操作数数据类型必须一致。

SHLD、SHRD 指令常用于位串的快速移位、嵌入和删除等操作，影响标志位 SF、ZF、PF、CF，其他标志位无定义。

（3）位操作指令 位操作指令包括位测试和位扫描指令，可以直接对一个二进制位进行测试、设置和扫描。

1）测试指令。源操作数、目标操作数相与，但结果不回送给目标操作数，对标志位的影响与 AND 指令相同。该指令常用来测试目标操作数某些位的状态，但不改变源操作数，常与条件转移指令一起使用。

格式：TEST　目标操作数，源操作数

例 2-74　测试指令运算。

解：
```
        TEST  AL, 20H
        JNZ   NEXT1          ; AL寄存器D5位=1跳转
          ⋮
NEXT1: …
```

2）位测试指令。按照源操作数指定的位号，测试目标操作数，当指令执行时，被测试位的状态被复制到进位标志位 CF。BT 执行后，目标操作数不变，而 BTR、BTS、BTC 执行后，测试位分别被清 0、置 1 和取反。

格式：
```
BT    目标操作数，源操作数    ; 位测试
BTR   目标操作数，源操作数    ; 测试位清0
BTS   目标操作数，源操作数    ; 测试位置1
BTC   目标操作数，源操作数    ; 测试位取反
```

说明：目标操作数可为 16 位或 32 位寄存器操作数、存储器操作数，源操作数为 8 位立即数或与目标操作数等长的寄存器操作数。若源操作数的位数大于目标操作数的位数，则将源操作数的位数除以目标操作数的位数，余数是测试位号。

例 2-75　位测试和设置示例。

解：
```
MOV   AX, 1234H
MOV   ECX, 5
BT    AX, CX          ; CF=1, AX=1234H
BTC   AX, 5           ; CF=1, AX=1214H
BTS   AX, CX          ; CF=0, AX=1234H
BTR   EAX, ECX        ; CF=1, EAX=0000 1214H
```

3）* 位扫描指令。BSF 从源操作数的最低位开始向高位扫描，BSR 从源操作数的最高位开始向低位扫描。这两个指令都是将遇到的第一个“1”所在的位序号存入目标寄存器中。若所有的位都为 0，则 ZF = 0，否则 ZF = 1。

格式：
```
BSF  目标操作数，源操作数    ; 向前位扫描指令
BSR  目标操作数，源操作数    ; 向后位扫描指令
```

源操作数可为 16 位或 32 位寄存器操作数、存储器操作数，目标操作数为与源操作数等长的寄存器操作数。

例 2-76　位扫描指令运算示例。

解：
```
MOV   EBX, 34986AB0H
BSF   EAX, EBX        ; EAX=4（位号）, ZF=0
BSR   CX, BX          ; CX=14（位号）, ZF=0
```

5. 串操作指令

串操作指令能对数据串进行诸如传送、比较、搜索、读和写等基本操作，加快数据处理

速度、缩短程序长度。

为缩短程序长度，串操作通常以 DS:（E）SI 来寻址源串，以 ES:（E）DI 来寻址目标串，对于源串允许段超越。（E）SI 或（E）DI 这两个地址指针在每次串操作后，都自动进行修改，以指向串中下一个串元素。地址指针修改是增量还是减量由方向标志位来确定。当 DF=0 时，（E）SI 及（E）DI 的修改为增量；反之，为减量。根据串元素的类型不同，地址指针增减量也不同，字节类型时，SI、DI 加、减 1；字类型时，SI、DI 加、减 2；双字类型时，ESI、EDI 加、减 4。如果需要连续进行串操作，通常需要加重复前缀，允许重复的次数由（E）CX 中的初值来决定。重复前缀可以和任何串操作指令组合，形成复合指令。重复前缀指令见表 2-10。

表 2-10　重复前缀指令

助记符	判断条件	说明
REP	（E）CX≠0	（E）CX=（E）CX-1，若（E）CX≠0，则重复
REPE/Z	（E）CX≠0 且 ZF=1	（E）CX=（E）CX-1，若（E）CX≠0 且 ZF=1，则重复
REPNE/NZ	（E）CX=0 且 ZF=0	（E）CX=（E）CX-1，若（E）CX≠0 且 ZF=0，则重复

注：（E）CX-1 操作不影响标志位。

（1）串传送指令　将数据段进行复制传送，格式如下：

```
[REP] MOVSB    ；字节传送
[REP] MOVSW    ；字传送
[REP] MOVSD    ；双字传送
```

功能：将数据段 DS:（E）SI 规定的源串元素复制到附加段 ES:（E）DI 规定的目标串单元中。若使用重复前缀指令 REP，则每传送一次，（E）CX 自动减 1，直至（E）CX=0，该指令对标志位无影响。

例 2-77　设计一个程序，将 200 个字从偏移地址为 BUFF1 的存储区传到偏移地址为 BUFF2 的存储区。

解：① 不用重复前缀指令编写程序。

```
        LEA     SI, BUFF1       ；设定源串地址指针
        LEA     DI, BUFF2       ；设定目标串地址指针
        MOV     CX, 200         ；设定传送次数
        CLD                     ；0→DF，地址指针增加
LOOP1:  MOVSW                   ；传送一个字的数据
        LOOP    LOOP1           ；CX-1→CX，若 CX≠0，循环执行，直至 CX=0
```

② 用重复前缀指令 REP 实现。

```
        LEA     SI, BUFF1       ；设定源串地址指针
        LEA     DI, BUFF2       ；设定目标串地址指针
        MOV     CX, 200         ；设定传送次数
        CLD                     ；0→DF，地址指针增加
        REP     MOVSW           ；连续传送
        ⋮
```

注：CLD 属于方向标志位命令，CLD 为清除方向标志位，将 DF 清 0。STD 为设置方向

标志位，将 DF 置 1。

（2）* 串比较指令　将数据段 DS：（E）SI 规定的源串元素减去附加段 ES：（E）DI 指出的目标串对应元素，不保留结果，仅影响标志位 CF、AF、PF、OF、ZF、SF。当源串元素与目标串元素值相同时，ZF = 1，否则 ZF = 0，每执行一次串比较指令，根据 DF 的值和串元素数据类型自动修改（E）SI 和（E）DI。

格式：
```
[REPE/Z][REPNE/NZ]  CMPSB    ; 字节比较
[REPE/Z][REPNE/NZ]  CMPSW    ; 字比较
[REPE/Z][REPNE/NZ]  CMPSD    ; 双字比较
```

在串比较指令前加重复前缀 REPE/Z，每比较一次，（E）CX 自动减 1，若对应元素相等（ZF = 1）且（E）CX≠0，则重复比较，否则结束比较。若用 REPNE/NZ，则是对应元素不相等（ZF = 0），且（E）CX≠0 时，重复比较。

例 2-78　设计一程序段比较两个有 100B 的数据串是否相等，若不等，记下该元素的位置，相等，则赋值 DX = 0。

解：
```
                  ; 部分代码段
       LEA    SI, DAT0      ; 设定源串地址指针
       LEA    DI, DAT1      ; 设定目标串地址指针
       MOV    CX, 100       ; 设定传送次数
       CLD                  ; 0→DF，地址指针增加
       REPZ   CMPSB         ; 重复比较对应元素
       JNZ    NOEQ          ; 不相等则转移
       MOV    DX, 0         ; 相等，0→DX
       JMP    DONE
NOEQ:  DEC    DI            ; 不相等，恢复该元素的地址指针
       MOV    DX, DI        ; 地址移至 DX
DONE:  …
         ⋮
```

（3）* 串搜索指令　将 AL、AX 或 EAX 中的值减去附加段中 ES：（E）DI 规定的目标串的元素，结果不保留，仅影响 CF、AF、PF、SF、OF、ZF 标志位。当 AL、AX 或 EAX 的值与目标串元素相同时，ZF = 1，否则 ZF = 0。每执行一次串扫描指令，根据 DF 的值和串元素数据类型自动修改（E）DI。

格式：
```
[REPE/Z][REPNE/NZ] SCASB    ; 字节搜索
[REPE/Z][REPNE/NZ] SCASW    ; 字搜索
[REPE/Z][REPNE/NZ] SCASD    ; 双字搜索
```

在串搜索指令前加重复前缀 REPE/Z，每比较一次，（E）CX 自动减 1，若累加器的值与串元素相等（ZF = 1）且（E）CX≠0，则重复比较，否则结束比较。若用 REPNE/NZ，则累加器的值与串元素不相等（ZF = 0）且（E）CX≠0 时，重复比较，否则结束。

例 2-79　在 ES 段中从 2000H 单元开始存放了 10 个字符，寻找其中有无字符 A。若有，则记下搜索次数（次数放在 DAT1 单元），并记下存放字符 A 的地址（地址放在 DAT2 单元）。

解： ；部分代码段

```
        MOV    DI，2000H      ；目标字符串首地址送到 DI
        MOV    BX，DI         ；首地址暂存 BX
        MOV    CX，0AH        ；串长度送到 CX
        MOV    AL，'A'        ；关键字符 A 的 ASCII 码送到 AL
        CLD                   ；DF =0，自动增量，每次扫描后地址指针递增
        REPNZ  SCASB          ；扫描字符串，直到找到字符 A 或 CX =0
        JZ     FOUND          ；若找到，则转移
        MOV    DI，0          ；没找到要搜索的关键字，使 DI =0
        JMP    DONE
FOUND：DEC    DI             ；DI 减 1，指向找到的关键字所在的地址
        MOV    DAT2，DI       ；将关键字地址送到 DAT2 单元
        INC    DI
        SUB    DI，BX         ；关键字地址减去首地址得到搜索地址
DONE：  MOV    DAT1，DI       ；将搜索次数送到 DAT1 单元
        HLT
```

(4) * 串存储指令　将累加器中的值存入 ES：（E）DI 所指的目标串存储单元中。若使用重复前缀 REP，则表示将累加器的值连续送目标串存储单元，直到（E）CX 为 0。该指令不影响标志位。该指令重复执行可建立一个数值相等的数据串。

格式：[REP]STOSB　　；字节存储

[REP]STOSW　　；字存储

[REP]STOSD　　；双字存储

例 2-80　把 3000H：1200H 单元开始的 200 个字存储单元内容清零。

解：；部分代码段

```
MOV  AX，3000H     ；段地址送到 AX 寄存器
MOV  ES，AX        ；通过 AX 寄存器将 3000H 送到附加数据段 ES
MOV  DI，1200H     ；存储目标串的偏移地址送到 DI
MOV  CX，200       ；串长度送到 CX
CLD                ；DF =0，自动增量，地址由低到高存储数据
MOV  AX，0         ；要存入的目标串内容 0 送到 AX
REP  STOSW         ；将 200 个字单元清零
HLT
```

(5) * 串装入指令　将数据段 DS：（E）SI 所指的源串元素装入累加器中。

格式：[REP]　LODSB　；字节装入

[REP]　LODSW　；字装入

[REP]　LODSD　；双字装入

源串指针在（E）SI 中，元素个数在 CX 中，该指令每执行一次，自动修改（E）SI 的值，累加器的内容就改变，只保留串中最后一个元素。该指令一般不重复执行，不影响标志位。

例 2-81　以 BUF 为首地址的内存区域中有 10 个以非压缩 BCD 码形式存放的十进制数，它们的值可能是 0 ~ 9 中的任意一个，请编程序将这 10 个数顺序显示在屏幕上。

解：

```
            ；部分代码段
      LEA   SI，BUF          ；源串偏移地址送到 SI
      MOV   CX，10           ；串长度 10 送到 CX
      CLD                    ；置 DF = 0，地址增量
      MOV   AH，02H          ；功能号（单字符输出）送到 AH
NEXT：LODSB                  ；取一个 BCD 码送到 AL，且 SI + 1→SI
      ADD   AL，30H          ；BCD 码转换为 ASCII
      MOV   DL，AL           ；字符的 ASCII 送到 DL
      INT   21H              ；输出显示
      DEC   CX               ；CX - 1→CX
      JNZ   NEXT             ；ZF = 0 时转移
      HLT
```

6. 处理器控制类指令

处理器控制类指令用来控制 CPU 的状态，使 CPU 暂停、等待或空操作等，完成简单的控制功能。

（1）标志位控制指令　标志位控制指令见表 2-11。

表 2-11　标志位控制指令

指令格式	功能
CLC	清除进位位，0→CF
STC	进位位置位，1→CF
CMC	进位位求反，$\overline{CF}$→CF
CLD	清除方向标志位，0→DF
STD	方向标志位置位，1→DF

（2）空操作指令　空操作除使（E）IP 加 1 外，不做任何操作。

格式：NOP

（3）暂停指令　使 CPU 处于暂停状态，不执行任何操作，不影响标志位。重新启动，CPU 响应外部中断均可破坏暂停状态，执行 HLT 下一条指令。

格式：HLT

（4）等待指令　CPU 处于等待状态时，可用该指令等待外部中断，中断结束后仍返回等待状态。

格式：WAIT

（5）换码指令　CPU 实质上执行空操作，将控制权交给系统中其他主设备，该主设备可利用 80486 的寻址方式并从存储器中获得操作数。

格式：ESC

（6）封锁指令　它是一个指令前缀，可放在任何指令前，迫使$\overline{LOCK}$引脚为低电平，该指令执行以后，系统中其他主设备不能占有总线，从而对总线进行封锁。

格式：LOCK

任务 2.2.5 了解汇编语言程序编写格式

1. 程序开始伪指令语句

程序开始可以用 NAME 或 TITLE 为模块取名字。NAME 伪指令的格式如下：

NAME 模块名

汇编程序将已给出的“模块名”作为模块的名字。如果程序中没有 NAME，则也可使用 TITLE 伪指令。TITLE 伪指令的格式如下：

TITLE 文本

该伪指令是指定一个标题，以便在列表文件中每一页的第一行都显示这个标题。文本是用户任选的名字或字符串，但字符个数不超过 60 个。如果程序中没有 NAME 这个伪指令，则汇编程序将用“文本”的前 6 个字符作为模块名。如果程序中既无 NAME 又无 TITLE 伪指令，则将用源文件名作为模块名。所以，NAME 及 TITLE 伪指令并不是必要的，但一般经常使用 TITLE，以便在列表文件中能打印出标题来。

2. 逻辑段伪指令语句

逻辑段的完整定义由 SEGMENT 和 ENDS 这一对伪指令实现，格式如下：

```
段名  SEGMENT  [定位]  [组合]  ['类别']
           ⋮                              ；语句序列
段名  ENDS
```

SEGMENT 伪指令说明一个逻辑段的开始，ENDS 伪指令表示段的结束。段名是有效的标识符，不可缺少，且段开始和结束的段名必须一致，段名的选取由用户自己设定。完整段定义伪指令可以指定段属性，堆栈要采用 STACK 组合类型，代码应具有“CODE”类别，其他为可选属性参数。如不指定，则采用默认参数；如指定，注意要按顺序书写。段属性主要用于多模块的程序设计中，单模块程序一般不考虑这些属性。

（1）段定位属性 段定位（ALIGN）属性指定逻辑段在主存储器中的边界，其关键字如下：

BYTE——段开始为下一个可用的字节地址（×××× ××××B）。

WORD——段开始为下一个可用的偶数地址（×××× ×××0B）。

DWORD——段开始为下一个可用的 4 倍数地址（×××× ××00B）。

PARA——段开始为下一个可用的节地址（×××× 0000B）。

PAGE——段开始为下一个可用的页地址（0000 0000B）。

段定位属性用于确定一个逻辑段的开始位置。采用默认的 PARA 定位属性时，表示本段从一个小节的边界开始。物理地址低 4 位是 0，正好可以作为一个段的基地址，这样开始一个段后其偏移地址就从 0 开始。

（2）段组合属性 段组合（COMBINE）属性指定多个逻辑段之间的关系，其关键字如下：

PRIVATE——本段与其他段没有逻辑关系，不与其他段合并，每段都有自己的段地址。

PUBLIC——本段与同名同类型的其他段相邻地连接合成一个物理段，具有共同的段地址。

STACK——本段是堆栈的一部分，所有 STACK 段按照与 PUBLIC 段同样的方式进行合并。

段组合属性主要用于多个模块组成的程序。每个模块对应一段程序，可以具有同名的逻辑段，利用段组合属性，这些同名的逻辑段实现了合并。堆栈段必须具有 STACK 组合属性，其他段默认为 PRIVATE 组合属性。

（3）段类别属性　段类别（CLASS）属性指定逻辑段的类型。当连接程序组织段时，将所有的同类别段相邻分配。段类别可以是任意名称，但必须位于单引号中；大多数汇编语言程序使用“CODE”、“DATA”和“SATCK”来分别指明代码段、数据段和堆栈段，以保持所有代码和数据的连续。

3. 指定段址伪指令语句

指定段址伪指令 ASSUME 的格式如下：

ASSUME　段寄存器名：段名［，段寄存器名：段名，…］

其中段寄存器名是指 6 个段寄存器 CS、DS、ES、SS、FS、GS 中的一个，段名是指 SEGMENT/ENDS 伪指令语句中定义的段名。段寄存器名与段名之间必须用“：”分隔。ASSUME 伪指令通知汇编程序用指定的段寄存器来寻址对应的逻辑段，即建立段寄存器与段的默认关系。在明确了程序中各段寄存器之间的关系后，汇编程序会根据数据所在的逻辑段，在需要时自动插入段超越前缀。

ASSUME 伪指令指定逻辑段与段寄存器的关系，但并不为段寄存器设定初值。程序中如果使用数据段或附加段，需要明确对 DS 和 ES 赋值。只要正确书写源程序，CS、IP 和 SS、SP 值将会由连接程序设置。

4. 程序的装载和退出

利用程序开发工具，通常可生成扩展名为 EXE 的可执行文件。它有独立的代码段、数据段和堆栈段，还可以有多个代码段或多个数据段，程序长度可超过 64KB。

（1）段寄存器的加载　段寄存器的加载包括 DS 和 ES 的加载、SS 的加载、CS 和 IP 的加载。

DS 和 ES 的加载——在程序中，引用段名就是以立即数的形式获取该段的段基址。而立即数不能直接传送给段寄存器，所以要借助于通用寄存器传送段基址 DS、ES，如例 2-1 代码段中的第一条语句。

SS 的加载——在段定义伪指令的组合类型中选择“STACK”参数，就表明这个段是堆栈段。当含有这个段的目标代码装入存储器后，SS 就自动设置 STACK 段的段基址，同时堆栈指针 SP 也自动初始化为这个段最大地址 +1 单元的偏移量。如果组合参数没有“STACK”，则获取基址的方法和 DS、ES 获取基址的方法一样。

CS 和 IP 的加载——CS 和 IP 提供了当前执行目标代码的段基址和偏移量。对 CS 和 IP 的设置、修改通常有两个途径。

其一，用结束伪指令 END 加载程序的起始地址，如例 2-1 中配对语句“START:”和“END　START”，其中 END 语句的作用有以下两个：

1）程序到此结束，后面的语句均被汇编程序略去。

2）将地址表达式 START 所确认的存储单元的段基址和偏移量分别装入 CS 和 IP 中。

其二，在程序运行期间，如执行程序转移类指令（如 JMP、CALL、RET 等），实现从一个段转移到另一个段时，它的功能就是修改 CS 和 IP。

（2）DOS 加载　EXE 文件在磁盘上由两部分组成：文件头和装入模块。装入模块就是程序本身。文件头则由连接程序生成，含有文件的控制信息和重定位信息，供 DOS 装入 EXE 文件时使用。DOS 加载的过程如下：

1）DOS 确定当前主存最低的可用地址作为该程序的装入起始点。

2）DOS 在偏移地址 00H ~ FFH 的 256 个字节空间，为该程序建立一个程序段前缀控制块（Program Segment Prefix，PSP），PSP 中具有环境参数、命令行参数缓冲区等程序运行时可以利用的信息。每个可执行程序加载到主存时，DOS 都要为其创建 PSP 区域。

3）DOS 利用文件头对有关数据进行重新定位，从偏移地址 100H 开始装入程序本身。

4）程序装载成功，DOS 将控制权交给该程序，开始执行 CS 和 IP 指向的第一条指令。

（3）程序的退出　通常有以下 4 种方法可以退出返回 DOS 状态。

1）用功能调用 4CH。一般在主程序的代码段结束前插入，例如例 2-1 代码段第 6、7 行这两条指令。执行这两条指令后，将由系统结束程序并返回 DOS 状态，给出 DOS 提示符，等待新的命令键入。

2）*用中断“INT　20H”指令。系统把中断号 20H 作为结束任务返回 DOS 的服务功能使用。

3）*用“JMP　0”指令。段内转移指令“JMP　0”转移到 0 单元，使其转到同一段的段基址处，此处称为程序段前缀 PSP 的开始处。在 PSP 的开始处，存放一条“INT　20H”的指令代码。用“JMP　0”（实际还是采用方法 2）实现返回 DOS 状态。

4）*用功能调用 00H。该调用要求 CS 指向 PSP，实现与“INT　20H”相同的功能。

2.3　项目实战：一个简单汇编程序的设计

【要求】　项目实战前，教师需指导学生初步认识汇编语言的编程环境，了解计算机的内部结构和寄存器组的功能及使用特点，特别是引导学生实现汇编语言数据的输入和数据的输出及显示；学生需了解微处理器的指令系统，并能熟练驾驭各种指令，掌握汇编语言的基本格式，书写正确的汇编程序，并实现编译操作。

根据前面的知识，我们了解了计算机系统的工作原理和基本组成，了解了微处理器的指令系统，并具有了一定的编程经验，现在就可以编写一段小的汇编程序了。

一、项目实战所需器材

32 位微型计算机一台、微型计算机原理实验箱一台、汇编语言编辑程序及编译程序各一套。

二、项目实战内容

编写一段小程序，实现如下功能：从键盘输入两个数，以回车键做分隔符，并在屏幕上显示两数之和。

三、项目实战步骤

1. 打开微型计算机原理实验箱，仔细阅读微型计算机原理实验箱说明书。
2. 对照说明书，观察微型计算机原理实验箱，了解其组成结构。
3. 练习使用 EDIT 命令编写程序，并保存。

4. 利用汇编编译程序，将编写的程序编译。

5. 运行程序，察看结果。

6. 根据结果，确定程序是否正确，若结果存在问题，进行程序修订。

四、项目实战总结

1. 谈谈在项目实战中，有何收获。

2. 谈谈在项目实战中，是如何应用微处理器的寄存器组的。

3. 总结对指令系统中各指令类型以及寻址方式的学习理解情况。

2.4　项目决战：深入理解汇编程序格式和微处理器系统

【要求】　通过习题的练习，加深对微处理器指令系统的理解和应用，掌握汇编语言的基本格式，并能编写一定的程序，编译并执行。习题可根据情况选做。

一、单项选择题

1. 8086 有多少根地址线，多少根数据线？(　　)

A. 20，16　　B. 16，20　　C. 16，16　　D. 16，8

2. 逻辑地址是（　　）地址。

A. 信息在存储器中的具体　　B. 经过处理后的 20 位

C. 允许在程序中编排的　　D. 段寄存器与指针寄存器共同提供的

3. 如果 CPU 执行了某一（　　），则栈顶内容送回到 CS 和 IP 。

A. 子程序返回指令　B. 数据传送指令　C. 出栈指令　　D. 子程序调用指令

4. 下列关于 8086 传送类指令说法错误的是（　　）。

A. 立即数只能做源操作数　　B. 不能在存储器之间直接传送

C. 不能给 CS 和 IP 置新值　　D. 堆栈操作指令必须以字节为操作数

5. RESET 信号有效后，8086 CPU 执行的第一条指令地址为（　　）。

A. 00000H　　B. FFFFFH　　C. FFFF0H　　D. 0FFFFH

6. 下面是关于 80486 微处理器中寄存器组的叙述，其中正确的是（　　）。

A. 所有的寄存器都是从 16 位扩展为 32 位

B. EAX、EBX、ECX、EDX、ESP、EBP、ESI 和 EDI 既可作为 32 位也可作为 16 位或 8 位寄存器使用

C. 选项 B 中的所有寄存器既可存放数据，也可作为基址或变址寄存器使用

D. 段寄存器从 4 个增加到 6 个

7. 8086/8088 CPU 内部有一个始终指示下条指令偏移地址的部件是（　　）。

A. SP　　B. CS　　C. IP　　D. BP

8. 指令“MOV　AX，MASK［BX］［SI］”中源操作数的寻址方式为（　　）。

A. 寄存器寻址　　B. 变址寻址

C. 基址变址寻址　　D. 相对基址变址寻址

9. 8086/8088 中除（　　）两种寻址方式外，其他各种寻址方式的操作数均在存储器中。

A. 立即数寻址和直接寻址　　B. 寄存器寻址和直接寻址

C. 立即数寻址和寄存器寻址　　　　D. 立即数寻址和间接寻址

10. 指令“MOV　AX，[3070H]”中源操作数的寻址方式为（　　）。

A. 寄存器间接寻址　B. 立即数寻址　C. 直接寻址　　D. 变址寻址

11. 执行下列哪一条指令后，就能用条件转移指令判断 AL 和 BL 寄存器中的最高位是否相同？（　　）

A. TEST　AL，BL　　　　B. CMP　AL，BL

C. AND　AL，BL　　　　D. XOR　AL，BL

12. 根据下面定义的数据段：

```
DSEG    SEGMENT
DAT1    DB    '1234'
DAT2    DW    5678H
ADDR    EQU   DAT2 - DAT1
DSEG    ENDS
```

执行指令“MOV　AX，ADDR”后，AX 寄存器中的内容是（　　）。

A. 5678H　　B. 7856H　　C. 4444H　　D. 0004H

13. 堆栈的工作方式是（　　）。

A. 先进先出　　B. 随机读写　　C. 只能读出不能写入　D. 后进先出

14. 下面有 4 条指令：

Ⅰ. MOV　AL，[BX + SI + 1A0H]

Ⅱ. MOV　AL，80H[BX][DI]

Ⅲ. MOV　AL，[BP + SI - 0A0H]

Ⅳ. MOV　AL，[BP]

其中，(DS) = 0930H，(SS) = 0915H，(SI) = 0A0H，(DI) = 1C0H，(BX) = 80H，(BP) = 470H。试问上面指令语句中，哪些指令能在 AL 寄存器中获得相同的结果？（　　）

A. 仅Ⅰ和Ⅱ　　B. 仅Ⅱ和Ⅲ　　C. 仅Ⅲ和Ⅳ　　D. Ⅰ、Ⅱ、Ⅲ和Ⅳ

15. 下列传送指令中有语法错误的是（　　）。

A. MOV　CS，AX　　　　B. MOV　DS，AX

C. MOV　SS，AX　　　　D. MOV　ES，AX

16. 已知 BX = 2000H，SI = 1234H，则指令“MOV AX，[BX + SI + 2]”的源操作数在（　　）中。

A. 数据段中偏移量为 3236H 的字节　　B. 附加段中偏移量为 3234H 的字节

C. 数据段中偏移量为 3234H 的字节　　D. 附加段中偏移量为 3236H 的字节

17. 执行如下程序：

```
    MOV   AX, 0
    MOV   BX, 1
    MOV   CX, 100
A:  ADD   AX, BX
    INC   BX
    LOOP  A
```

HLT

执行后，(BX) = ( )。

A. 99　　B. 100　　C. 101　　D. 102

18. 第 17 题的程序执行后，(AX) = ( )。

A. 5000　　B. 5050　　C. 5100　　D. 5150

19. 下列指令序列执行后完成的运算，正确的算术表达式应是 ( )。

```
MOV   AL, BYTE   PTR   X
SHL   AL, 1
DEC   AL
MOV   BYTE PTR Y, AL
```

A. y = 2x + 1　　B. x = 2y + 1　　C. x = 2y - 1　　D. y = 2x - 1

20. 已知 CS = 2300H，DS = 2400H，执行下列指令序列后，CS 和 DS 值是 ( )。

```
PUSH    CS
POP     DS
```

A. CS = 0
DS = 2300H　　B. CS = 2400H
DS = 2300H　　C. CS = 2400H
DS = 2400H　　D. CS = 2300H
DS = 2300H

二、填空题

1. 在 8086 CPU 中，总线接口单元 (BIU) 的功能是____________________，指令执行单元 (EU) 的功能是____________________。

2. 8086 CPU 的 9 个标志位中，属于状态标志位的有____________________。

3. 执行一条指令所需的总时间为____________________之和。

三、计算题

1. 已知 DS = 3000H，BX = 1200H，SI = 600H，MASK = 200H，[31A00H] = 56BH，请计算指令“MOV AX，MASK [BX] [SI]”源操作数的物理地址，并用图示说明该指令的执行过程。

2. 假定 80486 工作在实地址模式下，DS = 1000H，SS = 2000H，ES = 3000H，SI = 0100H，BX = 0200H，BP = 0300H，EAX = 00000400H，变量 TABLE 的偏移地址为 0500H。请指出下列指令的源操作数是什么寻址方式？它在哪个段？物理地址是什么？

(1) MOV AX, [1024H]　　(2) MOV AX, TABLE

(3) MOV AX, 100H [BX]　　(4) MOV AX, TABLE [BP] [SI]

(5) MOV AX, 1234H　　(6) MOV AX, ES: [1234H]

(7) MOV AX, 10H [EAX]　　(8) MOV AX, 10H [EAX * 2]

(9) ADD AL, [EAX] [SI]　　(10) SUB EAX, TABLE [BP]

四、程序分析

1. 已知 DS = 1300H，AX = 1234H，BX = 1200H，CX = 01BCH，SI = 0020H，DI = 0032H，存储单元(14281H)(14280H) = 0A426H，(14235H)(14234H) = 3000H，(14233H)(14232H) = 0634H，(14233H)(14232H) = 0634H，(14231H)(14230H) = 5678H，下列各程序段执行结果如何？

(1) LEA BX, 50H[BX][SI]

```
    MOV     AX, 10H[BX]
(2) XCHG    CX, 30H[BX]
    XCHG    50H[BX][SI], AX
```

2. 已知 SS = 1234H，SP = 00B0H，执行下列指令后，试指出 SP 和 CX 的值，并绘出堆栈区数据变化图。

```
MOV     AX, 8507H
MOV     BX, 0F80H
PUSH    AX
PUSH    BX
POP     CX
```

3. 已知 AL = 93H，CF = 1，试指出下列每条指令执行后，CF、ZF、SF、PF 和 AF 的状态。

```
(1) MOV     AL, 50H
(2) ADD     AL, 80H
(3) SUB     AL, 0A0H
(4) ADC     AL, 0F8H
(5) SBB     AL, 18H
(6) INC     AL
(7) DEC     AL
(8) NOT     AL
(9) AND     AL, 80H
(10) OR     AL, 0FH
```

4. 以下程序段执行后，AX 寄存器的值是多少？

```
MOV     AX, 0008H
ADD     AL, 09H
AAA
```

5. 已知 AX 和 BX 中为有符号数，试问在什么条件下执行以下各条指令后，程序转向不同的目标地址？

```
ADD     AX, BX
JO      PROG1
JNC     PROG2
JS      PROG3
JNZ     PROG4
JMP     PROG5
```

五、程序编写

1. 按要求编制程序段。

（1）将 AX 寄存器的低 4 位置 0。

（2）将 EBX 的高 8 位和低 8 位交换。

（3）将 CX 的内容乘以 16。

（4）将数据段中偏移地址为2000H的存储单元中所存字传送到BX中。

2. 使用查表指令将0～9转换成ASCII码。

3. AX、BX和CX中为有符号的16位二进制数，现要求求出最大值，并存储在MAX单元中，试编写程序段。

4. 100个有符号的16位二进制数存储在以BLOCK为首地址的存储区中，现要求将其中的正数和负数分开，并分别存储在以PLUS和MINU为首地址的存储区中，试编写程序段。

5. 试编写一汇编程序段，使之实现：在100个字符的数据串BLOCK中搜索字符K，若有，则将OK单元置1，否则置0。

2.5　项目挑战：了解奔腾系列微处理器的指令系统和工作特点

奔腾系列微处理器不仅拥有80486微处理器的全部特征，而且由于又增加了超标量体系结构、动态预测转移、流水线操作的浮点部件、改进了性能的指令执行计时、分离式的指令Cache和数据Cache、64位数据总线、总线周期的流水线、地址奇偶校验、功能冗余校验系统管理模式、虚拟方式扩充等技术，大大改进了其软、硬件结构，它所采用的先进的超标量流水线内部结构所具有的并行处理能力，可以使奔腾系列微处理器在每个时钟周期内完成一条以上的指令。奔腾系列微处理器分支转移预测机制的作用就是奔腾系列微处理器可以运行指令预取总线周期，以便检索从来没有执行过的指令。关于其具体工作过程，感兴趣的读者可以查阅相关资料，并画出奔腾系列微处理器的工作流程图。

项目三　汇编语言程序设计

【项目导读】

本项目主要讲解汇编语言的基本格式，顺序程序、分支程序、循环程序、子程序的基本结构和设计方法等，通过实例程序说明程序的设计及调试方法。

【学习目标】

□理解汇编语言程序设计的完整段格式，并能熟练套用。

□理解汇编语言程序中使用的各种运算符，对常用运算符（如 OFFSET、TYPE、PTR 等）应会正确使用。

□掌握汇编语言程序中符号、数据、段结构和过程等的定义方法。

□掌握汇编语言程序中段寄存器的加载方法。

□掌握顺序、分支、循环和子程序结构的程序设计方法与技巧。

□了解高级汇编语言技术。

□熟练掌握汇编语言的开发过程。

【学习建议】

汇编语言程序设计是 CPU 中指令系统的综合应用，实践性很强。通过本项目的学习，可以加深对计算机层次结构的理解。因此，应该熟练掌握本项目中所列各种伪指令的格式和使用方法，掌握汇编语言完整段的格式，并能熟练编写简单的汇编程序。在学习几种基本程序结构形式的程序设计方法与技巧时，要结合上机操作，逐步掌握汇编语言程序的编辑、编译、连接和调试等程序设计技巧和技能。本项目教学安排 28 学时，其中理论授课 16 学时，动手实践 12 学时。

3.1　项目开篇：汇编语言程序设计过程实例

在项目二中，我们对汇编语言的程序格式有了初步的了解，并对微处理器的指令系统和程序的编写有了初步的理解，也运用了 EDIT. COM、MASM. EXE、LINK. EXE 等编辑环境和编译环境。为调试程序，还需要了解调试程序 DEBUG. COM 的应用。

通过项目二，可以看出，汇编语言程序的建立及汇编过程如图 3-1 所示，具体描述如下：

1）用编辑程序建立 ASM 源文件。

2）用汇编程序把 ASM 源文件汇编成 OBJ 文件。

3）用连接程序把 OBJ 文件转连接成 EXE 文件。

4）用 DOS 命令直接键入文件名就可执行该程序。

5）用 DEBUG 可以调试执行结果错误或有其他问题的程序。

1. 建立汇编语言的工作环境

为运行汇编语言程序至少要在磁盘上提供以下文件：

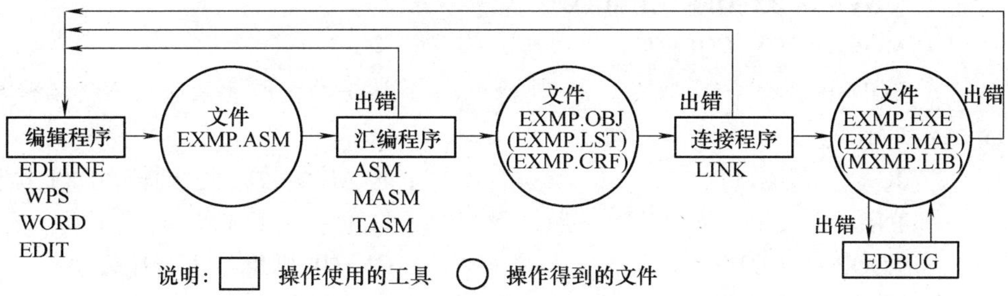

图 3-1　汇编语言程序的建立及汇编过程

1）编辑程序，如 EDIT. EXE。其格式如下：

EDIT　［盘符］［路径］文件名 . ASM

2）汇编程序，如 MASM. EXE。其格式如下：

MASM　［盘符］［路径］文件名［. ASM］

3）连接程序，如 LINK. EXE。其格式如下：

LINK　［盘符］［路径］文件名［. OBJ］

4）调试程序，如 DEBUG. COM。其格式如下：

DEBUG　［盘符］［路径］文件名［. EXE］

必要时，还可建立如 CREF. EXE、EXR2BIN. EXE 等文件。

2. 汇编语言程序设计

通过一个实例来学习一下汇编语言程序设计。

例 3-1　设计一个程序，能将预先设定的数值进行排序，并将结果存放到存储单元 MAX 中。

解：汇编程序过程包括建立源程序、编译，调试等。

（1）建立源程序。经 EDIT 命令建立的文件内容如下：

```
          NAME    EXAMPLE
STACK       SEGMENT   PARA STACK  'STACK'；定义堆栈段,段名为 STACK
STAPN       DB  100DUP(?)                ；预留 100B 的存储空间
TOP         EQU   LENGTH STAPN           ；返回数组元素的个数,即 TOP = 100
STACK       ENDS                         ；堆栈段定义结束
BUF-DATA    SEGMENT                      ；定义数据段,段名 BUF_DATA
BUFFER      DB 11,-23,34,-46,55,99,-9,63 ；定义字节变量
COUNT       EQU   $-BUFFER               ；定义符号常量,此处 COUNT = 8
MAX         DB?                          ；定义无初值的字节变量
BUF_DATA    ENDS                         ；数据段定义结束
COSEG       SEGMENT                      ；定义代码段
          ASSUME CS:COSEGG,DS:BUF-DATA,SS:STACK
START：  MOV      AX,BUF-DATA
         MOV      DS,AX
         MOV      SI,OFFSET BUFFER
```

```
          MOV     BX,OFFSET MAX
          MOV     CX,COUNT
          LODSB                         ; 从缓冲区取元素送至 AL,调整 SI、CX
COMPA:    CMP     AL,[SI]
          JG      NEXT                  ; 若 AL 中数较大,则转 NEXT 执行
          INC     SI                    ; 取下一元素
          LOOP    COMPA                 ; CX≠0,则继续进行比较
          MOV     [BX],AL               ; 将大数送 BX
          JMP     START
COSEG     ENDS
          END     START
```

将文件保存到指定目录。

注： 输入源程序时，在第 21 行前应有“MOV　AL，[SI]”，但没有输入留在调试程序时输入。

（2）用 MASM 对汇编程序进行初步汇编。键入“MASM　EXAMPLE. ASM”，回车，此时计算机屏幕上出现：

```
MICROSOFT (R) MASM COMPATIBILITY DRIVER
COPYRIGHT (C) MICROSOFT CORP 1993.   ALL RIGHTS RESERVED.

INVOKING: ML. EXE /I. /ZM /C /TA EXAMPLE. ASM

MICROSOFT (R) MACRO ASSEMBLER VERSION 6. 11
COPYRIGHT (C) MICROSOFT CORP 1981—1993. ALL RIGHTS RESERVED.
                ;简要的版本说明
ASSEMBLING: EXAMPLE. ASM
EXAMPLE. ASM(6): ERROR A2008: SYNTAX ERROR : -
                ;语法错,第 6 行“-”与任何可识别的语法不匹配
EXAMPLE. ASM(7): ERROR A2034: MUST BE IN SEGMENT BLOCK
                ;从第 7 行至第 9 行应定义在某个段中
EXAMPLE. ASM(8): ERROR A2034: MUST BE IN SEGMENT BLOCK
EXAMPLE. ASM(9): ERROR A2034: MUST BE IN SEGMENT BLOCK
EXAMPLE. ASM(10): ERROR A2008: SYNTAX ERROR : -
EXAMPLE. ASM(12): ERROR A2006: UNDEFINED SYMBOL : COSEGG
                ;符号 COSEGG 没定义
EXAMPLE. ASM(12): ERROR A2006: UNDEFINED SYMBOL : BUF
                ;符号 BUF、BUFFER、MAX、NEXT 没定义
EXAMPLE. ASM(13): ERROR A2006: UNDEFINED SYMBOL : BUF
EXAMPLE. ASM(15): ERROR A2006: UNDEFINED SYMBOL : BUFFER
EXAMPLE. ASM(16): ERROR A2006: UNDEFINED SYMBOL : MAX
```

EXAMPLE. ASM(17)：ERROR A2006：UNDEFINED SYMBOL ：BUFFER

EXAMPLE. ASM(20)：ERROR A2006：UNDEFINED SYMBOL ：NEXT

EXAMPLE. ASM(24)：ERROR A2107：CANNOT HAVE IMPLICIT FAR JUMP OR CALL TO NEAR LABEL

;第 24 行没有指示近调用还是远调用

EXAMPLE. ASM(3)：ERROR A2206：MISSING OPERATOR IN EXPRESSION

;第 3 行在表达式上丢失操作符

根据错误显示，利用 EDIT 命令再次进入程序进行修改。更换“-”为“_”，将符号“COSEGG”改为“COSEG”，第 3 行将“100DUP（?)”改为“100 DUP（?)”，在第 21 行“INC　SI”前丢失的“NEXT”标号，将其补充上，至于近调用还是远调用，问题可能出在数据段定义上。将更改结果存盘重新编译，查看效果，结果显示：编译通过。

（3）用 LINK 连接产生 EXE 可执行文件。执行“LINK　EXAMPLE. OBJ”，屏幕显示：

MICROSOFT（R）SEGMENTED EXECUTABLE LINKER　VERSION 5. 31. 009 JUL 13 1992

COPYRIGHT（C）MICROSOFT CORP 1984—1992.　ALL RIGHTS RESERVED.

```
RUN         FILE [EXAMPLE. EXE]：   ;可执行文件,可直接回车,也可输入一定的文件名
LIST        FILE [NUL. MAP]：       ;生成连接镜像文件,若直接回车,则不生成
LIBRARIES   [. LIB]：               ;生成库文件,若直接回车,则不生成
DEFINITIONS  FILE [NUL. DEF]：      ;生成模块定义文件,若直接回车,则不生成
```

当编译连接都成功后，运行生成的可执行文件，屏幕无现象，这说明程序没有显示环节或者还存在其他内部问题，怎么办呢？首先应该从程序的结构来探讨这个问题，其次应深入程序内部，跟踪程序的运行。在项目备战中，将就这几个问题展开讨论。

3. 2　项目备战：汇编语言程序设计基础

从项目开篇可以看出，一个汇编程序不仅仅是指令的堆砌，而且还需要一定的数据支撑，程序的编写也有一定的技巧，下面就这几个问题展开讨论。

任务 3. 2. 1　理解常量、变量和标号的含义及应用

汇编语言中的数据可以简单分为常量和变量。常量可以作为硬指令的立即数或伪指令的参数，变量主要作为存储器操作数。汇编语言语句中的名字和标号具有逻辑地址和类型属性，主要作为地址操作数，也可以作为立即数和存储器操作数。

1. 常量

常量表示一个固定的数值，又可分成多种形式。

（1）数值型常量　在程序中，可以用不同进制数的形式表示一个数值型常量，各种进制的数值型常量见表 3-1。各种进制的数据加后缀字母加以区分，不分大小写。默认不加后缀字母的是十进制数。

（2）字符型常量　字符型常量是用单引号或双引号括起来的单个字符或多个字符，其数值是每个字符对应的 ASCII 码值，例如'A' = 41H，'AC' = 4143H。

表 3-1 各种进制的数值型常量

进　制	数字组成	举　例
二进制	由 0、1 两个数组成，以字母 B 结尾	01101011B
八进制	由 0 ~ 7 数字组成，以字母 Q 或 O 结尾	712Q
十进制	由 0 ~ 9 数字组成，以字母 D 结尾或不加字母	900、297D
十六进制	由 0 ~ 9、A ~ F 组成，以字母 H 结尾 以字母开头的，前面要加 0，以避免与标识符混淆	65H、0B4H

（3）符号型常量　符号型常量使用标识符表达一个数值。常量尽量使用有意义的符号名来表示，以提高程序的可读性，使其更具有通用性。MASM 提供等价机制，用来为常量定义符号名，符号定义伪指令有等价“EQU”和等号“=”伪指令。它们的格式如下：

符号名　EQU　数值表达式

符号名　EQU　〈字符串〉

符号名　=数值表达式

等价伪指令给符号名定义一个数值或定义成另一个字符串，这个字符串甚至可以是一条处理器指令。例如：

```
DOSWRITECHAR      EQU     2
CARRIAGERETURN    =       13
CALLDOS           EQU     < INT   21H >
```

应用上面的符号定义，下列左边的程序语句可写成右侧的等价形式：

```
MOV    AH, DOSWRITECHAR          ; MOV   AH, 2
MOV    DL, CARRIAGERETURN        ; MOV   DL, 13
CALLDOS                          ; INT   21H
```

EQU 用于数值等价时不能重复定义符号名，但“=”允许重复赋值，例如 X = X + 10。

（4）数值表达式　数值表达式一般是由运算符连接的各种常量所构成的表达式。汇编程序在汇编过程中计算表达式，最终得到一个确定的数值，所以数值表达式也是一个常量。

当一个表达式中同时有几个运算符时，按运算符优先级顺序执行。运算符优先级见表 3-2。

表 3-2 运算符优先级

优先级别	运算符	说明
高 ↓ 低	( )、[ ]、LENGTH、SIZE PTR、OFFSET、SEG、TYPE、THIS 段超越前缀符“:” +、-（单项运算符） *、/、MOD、SHL、SHR +、- EQ、NE、LT、LE、GT、GE NOT AND OR、XOR	①先执行优先级别高的运算符 ②优先级别相同的运算符，按照从左到右的顺序进行 ③可用圆括号改变运算的顺序 ④ [ ] 多用在存储器操作数的表达式中 ⑤取址运算符的操作对象必须是存储器操作数 ⑥通过算术运算符参加运算的数和运算结果都必须是整数 ⑦“:”用来临时给变量、标号或地址表达式指定一个段属性 ⑧关系运算符的结果为真，输出全 1，否则，输出全 0 ⑨通过逻辑运算符参与运算的数和结果都为整数 ⑩SHORT 表示转移指令的目标地址与该指令的距离在 -128 ~ 127B 之间

例 3-2 运算符优先级运算。

解：

```
MOV   AX,3 * 5 + 10                    ;等价于"MOV  AX,25"
OR    AL,03H  AND  45H                 ;等价于"OR  AL,01H"
MOV   AL,0101B  SHL (2 * 2)            ;等价于"MOV  AL,01010000B"
MOV   BX,((DATA_1  LT  10)AND  15) OR ((DATA_1  GE 10)AND  20)
                                       ;等价于当 DATA_1 < 10 时,汇编结果为
                                       ;"MOV  BX,15",否则为"MOV  BX,20"
```

汇编程序用字量 -1（补码是 FFFFH）表示条件为真，用字量 0 表示条件为假。

2. 变量

变量实质上是指主存单元的数据，因而可以改变。变量需要事先定义才能使用。

（1）变量的定义　变量定义伪指令为变量申请固定长度的存储空间，并可以同时将相应的存储单元初始化。在寻找存储器操作数的几种寻址方式中，除寄存器间接寻址不使用变量外，其他几种寻址方式均可使用变量名。变量定义的汇编语言格式如下：

变量名　伪指令　初值表

1）变量名为用户自定义标识符，表示初值表首元素的逻辑地址。变量名也可以没有，在这种情况下，汇编程序将直接为初值表分配空间，无符号地址。设置变量名主要是为了方便存储它指示的存储单元。

2）初值表是用逗号分隔的参数，主要由常量、数值表达式或"？"组成。其中，"？"表达式通常用于保留一个或多个存储单元，做程序运行时的工作单元或保存结果用。另外，多个存储单元如果初值相同，可以用复制操作符 DUP 进行定义。DUP 的格式如下：

变量名　伪指令　表达式 1　DUP（表达式 2）

3）变量定义伪指令有 DB、DW、DD、DF、DQ、DT。变量定义伪指令见表 3-3。

表 3-3　变量定义伪指令

助记符	变量类型	变量定义功能
DB	字节（BYTE）	分配一个或多个字节单元；每个数据可以是字节量，也可以是字符串常量。字节量表示 8 位无符号数或有符号数、字符的 ASCII 码值
DW	字（WORD）	分配一个或多个字单元；每个数据一定是字量，16 位数据。字量表示 16 位无符号数或有符号数、段地址、偏移地址
DD	双字（DWORD）	分配一个或多个双字单元；每个数据是双字量，32 位数据。双字量表示 32 位无符号数或有符号数，含段地址和偏移地址的远指针
DF	3 字（FWORD）	分配一个或多个 6B 单元，6B 量表示 32 位 CPU 的 48 位远指针
DQ	4 字（QWORD）	分配一个或多个 8B 单元，8B 量表示 64 位数据
DT	10 字节（TBYTE）	分配一个或多个 10B 单元，多用于压缩 BCD 码的存储，10B 数据用于浮点运算

（2）变量的应用和定位　变量具有逻辑地址。在程序代码中，通过变量名引用其指向的第一个数据，通过变量名加减位移量存取以第一个数据为基地址的前后数据。

例 3-3 根据下面变量的定义，画出相应的内存分配示意图。假设数据段从 2000H：0000H 开始存放。

```
解：DATA1    DB -1*3              ;有符号数以补码形式存放 -3 的补码是 FDH,存放
                                   ;在 DATA1 所指向内存单元
    DATA2    DW  0204H,100H       ;DATA2 地址开始定义两个字操作数 0204H、0100H,
                                   ;占 4 个存储单元
    DATA3    DD 12345H            ;DATA3 地址开始定义一个双字操作数,位数不足,高
                                   ;位补 0,占 4 个存储单元
    STRING   DB '0123','A','BC'   ;STRING 开始存放对应字符串中字符的 ASCII 码,每
                                   ;个字符占 1 个存储单元,共占 7 个存储单元
    DATA5    DW '01','23'         ;如果用 DW 定义字符串,则操作数项单引号内必须
                                   ;是两个字符,每个字符占 1 个存储单元,共占 4 个存
                                   ;储单元
    DATA6    DB ?                 ;从 DATA6 开始预留 1 个字节单元,单元内容是原来值
    DATA7    DB 3  DUP(00)        ;从 DATA7 开始分配 3 个字节单元,初值为 0
    DATA8    DW 2  DUP(?)         ;从 DATA8 开始预留 2 个字,占 4 个单元,单元内容
                                   ;不变
    DATA9    DW DATA5             ;将符号地址 DATA5 的值(即偏移地址)存在 DATA9
                                   ;开始的单元中
```

多字节数在存储器中的存放规则为：低字节存放在低地址单元，高字节存放在高地址单元；多个操作数时，从左到右由低地址到高地址排列。

各变量在内存中的分配示意图如图 3-2 所示。

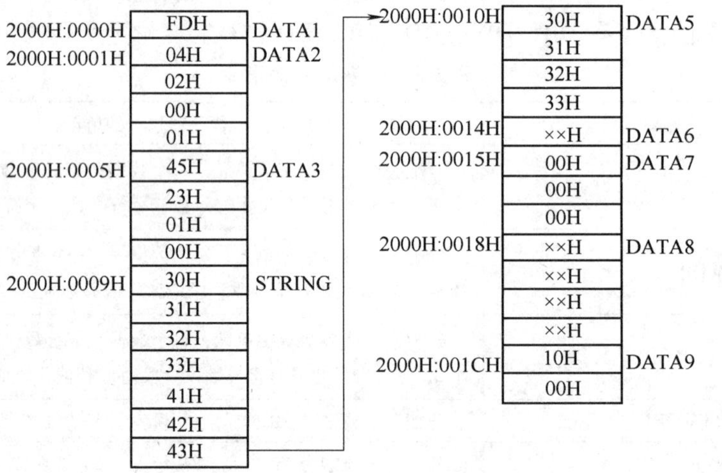

图 3-2 各变量在内存中的分配示意图

例 3-4 变量的定义和应用。

解：;数据段

```
DATA1     DB 100,01100100B,64H,'d'     ; 字节变量:不同进制表达同一个数值,主
                                        ; 存中有 4 个 64H
MININT =5                               ; 符号常量:MININT 数值为 5,不占主存空
```

```
                                        ; 间
DATA2    DB -1,MININT,MININT+5          ; 存储单元中数值依次为FFH(补码,8位)、
                                        ; 5、0AH
         DB ?,2 DUP(20H)                ; 预留1个字节空间,重复定义了2个数值
                                        ; 20H
DATA3    DW 2010H,4*4                   ; 字变量:2个数据是2010H、0010H,共占4
                                        ;个字节
DATA4    DW ?                           ; DATA4是没有初值的字变量
DATA5    DD 12347777H,87651111H,?       ; 双字变量:2个双字数据、1个双字空间
abc      DB 'a','b','c',?               ; 定义字符,实际是字节变量
MAXINT   EQU 0AH                        ; 符号常量:MAXINT=10
STRING   DB 'ABCDEFGHIJ'                ; 定义字符串:使用字节定义DB伪指令
CURCH    DB 13,10,'$'                   ; 回车符0DH、换行符0AH和字符'$'的
                                        ; ASCII码=24H
ARRAY1   DW MAXINTDUP(0)                ;10个初值为0的字量,可以认为是数组
ARRAY    DB 2 DUP(2,3,2 DUP(4))         ; 8个字节内容依次为02、03、04、04、02、
                                        ; 03、04、04
```

下面是利用上述变量定义的程序段。

```
        ;代码段
        MOV   DL,DATA1                          ; DATA1表示它的第一个数据,
                                                ; 故100='d'→DL
        DEC   DATA2+1                           ; DATA2位移量为1的字节数据
                                                ; (MININT=5)减1,故为4
        MOV   abc[3],DL                         ; ABC位移量为3的字节单元赋
                                                ; 值'd',字符串成为'abcd'
        MOV   AX,WORD PTR DATA5[0]              ; 取双字到DX.AX:7777H→AX
        MOV   DX,WORD PTR DATA5[2]              ; 1234H→DX
        ADD   AX,WORD PTR DATA5[4]              ; 加双字节到DX.AX,7777H+
                                                ; 1111H→AX
        ADC   DX,WORD PTR DATA5[6]              ; 1234H+8765H→DX
        MOV   WORD PTR DATA5[8],AX              ; DX.AX保存双字节和于DATA5的
        MOV   WORD PTR DATA5[10],DX             ; 第3个双字单元
        MOV   CX,MAXINT                         ; 10→CX
        MOV   BX,0                              ; 0→BX
AGAIN:  ADD   STRING[BX],3                      ; STRING中每个数值加3
        INC   BX                                ; BX+1→BX
        LOOP  AGAIN                             ; 循环
        LEA   DX,abc                            ; 从abc字符串开始显示,到后面
                                                ; 遇到'$'结束
```

```
        MOV    AH,09H
        INT    21H                              ; 显示结果:abcdDEFGHIJKLM
```

在汇编源程序时，为了指示下一个数据或指令在对应段中的偏移量，程序使用一个位置计数器，用于记载汇编时的当前偏移量。“$”代表当前位置计数器的现行值，定位伪指令ORG就是对位置计数器的现行值进行设置与修改。定位伪指令的语句格式如下：

```
ORG  表达式     ；使后面的目标代码以表达式给定值作起始偏移量
```

例 3-5 ORG 的应用。

解：

```
DATA      SEGMENT             ; 定义数据段
ORG       200H                ; 将当前偏移地址指针指向参数表达式的偏移地址
DATA_1    DB  30H,41H         ; DATA_1 在 DATA 数据段中的偏移量为 200H 而不
                              ; 是 0H
ORG       $ + 40H             ; 在位置计数器现行值基础上加 40H,即 200H + 2H +
                              ; 40H = 242H
STRING    DB 'ABCDEFGH'       ; 变量 STRING 的首址为 242H
COUNT     EQU   $-STRING      ; 表示位置计数器现行值与变量 STRING 首址之差,
                              ; 其值为 8
DATA      ENDS                ; 数据段定义结束
```

偶地址伪指令 EVEN 也是对位置计数器的一个控制命令，它把位置计数器调整为偶数，即下一个字节地址从偶数开始。偶地址伪指令 EVEN 的格式如下：

EVEN

偶地址伪指令对存储器字单元（16 位）进行存取时，其存取速度较快。

3. 名字和标号

名字和标号是汇编语言的第一部分，是用户自定义的标识符。名字指向一条伪指令，标号指向一条硬指令，它们都用来表示本语句的符号地址。名字有多种，如变量名、段名、子程序名等。

（1）名字和标号的属性　名字和标号一经使用就具有了三个属性。

1）段属性（SEG）。段属性表示名字或标号所在的指令在哪个逻辑段中，且用这个段的段基址表示。

2）偏移量属性（OFFSET）。标号或名字的偏移地址是 16 位无符号数，它代表从段起始地址到定义标号的位置之间的字节数。段属性和偏移量属性共同构成了这条指令的逻辑地址。

3）类型属性（TYPE）。变量的类型属性定义了该变量所保留的字节数，如 BYTE（单字节）、WORD（双字节）等；名字或标号的类型属性表示了它的转移特性。如在段内引用的，则称为 NEAR，指针长度为 2B；如在段外引用，则称为 FAR，指针长度为 4B。

在汇编语言程序设计中，经常会用到名字和标号的属性，因此汇编程序提供有关的操作符，以方便获取这些属性。

（2）操作符的应用　操作符分为地址操作符和类型操作符两种。

1）地址操作符。地址操作符取得名字或标号的段地址和偏移地址两个属性。常用地址操作符及示例说明见表 3-4。

表 3-4　常用地址操作符及示例说明

地址操作符	示例及说明		
[ ]	MOV	AX,[2300H]	;将括起来的表达式作为存储器地址指针
$	COUNT	EQU　$—STRING	;当前偏移地址，等于与变量 STRING 所在首址的差
:	ASSUME	CS:CODE	;段前缀，在这采用 CS 作为代码段的段地址寄存器
OFFSET 名字/标号	MOV	AX,OFFSET DATA_1	;返回偏移量。把变量 DATA_1 的段内偏移量送入 AX
SEG 名字/标号	MOV	AX,SEG DATA_1	;返回段地址。把变量 DATA_1 的段地址送入 AX

转移和循环指令使用标号就是取其逻辑地址，子程序调用指令使用的子程序名也是取其逻辑地址。

2）类型操作符。类型操作符对名字或标号的类型属性进行有关设置，常用的类型操作符及示例说明见表 3-5。表中，前 3 个操作符用于改变名字或标号的类型，以满足指令对操作数的类型要求；后 3 个操作符用于返回与类型有关的数值。

表 3-5　常用的类型操作符及示例说明

地址操作符	示例及说明	
类型名 PTR 名字/标号	MOV　BYTE　PTR　DA_WORD[DI],BL	；改变属性，由双字节操作数变为单字节操作数
THIS　类型名	START　EQU　THIS　FAR	；采用当前地址作为指定类型，操作数在这允许跨段跳转
SHORT　标号	JMP　SHORT TAG_1	；短转移，转向地址在下一条指令地址的 ±127B 范围内
TYPE　名字/标号	TYPE　DWORD	；返回一个数值，由字节数决定，表明其类型，在这结果为；4，为双字
LENGTH　变量名	MOV　AL,LENGTH DATA_1	；返回以变量类型为单位的个数
SIZE　变量名	MOV　AH,SIZE DATA_2	；返回变量所占的字节数

THIS 可以像 PTR 一样建立一个指定类型（BYTE、WORD 或 DWORD）或指定距离（NEAR、FAR）的地址操作数。该操作数的段地址和偏移量与下一个存储单元地址相同。

例 3-6　THIS 指令的应用。

解：

```
FIRST_TYPE     EQU    THIS   BYTE      ; 定义 FIRST_TYPE 的类型为字节型
WORD_TABLE     DW     100    DUP (?)   ; FIRST_TYPE 和 WORD_TYPE 的偏
                                       ; 移地址相同，但为字节型
START          EQU    THIS FAR         ; 定义 START 属性为远调用
MOV            CX, 100                 ; MOV 指令有一个 FAR 属性的地址
                                       ; START，允许其他段 JMP 指令直接
                                       ; 跳转到 START
```

LENGTH 和 SIZE 运算符的具体运算规则是：如果变量是用重复操作符 DUP 定义的，那么运算符 LENGTH 的运算结果是外层 DUP 的给定值（即重复次数），运算符 SIZE 的运算结果是该变量所定义的存储区的字节数；如果没有用 DUP 定义变量，运算结果总是 1。而运算符 SIZE 是 LENGTH 和 TYPE 两个运算结果的乘积。

例 3-7　LENGTH 和 SIZE 的应用。

解：

```
DATA1   DW 50   DUP (?)
```

```
DATA2   DB 12, 25, 'B'
        ; 代码段
        MOV AL, LENGTH  DATA1  ; 返回数组变量的元素个数, 即 AL = 50
        MOV AH,LENGTH  DATA2   ; 返回以变量类型为单位的个数, 即 AH = 1
        MOV BL, SIZE DATA1     ; 返回数组变量所占的总字节数, 即 BL = 100
        MOV BH, SIZE DATA2     ; SIZE = LENGTH × TYPE, 即 BH = 1
```

任务 3.2.2 掌握顺序程序设计的方法与技巧

顺序程序是最简单，也是最常用的程序结构形式。这种程序没有分支、循环等转移指令，整个程序会按指令书写的前后顺序依次执行，实际应用中完全由顺序结构构成的程序很少，但作为程序的一部分，它是广泛存在的。

例 3-8 计算表达式（W－（X×Y+Z－100））/W 的值，其中，W、X、Y、Z 均为 16 位带符号数，计算结果的商存在 AX，余数存在 DX。

解：根据题意，写程序如下：

```
DATA    SEGMENT                      ; 定义数据段的逻辑段, 段名 DATA
        W     DW  10                 ; 定义数据 W = 10
        X     DW  20                 ; 定义数据 X = 20
        Y     DW  30                 ; 定义数据 Y = 30
        Z     DW  40                 ; 定义数据 Z = 40
DATA    ENDS
STACK   SEGMENT  STACK               ; 定义堆栈段的逻辑段, 段名 STACK
        DW  100  DUP (?)             ; 分配堆栈大小, 设置为 100 个字
STACK   ENDS                         ; 堆栈段定义结束
CODE    SEGMENT                      ; 定义代码段的逻辑段, 段名 CODE
ASSUME  CS: CODE, DS: DATA; SS: STACK; 确定各个逻辑段的类型
START:  MOV   AX, DATA               ; 程序起始点
        MOV   DS, AX                 ; 设置 DS 指向程序数据段的段地址
        MOV   AX, X                  ; X →AL
        IMUL  Y                      ; 计算 X × Y, 字相乘, 积存入 DX 和 AX
        MOV   CX, AX                 ; 用 CX、BX 存储数据
        MOV   BX, DX
        MOV   AX, Z                  ; 计算 X × Y + Z
        CWD                          ; 32 位扩展, 送 DX 和 AX 中
        ADD   CX, AX
        ADC   BX, DX
        SUB   CX, 100                ; 计算 X × Y + Z - 100
        SUB   BX, 0
        MOV   AX, W                  ; 计算 W - (X × Y + Z - 100)
        CWD
```

```
        SUB   AX, CX
        SBB   DX, BX
        IDIV  W                          ; 计算 (W - (X×Y+Z-100)) /W;
                                         ; 计算结果的商存在 AX, 余数存在 DX
        MOV   AH, 4CH
        INT   21H
        CODE  ENDS
        END   START
```

通过该程序可以体会完整段定义格式的定义过程，并从中领会顺序程序的编写设计过程，即程序按要求顺序编写，而指令顺序执行。

例 3-9　采用查表法，实现一位十六进制数转换为 ASCII 码显示。

解：根据题目要求指定用查表的方法，那么首先建立一个表 TABLE。在表中按照十六进制数从小到大的顺序存入它们对应的 ASCII 码值。源程序如下：

```
    TITLE  TABLE  LOOK-UP
DATA      SEGMENT
TABLE     DB  30H, 31H, 32H, 33H, 34H, 35H, 36H, 37H
          DB  38H, 39H, 41H, 42H, 43H, 44H, 45H, 46H
HEX       DB  04H, 0BH
DATA      ENDS
STACK1    SEGMENT  PARA  STACK
          DW  40   DUP (0)
STACK1    ENDS
CODE      SEGMENT
          ASSUME CS: CODE, DS: DATA, SS: STACK1
START:    MOV     AX, DATA
          MOV     DS, AX                   ; 预置 DS
          MOV     BX, OFFSET TABLE         ; BX 指向 TABLE 码表
          MOV     AL, HEX                  ; AL 取得一位十六进制数,
                                           ; 恰好就是 TABLE 码表中位移
          AND     AL, 0FH                  ; 十六进制数只有 0~F 共 16 个
                                           ; 数, 所以只取低 4 位
          XLAT                             ; 换码: DS: [BX+AL] →AL
          MOV     DL, AL                   ; 入口参数: AL→DL
          MOV     AH, 2                    ; 02 号 DOS 功能调用
          INT     21H                      ; 显示一个 ASCII 码字符
          MOV     AL, HEX+1                ; 转换并显示一个数据
          AND     AL, 0FH
          XLAT                             ; 换码
          MOV     DL, AL                   ; 入口参数: AL→DL
          MOV     AH, 2                    ; 显示
          INT     21H
```

```
        MOV     AH, 4CH
        INT     21H
CODE    ENDS                        ; 代码段结束
        END     START               ; 返回程序起始点
```

在程序设计中，常常使用到程序流程图，就是把解题的方法、步骤用框图的形式表示出来。如果问题比较复杂，那么可以逐步细化，直到每一框图可以很容易编制程序为止。程序流程图不仅便于程序的编制，也便于查找和修改程序逻辑上的错误。

程序流程图主要由图 3-3 所示的几种框图符号组成。

(1) 起止框　起止框表示一个程序或一个程序模块的开始和结束。起始框内通常用程序名、过程名、标号或“开始”字符来表示，它仅有一个出口。终止框内通常用“结束”、“返回”等字符来表示，它仅有一个入口。

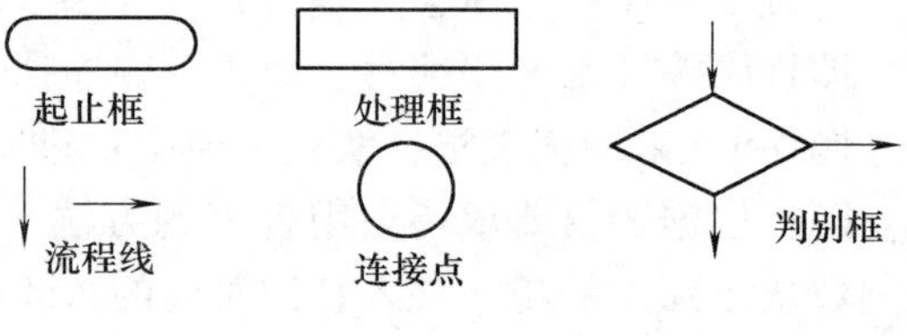

图 3-3　程序流程图符号

(2) 流程线　流程线表示程序的流向，即程序执行的顺序关系。如果程序的流向是从上向下或从左向右，通常可以不画箭头，其余情况需要用箭头指明程序的流向。

(3) 处理框　处理框用于说明一程序段（或一条指令）所完成的功能。这种框图通常有一个入口和一个出口。

(4) 连接点　连接点用于表示两根流向线的连接关系。连接点内常用字母或数字来表示。框内有相同的字母或数字就表示它们有连线关系。它只有一个入口或出口。

(5) 判别框　判别框表示进行程序分支的流向判别，框内记入判别条件。这种框图通常有一个入口、两个或两个以上的出口。在每个出口上要注明分支流向的条件。

任务 3.2.3　掌握分支程序设计的方法与技巧

在实际应用中，常常需要根据不同情况，在几个程序段中选择其一运行，这就是分支程序结构。其基本思想是根据逻辑判断的结果来形成程序的分支，如图 3-4 所示。若 A 成立，则执行 P1，否则执行 P2。

分支程序结构有单分支和多分支两种形式。为实现分支结构的程序设计，可以采用转移指令或地址表来设计分支结构。Intel 汇编指令系统提供了条件转移指令 JCC 和无条件转移指令 JMP。条件转移指令判断的条件是标志位。对多分支的程序，一般构造地址表作为分支程序段的入口地址。

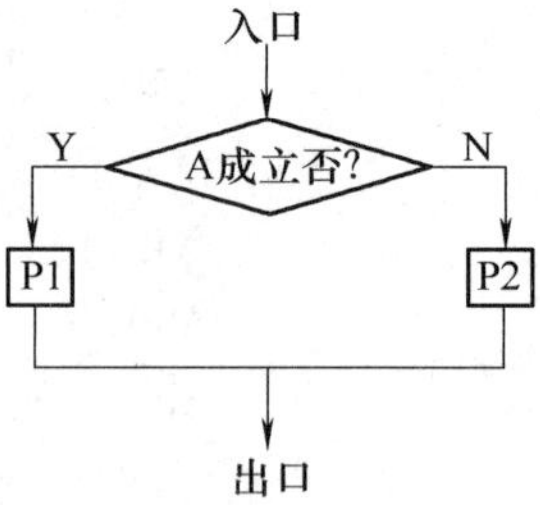

图 3-4　分支程序示意图

1. 简单分支程序设计

由于用一条转移指令只能产生两路分支，在程序分支不多的情况下，可使用条件转移指令或无条件转移指令来实现。

单分支程序设计是最简单的分支程序设计，在程序设计时，要注意采用正确的条件转移指令。当条件成立时，则发生转移，跳过分支体；若条件不满足，则顺序向下执行。

例 3-10　已知在主存中有一个字节单元 X，存有带符号数据，要求计算出它的绝对值后，放入 RESULT 单元中。

解：根据题目要求画出程序流程图，如图 3-5 所示。当 AL≥0 时，发生转移，跳过分支，否则，对它进行求补运算。

```
        ；代码段
        MOV   AL，X          ；X→AL
        TEST  AL，80H        ；测试 AL 正负
        JZ    NEXT           ；ZF＝1，满足条件 AL≥0，
                             ；转 NEXT
        NEG   AL             ；否则，AL 取补
  NEXT：MOV   RESULT，AL     ；AL→RESULT
        MOV   AH，4CH
        INT   21H            ；返回 DOS 状态
```

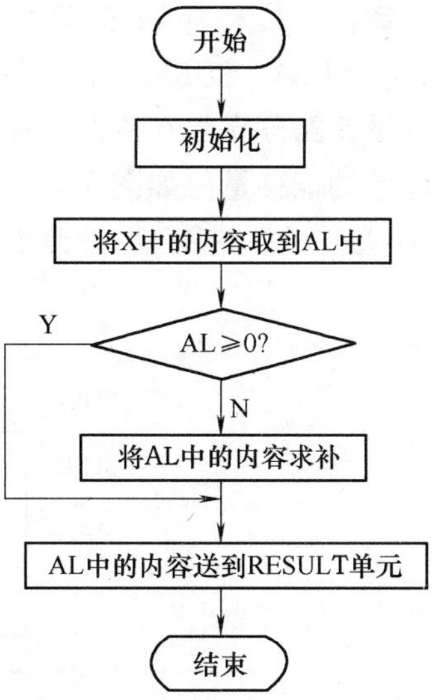

图 3-5　例 3-10 程序流程图

简单的多分支程序设计利用的是条件转移指令。在程序中，首先对待处理的问题进行比较、测试或进行某种算术运算、逻辑运算，以产生标志寄存器中能表达的“标志”，然后再选择适当的条件指令，实现不同情况的程序转移。

例 3-11　编写一程序段，实现下列表达式运算：

$$Y=\begin{cases}1 & X>0\\ 0 & X=0\\ -1 & X<0\end{cases}$$

解：显然程序段需要对 X 变量进行测试，根据测试结果分别对变量 Y 进行设置。程序流程如图 3-6 所示。

```
        ；代码段
START： MOV    AL，X      ；取变量 X 值
        CMP    AL，0      ；AL 和 0 比较
        JGE    PLUS       ；条件满足 X≥
                          ；0，转 PLUS
        MOV    BL，－1    ；否则，－1→BL
        JMP    EXIT       ；转到 EXIT
PLUS：  JE     ZERO       ；ZF＝1 且 AL＝0，转 ZERO
        MOV    BL，1      ；否则，1→BL
        JMP    EXIT       ；无条件跳转至 EXIT
ZERO：  MOV    BL，0      ；0→BL
EXIT：  MOV    Y，BL      ；BL→Y
```

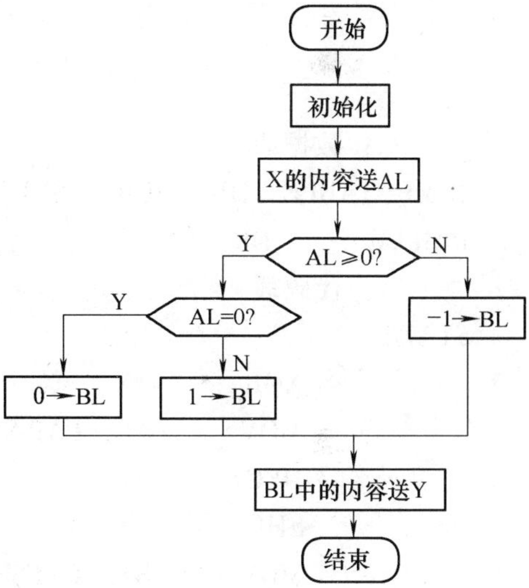

图 3-6　例 3-11 程序流程图

2. 多分支程序设计

对于多分支的程序，如果直接用条件转移指令实现，那么有 N 路分支，就需要 N－1 条转移指令。这样，程序不仅显得冗长繁琐，且进入各路分支时间不一致，这时可用地址表来实现。

例 3-12　用入口地址组成跳转表进行多分支程序设计。

解：设某程序有5路分支，根据变量PARAM的值，将程序转移到SUB1、SUB2、SUB3、SUB4、SUB5中的一路分支去。

设5路分支都在段内，那么用入口地址组成跳转表时，表内每两个字节存放一路分支入口地址的偏移量，如图3-7a所示。在程序中取出变量PARAM后，形成查表地址：表首址 +（PARAM－1）×2。部分源程序代码如下：

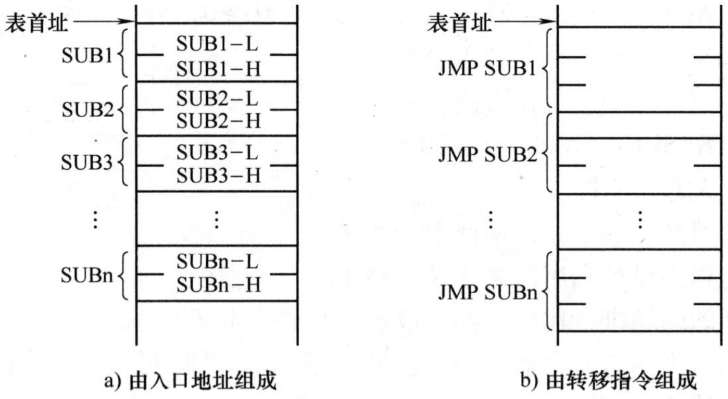

图3-7 跳转表

```
        ；数据段
JUMP_TABLE  DW  SUB1，SUB2，SUB3，SUB4，SUB5
PARAM         DB  3                      ；1～5之间的整数
        ；代码段
START：     …
          XOR     AX，AX                 ；实现多路分支程序段
          MOV     AL，PARAM
          DEC     AX
          SHL     AX，1                  ；左移1位，相当于AX×2→AX
          MOV     BX，OFFSET JUMP_TABLE
          ADD     BX，AX                 ；获得偏移地址
          MOV     AX，[BX]
          JMP     AX                     ；在这跳至SUB3
SUB1：     …
                  ⋮
          JMP     END_EXP
SUB2：     …
                  ⋮
          JMP     END_EXP
SUB3：     …
                  ⋮
```

```
          JMP       END_EXP
SUB4:     …
                    ⋮
          JMP       END_EXP
SUB5:     …
                    ⋮
          JMP       END_EXP
END_EXP:  …
                    ⋮
```

上述程序中，实现分支转移是用 JMP 指令的间接寻址方式，且目标地址是在通用寄存器 AX 中。如果用间接寻址方式，但目标地址在存储单元中，这时可作如下修改：

```
MOV AX, [BX] }
JMP  AX      }⇒JMP    [BX]
```

如改用基址寻址，那么实现多路分支程序段可修改为：

```
XOR     BH, BH
MOV     BL, PARAM
DEC     BL
SHL     BX, 1
JMP     JUMP_TABLE[BX]
```

由此可见，一个程序可用不同的指令代码来完成相同的功能。合理设计程序，使程序使用代码更少，占用机器时钟最少是优化程序的关键。

例 3-13　用转移指令组成跳转表进行多分支程序设计。

解： 跳转表是由若干条 JMP 指令组成，如图 3-7b 所示。表中每 3 个字节单元存放一条 JMP 指令代码。因此，多分支程序段应根据变量 PARAM 的值，使程序转移到跳转表中相应的指令上，然后再从这里转移到所要去的分支程序段。由于跳转表内是一系列将要执行的指令，所以，跳转表必须安排在代码段内。表内每项由 3 个字节构成，因此查表是按“表首址 +（PARAM - 1）×3”计算的。相关程序如下：

```
      TITLE   EXAMPLE   for   JUMP_TABLE2
              ；数据段
PARAM         DB        2                              ；1 ~5 之间的整数
              ；代码段
              XOR       BH, BH
              MOV       BL, PARAM                      ；BL = 2
              DEC       BL                             ；BL = 1
              MOV       AL, BL                         ；AL = BL = 1
              SHL       BL, 1                          ；BL = 2
              ADD       BL, AL                         ；BL = 3
              MOV       BX, OFFSET   JUMP_TABLE        ；获得偏移地址
              JMP       BX                             ；在这跳至 SUB2 去执行
```

```
JMP_TABLE: JMP     SUB1
           JMP     SUB2
           JMP     SUB3
           JMP     SUB4
           JMP     SUB5
SUB1:      …
           ⋮
           JMP     END_EXP
SUB2:      …
           ⋮
           JMP     END_EXP
SUB3:      …
           ⋮
           JMP     END_EXP
SUB4:      …
           ⋮
           JMP     END_EXP
SUB5:      …
           ⋮
           JMP     END_EXP
END_EXP:   …
           ⋮
```

任务 3.2.4 掌握循环程序设计的方法与技巧

循环程序是在满足一定条件的情况下，重复执行某段程序。循环程序通常有以下 5 部分：

（1）循环初始化部分 循环初始化部分为开始循环准备必要的条件，如地址指针、计数器初值、循环体需要的数值等，这部分在整个循环过程中只执行一遍。

（2）循环体部分 循环体部分是循环程序完成具体操作、运算的主体，也是设计循环程序的目的体现。从程序结构来看，这部分可以是一个顺序结构、分支结构，也可以用多重循环实现嵌套。

（3）修改部分 修改部分的功能是为执行下一次循环而修改某些参数，如地址指针、计数器等。要修改的参数通常是有一定规律的，如 ±1、±2 等。

（4）控制部分 控制部分是判断循环条件是否成立，决定是否继续循环。循环控制（即条件判断），可以在进入循环之前进行，形成“先判断、后循环”结构，也可以在循环体后进行，形成“先循环、后判断”结构。

图 3-8 给出了典型的两种循环程序结构。图 3-8a 是“先循环、后判断”结构，循环体中的循环和修改部分至少要执行一次。图 3-8b 由于是“先判断、后循环”结构，因此循环程序可能会出现零次循环的情况。

（5）结束部分　有的程序结束循环有几种可能情况，这时就要判断循环是在哪种情况下结束的，再分别予以处理。

1. 计数控制循环

计数控制循环是利用循环次数作为控制条件，它是最简单和最典型的循环程序，一般采用循环指令 LOOP 和 JCXZ 来实现。只要将循环次数置入 CX 寄存器，就可以开始循环体，最后用 LOOP 指令对 CX 减 1，并判断是否为 0。

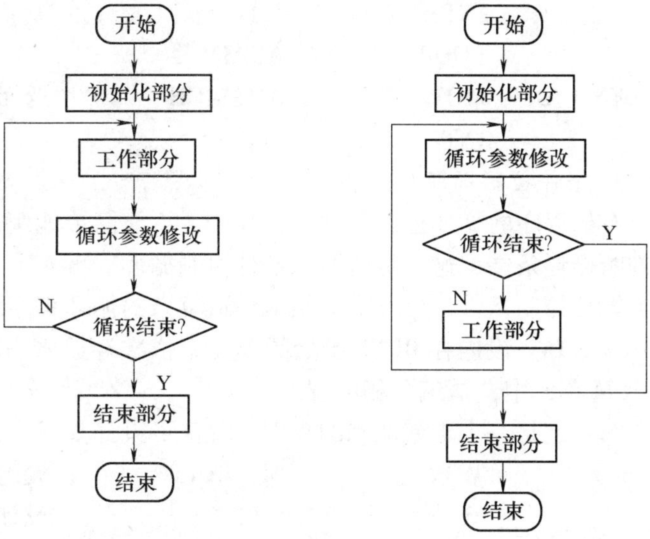

a)“先循环、后判断”结构　　b)“先判断、后循环”结构

图 3-8　循环程序结构

例 3-14　对字变量 DATA1 中值为 1 的位数进行统计，统计结果存入 SULT 单元中。

解：一个字变量有 16 位，其循环的次数为 16，最后用 LOOP 指令决定循环是否结束。

```
        ；数据段
DATA1   DW  1011 0110 1110 0011      ；给出一个字变量
SULT    DB?                          ；定义存储单元
        ；代码段
        MOV     DL ，0               ；DL 清零
        MOV     CX ，16              ；循环次数为 16
AGAIN:  SHL     DATA1，1             ；左移 1 位，进行判断
        JNC     NEXT                 ；CF =0，跳转至 NEXT
        INC     DL                   ；DL + 1→DL
NEXT:   LOOP    AGAIN                ；CX 减 1，若 CX 未减至 0，则继续循环
        MOV     SULT，DL             ；保存结果
```

例 3-15　从键盘接受一个十进制个位数 N，然后显示 N 次问号“?”。

解：显示 N 次问号显然是一个计数循环。但是为了避免输入“0”这个特殊情况，循环前应先判断。假设从键盘输入的为数字。

```
        ；代码段
        MOV     AH，1                ；接受键盘输入一个数字
        INT     21H                  ；AL = 输入字符的 ASCII 码
        AND     AX，000FH            ；只取低 4 位
        MOV     CX，AX               ；将低 4 位数据送入 CX，作为循环次数
        JCXZ    END_DIS
AGAIN:  MOV     DL，3FH              ；循环体，“?”的 ASCII 码 =3FH
        MOV     AH，2                ；显示
```

```
          INT       21H
          LOOP      AGAIN
END_DIS:  MOV       AH, 4CH        ; 返回 DOS 状态
          INT       21H
```

2. 条件控制循环

有的程序的循环控制条件比较复杂，不能简单地用循环次数来实现，这时应引进转移指令判断循环条件，这就是所谓的条件控制循环。事实上，利用条件转移指令支持的转移条件作为循环控制条件，可以更方便地构造复杂的循环程序结构。

例 3-16 设内存 BUFF 开始的单元中依次存放着 30 个 8 位无符号数，求它们的和并放在 SUM 单元中，试编写相应程序。

解： 这是一个求累加和的程序。程序可设计如下：

```
          MOV       SI, BUFF       ; 设地址指针
          MOV       CX, 30         ; 设计数初值
          XOR       AX, AX         ; 清累加器，使累加器初值为 0
AGAIN:    ADD       AL, [SI]       ; 取数相加
          ADC       AH, 0          ; 进位调整
          INC       SI             ; 取下一数值
          DEC       CX             ; CX - 1→CX
          JNZ       AGAIN          ; 循环累加
          MOV       SUM, AX        ; 累加和送 SUM 单元
```

例 3-17 在 DS 所决定的数据段，从偏移地址 BUFFER 开始顺序存放 100 个无符号 16 位数，现要编写程序将这 100 个字数据从大到小排序。

解： 排序的方法有很多，在这里，我们采用冒泡法。

```
          ; 部分程序代码段
          LEA       DI, BUFFER     ; DI 作为指针，指向要排序的数据
          MOV       BL, 99         ; 循环控制初值
NEXT0:    MOV       SI, DI
          MOV       CL, BL
NEXT3:    MOV       AX, [SI]       ; 取一个数
          ADD       SI, 2
          CMP       AX, [SI]       ; 与下一个数进行比较
          JNC       NEXT5          ; 大于等于时转移
          MOV       DX, [SI]       ; 否则，两数交换
          MOV       [SI-2], DX
          MOV       [SI], AX
NEXT5:    DEC       CL             ; 控制进行交换的次数
          JNZ       NEXT3
          DEC       BL             ; 修改交换的次数
          JNZ       NEXT0
```

```
        MOV     AH，4CH
        INT     21H             ；返回 DOS 状态
```

3. 用逻辑尺控制的循环

在一个循环内部可能有两个分支，每一个分支可能是一个不同功能的程序段，在整个程序执行时，第一个分支与第二个分支按照一定的次序轮流执行。因此，可以把规定执行的次序设置在一个逻辑尺中，用以控制转入不同的支路执行。例如，该位为0，转入第一个分支；该位为1，转入第二个分支。

例 3-18　设有两个子程序 SUB1、SUB2，可以完成对一个部件的加工操作。其操作顺序是执行二次 SUB2，接着执行二次 SUB1，再执行一次 SUB2。

解：根据题意分析如下：若逻辑尺某位为1，执行 SUB2；为0，执行 SUB1，则逻辑尺可设置为1100 1000B，循环总次数为5。工作时，将逻辑尺逐位移入 CF 位，然后对 CF 进行判别。

```
    ；数据段
COUNT1  EQU     5
COUNT2  EQU     11001000B
    ；代码段
START： MOV     CL，COUNT1      ；CL=5
        MOV     AL，COUNT2      ；逻辑尺控制数据送至 AL
LP：    SAL     AL，1           ；将逻辑尺左移一位至标志位
        JC      TWO             ；CF=1，程序跳转
        CALL    SUB1            ；否则，调用 SUB1 子程序
ONE ：  DEC     CL              ；循环总次数减 1
        JNZ     LP              ；循环未结束，程序跳转至 LP 处执行
        MOV     AH，4CH         ；调用 DOS
        INT     21H
TWO：   CALL    SUB2            ；执行 SUB2 子程序
        JMP     ONE
SUB1    PROC
        ⋮
        RET
SUB2    PROC
        ⋮
        RET
```

任务 3.2.5　理解子程序设计的原则和方法

子程序是功能相对独立并具有一定通用性的程序，有时还将它作为一个独立的模块供多个程序调用。将常用功能变成通用的子程序可使程序总长度变短，程序变得更加精练清晰，也提高了编程的效率。

一般把调用子程序的程序称为主程序，也称“调用程序”，而把在程序中多次被调用的

程序称为子程序或“被调用程序”。

1. 过程定义和子程序编写

在汇编语言中，子程序通过过程伪指令定义来声明。过程声明由一对过程指令 PROC 和 ENDP 完成，格式如下：

```
过程名    PROC    [NEAR | FAR]
…                 ；过程体
过程名    ENDP
```

其中，过程名为符合语法的标识符，每个子程序应该具有唯一的子程序名。可选的参数指定过程的调用属性。对完整段定义格式来说，没有指定过程属性，则采用默认属性 NEAR。当然，可以在过程定义时用 NEAR 或 FAR 改变默认属性。段内近调用 NEAR 属性的过程只能被相同代码段的其他程序调用；段间远调用 FAR 属性的过程可以被相同或不同代码段的程序调用。

子程序也是一段程序，其编写方法与主程序一样，可以采用顺序、分支、循环结构。但是，作为相对独立和通用的一段程序，它具有一定的特殊性，在编制程序时应满足以下基本要求。

（1）具有一定的通用性　如果某应用程序中的一个子程序，仅能实现有限的功能，则显然受到很大的限制。但如果将子程序修改，使其能对类似的程序调用都适用，这个子程序的作用就大大加强。

为了使子程序具有更好的通用性，首先要分析对通用性有影响的那些因素如何处理，选择哪些入口参数以及这些参数的数据格式与结构如何，如何传送等，然后在编制使用时，才能得心应手。

子程序应安排在代码段的主程序之外，最好放在主程序执行中止后的位置（返回 DOS 后、汇编结束 END 伪指令前），也可以放在主程序开始执行之前的位置。

例 3-19　定义一个能输出一个字符的子程序。

解：

```
        ；一个字符显示子程序
        ；入口参数：AL = 字符的 ASCII 码，BL = 字符显示值（图形方式）
        ；BH = 当前显示页号
        ；出口参数：AL、BX
DPCHAR  PROC            ；过程定义，过程名为 DPCHAR，采用默认属性
        PUSH  AX        ；顺序入栈，保护寄存器
        PUSH  BX
        MOV   BX，0     ；BIOS 功能调用
        MOV   AH，0EH   ；显示器 0EH 号输出一个字符功能
        INT   10H
        POP   BX        ；逆序出栈，恢复寄存器
        POP   AX
        RET             ；子程序返回
DPCHAR  ENDP            ；过程结束
```

（2）注意保存信息　子程序虽然是一个独立的程序段，但它执行运算与操作时也要借

助于某些寄存器或存储单元。在调用程序中，这些寄存器或存储单元的内容，等子程序返回后要求它们与被调用子程序前保持不变，以便继续进行调用程序的运算与操作。所以，需要进行信息的保护。

1）子程序中对堆栈的压入和弹出操作要成对使用，以保持堆栈的平衡。主程序 CALL 指令将返回地址压入堆栈，子程序 RET 指令将返回地址弹出堆栈。只有堆栈平衡，才能保证执行 RET 指令时，当前栈顶的内容刚好是返回地址，即相应 CALL 指令压栈的内容，才能返回正确的位置。

2）程序开始应该保护用到的寄存器内容，子程序返回前进行相应恢复。常用的方法是在子程序开始时，将要修改内容的寄存器（注意不要包括带回结果的寄存器）顺序压栈；而在子程序返回前，再将这些寄存器内容逆序弹出恢复到原来的寄存器中。

例 3-19 中，AX、BX 寄存器的使用就是成对出现，顺序进栈，逆序弹出。

（3）选择适当的参数传递方法　子程序要利用过程定义伪指令声明，获得子程序名和调用属性。主程序执行 CALL 指令调用子程序，子程序最后利用 RET 指令返回主程序。主程序在调用子程序时，通常需要向其提供一些数据，对于子程序来说就是入口参数（输入参数）；同样，子程序执行结束也要返回主程序必要的数据，这就是子程序的出口参数（输出参数）。主程序与子程序间通过传递建立联系，相互配合共同完成处理工作。传递参数的多少反映程序模块间的耦合程度。根据实际情况，子程序可以只有入口参数或只有出口参数，也可以入口参数和出口参数都有。实现参数传递的方法通常有三种：利用通用寄存器传递、利用共享变量传递和利用堆栈传递。在选用通用寄存器传递参数时，可传递的参数多少会受可用通用寄存器数目的限制。采用共享变量传递参数时，传递参数可不受什么限制，但是会出现在不同数据段之间进行数据传递的麻烦，增加程序运行时间；借用堆栈传递参数，既不受参数多少的限制（只要有足够的堆栈空间），也没有表达逻辑地址的麻烦。

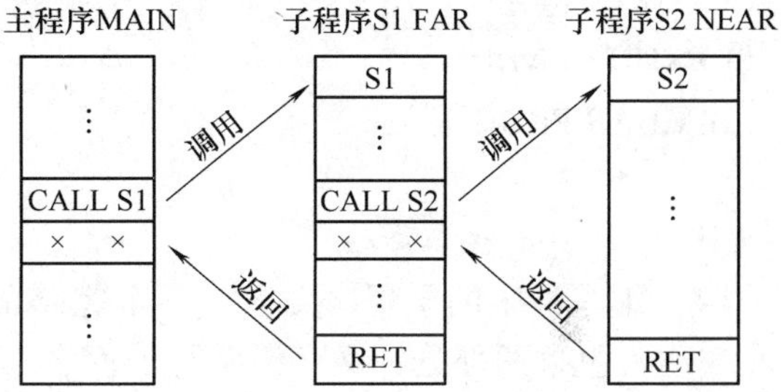

图 3-9　子程序嵌套示意图

子程序内包含子程序的调用，这就是子程序嵌套。当子程序直接或间接地嵌套调用自身时称为递归调用，含有递归调用的子程序称为递归子程序。子程序嵌套示意图如图 3-9 所示。递归子程序的设计有一定难度，但往往能设计出效率较高的程序。嵌套深度（层次）在逻辑上没有限制，但受限于开设的堆栈空间。借助堆栈传递参数的方法特别适用于子程序的嵌套和递归调用。但是，使用中要特别注意在堆栈中参数存放的顺序。

例 3-20　显示以“0”结尾字符串的嵌套子程序。

解：根据题意编写程序段如下：

```
        ；数据段
STRING  DB   “WELL，WE SHOULD STUDY HARD ！”，0
        ；代码段
        MOV    SI，OFFSET STRING          ；主程序提供显示字符串
        CALL   DPSTRI                     ；调用子程序
```

```
        MOV     AH, 4CH                       ; 主程序执行终止
        INT     21H
DPSTRI  PROC                                  ; 子程序 DPSTRI，显示 DS：SI 指向的
                                              ; 字符串（以 0 结尾）
        PUSH    AX
DPSL:   LODSB                                 ; 取显示字符
        CMP     AL, 0                         ; 是结尾，则显示结束
        JZ      DPS2
        CALL    DPCHAR                        ; 调用字符显示子程序
        JMP     DPSL
DPS2:   POP     AX
        RET
DPSTRI  ENDP
DPCHAR  PROC                                  ; 子程序 DPCHAR，显示 AL 中的字符，
                                              ; 同例 3-19
        …
```

（4）编写清晰的子程序文本　一个完备的子程序设计，应编写清晰的子程序文本。一个文本通常包含两部分：文字说明与子程序本身。文字说明同子程序（特别是标准子程序）的使用方便与否有直接的关系。要求文字说明提供足够的信息，在使用子程序时不用查阅程序内部或程序本身就可以正确使用它。子程序文字说明通常包括：①子程序名；②子程序功能描述；③子程序的入口参数和出口参数，参数传递方法；④寄存器、存储单元使用情况；⑤本子程序是否又调用其他子程序；⑥子程序的调用形式、举例。例 3-19 中，子程序名是 DPCHAR，功能是显示一个字符；段内调用，入口参数为 AL。

例 3-21　调用举例：用显示器功能调用输出一个字符的子程序。

解：用显示器功能调用输出一个字符的程序段如下：

```
        ; 主程序代码段
START:      MOV     AL, '*'       ; 主程序提供显示字符
            CALL    DPCHAR        ; 调用子程序
            MOV     AH, 4CH       ; 主程序执行终止，返回 DOS
            INT     21H
        ; 子程序 DPCHAR：显示 AL 中的字符
DPCHAR      PROC                  ; 同例 3-19
            ⋮
DPCHAR      ENDP
            CODE    ENDS
            END     START         ; 源程序汇编结束
```

2. 子程序设计举例

（1）利用通用寄存器传递参数　最简单和最常用的参数传递方法是通过通用寄存器，只要把参数存于约定的通用寄存器中就可以了。由于通用寄存器个数有限，这种方法对少数数据可以直接传递数值，而对大量数据只能传递地址。采用寄存器传递参数，带有出口参数

的寄存器不能保护和恢复，带有入口参数的寄存器可以保护也可以不保护，但最好保持一致。

例 3-22　多字节 BCD 码加法程序。

解：变量 FIRST 开始存放 4 个字节的 BCD 码，作为被加数。变量 SECOND 开始存放 4 个字节的 BCD 码，作为加数。求两者之和，存放于 SUM 开始的存储单元中（设其和也为 4 个字节）。设计程序，并把相加之和在 CRT 显示屏幕上显示。

```
NAME      MADD
DATA      SEGMENT
FIRST     DB  11H, 22H, 33H, 44H             ; 定义被加数 BCD 码
SECOND    DB  55H, 66H, 77H, 88H             ; 定义加数 BCD 码
SUM       DB  6  DUP (?)                     ; 结果存放单元
DATA      ENDS
; ..............................
STACK     SEGMENT                            ; 堆栈段定义
STA       DB  50  DUP (?)                    ; 注意与例 3-1 应用的区别
TOP       EQU  LENGTH  STA
STACK     ENDS
; ..............................
CODE      SEGMENT
ASSUME    CS: CODE, DS: DATA, SS: STACK, ES: DATA
START:        MOV    AX, DATA
              MOV    DS, AX
              MOV    ES, AX
              MOV    AX, STACK
              MOV    SS, AX
              MOV    SP, TOP                 ; 设立堆栈指针
              MOV    SI, OFFSET  FIRST       ; 被加数地址指针
              MOV    DI, OFFSET  SUM         ; 存放和地址指针
              MOV    BX, OFFSET SECOND       ; 加数地址指针
              MOV    CX, 04H                 ; 计数器，4 个字节 BCD 码
              CALL   LMAD
              MOV    SI, OFFSET  SUM
              MOV    CX, 04H
              CALL   DISPLAY
              MOV    AH, 4CH
              INT    21H
; 子程序 LMAD：完成多个字节压缩 BCD 码加法运算
; 入口参数：SI 作为被加数地址指针，指向起始单元
; BX 作为加数地址指针，指向起始单元
```

```
; DI 作为相加之和地址指针，指向起始单元
; BCD 码字节个数放入 CX 中，BCD 码存放顺序为低位在低地址，高位在高地址上
; 出口参数：相加之和仍为 BCD 码，放在 DI 作为地址指针的连续单元中
; 所用寄存器：SI、DI、BX、AL。
; ..................................
LMAD    PROC    NEAR
        CLD                         ; DF =0，增址
        CLC                         ; CF =0，清 CF
LD:     LODSB                       ; 取一个字节 BCD 码
        ADC     AL，[BX]
        DAA                         ; 十进制调整
        STOSB                       ; 存一个字节相加之和
        INC     BX
        LOOP    LD
        RET
LMAD    ENDP
; ..................................
; DISPLAY：显示 BCD 码子程序
; 入口参数：SI 作为存放 BCD 码的起始地址的地址指针，CX 存放 BCD 码字节数
; 出口参数：BCD 码显示在 CRT 屏幕上
; 所用子程序：2 号系统功能调用
; 所用寄存器：AL、BL、AH、SI、DL
; ..................................
DISPLAY PROC    NEAR
        ADD     SI，CX              ; SI 指向数据高位
        DEC     SI
AGAIN:  PUSH    CX
        MOV     AL，[S1]            ; 取一个字节 BCD 码
        MOV     BL，AL              ; 暂存于 BL
        DEC     SI                  ; 修改地址指针
        AND     AL，0F0H            ; 屏蔽低 4 位
        MOV     CL，04H
        SHR     AL，CL              ; 右移 4 位
        ADD     AL，30H             ; 转换成 ASCII 码
        MOV     DL，AL              ; 2 号系统功能调用
        MOV     AH，02H
        INT     21H
        MOV     AL，BL              ; 取低位 BCD 码
        AND     AL，0FH
```

```
        ADD     AL, 30H
        MOV     DL, AL              ; ASCII 码送 DL
        MOV     AH, 02H
        INT     21H
        POP     CX
        LOOP    AGAIN
        RET
DISPLAY ENDP
CODE    ENDS
END     START
```

本程序中设计了两个子程序，子程序的入口参数使用寄存器予以传递。LMAD 子程序的入口参数由 SI、BX、DI、CX 提供，进入子程序后，再利用 SI、BX 取出被加数和加数，完成相应的加法运算。返回主程序后，出口参数则利用存储器存放相加之和，传递到主程序，然后再调用 DISPLAY，把其和显示在 CRT 屏幕上。

（2）利用堆栈传递参数　把子程序要使用的参数压入堆栈区，利用堆栈区作为一个数据暂存区，然后在子程序执行过程中，取出对应的参数，进行必要的运算和操作。

例 3-23　已知数据段定义了两个数据区 ARY1 和 ARY2，变量 ARY1、ARY2 均为字节型无符号数，在程序中要求计算每个数组的累加和（假定其和小于 16 位），并分别存入对应的 SUM1 和 SUM2 单元中。每个数组的数据个数假定为 10，每个数据都是字节型的 8 位不带符号数，设计程序实现。

解：根据题意设计程序段如下：

```
NAME    CNTSUM
STACK   SEGMENT  STACK  'STACK'     ; 堆栈段
SPAE    DB  100  DUP (?)
TOP     EQU  LENGTH  SPAE
STACK   ENDS
DATA    SEGMENT
ARY1    DB  10  DUP (?)             ; 定义数组 1
SUM1    DW  ?                       ; 存累加和
ARY2    DB  10  DUP (?)             ; 定义数组 2
SUM2    DW  ?                       ; 存累加和
DATA    ENDS
CODE    SEGMENT                     ; 定义代码段的逻辑段 CODE
ASSUME  CS: CODE, DS: DATA, SS: STACK
START:  MOV     AX, DATA
        MOV     DS, AX
        MOV     AX, STACK
        MOV     SS, AX
        MOV     SP, TOP
```

```
        MOV     AX, SIZE  ARY1
        PUSH    AX                  ; 数据长度压入堆栈，入口参数 1
        MOV     AX, OFFSET ARY1
        PUSH    AX                  ; 变量偏移地址压入堆栈，入口参数 2
        CALl    SUMAD               ; 调子程序
        …                           ; 主程序其他处理
        MOV     AX, SIZE  ARY2      ; 入口参数 1
        PUSH    AX
        MOV     AX, OFFSET ARY2     ; 入口参数 2
        PUSH    AX
        CALL    SUMAD
        MOV     AH, 4CH
        INT     21H
        CODE    ENDS
; 子程序 SUMAD：完成多个单字节数据累加求和的子程序，放在一个独立的代码段内
; 入口参数：数组个数放在（BP+14）对应的地址单元，数组起始地址（偏移地址）
; 放在（BP+12）对应存储单元，利用堆栈区传送
; 出口参数：完成累加，其和 16 位，分别放 SUM1 和 SUM2 变量，其中所用寄存器：
; AX、BX、CX、BP、SP、AH
PROCRO  SEGMENT                     ; 过程代码段
ASSUME  CS: PROCRO, DS: DATA, SS: STACK
        SUMAD   PROC  FAR
        PUSH    AX                  ; 保护现场
        PUSH    BX
        PUSH    CX
        PUSH    BP
        MOV     BP, SP              ; SP 当前值放入 BP 中
        PUSHF                       ; FLAG 压入堆栈
        MOV     CX, [BP+14]         ; 取出堆栈区存放的数组长度
        MOV     BX, [BP+12]         ; 取出数组起始偏移地址
        MOV     AX, 0
ADN:    ADD     AL, [BX]            ; 累加
        INC     BX                  ; 修改指针
        ADC     AH, 0               ; 加进位
        LOOP    ADN
        MOV     [BX], AX
        POPF
        POP     BP                  ; 恢复现场
        POP     CX
```

```
POP     BX
POP     AX
RET     4                    ；返回并废除原压入参数，SP 恢复，调用
                             ；子程序前的 SP 值，SP←SP＋2，
                             ；SP←SP＋4
SUMAD   ENDP
PROCRO  ENDS
END     START
```

本程序中子程序处理过程与主程序分别安排在不同的代码段内，属于段间调用。在主程序中，为了调用子程序，在 CALL 指令之前，把入口参数包括数组长度、数组起始偏移地址顺序压入堆栈区，然后进入子程序。利用堆栈传递参数示意图如图 3-10 所示。由于 CALL 指令属于段间调用，执行时要分别把断点的段地址和偏移地址自动压入堆栈区，故而进入子程序时，SP＝005CH。子程序开始，又有 4 条 PUSH 指令用于保护现场。因此，当执行到“MOV　BP，SP”指令时，对应的 SP＝0054H，那么此时执行“MOV　BP，SP”指令，用于堆栈区操作的基址指针 B 即为 0054H。由图 3-10 可知，参数 1（数组长度）距离现行 BP 指针的偏移量为 14，参数 2 距离现行 BP 指针的偏移量为 12。故而在程序中利用“MOV　CX，[BP＋14]”和“MOV　BX，[BP＋12]”两条指令取出对应的参数 1 和参数 2，然后进入处理。这样利用堆栈区完成了参数的传递。在程序设计时，必须格外注意，主程序中压入操作指令（压入参数）与子程序中取参数指令之间的配合关系，保证正确的传递。在子程序的末尾恢复现场后，执行了“RET 4”返回指令，其作用是废除原压入的参数，使 SP

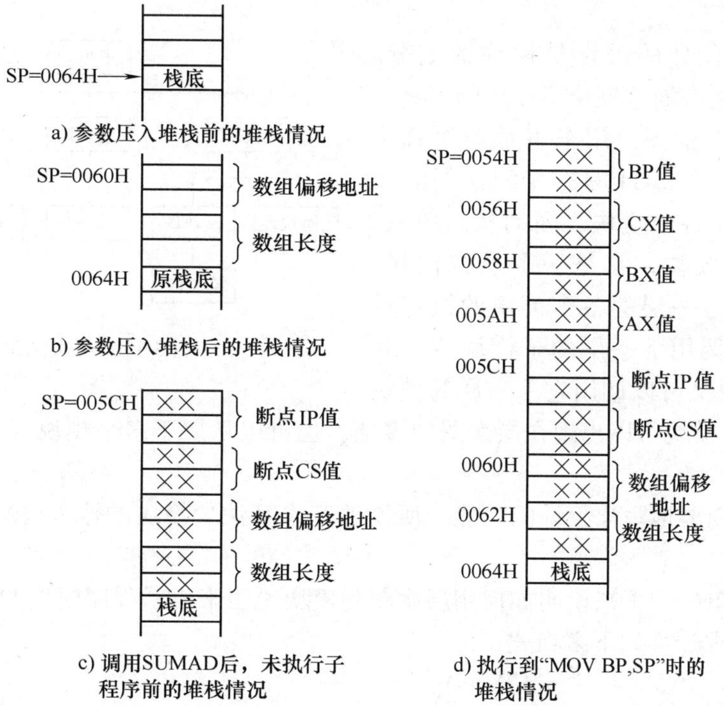

图 3-10　利用堆栈传递参数示意图

值恢复到初始值。

本程序使用堆栈区传递参数，仅仅是为了说明方法。实际入口参数不太多的情况下，使用寄存器传递参数更为简便直观。

其他的传递方法就不一一举例，读者可根据实际需要选取相应文献阅读。

3. * 子模块和子程序库

对于功能复杂、任务较多的大型程序，可采用模块化设计。模块化程序设计方法是，把大的任务划分为若干相对独立的模块，每个模块承担一定的功能任务。通常将一个大的程序划分为一个主模块和多个子模块，并且严格规定各模块间的调用关系和要传递的参数及参数传递的方法。具体的程序设计方法一般采用自顶向下，逐步细化。划分模块时，应注意以下几个原则：

1）应把大任务划分为多个子任务。主模块完成对多个子模块的调用，以实现总体功能，而每个子模块实现独立的功能。

2）划分的子模块任务适当，不能过大，也不能过小。

3）当某些功能程序段为多个模块所公用时，应将它们单独分离出来，作为公用子程序模块，以提高系统的效率。

4）如果某些数据为多个程序段所公用，那么其所在的程序段应作为一个模块存在。

5）各模块间除应在功能上分开、逻辑上独立、减少横向联系外，更不能使用转移指令在模块间转来转去，造成逻辑上的混乱。

6）每个模块的接口要简单，减少传送的参数，减少公用符号名。

7）每个模块的结构最好能设计为单入口、单出口的形式，这种结构便于调试、阅读，不易出错。

模块化程序设计的关键是模块的划分。层次图和模块说明是划分模块所使用的工具。

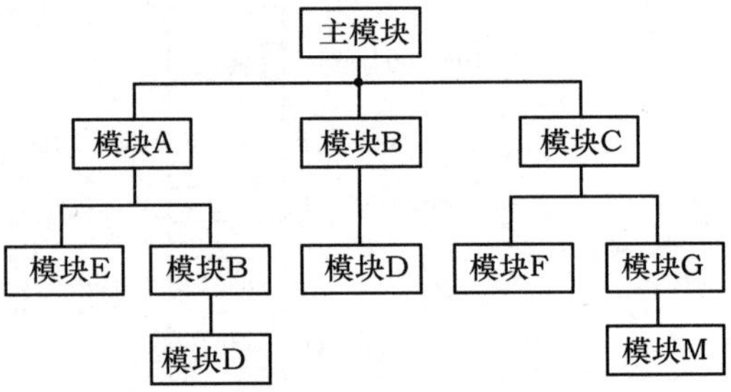

图 3-11　层次图举例

层次图是一个框图，用来表示模块和子模块之间的关系。图 3-11 是一个层次图的例子，由图可以看出各个模块之间的从属关系。位于顶端的是主模块，它是一个总控模块，直接控制位于其下一层的各个模块的执行过程。主模块可以调用下一层的子模块 A、B、C，而这些子模块又可以调用它下一层的模块 E、B 等，一个子模块可以出现在层次图的多处，也可以从属于多个模块（如 B 模块、D 模块）。

模块说明应简要地写出模块的功能、所用的基本算法、模块的输入/输出以及它们的数据结构等。

下面用一简单的例子来说明如何用层次图和模块说明来表示程序模块的划分。

例 3-24　要求计算如下多项式：

$$Y = A_nX^n + A_{n-1}X^{n-1} + \cdots + A_1X + A_0$$

解： 程序的输入是数组 A 的系数集合、变量 X 和 n 的值、输出变量 Y 的值，它们都是 16 位非压缩 BCD 数。程序层次图如图 3-12 所示。其中，主模块 MAIN 调用子模块 INPUT 以

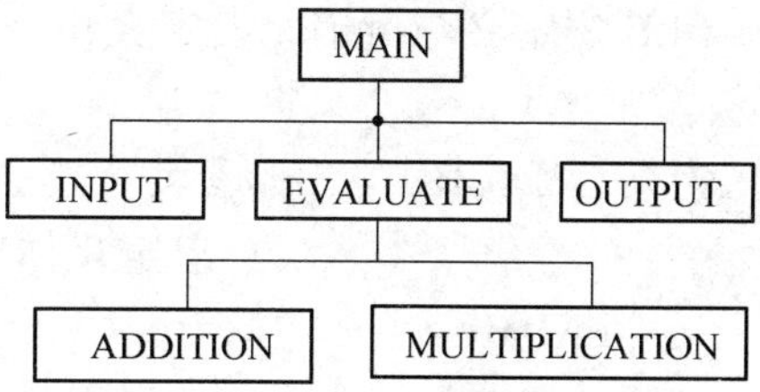

图 3-12　例 3-27 程序层次图

输入所需要的数值，然后调用模块 EVALUATE 来执行计算，最后调用模块 OUTPUT 打印出 Y 的值。在用模块 EVALUATE 执行计算的过程中又调用模块 ADDITION 和 MULTIPLICATION 来执行加法和乘法运算。可见，用层次图很清晰地描述了程序的全貌。程序功能信息则由以下模块说明来描述，这里仅给出部分模块说明。

（1）INPUT

名称：输入。

输入参数：从终端输入 n、X 以及 A_n、…、A_0。

输出参数：通过参数表向 MAIN 输出 n、X 以及 A_n、…、A_0。

功能：输入需要参加 $A_nX^n + A_{n-1}X^{n-1} + \cdots + A_1X + A_0$ 运算的数据。

（2）EVALUATE

名称：运算。

输入参数：从主程序参数表获得 n、X、A_n、…、A_0。

输出参数：将获得的数值送回主程序，赋值给变量 Y。

功能：利用计算法则，调用加法和乘法模块，运算 $Y = A_nX^n + A_{n-1}X^{n-1} + \cdots + A_1X + A_0$。

（3）ADDITION

名称：加法。

输入：通过参数表从 EVALUATE 调用。

输出：通过参数表求和。

功能：对两个 16 位非压缩码进行加法运算。

由此可以看出，有了层次图和各模块的模块说明不仅完成了划分模块的工作，而且也能很清楚地了解程序的总体情况。

当子程序模块很多时，可以把它们统一管理起来，存入一个或多个子程序库中。子程序库文件（.LIB）就是子程序模块的集合，其中存放着各个子程序的名称、目标代码以及有关定位信息等。

存入库的子程序的编写与子程序模块中的要求一样，只是为了方便调用，最好遵循一致的规则，例如参数传递方法、子程序调用类型、存储模式、寄存器保护措施和堆栈平衡措施等都最好相同。子程序文件编写完成，汇编形成目标模块，然后利用库管理工具程序 LIB. EXE，把子程序模块逐个加入到库中，连接时就可以使用了，详见附录 C。

任务 3.2.6* 了解高级汇编语言技术

1. 宏汇编

宏（MACRO）是源程序中一段独立功能的程序代码。它只需要在源程序中定义一次，就可以多次调用它，调用时只需要用一个宏指令。与伪指令主要指示如何汇编不同，宏指令实际上是一段代码序列的缩写。在汇编时，汇编程序用对应的代码序列替代宏指令。因为是在汇编过程中实现的宏展开，所以常称为宏汇编。

(1) 宏定义与撤销　宏定义由一对宏汇编伪指令 MACRO 和 ENDM 来完成，其格式如下：

```
宏名  MACRO   [形参表]
…                  ；宏定义体
    ENDM
```

其中，宏名是符合语法的标识符，同一源程序中该名字定义唯一。宏定义体中不仅可以是硬指令序列，还可以是伪指令语句序列。宏可以带显式参数表。可选的形参表给出了宏定义中用到的形式参数，每个形式参数之间用逗号分隔。

例如，程序经常需要用 DOS 的 2 号功能调用显示一个字符，3 条指令编写成子程序有些得不偿失，于是可以利用宏。

```
DISPCHAR  MACRO   CHAR       ；定义宏，宏名 DISPCHAR，带有形参 CHAR
          MOV     AH，2
          MOV     DL，CHAR   ；宏定义中使用参数
          INT     21H
          ENDM               ；宏定义结束
```

宏定义中的注释如果用两个分号分隔，则在后面的宏展开中将不出现该注释。

取消宏定义是由伪指令 PURGE 来完成，其格式如下：

PURGE　宏名 [，…]

PURGE 用来取消已定义的宏名，而且一条 PURGE 伪指令可以取消多个宏名。例如 PURGE DISPCHAR 就可以取消宏 DISPCHAR 的定义。

(2) 宏调用　宏定义之后就可以使用它，即宏调用。宏调用遵循先定义后调用的原则，格式为：

宏名　[实参表]

宏调用的格式和一般指令一样，在使用宏指令的位置写下宏名，后跟实参。如果有多个参数，应按形参顺序填入实参，也用逗号分隔。

汇编时，宏指令被汇编程序用对应的代码序列替代，称之为宏展开。汇编后的列表文件中带“+”或“1”等数字的语句为相应的宏定义体。宏展开的具体过程是：当汇编程序扫描源程序遇到已有定义的宏调用时，即用相应的宏定义体取代源程序的宏指令，同时用位置匹配的实参对形参进行取代。实参与形参的个数可以不等，多余的实参不予考虑，缺少的实参对相应的形参做“空”处理。另外，汇编程序不对实参和形参进行类型检查，完全是字符串的替代，至于宏展开后是否有效，则由汇编程序翻译时进行语法检查。

例如，程序中需要显示一个问号“?”，只要如下书写：

```
DISPCHAR  '?'          ；宏调用（源程序中的宏指令）
```

汇编程序将其展开后的列表文件如下（注释是另加上的）：

```
+  MOV   AH，2        ；宏展开
+  MOV   DL，'?'      ；实参替代形参
+  INT   21H
```

由此可见，宏像子程序一样可以简化源程序的书写。

局部标号伪指令 LOCAL 只能用在宏定义体内，而且是宏定义 MACRO 语句之后的第一

条语句，两者间也不允许有注释和分号，格式如下：

LOCAL　标号列表

其中，标号列表由宏定义体内使用的标号组成，用逗号分隔。这样，每次宏展开时汇编程序将对其中的标号自动产生一个唯一的标识符（其形式为“?? 0000”～“?? FFFF”），避免宏展开后的标号重复。

例 3-25　LOCAL 伪指令的使用。

解：LOCAL 伪指令的使用如下：

```
ABSOL     MACRO     OPER
          LOCAL     NEXT
          CMP       OPER，0
          JGE       NEXT
          NEG       OPER
NEXT：    ENDM
```

宏调用：

```
          ⋮
          ABSOL     VAR
          ⋮
          ABSOL     BX
```

宏展开：

```
          ⋮
          +CMP      VAR，0
          +JGE      ?? 0000
          +NEG      VAR
          +?? 0000：
          ⋮
          +CMP      BX，0
          +JGE      ?? 0001
          +NEG      BX
          +?? 0001：
          ⋮
```

（4）文件包含　为使宏定义为多个源程序使用，可以将常用的宏定义单独写成一个宏库文件，使用这些宏的源程序运用包含伪指令 INCLUDE 将它们结合成一体，包含伪指令的格式为：

INCLUDE　　文件名

文件名的给定要符合 DOS 规范，可以含有路径，指明文件的存储位置；如果没有路径名，汇编程序在默认目录、当前目录和指定目录下寻找。汇编程序在对 INCLUDE 伪指令进行汇编时将它指定的文件内容插入在伪指令所在的位置，与其他部分同时汇编。

文件包含方法也可以用于任何文本文件。例如，可以把一些常用的或有价值的宏定义存放在 .MAC 宏库文件中，也可以将各种常量定义、声明语句等组织在 .INC 包含文件中，还可以将常用的子程序形成.ASM汇编语言源文件。有了这些文件后，只要在源程序中使用包含伪指令，便能方便地调用它们，同时也利于这些文件内容的重复应用。这是子程序模块和子程序库之外的另一种开发大型程序的模块化的方法。

但需要说明的是，利用INCLUDE伪指令包含其他文件，其实质仍然是一个源程序，只不过是分在了几个文件书写，被包含的文件不能独立汇编，而是依附主程序而存在的。所以，合并的源程序之间的各种标识符，如标号和名字等，应该统一规定，不能发生冲突。

2. 重复汇编

有时汇编语言程序需要连续地重复完成相同的或者几乎相同的一组代码，这时可使用重复汇编。

(1) REPT　重复汇编用伪指令REPT实现，其格式如下：

```
REPT     表达式
         ⋮        （重复块）
         ENDM
```

其中表达式的值用来确定重复块的重复次数，若表达式中包含外部或未定义的项，则汇编指示出错。重复汇编不一定要用在宏定义体内。下面举例说明重复汇编指令的使用方法。

例3-26　REPT重复汇编指令应用。

解：REPT重复汇编指令应用如下：

```
X        =0
REPT     10
X        =X+1
DB       X
ENDM
```

则汇编后产生：

```
         +  DB  1
         +  DB  2
                ⋮
         +  DB  10
```

(2) IRP　不定重复汇编由伪指令IRP实现，其格式为：

```
IRP  形参，<自变量表>
       ⋮（重复块）
ENDM
```

汇编程序把重复块的代码重复几次，每次重复把重复块中的形参用自变量表中的一项来取代，下一次取代下一项，重复次数由自变量表中的自变量个数来确定。自变量表必须用尖括号括起，它可以是常数、符号、字符串等。

例3-27　IRP指令的应用。

解：IRP指令的应用如下：

```
IRP      REG，<AX，BX，CX，DX>
PUSH     REG
         ENDM
```

汇编后得：

\+ PUSH AX

\+ PUSH BX

\+ PUSH CX

\+ PUSH DX

（3）IRPC　IRPC 和 IRP 类似，但自变量表必须是字符串。重复次数由字符串中的字符个数确定，每次重复用字符串中的下一个字符取代形参。IRPC 的格式为：

IRPC　形参，字符串（或 <字符串>）

　　⋮（重复块）

　　ENDM

IRPC 指令的第一种应用格式如下：

IRPC　X，0 1 2 3 4 5

DB　X + 1

ENDM

汇编后得：

\+ DB 1

\+ DB 2

　　⋮

\+ DB 6

IRPC 指令的第二种应用格式如下：

IRPC　K，A B C D

PUSH　K&X

汇编后展开成：

\+ PUSH AX

\+ PUSH BX

\+ PUSH CX

\+ PUSH DX

3. 条件汇编

汇编程序能根据条件把一段源程序包括在汇编语言程序内或者把它排除在外，这就要用到条件伪指令。条件伪指令的一般格式是：

IF × ×　　<表达式>

　　⋮　　；程序段 1，表达式为真，汇编此块

[ELSE]

　　⋮　　；程序段 2，表达式为假，汇编此块

ENDIF

自变量必须在汇编语言程序第一遍扫的时候就成为确定的数值。条件伪操作中的 × × 表示条件如下：

IF　表达式　　；汇编语言程序求出表达式的值，如此值不为 0，

　　　　　　；则满足条件

```
IFE      表达式                    ; 如求出表达式的值为0，则满足条件
IFDEF    标号                      ; 如标号已在程序中定义，或者已用EXTRN伪操
                                   ; 作，说明该符号是在外部定义的，则满足条件
IFNDEF   标号                      ; 如标号未定义，或未通过EXTRN，说明为外部
                                   ; 符号，则满足条件
IFB      <自变量>                  ; 如自变量为空，则满足条件
IFNB     <自变量>                  ; 如自变量不为空，则满足条件
IFIDN    <字符串1> <字符串2>       ; 如果字符串1和字符串2相同，则满足条件
IFDIF    <字符串1> <字符串2>       ; 如果字符串1和字符串2不相同，则满足条件
```

例 3-28 设计程序使当参数 VAR1 >20 时，执行程序段 1，否则执行程序段 2。

解：

```
IF     VAR1 GT 20
CALL  FUN1              ; 执行程序段1
ELSE
CALL  FUN2              ; 执行程序段2
ENDIF
```

任务 3.2.7 学会运用调试程序

1. 分析框图法

对项目开篇的程序，我们运用前面所学知识，根据程序画出框图，如图 3-13 所示，从框图上对程序进行分析，就会发现在比较大小的过程中，无论结果如何都是执行的同一条指令，即指针指向下一个数据，没有对大数进行处理的过程，所以程序设计存在一定的问题。

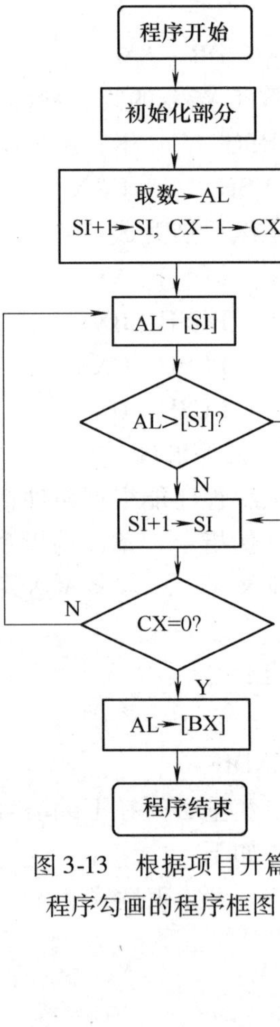

图 3-13 根据项目开篇程序勾画的程序框图

2. 用 DUBEG 调试程序

格式：DEBUG［盘符］［路径］文件名 . EXE

在这键入“DEBUG　EXAMPLE. EXE”，回车，此时荧光屏上显示“—”。

“—”为进入 DEBUG 程序的提示符。

（1）用 R 命令显示　用 R 命令可显示 CPU 内部所用的寄存器和各标志位。

格式：—R〈回车〉

键入“R”，回车，此时荧光屏显示：

```
—R
AX = 0000    BX = 0000    CX = 009A    DX = 0000    SP =
0064   BP = 0000   SI = 0000   DI = 0000
DS = 15EB   ES = 15EB   SS = 15FB   CS = 1603   IP = 0000
NV UP EI PL NZ NA PO NC
1603：0000 B80216    MOV   AX，1602
```

—

在显示 CPU 各寄存器内容和标志位状态的同时，还应显示将要执行的下一条指令的段地址（1603）、段内偏移量（0000）、指令代码（B80216）和汇编语言的指令助记符“MOV AX，1602”，“NV UP EI PL NZ NA PO NC”作为标志位，前面已有说明，不再作详细说明，在提示符下，可用 RF 来更改各标志位的状态。

（2）反汇编命令　用反汇编命令 U，可把 EXE 文件反汇编为源文件，以检查输入的程序是否正确。

```
—UCS：0000〈回车〉
1603：0000 B80216     MOV     AX，1602
1603：0003 8ED8       MOV     DS，AX
1603：0005 BE0000     MOV     SI，0000
1603：0008 BB0800     MOV     BX，0008
1603：000B B90800     MOV     CX，0008
1603：000E AC         LODSB
1603：000F 3A04       CMP     AL，[SI]
1603：0011 7F00       JG      0013
1603：0013 46         INC     SI
1603：0014 E2F9       LOOP    000F
1603：0016 8807       MOV     [BX]，AL
1603：0018 EBE6       JMP     0000
1603：001A 8E46F6     MOV     ES，[BP-0A]
1603：001D 26         ES：
1603：001E 894406     MOV     [SI+06]，AX
—
```

由此可见，执行反汇编，在屏幕上会显示 15 行汇编指令。由于本程序较短，一次就全部反汇编结束，自 1603：001AH 以下多余部分是 CPU 内部其他程序的指令代码。

（3）连续运行方式　用 G 命令运行该可执行的文件，并在指令“JMP　0000”处设置一个断点（地址为 1603：0018）。命令如下：

```
—G=0000，0018<回车>
AX=160B BX=0008 CX=0000 DX=0000 SP=0064 BP=0000 SI=0009 DI=0000
DS=1602 ES=15EB SS=15FB CS=1603 IP=0018   NV UP EI PL NZ NA PE NC
1603：0018 EBE6     JMP     0000
—
```

可显示出程序执行到0018之前的结果。由于 BX=0008，所以最大的数由指令“MOV [BX]，AL”存在 1602：0008 单元之中。用 D 命令可显示数据段的内容进行查看：

```
—D   DS：0000<回车>
1602：0000   0B 17 22 2E 37 63 09 3F—0B 00 00 00 00 00 00 00   ..".7C.?........
1602：0010   B8 02 16 8E D8 BE 00 00—BB 08 00 B9 08 00 AC 3A   ...............:
1602：0020   04 7F 00 46 E2 F9 88 07—EB E6 8E 46 F6 26 89 44   ...F.......F.&.D
```

```
1602: 0030  06 26 89 54 08 9A 74 04—DD 22 80 3E 96 63 00 74. &. T. . T. . ". >. C. T
1602: 0040  03 E8 E8 75 80 3E 7C 3A—00 74 64 80 3E 65 65 00  ... U. >| : . TD. >EE.
1602: 0050  75 5D B8 EF 00 50 B0 01—50 33 C0 50 E8 ED CB 8B U] ... P. . P3. P....
1602: 0060  F0 89 56 F6 0B D0 74 47—8E 46 F6 26 8B 44 0E A3  . . V. . . TG. F. &. D. .
1602: 0070  44 65 26 8A 44 1C 25 E0—00 3D 80 00 75 06 C7 06 DE&. D. %. .  =. . U. . .
—
```

其中，每行左侧给出每一小段的起始地址（用“段地址：偏移地址”表示），然后顺序给出小段中每个存储单元的内容，中间是用十六进制数表示的内容，右边则是用字符表示的内容。从上面可以读出存储单元1602：0008的内容是0BH，即11，它不是最大值，它的最大值应该是63H，即99，因此可判断程序存在错误，需进一步查找和分析。

（4）修改程序 经分析，在“JG NEXT”语句后，丢了一条不能把大数送到AL的指令“MOV AL，[SI]”，结果AL中保留的还是第一次送入的数据，没有得到预期的效果。经修改、保存，再汇编源程序文件，调试，结果正确，整个程序调试结束。

3.3 项目实战：一个汇编语言程序的设计与调试

【要求】 项目实战前，教师需指导学生认真勾画汇编语言的程序框图，学会根据程序框图，编写程序，分析程序，并能熟练应用调试程序调试程序；学生需配合教师熟练掌握程序框图的画法，熟练驾驭顺序程序、分支程序、循环程序、子程序的设计，并能利用调试工具对程序进行简单的调试。

根据前面的知识，我们了解了一个汇编语言程序的设计思路，并作了一些简单的程序分析和程序调试，具有了一定的编程和调试经验，本项目实战中，就可以设计并调试一个程序了。

一、项目实战所需器材

32位微型计算机一台、微型计算机原理实验箱一台、汇编语言编辑程序及编译程序各一套。

二、项目实战的内容

编写一段小程序，实现如下功能：

从键盘输入10个数，这10个数以空格做分隔符，回车键结束，并在屏幕上按从小到大显示这10个数。

三、项目实战步骤

1. 打开微型计算机原理实验箱，使用EDIT命令编写程序。
2. 利用汇编编译程序进行程序编译获得目标文件。
3. 利用连接程序连接目标文件形成可执行文件。
4. 根据程序输出结果判断是否正确。
5. 运用调试程序调试程序，直至结果正确。

四、项目实战总结

1. 谈谈在项目实战中，是如何组织程序的。
2. 谈谈在项目实战中，有何收获。

3.4 项目决战：进一步掌握汇编语言的程序设计技巧和调试方法

【要求】通过习题的练习，进一步加深对汇编语言程序设计思路的理解和应用，熟练掌握汇编语言的编程技巧和调试方法。习题可根据情况选做。

一、单项选择题

1. 在 80×86 汇编语言的段定义伪指令中，下列哪一种定位类型用来指定段的起始地址为任意地址？（　　）

A. BYTE　　B. PARA　　C. WORD　　D. PAGE

2. 下面是 80×86 宏汇编语言中关于 SHORT 和 NEAR 的叙述，哪一个是正确的？（　　）

A. 它们都可以直接指示无条件转移指令目标地址的属性

B. 它们都必须借助于 PTR 才能指示无条件转移指令目标地址的属性

C. SHORT 必须借助于 PRT 才能指示无条件转移指令目标地址的属性

D. NEAR 必须借助于 PTR 才能指示无条件转移指令目标地址的属性

3. 若汇编语言源程序中段的定位类型设定为 PARA，则该程序目标代码在内存中的段起始地址应满足什么条件？（　　）

A. 可以从任一地址开始　　B. 必须是偶地址

C. 必须能被 16 整除　　D. 必须能被 256 整除

4. 汇编语言源程序中，每个语句由四项组成，如语句要完成一定功能，那么该语句中不可省略的项是（　　）。

A. 名字项　　B. 操作项　　C. 操作数项　　D. 注释项

5. 在进行二重循环程序设计时，下列描述正确的是（　　）。

A. 外循环初值应置外循环之外；内循环初值应置内循环之外，外循环之内

B. 外循环初值应置外循环之内；内循环初值应置内循环之内

C. 内、外循环初值都应置外循环之外

D. 内、外循环初值都应置内循环之外，外循环之内

二、填空题

1. 汇编语言是一种面向________的语言，把汇编语言源程序翻译成机器语言目标程序是由________完成的。

2. 程序设计的基本结构有顺序结构、________、________。

三、按要求完成下列题目

1. 根据下列语句，求出指令立即数（数值表达式）的值：

（1）MOV　AL，21H　AND　56H　OR　0AH

（2）MOV　AX，14ABH/16 + 1200H

（3）MOV　AX，23H　SHL　4

2. 画图说明下列语句分配的存储空间及初始化的数据值：

（1）BYTE_VAR　DB　'ABCD'，10，10H，1100 0011B，2 DUP（ -1，?，5 DUP（2））

(2) WORD_VAR　DW　20H，20，－5，2 DUP（?）

3. 请设置一个数据段，按照如下要求定义变量：

(1) BYTE_VAR1 为字符串变量，表示字符串“MY　PC”；

(2) BYTE_VAR2 为用十进制数表示的字节变量，这个数的大小为 20；

(3) BYTE_VAR3 为用十六进制数表示的字节变量，这个数的大小为 20；

(4) BYTE_VAR4 为用二进制数表示的字节变量，这个数的大小为 20；

(5) WORD_VAR 为 20 个未赋值的字变量；

(6) CHANGL_1 为 100 的符号常量；

(7) CHANGL_2 为字符串常量，代替字符串“PERSINAL　COMPUTER”。

四、程序填空题（注意：下列各小题中，每空只能填一条指令）

1. 下面程序段是判断寄存器 AH 和 AL 中的第 3 位是否相同，如相同，AH 置 0，否则 AH 置全 1。试在空白处填上适当指令。

```
        ____________________
        AND  AH, 08H
        ____________________
        MOV  AH, 0FFH
        JMP  NEXT
ZERO:   MOV  AH, 0
NEXT:   …
```

2. 以 BUF 为首地址的字节单元中，存放了 COUNT 个无符号数，下面程序段是找出其中最大数并送入 MAX 单元中。

```
BUF     DB  5, 6, 7, 58H, 62, 45H, 127, …
COUNT   EQU     $—BUF
MAX     DB?
          ⋮
        MOV     BX, OFFSET BUF
        MOV     CX, COUNT-1
        MOV     AL, [BX]
LOP1:   INC     BX
        ____________________
        JAE     NEXT
        MOV     AL, [BX]
NEXT:   DEC     CX
        ____________________
        MOV     MAX, AL
```

五、编制程序题

1. 编制程序段，用 DOS 的 1 号功能调用通过键盘输入一字符，并判断输入的字符。如字符是“Y”，则转向 YES 程序段；如字符是“N”，则转向 NO 程序段；如是其他字符，则转向 DOS 功能调用，重新输入字符。“YES”和“NO”作为两程序段入口处的标号。注意，无需写出源程序格式，只需写出与试题要求有关的指令序列。

2. 在 BUF1 和 BUF2 两个数据区中，各定义有 10 个带符号字数据，试编制一完整的源程序，求它们对应项的绝对值之和，并将和数存入以 SUM 为首地址的数据区中。

```
DATA    SEGMENT
BUF1    DW  -56, 24, 54, -1, 89, -8, …
BUF2    DW  45, -23, 124, 345, -265, …
SUM     DW  10 DUP (0)
DATA    ENDS
```

3. 编写一个程序，把从键盘输入的小写字母用大写字母显示出来。

4. 编写程序，当从键盘输入一个数时，根据下面函数关系计算出函数值，并显示出来。

$$Y=\begin{cases}2X & X<0\\ 3X & 0\leqslant X\leqslant 10\\ 4X & X>10\end{cases}$$

5. 在 BUF 单元开始的 10 个字单元中存放着 10 个 4 位压缩 BCD 码数，求 BCD 和，结果存放在 RESULT 开始的 3 个字单元中。要求用子程序完成两个 4 位压缩 BCD 码数的相加，并且低位存放在前，高位存放在后。

3.5　项目挑战：了解现在常用的编程工具及方法

1. 编程集成环境 PWB 简介

PWB（Programmer′s WorkBench）是 MASM 6.11 提供的集成环境。在此环境下，程序员可直接编写源程序、汇编、连接和运行。

利用命令“pwb /?”，可以查看 PWB 用法。

例如：c：\ pwb > pwb/?，执行后，显示如下：

Microsoft（R）Programmer's WorkBench　Version 2.1.49

Copyright（c）Microsoft Corp 1992. All rights reserved.

Usage：PWB [<options>] [<files>]

…

通常情况下，在 PWB 后面跟一个将要编辑的源文件名。假如要编辑源文件 TEST.ASM，那么，可直接输入下面命令：

… > pwb test.asm

（1）编辑源文件　PWB 的编辑功能与许多编辑器的功能类似，包括建立新文件、保存文件、另存为、光标移动功能、块操作、插入/删除操作、恢复操作、查找/替换操作、设置编辑器的功能键和各类颜色等。

要想了解更全面的编辑功能，可查看菜单“File”、“Edit”、“Search”和“Options”的前四个菜单项。

（2）汇编和连接文件　在集成环境下，源程序的汇编和连接是一次性完成的。当汇编任务结束，且没有错误信息时，连接程序立即开始连接工作。但如果源文件有错，则显示所有错误位置和原因，连接程序不会被执行。在浏览错误信息时，可用〈Shift + F3〉和〈Shift

+F4〉进行错误定位。

（3）运行程序　运行程序时，可设置命令行参数、直接运行、按调试方式运行、用DOS命令运行等。通常情况下，在编写程序的初期，一般都用调试方式来运行程序。当选用这种方式时，系统会自动进入CV的调试环境。有关CV的使用在此不作介绍。

2. Turbo Assember 系统

Turbo Assember 系统是 Borland C++程序设计系统的一部分，可有选择地安装它。该汇编系统的几个主要文件为 TASM. EXE、TLINK. EXE、TD. EXE 和 TD32. EXE。

TD. EXE 是16位程序的调试器，它只能显示16位寄存器，而 TD32. EXE 是32位程序的调试器。

Turbo Assember 系统在汇编语言程序设计方面主要采用命令行的形式，当用其他文本编辑器编写好源程序（扩展名为 ASM）后，即可用 TASM 和 TLINK 文件来处理它。其用法类似于 MASM5.1，在此不作介绍。

项目四　微处理器的外部特性与存储器的扩展

【项目导读】

本项目主要讲解微处理器8086/8088及80486的工作模式和它们的外部特性、存储器的基本知识，并从应用的角度介绍了存储器容量的形成、线选译码、部分译码、全译码及存储器与CPU的连接。在学习本项目之前，对“计算机文化基础”、“数字电子技术”课程中涉及存储器的内容要有一定的理解和掌握。

【学习目标】

□理解80486的三种工作模式。

□理解CPU的外部引脚及某些引脚的功能。

□了解微型计算机总线的有关知识。

□掌握存储器系统的功能、存取方式、性能，熟练掌握主存储器逻辑设计。

□理解SRAM和DRAM的存储原理、特点、选用原则，掌握主存储器与CPU之间的连接。

【学习建议】

在理解80486的工作模式的基础上，了解外部引脚及其功能，了解总线的概念、分类和操作。对存储器的扩展务必要清楚如何分配芯片地址及如何拟定片选逻辑。本项目教学安排20学时，其中理论授课12学时，动手实践8学时。

4.1　项目开篇：存储器的扩展与应用

存储器（Memory）是计算机的重要组成部分之一，用来存放计算机的程序指令、处理数据、运算结果以及各种需要计算机保存的信息。它是由一些能够表示二进制“0”和“1”状态的物理器件组成，如电容、双稳态电路等，这些具有记忆功能的物理器件构成了一个个存储元，每个存储元可以保存一位二进制信息。若干个存储元就构成了一个存储单元。通常，一个存储单元由8个存储元构成，可存放8位二进制信息（即一个字节）。许多存储单元组织在一起就构成了存储体（或称存储矩阵），存储体和控制电路就构成了存储器。

现在存储器的分类方式主要有按存储介质分类、按存储器的工作方式分类、按在微型计算机系统中的作用分类等。

1. 按存储介质分类

存储介质是指存储二进制信息的物理载体，这种载体具有表现两种相反物理状态的能力。目前使用的存储介质主要有半导体器件、磁性材料和光学材料。用半导体器件做成的存储器称为半导体存储器，其从制造工艺上又分为双极型、CMOS型、HMOS型等。用磁性材料做成的存储器称为磁表面存储器，如磁盘存储器。用光学材料做成的存储器称为光表面存储器，如光盘存储器。

2. 按存储器的工作方式分类

存储器按照工作方式的不同，可以分为随机存储器（RAM，也称随机访问存储器或读写存储器）和只读存储器（ROM）。半导体存储器的分类如图 4-1 所示。

- 半导体存储器
  - 随机存储器(RAM)
    - 静态 RAM (SRAM)
    - 动态 RAM (DRAM)
    - 非易失性 RAM (NVRAM)
  - 只读存储器 (ROM)
    - 掩膜式 ROM
    - 可编程 ROM (PROM)
    - 可擦除可编程 ROM (EPROM)
    - 电可擦除可编程 ROM (E^2PROM)
    - 闪速存储器 (FLASH Memory)

图 4-1　半导体存储器的分类

（1）随机存储器（RAM）　随机存储器既可以读出信息又可以写入信息，它主要用来存放各种输入、输出数据及中间结果，并可与辅存储器交换信息和做堆栈用。根据它的基本结构，又可分为三种类型：

1）静态 RAM，即 SRAM，只要不掉电，信息就不会丢失。

2）动态 RAM，即 DRAM。动态 RAM 的集成度高于静态 RAM，但速度较慢，多用于大容量存储系统中。

3）非易失性 RAM，即 NVRAM。这种存储器背部装有微型电池，并与 RAM 封装在一个集成电路内。这样，断电后由电池供电，保证关机后信息不丢失。

（2）只读存储器　只读存储器中的信息只能读出，不能写入，掉电后不会丢失所存储的内容。根据制造工艺不同，只读存储器分为掩膜式 ROM、PROM、EPROM、E^2PROM 几类。

掩膜式只读存储器是芯片制造厂根据要存储的信息，在生产过程中采用掩膜工艺（即光刻图形技术）一次性直接写入的。其存储的内容固化在芯片内，用户可以读出，但不能改变。这种芯片存储的信息稳定、成本低廉，适用于存放一些可批量生产的固定不变的程序或数据。

如果用户要根据自己的需要来确定 ROM 中的存储内容，则可以使用可编程 ROM（PROM）。PROM 允许用户对其进行一次编程——写入数据或程序。一旦编程之后，信息就永久性地固定下来。用户可以读出其内容，但再也无法改变它的内容。

上述两种芯片存放的信息只能读出而无法修改，这给应用带来不便。由此又出现了两类可擦除的 ROM 芯片。一类是通过紫外线照射（约 20min）来擦除，这种用紫外线擦除的 PROM 称为 EPROM，另一类是通过加电的方法在线进行擦除，这种用加电的方法进行擦除的 PROM 称为 EEPROM（或称 E^2PROM）。芯片内容擦除后仍可以对它重新进行编程，写入新的内容。擦除和重新编程都可以多次进行。但是有一点需要注意，尽管 EPROM（或 E^2PROM）芯片既可读出，也可以对其编程写入和擦除，但它们的写入需要一定的条件；另外，RAM 中的内容在掉电后会丢失，而 EPROM（或 E^2PROM）则不会，其内容一般可保存几十年。

另外，还存在一种电可擦除 ROM，既可以在不加电的情况下长期保存信息，也可以联机在线快速擦除重写，这就是闪速存储器。

3. 按在微型计算机系统中的作用分类

根据存储器在微型计算机系统中所起的作用，可分为主存储器（又称主存）、辅助存储器（又称辅存）和高速缓冲器（Cache）等。

主存储器在主机内部，用来存放当前正在运行的程序和数据。主存储器与 CPU 及各种接口电路一起构成微型计算机的主机，CPU 通过指令可直接访问主存储器。主存储器的容量较小，但读写速度较快，价格也较高。

辅助存储器属于计算机的外部设备，通常用来存储 CPU 当前操作暂时用不到的程序或数据。当 CPU 需要时，辅助存储器所存储的程序和数据通过接口电路成批输送到主存，由主存转送到 CPU 处理。软盘、硬盘、光盘等是现在常用的辅助存储器。

高速缓冲器又称缓存，它是计算机系统中的一个高速小容量存储器，位于 CPU 和主存之间，目前高速缓存主要由高速静态 RAM 组成，存取周期为几至十几纳秒。由于速度要求很快，所以容量较小，为数千字节到数兆字节。为了进一步提高信息的存取速度，在高档微处理器芯片中，集成了 1 ~ 2 个小容量的高速缓存，称为片内 Cache。芯片外还允许扩充较大容量的 Cache。例如 80486 微处理器芯片有一个 8KB 的片内 Cache；Pentium 微处理器芯片和 Alpha 微处理器芯片都有两个 8KB 的片内 Cache，一个用来存放指令代码，另一个用来存放数据代码，指令 Cache 和数据 Cache 可以并行操作。

通常把存储器中存储单元的总数称为存储器的存储容量，存储容量越大，能够存放的信息就越多，计算机的信息处理能力也就越强。存储容量的单位为字节（B）、千字节（KB）、兆字节（MB）、吉字节（GB）、太字节（TB）等，例如 64KB、128MB 等，而 80486 的寻址空间达到 4GB。

那么，如何将一个小容量的存储器变成一个大容量的存储系统，它又是如何与 CPU 进行连接的，连接过程又需要注意哪些事项呢？图 4-2 是一个存储器扩展的典型示意图。从图中可以看出用到 CPU 的地址线引脚 A0 ~ A15、数据线引脚 D0 ~ D7、数据写入控制引脚 $\overline{WR}$、数据读出控制引脚 $\overline{RD}$、存储器/外设接口 M/$\overline{IO}$ 引脚等，同时也用到相应存储器芯片的选通

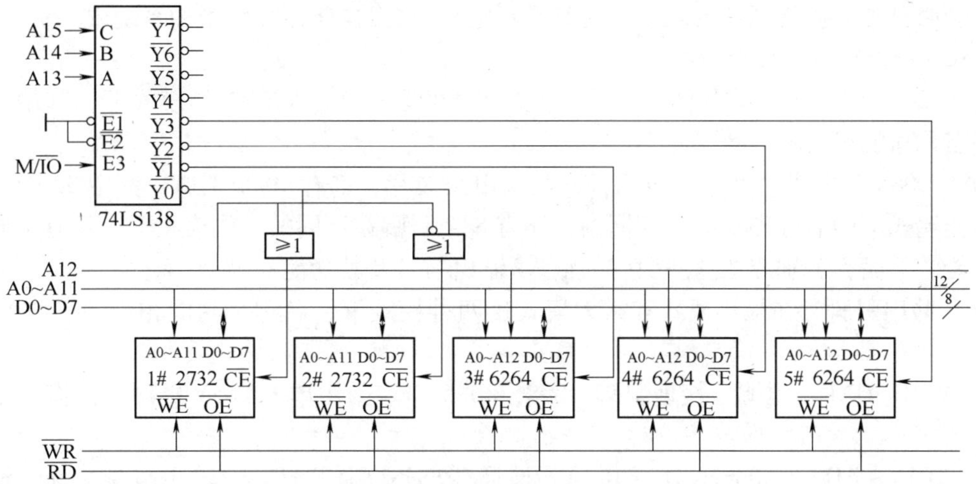

图 4-2　存储器扩展的典型示意图

引脚、数据引脚、地址引脚等。由此可见，想要对一个小容量的存储器进行扩展，必须先了解 CPU、存储器的外部特性。

4.2 项目备战：微处理器的外部特性与存储器的扩展

任务 4.2.1 了解 8086/8088 CPU 的工作模式和引脚功能

1. 8086 CPU 的两种工作模式

为了适应各种使用场合，在设计 8086 CPU 芯片时，就考虑了其应能够工作在两种模式下，即最小模式与最大模式。

所谓最小模式，就是系统中只有一个 8086 微处理器，在这种情况下，所有的总线控制信号，都是直接由 8086 CPU 产生的，系统中的总线控制逻辑电路被减到最少，该模式适用于规模较小的微型计算机应用系统。

最大模式是相对于最小模式而言的，最大模式用在中、大规模的微型计算机应用系统中，在最大模式下，系统至少包含两个微处理器，其中一个为主处理器，其他的微处理器称之为协处理器，它们是协助主处理器工作的。

与 8086 CPU 配合工作的协处理器有两类，一类是数值协处理器 8087，另一类是输入/输出协处理器 8089。

（1）协处理器 8087　8087 是一种专用于数值运算的协处理器，它能实现多种类型的数值运算，如高精度的整型和浮点型数值运算、超越函数（三角函数、对数函数）的计算等，这些运算若用软件的方法来实现，将耗费大量的机器时间。换句话说，引入了 8087 协处理器，就是把软件功能硬件化，可以大大提高主处理器的运行速度。

（2）协处理器 8089　协处理器 8089 在原理上有点像带有两个 DMA 通道的处理器，它有一套专门用于输入/输出操作的指令系统，但是 8089 又和 DMA 控制器不同，它可以直接为输入/输出设备服务，使主处理器不再承担这类工作。所以，在系统中增加协处理器 8089 之后，会明显提高主处理器的效率，尤其是在输入/输出操作比较频繁的系统中。

2. 8086/8088 CPU 的引脚功能

8086/8088 CPU 的引脚如图 4-3 所示，需注意的是，在不同的工作模式下，其中一部分引脚的名称功能可能不一致。

8086/8088 CPU 芯片都是双列直插式集成电路芯片，都有 40 个引脚，其中 32 个引脚在两种工作模式下的名称和功能是相同的，还有 8 个引脚在不同的工作模式下，具有不同的名称和功能。下面，分别介绍这些引脚的输入/输出信号及其功能。

（1）共用引脚　在最小模式和最大模式这两种模式下，名称和功能相同的引脚共有 32 个。

1）VCC、GND：电源、接地引脚，8086/8088 CPU 采用单一的 5V 电源，但有两个接地引脚。

2）AD15 ~ AD0（Address Data Bus）：地址/数据复用信号输入/输出引脚，分时输出低 16 位地址信号及进行数据信号的输入/输出。

3）A19/S6 ~ A16/S3（Address Status Bus）：地址/状态复用信号输出引脚，分时输出地

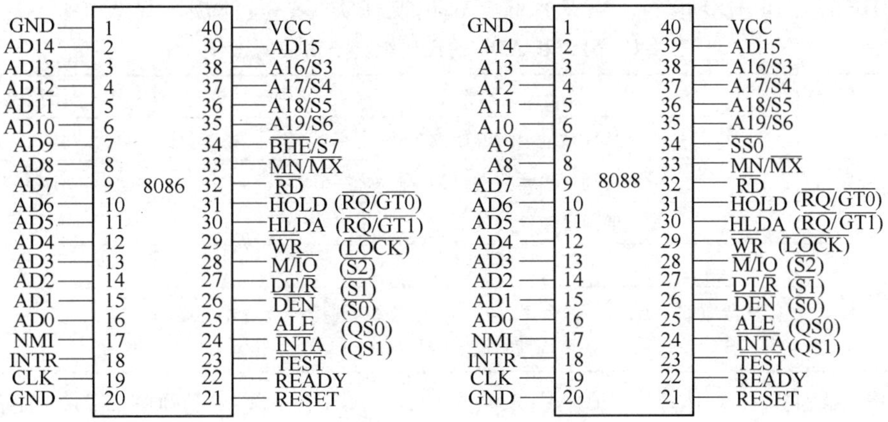

图 4-3　8086/8088 CPU 引脚

址的高 4 位及状态信息，其中 S6 为 0 用以指示 8086/8088 CPU 当前与总线连通；S5 为 1 表明 8086/8088 CPU 可以响应可屏蔽中断；S4、S3 共有 00，01，10，11 这 4 个组态，用以指明当前使用的段寄存器：00—ES，01—SS，10—CS，11—DS。

4）NMI（Non-Maskable Interrupt）、INTR（Interrupt Request）：中断请求信号输入引脚，引入中断源向 CPU 提出的中断请求信号，高电平有效，前者为非屏蔽中断请求，后者为可屏蔽中断请求。

5）$\overline{\text{RD}}$（Read）：读控制输出信号引脚，低电平有效，用以指明要执行一个对内存单元或 I/O 端口的读操作，具体是读内存单元，还是读 I/O 端口，取决于 M/$\overline{\text{IO}}$控制信号。

6）CLK（Clock）：时钟信号输入引脚，矩形波信号，占空比约为 33%，即 1/3 周期为高电平，2/3 周期为低电平。8086/8088 CPU 的时钟频率（又称为主频）为 4.77MHz，即从该引脚输入的时钟信号的频率为 4.77MHz。

7）RESET：复位信号输入引脚，高电平有效。8086/8088 CPU 要求复位信号至少维持 4 个时钟周期才能起到复位的效果，复位信号输入之后，CPU 结束当前操作，并对处理器的标志寄存器、IP、DS、SS、ES 寄存器及指令队列进行清零操作，而将 CS 设置为 0FFFFH。

8）READY：“准备好”状态信号输入引脚，高电平有效，接收来自内存单元或 I/O 端口向 CPU 发来的“准备好”状态信号，表明内存单元或 I/O 端口已经准备好进行读写操作。该信号是协调 CPU 与内存单元或 I/O 端口之间进行信息传送的联络信号。

9）$\overline{\text{TEST}}$：测试信号输入引脚，低电平有效，与 WAIT 指令结合起来使用，CPU 执行 WAIT 指令后，处于等待状态，当$\overline{\text{TEST}}$引脚输入低电平时，系统脱离等待状态，继续执行被暂停执行的指令。

10）MN/$\overline{\text{MX}}$（Minimum/Maximum Model Control）：最小/最大模式设置信号输入引脚，该输入引脚电平的高低决定了 CPU 工作在最小模式还是最大模式。当该引脚接 5V 时，CPU 工作于最小模式；当该引脚接地时，CPU 工作于最大模式。

11）$\overline{\text{BHE}}$/S7（Bus High Enable/Status）：高 8 位数据允许/状态复用信号输出引脚，分时输出$\overline{\text{BHE}}$有效信号（表示高 8 位数据线 D15 ~ D8 上的数据有效）和 S7 状态信号，但 S7 未定义任何实际意义。

利用$\overline{BHE}$信号和 AD0 信号，可知系统当前的操作类型，具体规定见表 4-1。

表 4-1　$\overline{BHE}$和 AD0 的代码组合与对应的操作

$\overline{BHE}$	AD0	操作	所用数据引脚
0	0	从偶地址单元开始读/写一个字	AD15 ~ AD0
0	1	从奇地址单元或端口读/写一个字节	AD15 ~ AD8
1	0	从偶地址单元或端口读/写一个字节	AD7 ~ AD0
1	1	无效	—
0	1	从奇地址开始读/写一个字（在第一个总线周期将低 8 位数据送到 AD15 ~AD8，下一个周期将高 8 位数据送到 AD7 ~ AD0）	AD15 ~ AD0
1	0		

在 8088 系统中，34 引脚为$\overline{SS0}$，用来与 DT/$\overline{R}$、$\overline{M}$/IO 一起决定 8088 芯片当前总线周期的读写操作，8088 最小模式下的状态编码见表 4-2。

表 4-2　8088 最小模式下的状态编码

$\overline{M}$/IO	DT/$\overline{R}$	$\overline{SS0}$	CPU 的工作状态
0	0	0	取指令操作码
0	0	1	读存储器
0	1	0	写存储器
0	1	1	过渡状态
1	0	0	中断响应
1	0	1	读 I/O 端口
1	1	0	写 I/O 端口
1	1	1	暂停（Halt）

（2）最小模式下的 24 ~31 引脚　当 8086/8088 CPU 的 MN/$\overline{MX}$引脚固定接 5V 时，CPU 处于最小模式，这时候剩余的 24 ~31 共 8 个引脚的名称及功能如下：

1）$\overline{INTA}$（Interrupt Acknowledge）：中断响应信号输出引脚，低电平有效。该引脚是 CPU 响应中断请求后，向中断源发出的认可信号，用以通知中断源，以便提供中断类型码，该信号为两个连续的负脉冲。

2）ALE（Address Lock Enable）：地址锁存允许输出信号引脚，高电平有效。CPU 通过该引脚向地址锁存器 8282/8283 发出地址锁存允许信号，把当前地址/数据复用总线上输出的地址信息锁存到地址锁存器 8282/8283 中去。

3）$\overline{DEN}$（Data Enable）：数据允许输出信号引脚，低电平有效，为总线收发器 8286 提供一个控制信号，表示 CPU 当前准备发送或接收一项数据。

4）DT/$\overline{R}$（Data Transmit/Receive）：数据收发控制信号输出引脚，CPU 通过该引脚发出控制数据传送方向的控制信号，在使用 8286/8287 作为数据总线收发器时，DT/$\overline{R}$ 信号用以控制数据传送的方向。当该信号为高电平时，表示数据由 CPU 经总线收发器 8286/8287 输出，否则，数据传送方向相反。

5）$\overline{M}$/IO（Memory/Input &Output）：存储器或 I/O 端口选择信号输出引脚，该引脚发出的是 CPU 要进行存储器访问还是 I/O 访问的输出控制信号。当该引脚输出高电平时，表明 CPU 要进行 I/O 端口的读写操作，低位地址总线上出现的是 I/O 端口的地址；当该引脚输出低电平时，表明 CPU 要进行存储器的读写操作，地址总线上出现的是访问存储器的地址。

6）$\overline{WR}$（Write）：写控制信号输出引脚，低电平有效，与 $\overline{M}$/IO 配合实现对存储单元、I/O 端口所进行的写操作控制。

7）HOLD（Hold Request）：总线保持请求信号输入引脚，高电平有效，这是系统中的其他总线部件向 CPU 发来的总线请求信号输入引脚。

8）HLDA（Hold Acknowledge）：总线保持响应信号输出引脚，高电平有效，表示 CPU 认可其他总线部件提出的总线占用请求，准备让出总线控制权。

（3）最大模式下的 24 ~ 31 引脚　当 8086/8088 CPU 的 MN/$\overline{MX}$引脚固定接地时，CPU 处于最大模式，这时候剩余的 24 ~ 31 共 8 个引脚的名称及功能如下：

1）QS1、QS0（Instruction Queue Status）：指令队列状态信号输出引脚，这两个信号的组合给出了前一个 T 状态中指令队列的状态，以便于外部对 8086/8088 CPU 内部指令队列的动作跟踪。QS1、QS0 的编码见表 4-3。

表 4-3　QS1、QS0 的编码

QS1	QS0	性　能
0	0	无操作
0	1	从指令队列的第一个字节取走代码
1	0	队列为空
1	1	除第一个字节外，还取走了后续字节中的代码

2）$\overline{S2}$、$\overline{S1}$、$\overline{S0}$：总线周期状态信号输出引脚，低电平的信号输出端，这些信号组合起来，可以指出当前总线周期中所进行数据传输过程的类型，总线控制器 8288 利用这些信号来产生对存储单元、I/O 端口的控制信号。$\overline{S2}$、$\overline{S1}$、$\overline{S0}$的状态编码见表 4-4。

表 4-4　$\overline{S0}$ ~ $\overline{S2}$的状态编码

$\overline{S2}$	$\overline{S1}$	$\overline{S0}$	CPU 的工作状态
0	0	0	中断响应
0	0	1	读 I/O 端口
0	1	0	写 I/O 端口
0	1	1	暂停
1	0	0	取指
1	0	1	读存储器
1	1	0	写存储器
1	1	1	无作用

3）$\overline{LOCK}$：总线封锁输出信号引脚，低电平有效，当该引脚输出低电平时，系统中其他总线部件就不能占用系统总线。此外，在 8086/8088CPU 的两个中断响应脉冲之间，$\overline{LOCK}$信号也自动变为有效的低电平，以防止其他总线部件在中断响应过程中，占有总线而使一个完整的中断响应过程被中断。

4）$\overline{RQ}/\overline{GT1}$、$\overline{RQ}/\overline{GT0}$（Request/Grant）：总线请求信号输入/总线允许信号输出引脚。这两个信号端可供 CPU 以外的两个处理器，用来发出使用总线的请求信号和接收 CPU 对总线请求信号的应答。这两个引脚都是双向的，请求与应答信号在同一引脚上分时传输，方向相反。其中，$\overline{RQ}/\overline{GT1}$比$\overline{RQ}/\overline{GT0}$的优先级高。

（4）相关问题的说明　其他需要注意的事项如下：

1）8086/8088CPU 的数据线与地址线、状态线是分时复用的，即在某一时刻，总线上出现的是输出地址信息，在另一时刻，总线上是所需读、写的数据信息，或状态信息。

2）除了个别引脚外，8086/8088CPU 的控制信号引脚的定义是一致的，有差别的是，8086 的 28 引脚为 $M/\overline{IO}$，8088 的为 $\overline{M}/IO$，主要是为了使后者能与 8 位微处理器 8080/8085 相兼容。

8086 的 34 引脚为 $\overline{BHE}/S7$，这是因为 8086 有 16 根数据线，可以用高、低 8 位总线分别进行一个字节的传送，也可以同时进行两个字节的传送，$\overline{BHE}$ 正是为了指明这几类操作而设置的，而 8088 的数据线只有 8 根，就不存在这一要求，因此就不需要 $\overline{BHE}$ 引脚了。

3）RESET 引脚是复位信号输入端，系统启动或运行过程中，CPU 在接收到 RESET 信号后，会使系统复位。复位后，CPU 处于如下状态：

CPU 的标志寄存器，指令指针寄存器 IP，段寄存器 DS、ES、SS 和指令队列均被清零，码段寄存器 CS 被置为 FFFFH，CPU 将从 FFFF0H 处开始执行指令。

4）CPU 与内存、I/O 端口之间在时间上的匹配主要靠“READY”信号。

5）$\overline{RD}$ 信号与 $\overline{M}/IO$（或 $M/\overline{IO}$）配合使用，指明从内存或 I/O 端口读信息。

6）高 4 位地址线与状态线分时复用，在 T_1 状态时，输出地址信息；在其余状态时，输出状态信息。

3. 两种模式下系统的典型配置

读者除了要了解 CPU 的内、外部结构之外，还要进一步了解各模式下系统的典型配置情况，即除了 CPU 之外，还需要哪些芯片来构成来一个最基本的应用系统。

（1）最小模式　最小模式下的系统典型配置如图 4-4 所示，这是 8086/8088CPU 在最小模式下的典型配置，它具有以下几个方面的特点：

1）$MN/\overline{MX}$ 端接 5V，决定了 CPU 的工作模式。

2）有一片 8284A，作为时钟信号发生器。

3）有一片 8282 或 74LS273，作为地址信号的锁存器。

4）当系统中所连的存储器和外设端口较多时，需要增加数据总线的驱动能力，这时，需用两片 8286/8287 作为总线收发器。

（2）最大模式　最大模式下的系统典型配置如图 4-5 所示，这是 8086/8088CPU 在最大模式下的典型配置。从图中可以看出，最大模式和最小模式在配置上的主要差别在于最大模式下，要用 8288 总线控制器来对 CPU 发出的控制信号进行变换和组合，以得到对存储器或 I/O 端口的读/写信号和对 8282 锁存器及 8286 总线收发器的控制信号。

最大模式系统中，需要用总线控制器来变换与组合控制信号的原因在于：在最大模式系统中，一般包含两个或多个处理器，这样就要解决主处理器和协处理器之间的协调工作，和对系统总线的共享控制问题，8288 总线控制器就起了这个作用。

在最大模式系统中，一般还有中断优先级管理部件。8259A 用于对多个中断源进行中断优先级的管理，但如果中断源不多，也可以不用中断优先级管理部件。

4. 读写周期

关于 8086/8088CPU 的读写周期在此就不作介绍，读者在任务 4. 2. 3 中对 80486CPU 的读写周期做一初步了解即可。

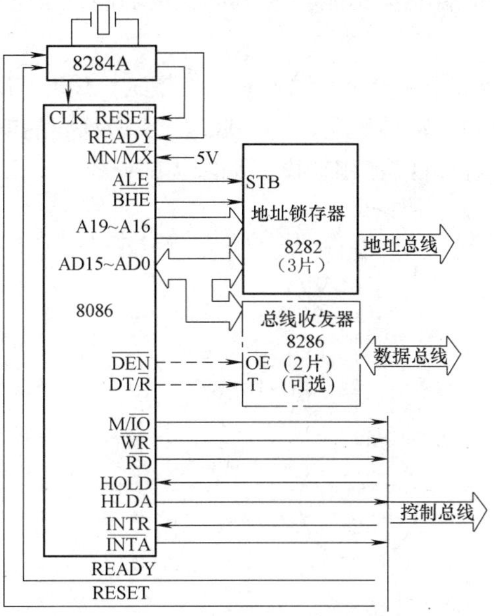

图 4-4　最小模式下的系统典型配置

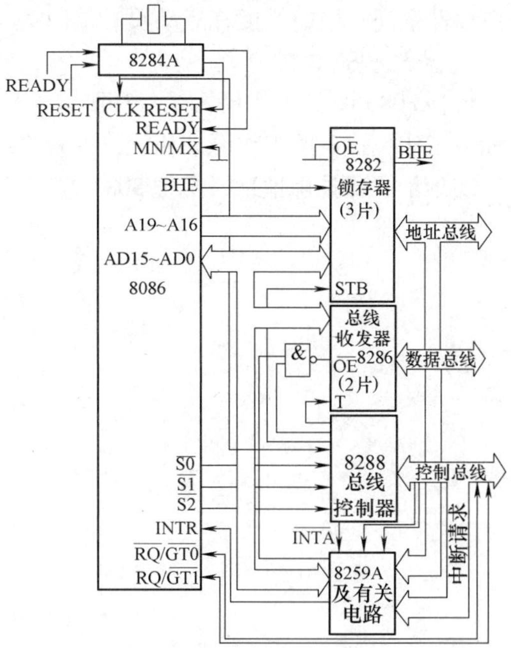

图 4-5　最大模式下的系统典型配置

任务 4.2.2　了解 80486 CPU 的工作模式

80486 CPU 有三种工作模式，即实地址工作模式、保护虚地址工作模式以及虚拟 8086 工作模式。

1. 实地址工作模式

CPU 加电或复位后即进入实地址工作模式。在此模式下，80486 CPU 与它的前辈处理器 16 位的 8086 兼容。为 8086/80286 编写的程序可以不做任何修改地在 80486 CPU 的实地址工作模式下运行，且速度更高。不同之处是 80486 在此模式下，还能有效地使用 8086 CPU 没有的寻址方式、32 位寄存器和大部分指令。

80486 在实地址工作模式下的存储空间仍为 1MB（2^{20}B），其物理地址的形成同 8086，即段寄存器的 16 位值左移 4 位与段内偏移地址之和。

在实地址工作模式下，有两个物理存储空间是需要保留的。地址 0000 0000H ~ 0000 03FFH是中断向量区，每一中断向量占用 4 个字节；地址 FFFF FFF0H ~ FFFF FFFFH 为系统初始化区，当加电或复位时，物理地址自动置为 FFFF FFF0H，程序从此地址开始运行。当首次遇到段间转移或段间调用指令时，物理地址又自动置为 000× ××××H，从而进入实地址工作模式下的物理地址空间。

在实地址工作模式下 80486 微处理器通过设置 CR0 寄存器可以将工作模式转换为保护虚地址工作模式。

2. 保护虚地址工作模式

80486 CPU 微处理器工作在保护虚地址工作模式时，可充分发挥它所具有的存储管理功能以及硬件支撑的保护机制，这就为多用户操作系统的设计提供了有力的支持。

在保护虚地址工作模式下，CPU 可访问 4GB（2^{32}B）的物理存储空间和 64TB（2^{46}B）的虚拟存储空间。段的长度在启动页功能时为 4GB，不启动页功能时为 1MB，页功能是可选的。

3. 虚拟 8086 工作模式

虚拟 8086 CPU 工作模式是一种既有保护功能又能执行 8086 代码的工作模式。CPU 与保护虚地址工作模式下的工作原理相同，但程序中指定的逻辑地址可以与 8086 CPU 做相同的解释。

实地址、保护虚地址、虚拟 8086 这三种工作模式可以互相转换，如图 4-6 所示。

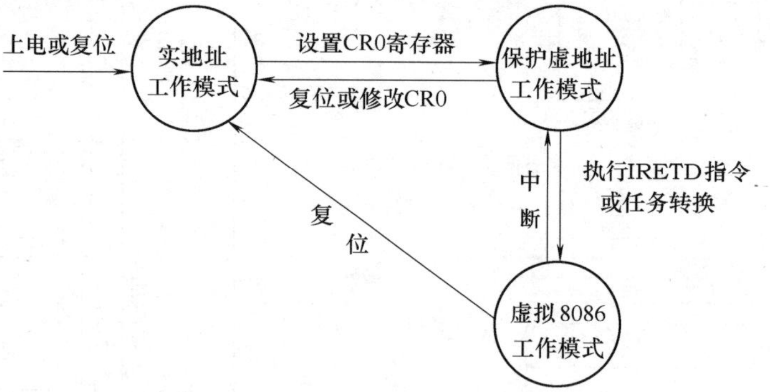

图 4-6　80486 三种工作模式的转换

任务 4.2.3　了解 80486 CPU 的外部引脚

80486 CPU 有 168 个引脚，采用引脚网格阵列 PGA 封装。根据功能，其引脚可分为三大类，即数据线、地址线和控制线，如图 4-7 所示。

1. 数据线类

80486 CPU 数据线具有双向和三态特性。32 位数据线（D0 ~ D31）可分为 4 个有序的字节，其中 D0 ~ D7 定义为最低字节，D24 ~ D31 定义为最高字节。

2. 地址线类

A2 ~ A31 具有三态特性。作为输出，它们与 $\overline{BE0}$ ~ $\overline{BE3}$ 形成完整的地址线，以提供存储器和 I/O 端口的物理地址。A2 ~ A31 用来确定一个 4B 的存储单位，$\overline{BE0}$ ~ $\overline{BE3}$ 则用来确定当前操作所涉及 4B 存储单位中的那些字节。80486 微处理器规定：$\overline{BE0}$ 对应于数据线 D0 ~ D7；$\overline{BE1}$ 对应于数据线 D8 ~ D15；$\overline{BE2}$ 对应于数据线 D16 ~ D23；$\overline{BE3}$ 对应于数据线 D24 ~ D31。

80486 微处理器虽然没有设置 A0 和 A1 引脚，但是可以从 $\overline{BE0}$ ~ $\overline{BE3}$ 的组合中得到它们，其逻辑关系见表 4-5。

表 4-5　通过 $\overline{BE0}$ ~ $\overline{BE3}$ 产生 A0 和 A1 的逻辑关系

80486 CPU 地址信号						
	A1	A0	$\overline{BE3}$	$\overline{BE2}$	$\overline{BE1}$	$\overline{BE0}$
A31 ~ A2	0	0	×	×	×	L
	0	1	×	×	L	H
	1	0	×	L	H	H
	1	1	L	H	H	H

注：×可取任意值，H 为高电平，L 为低电平。

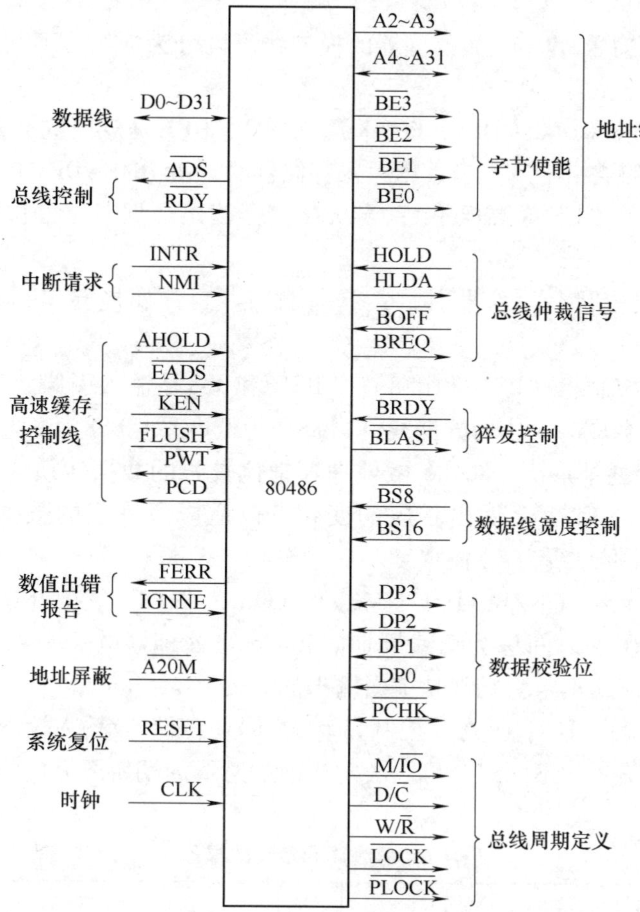

图 4-7　80486 CPU 引脚功能图

80486 微处理器考虑到与前辈微处理器的兼容性，在设计$\overline{BE0}$ ~ $\overline{BE3}$所产生的组合状态中，除产生 A0 和 A1 外，也应产生$\overline{BHE}$。在 8086 中，A0 是地址线的最低位，$\overline{BHE}$是数据线高位（D8 ~ D15）使能引脚，当$\overline{BHE}$有效时，可以存取 D8 ~ D15 的信息。通过$\overline{BE0}$ ~ $\overline{BE3}$产生 A0、A1 和$\overline{BHE}$的逻辑关系见表 4-6。

从表 4-5 中可以看出，当$\overline{BE0}$（对应于 D0 ~ D7）有效时，A0 为“0”；当$\overline{BE1}$（对应于 D8 ~ D15）有效时，$\overline{BHE}$为“0”。这就与 16 位的 8086 完全兼容了。

在特定场合，A4 ~ A31 还可以作为输入使用。

表 4-6　通过$\overline{BE0}$ ~ $\overline{BE3}$产生 A0、A1 和$\overline{BHE}$的逻辑关系

$\overline{BE3}$	$\overline{BE2}$	$\overline{BE1}$	$\overline{BE0}$	A1	$\overline{BHE}$	A0	$\overline{BE3}$	$\overline{BE2}$	$\overline{BE1}$	$\overline{BE0}$	A1	$\overline{BHE}$	A0
H	H	H	L	L	H	L	H	L	L	L	L	L	L
H	H	L	H	L	L	H	L	H	H	H	H	L	H
H	H	L	L	L	L	L	L	L	H	H	H	L	L
H	L	H	H	H	H	L	L	L	L	H	L	L	H
H	L	L	H	L	L	H	L	L	L	L	L	L	L

注：1. H 是高电平；L 是低电平；未出现的$\overline{BE3}$ ~ $\overline{BE0}$的组合不存在。

2. 当 D0 ~ D7 被激活时，A0 = L；当 D8 ~ D15 被激活时，$\overline{BHE}$ = L。

3. 控制线类

根据引脚的具体作用，80486 微处理器的控制线可以分为多组，下面对部分控制引脚进行介绍。

（1）数据校验位组（DP0～DP3、$\overline{\text{PCHK}}$）　DP0～DP3 是双向的“数据奇偶校验”引脚，分别对应数据线的 4 个字节。当数据写入存储器时，由 DP0～DP3 自动地对每个字节加入偶校验位（有偶数个“1”为高电平）；当从存储器读出数据时，也自动地对每个字节的数据进行偶校验。

$\overline{\text{PCHK}}$是“奇偶检验状态”信号引脚，单向输出。当奇偶检验出错时，该引脚是低电平。

（2）数据线宽度控制组（$\overline{\text{BS16}}$和$\overline{\text{BS8}}$）　$\overline{\text{BS16}}$和$\overline{\text{BS8}}$是输入引脚，当$\overline{\text{BS8}}$为低电平时，32 位宽度的数据线就会成为 8 位的数据线；当$\overline{\text{BS16}}$为低电平且$\overline{\text{BS8}}$为高电平时，数据线的宽度就成为 16 位。在上述情形下，80486 微处理器把比较长的数据转换为相对宽度比较小的数据多次传送，$\overline{\text{BE0}}$～$\overline{\text{BE3}}$也会做出相应的变化，以适应所确定的数据线宽度。当$\overline{\text{BS16}}$、$\overline{\text{BS8}}$均为高电平，则数据总线为 32 位宽度。

（3）总线周期定义组（W/$\overline{\text{R}}$、D/$\overline{\text{C}}$、M/$\overline{\text{IO}}$、$\overline{\text{LOCK}}$、$\overline{\text{PLOCK}}$）微处理器与存储器或 I/O 之间交换一个数据所用的时间称为总线周期。80486 微处理器的一个总线周期至少由两个 CLK（时钟周期）组成。本组引脚都是单向输出的。

1）W/$\overline{\text{R}}$（写或读）、D/$\overline{\text{C}}$（数据/控制）和 M/$\overline{\text{IO}}$（存储器/输入输出）是总线周期定义的基本引脚，这 3 个信号的不同组合可以决定当前的总线周期所要完成的操作，总线周期定义的操作见表 4-7。

表 4-7　总线周期定义的操作

M/$\overline{\text{IO}}$	D/$\overline{\text{C}}$	W/$\overline{\text{R}}$	操作	M/$\overline{\text{IO}}$	D/$\overline{\text{C}}$	W/$\overline{\text{R}}$	操作
0	0	0	中断	1	0	0	微代码读
0	0	1	中止/专用周期	1	0	1	保留
0	1	0	I/O 读	1	1	0	存储器读
0	1	1	I/O 写	1	1	1	存储器写

2）$\overline{\text{LOCK}}$是“总线锁定”引脚。当$\overline{\text{LOCK}}$有效时，不允许微处理器以外的信号打断当前总线周期的操作。

3）$\overline{\text{PLOCK}}$是“锁定”引脚。当它有效时，微处理器可以自动地读、写超过 32 位的存储器操作数，这种操作数可由多个总线周期完成交换。该信号主要用于浮点运算和对 Cache 的操作。

（4）总线控制组（$\overline{\text{ADS}}$、$\overline{\text{RDY}}$）和基本时序　总线控制信号指明周期从何时开始，到何时结束。

1）$\overline{\text{ADS}}$是“地址状态”引脚，单向输出。当它有效时，表示微处理器已启动了一个总线周期。该信号在本周期第 1 个时钟被激活，在本周期第 2 个时钟和后续时钟均无效。

2）$\overline{\text{RDY}}$是“已准备好”引脚，单向输入。当为读信号时，该信号有效表示数据线上已存在有效信息；当为写信号时，该信号有效表示外部已接收了 80486 微处理器发出的信息。

80486 微处理器的一般总线周期至少占用两个时钟的时间，即读或写都要两个时钟，这称为 2-2 周期，第 1 个 2 对应读，第 2 个 2 对应写。如果在读或写中增加了等待状态，则在读写的对应位置加上等待状态数。例如，写操作需增加一个时钟的等待状态，则称为 2-3 周期。基本总线周期时序如图 4-8 所示。

① 无等待状态的时序。图 4-8a 是 2-2 总线周期时序。在 T1 期间，当 80486 微处理器发出 $\overline{ADS}$ 低电平有效信号时，就表示开始了一个总线周期，此时地址线 A2 ~ A31、$\overline{BE0}$ ~ $\overline{BE3}$ 及总线周期定义信号 W/$\overline{R}$、D/$\overline{C}$、M/$\overline{IO}$ 已生效。

如果外部已把数据放在数据线上以响应微处理器的读请求，或者外部已接收了一个数据响应写请求，则会在 T2 结束前送出 $\overline{RDY}$ 信号。在该总线周期 T2 结束处，该处理器对 $\overline{RDY}$ 进行采样，若为低电平，则表示该周期已完成预定的操作。80486 微处理器在读周期结束之后的一个时钟内输出 $\overline{PCHK}$ 信号，该信号表示上一个周期所读数据的校验状态。外部可使用 $\overline{PCHK}$ 信号，80486 对该信号不做任何响应。

② 插入等待状态的时序。当存储器或 I/O 的速度跟不上总线操作的速度时，就不会发出 $\overline{RDY}$ 的有效信号，此时微处理器就会自动插入等待状态。只要 $\overline{RDY}$ 是无效的，任意数量的等待状态都会加到总线周期中去。图 4-8b 是 3-3 总线周期时序。

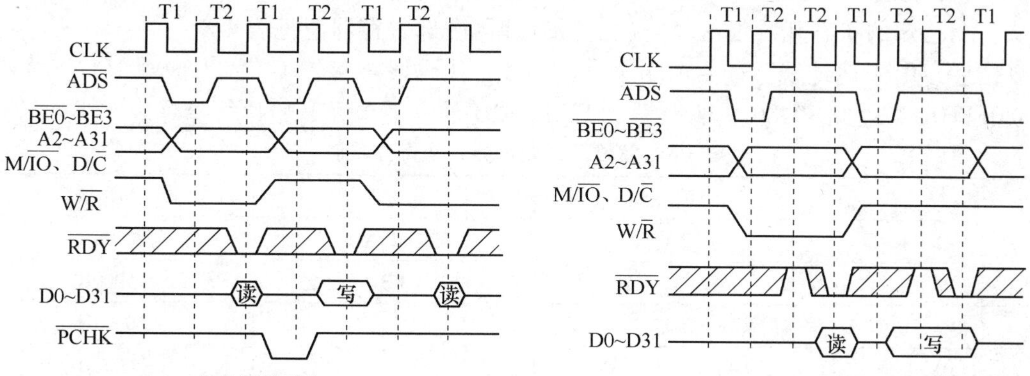

a) 2−2总线周期时序　　b) 3−3总线周期时序

图 4-8　基本总线周期时序

（5）总线仲裁信号组（HOLD、HLDA、$\overline{BOFF}$、BREQ）　当微处理器访问存储器或 I/O 设备时，系统总线是由微处理器控制的，微处理器就称为主控器，存储器或 I/O 设备称为被控器。如果 I/O 设备直接访问存储器，I/O 设备就得控制总线，所以 I/O 设备就是主控器，存储器就是被控器。微型计算机可以具有多个主控器和多个被控器。

当非微处理器设备请求系统总线的控制权时，就需要一个仲裁机构决定总线的控制权。

1）HOLD 是“总线保持请求”引脚，它是其他主控器向微处理器申请总线时的信号接收端。

2）HLDA 是“总线保持响应”引脚，当微处理器响应 HOLD 引脚的申请信号时，就在 HLDA 引脚发出高电平，并交出系统总线控制权，且把微处理器的大部分输入/输出引脚置为高阻状态。

另外，在总线控制权交出后，80486 微处理器仍然可运行程序，这是因为装入片内 Cache 的程序中，许多操作都满足无须访问系统总线的要求。

3）BREQ 是“总线请求”引脚，单向输出。当该引脚有效时，表示 80486 微处理器需要使用系统总线。

4）$\overline{\text{BOFF}}$是总线占用引脚。该信号功能与 HOLD 信号相似，但它不需要微处理器响应，就可以立即夺取总线控制权。当$\overline{\text{BOFF}}$从有效变为无效时，被打断的总线周期将重新启动。

（6）猝发控制组（$\overline{\text{BRDY}}$、$\overline{\text{BLAST}}$）　除基本总线周期外，80486 微处理器还具有猝发总线周期。所谓猝发就是在总线周期期间，交换第 1 个信息至少需要两个时钟，此后的每一个时钟都可交换一个信息，因此在猝发总线周期可以比基本总线周期更快地交换信息。

1）$\overline{\text{BRDY}}$是“猝发准备好”引脚，在猝发总线周期，它与$\overline{\text{RDY}}$具有同样的功能。微处理器在猝发总线周期的第 2 个时钟及以后的每个时钟都对其进行采样，以决定是否与外部交换信息。

2）$\overline{\text{BLAST}}$是“猝发总线周期结束”引脚，单向输出。当此信号有效时，下一个$\overline{\text{BRDY}}$出现就表示猝发总线周期结束。

需要注意的是，当$\overline{\text{BRDY}}$和$\overline{\text{RDY}}$同时出现时，$\overline{\text{BRDY}}$被忽略，且提前结束猝发总线周期。

（7）“地址屏蔽”引脚（$\overline{\text{A20M}}$）　80486 微处理器工作在实地址工作模式时，由外部电路使该引脚有效。这样，微处理器内部就会屏蔽地址线的 A20 位。

（8）“系统复位”引脚（RESET）　该引脚输入高电平有效。RESET 可迫使 80486 微处理器从一个已知的状态开始工作。复位后微处理器内部寄存器值见表 4-8。

复位后，由于地址线 A31 ~ A20 全强制置 1，代码段寄存器 CS 值为 F000H，指令指针 EIP 为 0FFF0H，因此 80486 从地址为 FFFF FFF0H 的存储单元开始执行指令。

表 4-8　复位后微处理器内部寄存器值

寄存器	初始值	寄存器	初始值
EAX	不定	ES	0000H
EBX	不定	CS	F000H
ECX	不定	SS	0000H
EDX	0400H + 版本 ID	DS	0000H
EBP	不定	FS	0000H
ESP	不定	GS	0000H
EDI	不定	IDTR	基址 =0，界限 =3FFH
ESI	不定	CR0	6000 0000H
EFLAGS	0000 0002H	DR7	0000 0000H
EIP	0FFF0H	浮点寄存器	不变

（9）“Cache 使能”引脚（$\overline{\text{KEN}}$、$\overline{\text{FLUSH}}$）　$\overline{\text{KEN}}$是输入信号引脚，该引脚信号确定当前周期从主存所读的数据是否可以存入片内 Cache。$\overline{\text{FLUSH}}$是高速缓存清洗输入，$\overline{\text{FLUSH}}$为低电平有效时，强制 80486 清洗整个内部 Cache。

（10）中断请求引脚（INTR、NMI）　INTR 为可屏蔽中断请求输入，高电平有效。当 INTR 为高电平时，表示有外部可屏蔽中断请求。NMI 为非屏蔽中断请求输入，上升沿表示产生了外部非屏蔽中断请求。

任务 4.2.4　了解总线技术

总线是指将多个功能部件连接起来，并传送信息的公共通道。总线上能同时传送二进制信息的位数称为总线宽度。在采用总线结构的计算机系统中，多个部件并联在总线上，虽然多路信息都是通过总线传送的，但是在某一时刻，只允许一个部件发送信息，因此各路信息在总线上只能分时传送。

从广义上说，计算机通信方式可以分为并行通信和串行通信，相应的通信总线被称为并行总线和串行总线。并行通信速度快、实时性好，但由于占用的口线多，不适合小型化产品，而串行通信速率虽低，但在数据吞吐量不是很大的微处理器电路中则显得更加简易、方便、灵活。随着微电子技术和计算机技术的发展，总线技术也在不断地发展完善，从而使计算机总线技术种类繁多，各具特色。按在系统的不同层次、位置，总线可分为以下几种。

（1）片内总线　片内总线是指在微处理器芯片内部的总线，是用来连接各功能部件的信息通路。例如 CPU 芯片中的内部总线，它是 ALU 寄存器和控制器之间的信息通道。

（2）局部总线　局部总线是指在印制电路板上连接各功能芯片的公共通路，也叫芯片总线。

（3）系统总线　系统总线又称内总线或板级总线，也就是常说的微型计算机总线。它是微型计算机系统中各插件之间信息传输的通路，为微型计算机系统所特有，应用广泛。

（4）通信总线　通信总线又称外总线，它是用于微处理器系统与系统之间、微处理器系统与外部设备（如打印机、磁盘设备或微处理器系统和仪器仪表）之间的通信通道。这种总线数据的传送方式可以是并行（如打印机）或串行，数据传送速率比系统总线低。不同的应用场合有不同的总线标准。

各类总线之间的关系如图 4-9 所示。

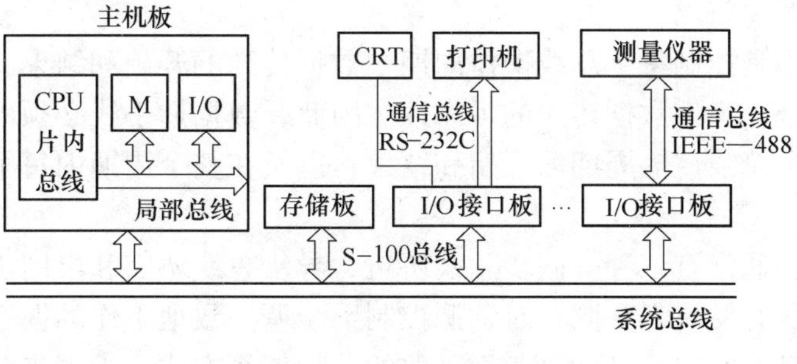

图 4-9　各类总线之间的关系

虽然总线还有其他的多种分类，但任何总线从功能上均包括数据总线、地址总线和控制总线。

微型计算机系统中的总线各式各样，常见的主要有 ISA 总线、EISA 总线、PCI 总线、USB 总线、IEEE1394 总线，前两种基本上已经淘汰，后两种现在用得比较多。

80486 微处理器系统中的各种操作，包括从 CPU 把数据写入存储器、从存储器把数据读到 CPU、从 CPU 把数据写入输出端口、从输出端口把数据读到 CPU、CPU 中断操作、直接存储器存取操作、CPU 内部寄存器操作等，它们本质上都是通过总线进行信息交换的，因此统称为总线操作。在同一时刻，总线上只能允许一对模块进行信息交换。当有多个模块都要使用总线进行信息传送时，只能采用分时方式，一个接一个地轮流交替使用总线，即将总线时间分成很多段，每段时间可以完成模块之间一次完整的信息交换，通常将这一段时间称为一个数据传送周期或一个总线操作周期。为完成一个总线操作周期，一般分成三个阶段。

(1) 总线请求和仲裁阶段　由需要使用总线的主控器向总线仲裁机构提出使用总线的请求，经总线仲裁机构仲裁确定，把下一个传送周期的总线使用权分配给哪一个请求源。

总线仲裁也叫总线判决，其目的就是合理地控制和管理系统中需要占用总线的请求源，在多个源同时提出总线请求时，以一定的优先算法仲裁哪个应获得对总线的占用权，如果没有总线仲裁功能，就很容易产生总线冲突。

所以，总线仲裁就是要确保任何时刻总线上最多只有一个模块发送信息，而绝不出现多个主控器同时占用总线的现象。总线仲裁协定最常见的有两种，即“菊花链”仲裁和并行仲裁。

1）“菊花链”仲裁又叫串行仲裁或串链仲裁。这种仲裁法通常又有二线菊花链、三线菊花链、四线菊花链之分。现行各种总线中应用较普遍的、有代表性的是三线菊花链仲裁，其特点是电气上离仲裁器越近的设备优先权越高，反之优先权越低。

2）并行仲裁也叫独立请求仲裁。在这种仲裁中，每个主控器各有自己独立的总线请求线、总线允许线与总线仲裁器相连，相互间没有任何控制关系。总线仲裁器直接识别所有设备的请求，并根据一定的优先级仲裁算法选中一个设备。

并行仲裁的突出优点是请求信号和允许信号都避免了“菊花链”仲裁的逐级传送延迟，使响应速度大大加快，适合在各种实时性要求高的多处理器系统中使用。主要缺点是控制信号线多，逻辑复杂，并且这种复杂程度随总线上主控模块的增加而近似成指数规律增加，所以它一般只适用于控制源不多的系统使用。

(2) 寻址和传数阶段　主控器取得总线占用权后，在这一阶段为实现可靠的寻址和数据传输，采用总线握手技术。

总线握手的作用是控制每个总线操作周期中数据传送的开始和结束，以实现主控器、被控器间的协调和配合，确保数据传送的可靠性。因此，数据握手线必须以某种方式用信号的电压变化来标明整个总线传输周期的开始和结束，以及在整个周期内每个子周期的开始和结束。

总线握手的方法通常有三种：同步总线协定、异步总线协定和半同步总线协定。同步总线协定是指总线上所有模块都在同一时钟源控制下步调一致地工作的握手方式；异步总线协定是针对具有不同存取时间的各种设备而采取的一种握手方式；半同步总线是结合同步和异步总线的优点设计出的混合式总线。

主控器和被控器进行数据交换，数据由源模块发出，经数据总线传送到目标模块。在进行读传送操作时，源模块就是存储器或输入/输出接口，而目标模块则是总线主控器 CPU。在进行写传送操作时，源模块就是总线主控设备，如 CPU，而目标模块则是存储器或输入/输出接口。

(3) 结束阶段　主控器、被控器的有关信息均从系统总线上撤除，让出总线，以便其他模块继续使用。

任务 4.2.5　了解半导体存储器芯片的结构和主要技术指标

1. 半导体存储器芯片的结构

存储器芯片的基本构成原理图如图 4-10 所示，存储器芯片一般由存储体、地址译码电路和读写控制电路等模块组成。

(1) 存储体　存储体是存储器芯片的主要部分，用来存储信息。它包含多个存储单元，每个存储单元具有一个唯一的地址，可存储 1 位（位片结构）或多位（字片结构）二进制数据。显然，芯片中存储单元越多，其地址编码就越长，芯片需要的地址线就越多；而每个存储单元存放的位越多，一次可访问到的数据就越长，芯片需要的数据线就越多。所以，存储器芯片的存储容量可用下式进行描述：

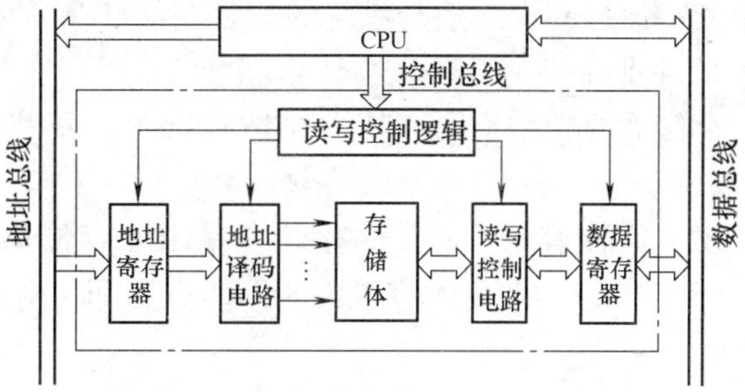

图 4-10　存储器芯片的基本构成原理图

芯片的存储容量 = 芯片的存储单元数 × 每个存储单元的位数 = $2^M \times N$

其中，M 为芯片的地址线根数，N 为数据线根数。例如，静态 RAM 62256 的容量为 32K × 8 位，它有 15 根地址线和 8 根数据线；EPROM 2764 的容量为 8K × 8 位，它有 13 根地址线和 8 根数据线。

(2) 地址译码电路　地址译码电路的功能是根据输入的地址编码来选中芯片内某个特定的存储单元。

如图 4-11a 所示，6 根地址线 A5 ~ A0 将组合信息送入译码器，经译码得存储单元 64 个，这 64 个存储体呈线性排列。例如，当输入地址编码"001011"时，编号为"11"的内部地址线有效，而其他地址无效，此时唯一被选中的是 11 号存储单元。这种译码结构被称为单译码结构。

存储器芯片中一般使用双译码结构，图 4-11b 所示的存储体被排列成 $2^3 \times 2^3$ 矩阵形式，6 根地址线被分成两组：A2 ~ A0 产生行选地址译码，A5 ~ A3 产生列选地址译码。这两组地址线分别译码，产生译码信号。例如，当输入地址编码为"001001"时，内部的 1 号行线和 1 号列线有效，其他的行线、列线均无效，从而唯一选中有效行线与列线交叉点编号为"9"的存储单元。

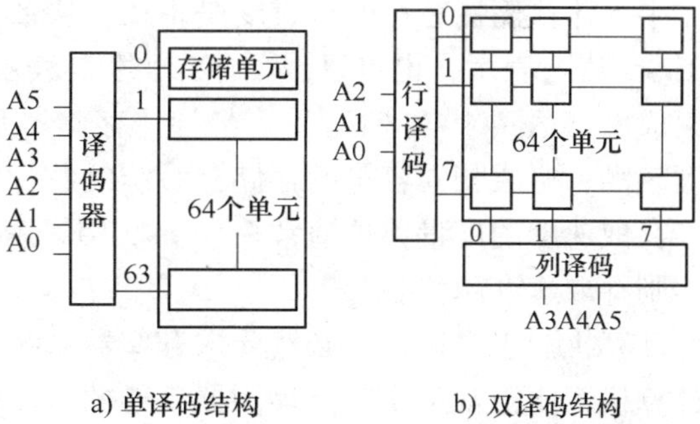

图 4-11　存储器芯片的译码结构

比较单译码和双译码两种译码结构，可以发现：对同样 64 个存储单元，单译码结构需要进行"6—2^6"的译码，产生 64 根内部译码线；而双译码结构只需要进行双"3—2^3"译码，共产生 16 根内部译码线。由此可见，采用双译码结构大大简化了芯片的设计。

(3) 读写控制电路　存储器芯片的读写操作一般由芯片的片选端 $\overline{CS}$ 或 $\overline{CE}$ 来表示。有效时，可以对该芯片进行读写操作；无效时，芯片与数据总线隔离。存储器芯片的片选端一般与系统的高位地址线发生联系，即通过对系统高位地址线的译码来选中各个存储器芯片。

存储器芯片的读写控制，以 RAM 芯片的情况最为典型。该类芯片具有两个控制端，一般用 $\overline{OE}$（输出允许）和 $\overline{WE}$（写允许）来标志。当芯片被选中时，$\overline{OE}$ 被用来控制读操作，有效时，允许芯片将寻址单元内的数据输出，该控制端一般与系统的读控制线 $\overline{MEMR}$（或 $\overline{RD}$）相连；$\overline{WE}$ 被用来控制写操作，有效时，引脚上的数据将被允许进入芯片，写入被寻址的单元，该控制端一般与系统的写控制线$\overline{MEMW}$（或$\overline{WR}$）相连。

2. 半导体存储器的主要技术指标

存储器的类型不同，其主要技术指标也不相同，包括存储容量、存取速度和制作工艺等。

（1）存储容量 芯片的存储容量用“存储单元数×每个存储单元的位数”来表示。例如，SRAM 芯片 6264 的容量为 8K×8 位，即 8K 个存储单元，每个存储单元存储 8 位二进制数据。

（2）存取速度 存取速度主要由存取时间和存取周期之一来描述。

存取时间又称存储器访问时间，即 T_A，是指启动一次存储器操作（读或写）到完成该操作所需要的时间。CPU 在读写存储器时，其读写时间必须大于存储器芯片的额定存取时间。

存取周期（Access Cycle），即 T_{AC}，是指连续两次存储器操作所需的最小时间间隔。由于包括了数据存取的准备和稳定时间，所以，T_{AC}应略大于 T_A。在微型计算机系统中，存储器的存取速度必须和 CPU 的总线时序相匹配。如果存储器的存取速度跟不上 CPU 的时序，则在 CPU 的总线周期中插入等待周期，以延长读写时间。

（3）制作工艺 制作工艺决定了存储器的集成度、存取速度、功耗以及可靠性。

半导体存储器芯片的集成度是指在一块数平方毫米芯片上所制作的基本存储单元数，常以“位/片”表示，也可以用“字节/片”表示，如 27256 为 32K×8 位/片，最近常用的产品集成度已达到 4G×8 位/片。半导体存储器系统由若干存储器芯片组成，存储器芯片的集成度越高，构成相同容量的存储器系统的芯片数就越少。

存取速度的度量单位通常采用 ns，目前高速存储器的存取速度小于 20ns。存取时间越小，则存取速度越快。

计算机要正常运行，必然要求存储器系统具有很高的可靠性。主存发生的任何错误都会使计算机不能正常工作，而存储器系统的可靠性与构成它的芯片有关。目前所用的半导体存储器芯片的故障间隔平均时间（MTBF）为 $5\times10^6 \sim 1\times10^8$h。

使用功耗低的存储器芯片构成存储系统不仅可以减少对电源容量的要求，而且还可以提高系统存储系统的可靠性。

任务 4.2.6 了解常用的几种半导体存储器的工作原理

1. 静态 RAM

常用的静态 RAM 芯片有 6116、6264、62256 等。图 4-12 为 28 脚双列直插（DIP）封装的 6264 引脚图，各引脚定义如下：

1）A0～A12：地址输入线。

2）D0～D7：双向三态数据线，有时也用 00～07 表示。

3）$\overline{CE1}$：片选信号输入线 1，低电平有效。

4）$\overline{CE2}$：片选信号输入线 2，读/写方式时为高电平。

5）$\overline{OE}$：读选通信号输入线，低电平有效。

6）$\overline{WE}$：写选通信号输入线，低电平有效。

7）VCC：工作电源 5V。

8）GND：线路地。

现以 Intel 6264 为例，说明静态 RAM 芯片的工作过程。

读出时：地址输入线 A0 ~ A12 输入的地址信号送到行、列地址译码器，经译码后选中一个存储单元。$\overline{CE1}$、CE2、$\overline{OE}$、$\overline{WE}$构成读出逻辑，当$\overline{CE1}$、$\overline{OE}$为低电平且CE2、$\overline{WE}$为高电平时，打开数据输出缓冲器，被选中单元的 8 位数据经 I/O 电路由引脚 D0 ~ D7 输出。

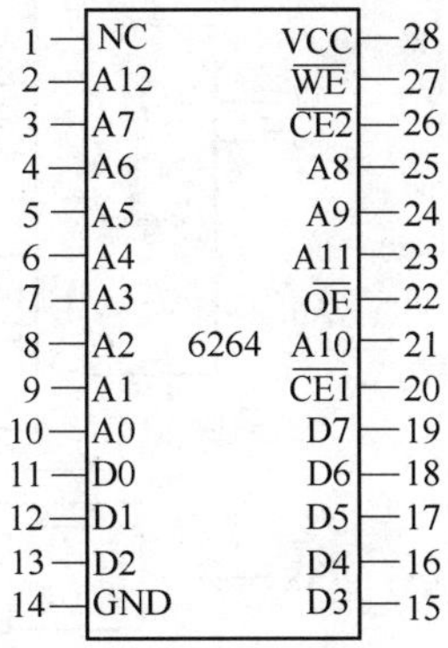

图 4-12　6264 引脚图

写入时：选中某一存储单元的方法和读出相同。$\overline{CE1}$、CE2、$\overline{OE}$、$\overline{WE}$构成写入逻辑，当$\overline{CE1}$、$\overline{WE}$为低电平且CE2、$\overline{OE}$为高电平时，打开输入缓冲器，从引脚 D0 ~ D7 输入的数据经输入数据控制电路送到 I/O 电路，从而写到存储单元的 8 个存储位中。

没有读/写操作时，片选信号处于无效状态，输入/输出三态门呈高阻状态，存储器芯片和系统总线"分离"。

表 4-9 是 6264 的功能表。由该表可以看出该芯片的片选端有两个：$\overline{CE1}$、CE2，选中芯片时，它们的电平相反。各片选端的工作方式组合决定了 6264 的工作方式，如当$\overline{CE1}$、CE2、$\overline{WE}$、$\overline{OE}$电平为0101 时，此时数据端口输入数据。安排两个互反的片选端，为多个 6264 芯片的译码带来方便。

表 4-9　6264 的功能表

工作方式	$\overline{CE1}$	CE2	$\overline{WE}$	$\overline{OE}$	D0 ~ D7
未选中	1	×	×	×	高阻
未选中	×	0	×	×	高阻
写入	0	1	0	1	输入
读出	0	1	1	0	输出

2. 动态 RAM

常用的动态 RAM 芯片有 Intel 4116、2164 等。图 4-13 为 DIP 封装的 2164A 引脚图，各引脚定义如下：

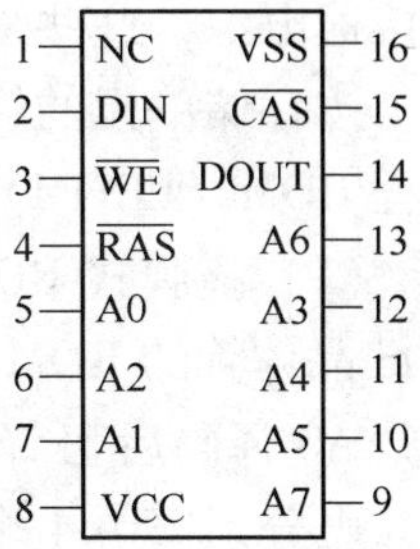

图 4-13　2164A 引脚图

1）A0 ~ A7：地址复用输入线。

2）$\overline{RAS}$：行地址选通信号，输入，低电平有效。

3）$\overline{CAS}$：列地址选通信号，输入，低电平有效。

4）$\overline{WE}$：读写选通信号输入线。

5）DIN：数据输入线。

6）DOUT：数据输出线。

7）VCC：工作电源 5V。

8）VSS：线路地。

现以 2164A 为例说明动态 RAM 芯片的工作过程，它的内部结构示意图如图 4-14 所示。

2164A 芯片的容量是 64K ×1 位，即片内有 65536 个存储单元，每个单元只有 1 位数据，用 8 片 2164A 才能构成 64KB 的存储器。

2164A 有 8 根复用的地址线，分两批传送 16 位地址。当行地址选通信号$\overline{RAS}$有效时，

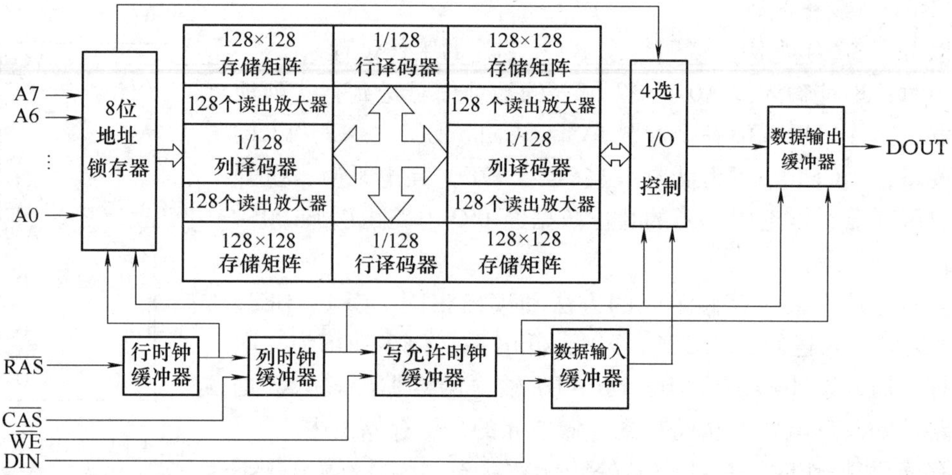

图 4-14 2164A 内部结构示意图

表示引脚 A0 ~ A7 正在送 8 位行地址；延迟一段时间，当列地址选通信号$\overline{CAS}$有效时，引脚 A0 ~ A7 换送 8 位列地址。进行读、写和刷新操作，$\overline{RAS}$有效是一个前提，类似片选信号的作用。

2164A 数据的读出和写入是分不开的，由$\overline{WE}$信号控制读写。当低电平有效时，实现写入，此时 DIN 引脚上的信号经输入三态缓冲器对选中单元进行写入；当高电平无效时，实现读出操作，此时所选中单元的内容经过三态输出缓冲器在 DOUT 引脚读出。数据输入线 DIN 与数据输出线 DOUT 分离，内部分别具有各自的缓冲器，它们通过外部电路形成一个双向数据线。

3. 只读存储器

只读存储器（ROM）是一种工作时只能读出、不能写入信息的存储器。在使用 ROM 时，其内部信息是不能改变的，故一般只能存放如监控程序、BIOS 程序等固定程序。只要一接通电源，这些程序就能自动运行。

按存储单元的结构和生产工艺的不同，只读存储器可分成以下几种：掩膜式 ROM、可编程 ROM（PROM）、电可擦除可编程 ROM（E^2PROM）以及闪速（FLASH）存储器等。

（1）掩膜式 ROM 图 4-15 为一简单的 4×4 位 MOS 晶体管的 ROM，采用单译码结构。两位地址线 A1、A0 译码后可译出 4 种状态，输出 4 条行选择线，可分别选中 4 个单元，每个单元有 4 个二进制位，由 4 条列选择线输出。这里列选择线也称位线。如图 4-15 所示，在行列的交叉点上，有的跨接管子，有的没有跨接。这是厂家根据用户提供的程序对芯片图形进行二次光刻（掩膜）形成的，是由存储单元的内容所决定的。如果某位存储的信息为 0，就在该位置制作一个跨接管；如果某位存储的信息为 1，则该位不制作跨接管。

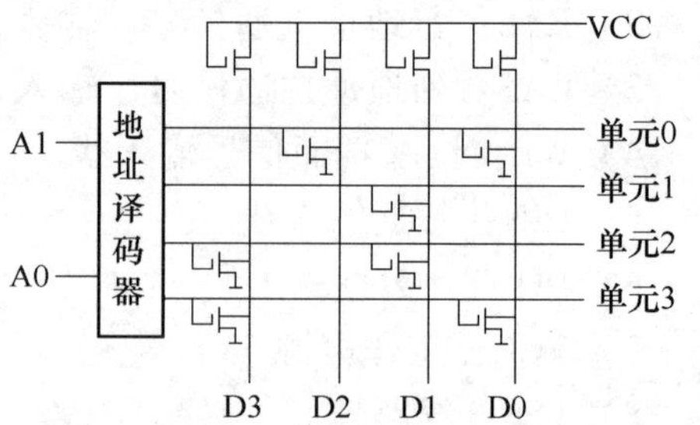

图 4-15 掩膜式 ROM 示意图

若地址线 A1A0 = 00，则选中单元 0，即字线（0 行）为高电平。若有管子和字线相连

（如位线 2 和位线 0），则相应的 MOS 晶体管导通，位线输出为 0，而位线 1 和位线 3 没有管子和字线相连，则输出为 1，故 D3D2D1D0 = 1010。

掩膜式 ROM 制作完毕后，用户不能更改所存信息。至于存储矩阵的内部结构，可采用单译码结构，也可采用双译码结构或复合译码结构。

（2）可编程 ROM　通常所说的 EPROM 是指可用紫外线擦除，然后进行编程的 ROM 芯片。这种芯片有一个显著特征，顶部开有一个圆形的石英窗口，用于让紫外线的照射将片内的原有信息擦除掉。因为它既能长期保存信息，又可多次擦除和重新编程，所以在微型计算机产品的研制、开发和生产中得到广泛应用。EPROM 的编程一般通过专门的编程器（也称“烧写器”）来实现，编程后的芯片窗口应贴上不透光封条，这样信息可保存 10 年以上。

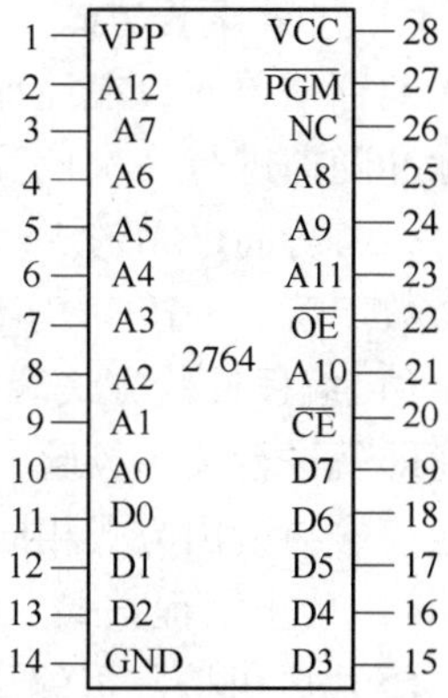

图 4-16　2764 引脚图

常用的 EPROM 芯片有 2716、2732、2764、27128、27256、27512 等。图 4-16 为 DIP 封装的 2764 引脚图，各引脚定义如下：

1）A0 ~ A12：地址输入线。

2）D0 ~ D7：三态数据总线，读或编程校验时为数据输出线，编程时为数据输入线，维持或编程禁止时为高阻状态。

3）$\overline{CE}$：片选信号输入线，低电平有效。

4）$\overline{PGM}$：编程脉冲输入线。

5）$\overline{OE}$：读选通信号输入线，低电平有效。

6）VPP：编程电源输入线。

7）VCC：主电源输入线。

8）GND：线路地。

现以 Intel 2764 为例，说明 EPROM 的工作方式。

2764 共有 8 种工作方式，表 4-10 为 2764 的功能表。前 4 种要求 VPP 接 5V，为正常工作状态；后 4 种要求 VPP 接 25V，为编程状态。

表 4-10　2764 的功能表

工作方式	$\overline{CE}$	$\overline{OE}$	$\overline{PGM}$	A9	VCC	VPP	D7 ~ D0
待用	1	×	×	×	5V	5V	高阻
读出	0	0	1	×	5V	5V	输出
读出禁止	0	1	1	×	5V	5V	高阻
读 Intel 标识符	0	0	12V	1	5V	5V	输出编码
标准编程	0	1	负脉冲	×	5V	25V	输入
Intel 编程	0	1	负脉冲	×	5V	25V	输入
编程校验	0	0	1	×	5V	25V	输出
禁止编程	1	×	×	×	5V	25V	高阻

1）待用方式，即未选中方式。当$\overline{CE}$无效时，芯片未被选中。此时，D0 ~ D7 呈高阻状态，功耗大幅下降。

2）读出方式。当$\overline{CE}$和$\overline{OE}$均有效时，读出指定存储单元中的内容。

3）读出禁止方式。当$\overline{OE}$无效时，禁止芯片输出，即输出呈高阻状态。

4）读 Intel 标识符方式。当 VCC 和 VPP 接 5V、$\overline{PGM}$接 12V、$\overline{CE}$和$\overline{OE}$均有效，且 A9 引脚为高电平时，可从芯片顺序读出两个字节的编码。编码的低字节（在 A0 = 0 时读取）为制造厂家代码，高字节（在 A0 = 1 时读取）为器件代码。

5）标准编程方式。该方式要求 VPP 接 21 ~ 25V，并令$\overline{OE}$无效，待地址、数据就绪，由$\overline{PGM}$送入宽（50 ±5）ms 的 TTL 负脉冲。于是，一个字节的数据被写进指定单元。

6）Intel 编程方式。这是由 Intel 推荐的一种快速编程方式。Intel 编程方法是：对每个要写入的存储单元，在地址、数据就绪的前提下，向$\overline{PGM}$重复送 1ms 宽的编程负脉冲，每送一个脉冲随即进行一次校验。若读出与写入相同，说明此时数据已经写入。随后，为保证可靠写入，可再向$\overline{PGM}$送 4 × N 宽度的脉冲来加以巩固，N 是此前已向$\overline{PGM}$送进的 1ms 编程负脉冲个数。若 N = 15 时仍不能读到正确的校验数据，则说明该单元已经损坏。

7）编程校验方式。这是编程状态下的读出方式。在编程中，当一个字节被写入后，总是随即就进行读出校验，判断读出数据是否与写入相同。除 VPP 接 21 ~ 25V 外，该方式的其他信号与读出方式相同。

8）禁止编程方式。该方式下，禁止对芯片进行编程。

（3）电可擦除可编程存储器　E^2PROM 是一种新型的 ROM 芯片，可用加电的方法进行在线擦除和编程，其擦除次数大于 1 万次，数据可保存 10 年以上。使用起来，E^2PROM 较紫外线 EPROM 更为方便。

常见的 E^2PROM 有 2817A、2864A 及 1MB 的 28010 和 4MB 的 28040 等。图 4-17 是 2864A 的引脚图，表 4-11 是 2864A 的功能表，各引脚的定义如下：

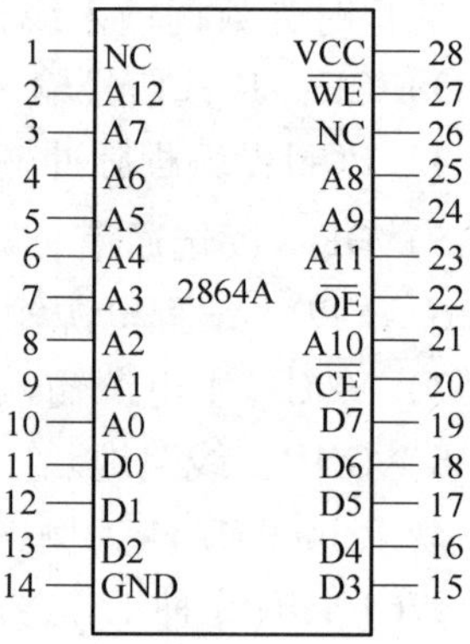

图 4-17　2864A 引脚图

1）A0 ~ A12：地址输入线。
2）D0 ~ D7：三态数据总线。
3）$\overline{CE}$：片选信号输入线，低电平有效，输入。
4）$\overline{WE}$：写允许信号，低电平有效，输入。
5）$\overline{OE}$：读选通信号输入线，低电平有效，输入。
6）VCC：主电源输入线。
7）GND：线路地。

表 4-11　2864A 的功能表

工作方式	$\overline{CE}$	$\overline{OE}$	$\overline{WE}$	D0 ~ D7
维持	1	×	×	高阻
读出	0	0	1	输出
写入	0	1	负脉冲	输入
数据查询	0	0	1	输出

2864A 为并行 E^2PROM 芯片，28 脚 DIP 封装，其最大工作电流 160mA，最大维持电流 60mA，典型读出时间 250ns，最大写入时间 10ms，采用 5V 单电源供电。片内设有 16B 的静态 RAM 页缓冲器，支持页写入和写入查询。

2864A 有 4 种工作方式：读出方式、维持方式、页写入和写入查询。

读出方式是指正常的工作状态，其用法与 EPROM 和 SRAM 芯片相同；维持方式就是芯片未被选中时的待用方式。

页写入和写入查询的具体做法是：当用户启动写入后，应以每个字节 3 ~ 20μs 的速度，连续向有关地址写入 16 个字节的数据。整个芯片可分 512 页写入，这一过程被称为“页加载”，其中，页内字节地址由 A3 ~ A0 确定，页地址由 A12 ~ A4 确定。如果在芯片规定的 20μs“窗口”时间内，用户不再进行写入，则芯片会自动将页缓冲器内的数据转存到指定的存储单元，这一过程被称为“页存储”。在页存储期间，芯片不再接收外部数据。CPU 可通过读出最后一个字节来查询写入是否完成，若读出数据的最高位与写入前互反，说明写入尚未完成；否则，说明写入已经完成。

（4）闪速存储器芯片　FLASH 存储器（以下简称闪存）芯片与 E^2PROM 芯片类似，也是一种电可擦写型 ROM。

市场上闪存产品种类很多，如美国 ATMEL 公司生产的 29 系列芯片有 AT29C256（256Kbit）、AT29C512（512Kbit）、AT29C010A（1Mbit）、AT29C020A（2Mbit）、AT29C040A（4Mbit）、AT29C080A（8Mbit）等。

现以 AT29C010A 为例，介绍闪存的特性和工作方式。

AT29C010A 是一种并行、高性能、5V 单电源供电在线擦除的闪存芯片，片内有 1Mbit 的存储空间，分成 1024 个分区，每一个分区为 128 个字节，以分区为单位进行编程。其快速读取时间为 70ns，快速的分区编程周期为 10ms。

AT29C010A 引脚图如图 4-18 所示。

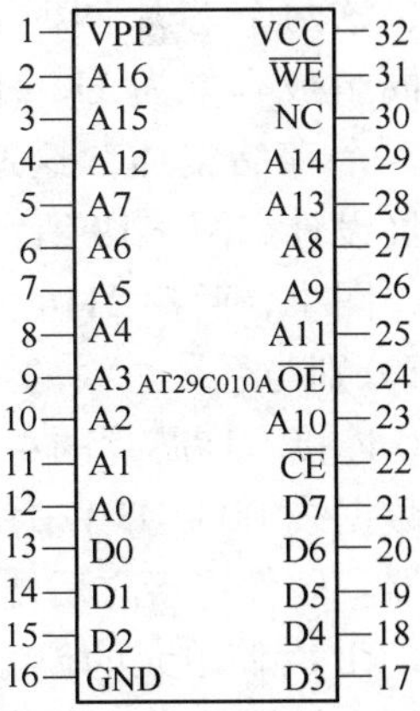

图 4-18　AT29C010A 引脚图

各引脚的功能如下：

A0 ~ A16：地址线，可寻址 1MB 的存储空间，由高位地址线 A7 ~ A16 提供 1024 个分区地址，由低位地址线 A0 ~ A6 提供每个分区内 128 个字节单元的地址。

1）D0 ~ D7：数据线。

2）$\overline{OE}$：读允许信号，低电平有效，输入。

3）$\overline{WE}$：写允许信号，低电平有效，输入。

4）$\overline{CE}$：片选信号，低电平有效，输入。

5）VPP：5V 编程电压。

6）VCC：5V 工作电压。

7）GND：信号地。

AT29C010A 的读操作，是按字节读出的。但在写入（编程）时与 E^2PROM 不同，是按分区编程，每个分区的容量为 128 个字节，如果某一分区中的一个数据需要改写，那么这一分区中的所有数据需要重新装入。

读出方式：当$\overline{CE}$和$\overline{OE}$为低电平、$\overline{WE}$为高电平时，所寻址的存储单元中的数据由 D0 ~ D7 引脚输出；若$\overline{CE}$和$\overline{OE}$为高电平，则数据线处于高阻状态。

编程是当$\overline{WE}$和$\overline{CE}$为低电平、$\overline{OE}$为高电平时，将数据写入，并通过$\overline{WE}$的上升沿将写入的数据锁存实现的。编程周期开始，AT29C010A 会自动擦除分区的内容，然后对锁存的数据在定时器的作用下进行编程，一旦编程周期结束，就可以开始一个新的读或编程操作。

任务 4.2.7　掌握半导体存储器与 CPU 的连接方法

1. 存储器的扩展设计

进行存储器芯片与 CPU 的连接，就是将存储器芯片的引脚与系统总线的连接。存储器芯片的引脚有数据线、地址线、片选端和读/写控制端。

（1）存储器芯片数据线的处理　微型计算机中普遍采用字节编址结构，每个存储单元存放 8 位数据，假设系统数据总线也是 8 位，此时：

1）若芯片的数据线正好 8 根，说明一次可从芯片中访问到 8 位数据，此时芯片的全部数据线应与系统的 8 位数据线相连。

2）若芯片的数据线不足 8 根，说明一次不能从一个芯片中访问到 8 位数据，此时，必须利用多个芯片扩充数据位，这个扩充方式简称“位扩展”。现以 1K×4 位的 SRAM 芯片 2114 为例说明，2114 芯片的每个存储单元存放 4 位数据，其数据线就是 4 根，每次读写操作只能从中访问到 4 位数据。显然，需要利用两个芯片才能同时提供 8 位数据线。在使用中，这两个芯片同时被选中，同时被访问，共同组成容量为 1K×8 位的存储器模块，形成一个存储整体，这通常被称为芯片组。位扩展设计如图 4-19 所示。

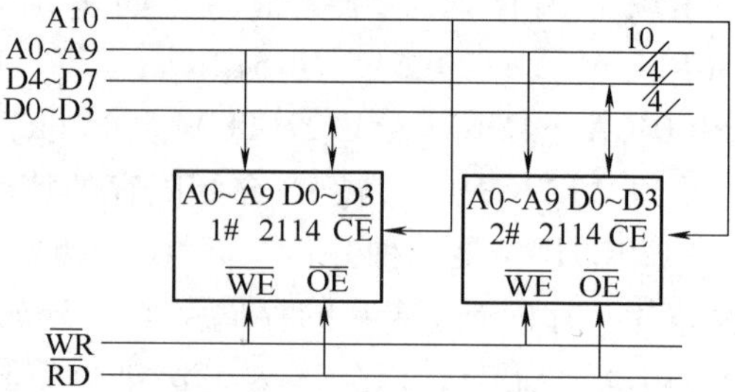

图 4-19　位扩展设计

图中，两片 2114 的地址线 A0 ~ A9、$\overline{OE}$、$\overline{WE}$分别与系统总线的 A0 ~ A9、$\overline{RD}$、$\overline{WR}$连在一起，两片芯片的片选$\overline{CE}$连在一起与系统的 A10 连接，1#芯片的 4 位数据线 D0 ~ D3 作为低 4 位与系统数据线 D0 ~ D3 连接，2#芯片的 4 位数据线 D0 ~ D3 作为高 4 位与系统数据线 D4 ~ D7 连接，这样便构成了一个 1K×8 位的存储器。硬件连接之后便可以确定存储单元的地址，即 A0 ~ A10 的编码状态 000H ~ 3FFH 就是 1KB 存储单元的地址。

一般情况下，存储器芯片地址线应全部与系统的低位地址总线相连。寻址时，这部分地址的译码是在存储器芯片内完成，这称为片内译码。设某存储器芯片有 N 根地址线，当该芯片被选中时，其地址线将输入 N 位地址，芯片在其内部进行 N—2^N 的译码，译码后的地址范围为 00…00（N 位全 0）~11…11（N 位全 1）。

（2）存储器芯片片选端的译码　一个存储器芯片（组）的容量有限，存储系统常需利用多个存储器芯片（组）扩充容量，同时，也就扩充了存储器地址范围，这个扩充方式简称为地址扩展或字扩展。

进行地址扩展时，需要利用存储器芯片的片选端对多个存储器芯片（组）进行寻址。这个寻址方法，主要通过将存储器芯片的片选端与系统的高位地址线相关联来实现。

图 4-20 所示为字扩展设计图，用两片 2K×8 位的 RAM 芯片 6116，组成 4K×8 位的存储器。两片芯片的片内信号线 A0 ~ A10、D0 ~ D7、$\overline{OE}$、$\overline{WE}$都分别与系统的地址线 A0 ~ A10、数据线 D0 ~ D7 和读写控制线$\overline{RD}$、$\overline{WR}$连接。其中，1#芯片的片选$\overline{CE}$与系统的 A11 连接，2#芯片的片选$\overline{CE}$经 A11 反相后相接。当 A11 为低电平时，选中 1#芯片；当 A11 为高电

平时，选中 2#芯片。硬件连接之后便可以确定存储单元的地址，即 A0 ~ A11 的编码状态决定两个芯片的地址状态。其中，1#芯片的地址范围是 0000H ~ 07FFH，2#芯片的地址范围是 0800H ~ 0FFFH。

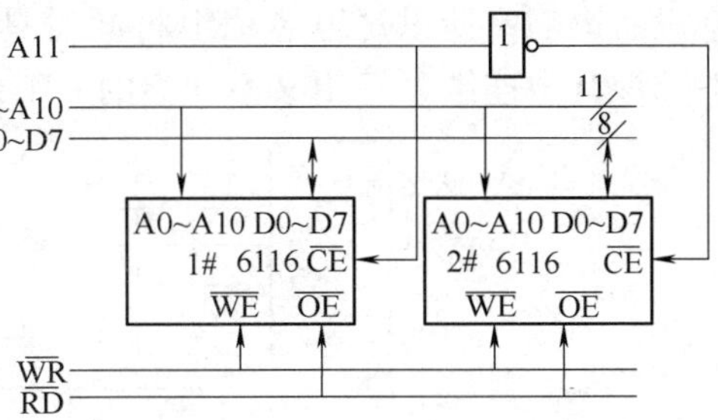

图 4-20　字扩展设计图

2. 片选信号的产生方法

一个存储体通常由多个存储器芯片组成，CPU 要实现对存储单元的访问，首先要选择存储器芯片，然后再从选中的芯片中依照地址码选择相应的存储单元读写数据。通常，芯片内部存储单元的地址由 CPU 的低位地址线确定，而芯片选择信号则是通过 CPU 的高位地址线得到。由此可见，存储单元的地址由片内地址信号线和片选信号线的状态共同决定。处理存储器芯片片选端的方法有三种：线选译码、部分译码、全译码。

（1）线选译码　只用少数几根高位地址线进行芯片的译码，且每根负责选中一个芯片（组），这种方法称为线选译码。线选译码构成简单，但造成地址空间严重的浪费。由于有些地址线未参与译码，必然会出现地址重复的现象，而且将会出现一个存储地址对应多个存储单元的现象。多个存储单元共用的存储地址不应该使用。如图 4-21 所示，在 8086 系统中，两个 2764 芯片采用线选译码，高位地址 A18 和 A19 分别接一个芯片的片选端。当 A19A18 = 00 时，两个芯片被同时选中，存储地址 0 0000H ~ 0 1FFFH 都将对应两个存储单元，此时的两个存储器芯片只相当于一个存储器芯片。当利用这两个芯片读取数据时，可能从两个存储单元得到不同的数据，不但可能导致程序执行错误，严重时，还会损坏器件。实际使用时，一般选择只有当 A19A18 = 10 时选中 1#芯片，而当 A19A18 = 01 时选中 2#芯片这种情况。1#存储器芯片的可选用地址范围为 8 0000H ~ 8 1FFFH，2#存储器芯片的可选用地址范围为 4 0000H ~ 4 1FFFH。

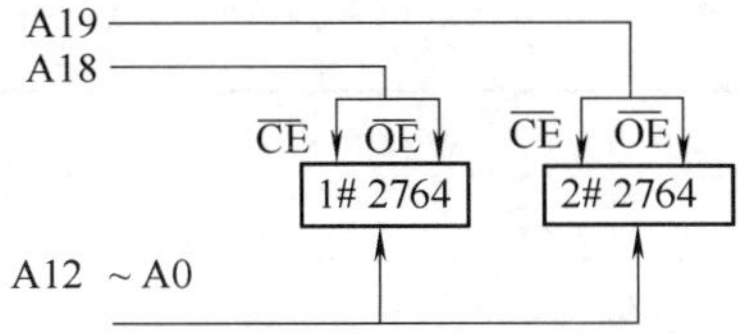

芯片	A19	A18	A17~ A13	A12~ A0	一个可用地址范围
1#	1	0	取值不定	全0~ 全1	8 0000H~ 8 1FFFH
2#	0	1	取值不定	全0~ 全1	4 0000H~ 4 1FFFH

图 4-21　线选译码

（2）部分译码　如果只有部分（高位）地址线参与对存储器芯片的译码，这种译码方法就是部分译码。对被选中的芯片来说，那些未参与译码的高位地址可以是 1 也可以是 0，因此每个存储单元将对应多个地址（地址重复），这需要选取一个可用地址。采用部分译码的方法，可简化译码电路的设计，但由于地址重复，系统的一部分地址空间资源将被浪费。

图 4-22 所示为 20 位微型计算机系统采用部分译码对 4 个芯片组 27128（16K × 8 位的 EPROM）进行寻址。每个芯片组内又由 2 个芯片组成，它们的片选端和地址线对应地连在一起，以保证这 2 个芯片内部存储单元能同时被选中，这样实现了数据线的扩充，即“位扩充”。译码时，没有使用高位地址线 A19 和 A18，也就是说，这几位无论是什么，对芯片寻

址都没有影响，所以每组芯片组将同时具有 2^2 个地址。对这 4 组 27128 构成的存储空间，一般选取其中连续、好用又不冲突的一组地址。设 CPU 为 8086 芯片。

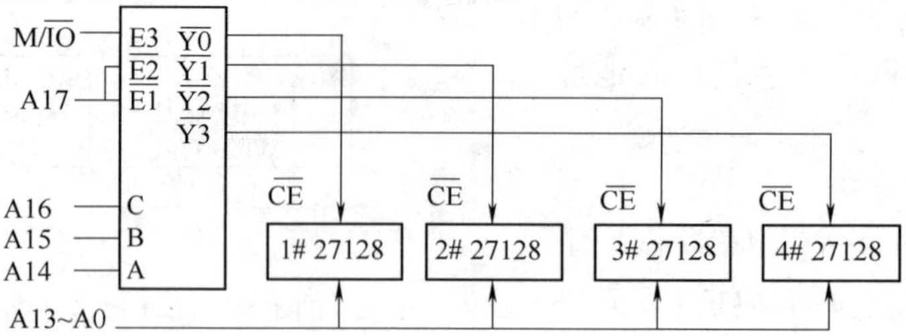

芯片组	A19	A18	A17	A16	A15	A14	A13~A0	一个可用地址范围
1#	×	×	0	0	0	0	全 0 ~ 全 1	0 0000~0 3FFFH
2#	×	×	0	0	0	1	全 0 ~ 全 1	0 4000~0 7FFFH
3#	×	×	0	0	1	0	全 0 ~ 全 1	0 8000~0 BFFFH
4#	×	×	0	0	1	1	全 0 ~ 全 1	0 C000~0 FFFFH

图 4-22 采用部分译码寻址

图 4-23 是 74LS138 译码器引脚图，表 4-12 描述了其功能。74LS138 译码器有 3 个编码输入端 C、B、A 和 8 个译码输出端 $\overline{Y7}$ ~ $\overline{Y0}$，并有控制输入端 $\overline{E1}$、$\overline{E2}$ 和 E3（前两个低电平有效，后一个高电平有效）。$M/\overline{IO}$ 是 8086 CPU 的外设与存储器操作的选择引脚，高电平表示存储器操作，只有当 3 个控制端同时有效时，译码器才能进行正常译码；否则，译码器的所有输出均无效。在图 4-22 中，当 A17 = 0 时，若 A16A15A14 = 000，则输出端仅 $\overline{Y0}$ 有效，其余无效；若 A16A15A14 = 001，则输出端仅 $\overline{Y1}$ 有效，其余无效。

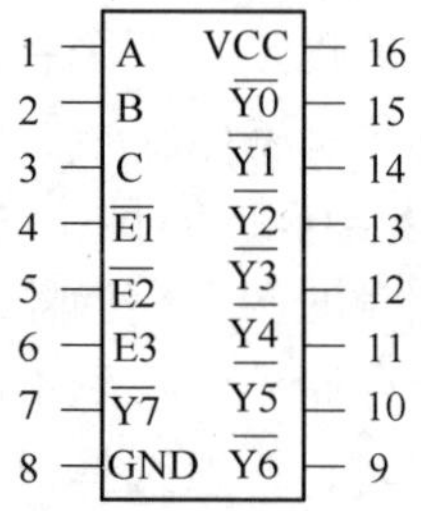

图 4-23 74LS138 译码器引脚图

表 4-12 74LS138 的功能表

片选输入	编码输入	输出
E3 $\overline{E2}$ $\overline{E1}$	C B A	$\overline{Y7}$ ~ $\overline{Y0}$
1 0 0	0 0 0	1111 1110（仅 $\overline{Y0}$ 有效）
1 0 0	0 0 1	1111 1101（仅 $\overline{Y1}$ 有效）
1 0 0	0 1 0	1111 1011（仅 $\overline{Y2}$ 有效）
1 0 0	0 1 1	1111 0111（仅 $\overline{Y3}$ 有效）
1 0 0	1 0 0	1110 1111（仅 $\overline{Y4}$ 有效）
1 0 0	1 0 1	1101 1111（仅 $\overline{Y5}$ 有效）
1 0 0	1 1 0	1011 1111（仅 $\overline{Y6}$ 有效）
1 0 0	1 1 1	0111 1111（仅 $\overline{Y7}$ 有效）
非上述情况	× × ×	1111 1111（全无效）

（3）全译码　全译码方式是所有的系统地址线均参与对存储单元的译码寻址，包括低位地址线对芯片内各存储单元的译码寻址（片内译码）和高位地址线对存储器芯片的译码

寻址（片选译码）。采用全译码方式，每个存储单元的地址都是唯一的，不存在地址重复，但译码电路较复杂，连线也较多，图4-24是8088 CPU（地址线20根，数据线8根，且存储器/外设选择引脚为$\overline{\text{M}}$/IO）与存储器的连接示意图，图中仅采用3线—8线译码器实现存储地址的选择。如果存储器地址线较少，而CPU的地址线相对较多，则高位地址线可通过门电路进行组合后，再送入译码器。

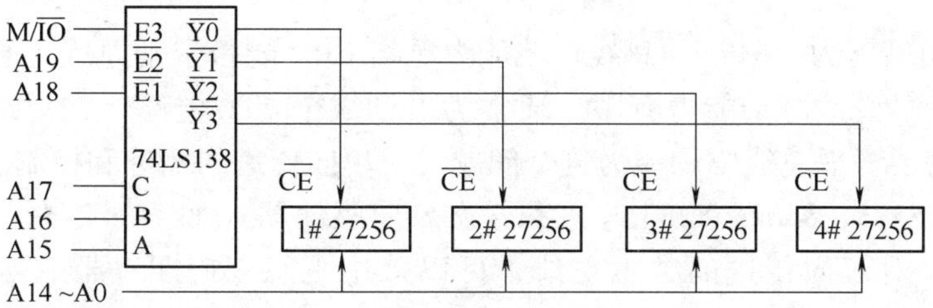

图4-24　全译码电路

当高位地址A19～A15=00000时，选中1#芯片组，此时它的地址范围为00000H～07FFFH。若选中了4#芯片组，此时高位地址的组合一定是00011，其地址范围为18000H～1FFFFH。

（4）存储器的扩展设计举例　进行存储器的扩展设计时，通常按下列步骤进行：

1）根据系统实际装机存储容量，确定存储器在整个存储空间中的位置。

2）选择合适的存储器芯片，列出地址分配表。

3）按照地址分配表选用译码器件并画出相应的地址位图，依次确定片选和片内单元的地址线，进而画出片选译码电路。

4）画出存储器与CPU系统总线的连接图。

例4-1　为某8位机（地址总线为16位）设计一个32KB容量的存储器。要求EPROM区为8KB，从0000H开始，RAM区为24KB，从2000H开始，片选信号采用全译码法。

解：在本例中，选用2片2732和3片6264组成存储器，用74LS138译码器产生片选。存储器地址分配及地址位图见表4-13。

表4-13　存储器地址分配及地址位图

芯片	容量/KB	型号	片选译码	片内译码		地址范围
			A15～A13	A12	A11～A0	
1#	4	2732	000	0	000…00 ⋮ 111…11	0000H～0FFFH
2#	4	2732	000	1		1000H～1FFFH
3#	8	6264	001	000…00 ⋮ 111…11		2000H～3FFFH
4#	8	6264	010			4000H～5FFFH
5#	8	6264	011			6000H～7FFFH

由表4-13可以看出，A12～A0作为片内地址线，A15～A13作为3线—8线译码器的输入信号，产生的译码输出000～011作为片选信号。存储器扩展电路如图4-2所示。2片2732的片内地址A0～A11与系统地址线A0～A11连接，译码器输出端$\overline{\text{Y0}}$和A12经“或门”输出与1#2732的$\overline{\text{CE}}$连接，A12取反后和译码器输出端$\overline{\text{Y0}}$经“或门”输出与2#2732的$\overline{\text{CE}}$连

接。3 片 6264 的片内地址 A0 ~ A12 与系统地址线址 A0 ~ A12 连接，它们的片选 $\overline{CE}$ 分别连接译码器的输出端 $\overline{Y1}$、$\overline{Y2}$、$\overline{Y3}$，系统地址线 A13 ~ A15 连接译码器 74LS138 的输入端 A、B、C。

3. 存储器芯片与 CPU 的配合

存储器芯片与 CPU 总线的连接还有两个很重要的问题：CPU 的总线负载能力和总线时序的配合。

（1）总线负载能力　CPU 的总线负载能力是指 CPU 能否带动总线上包括存储器在内的连接器件。CPU 的总线驱动能力有限，通常为 1 到数个 TTL 电路。在总线需要连接较多器件的系统中，需要考虑总线驱动能力这个问题。对单向传送的地址和控制总线，可采用三态锁存器（如 74LS373、8282、8283 等）和三态单向驱动器（如 74LS244、74LS367）等来加以锁存和驱动；对双向传送的数据总线，可以采用三态双向驱动器（如 74LS245、8286、8287 等）来加以驱动。三态双向驱动器也被称为总线接收器或数据接收器。

（2）总线时序的配合　存储器芯片与 CPU 总线时序的配合是指 CPU 能否与存储器的存取速度相配合。分析存储器的存取速度是否满足 CPU 总线时序的要求，如果不能满足，就要考虑更换芯片或在总线周期中插入等待状态 T_W。所以，选取存储器芯片时要注意以下几点：

1）存储器的“存取周期”应小于 CPU 的总线读写周期，并留出一定的余量。若考虑其他一些因素（如地址在总线上的稳定）也要用去总线周期的部分，所以还要留出约 30% 的余量。

2）在存储器芯片的读周期中，当芯片被选中时，从输出允许 $\overline{OE}$ 有效到数据输出并稳定，需要一定的时间，这一时间应小于 CPU 读命令的有效维持时间。同样，在存储器芯片的写周期中，当芯片选中，从写入允许 $\overline{WE}$ 有效到数据可靠写入，也需要一定的时间，这一时间应小于 CPU 写命令的有效维持时间。

任务 4.2.8* 存储管理技术

存储管理其实是一个硬件机制，由于它的存在，可以让操作系统为众多运行的程序创造一个便于管理的、和谐的存储环境。存储管理由分段存储管理和分页存储管理组成。所谓分段，就是将微处理器的 4GB 空间分成若干个各自独立的被保护的地址空间；所谓分页，就是将存储空间分为大小相等的若干页，并且为每个页按顺序指定一个页号。

1. 虚拟存储器及其管理技术

虚拟存储器及其管理技术是现代操作系统的重要特征之一，它将辅存资源与主存资源进行统一编址、统一管理，解决了用较小容量的主存运行大容量的软件问题。当程序运行时，用户可以访问辅存中的信息，可以使用与访问主存同样的寻址方式，所需要的程序和数据由辅助软件和硬件自动调入主存，这个扩大了的存储空间，就称为虚拟存储器，之所以叫“虚拟”，是因为这样的主存并不是真实存在的。虚拟存储器的管理有三种方法：分段存储管理、分页存储管理和段页存储管理。

（1）分段存储管理　分段存储管理方式是建立在可靠性和高性能基础之上的一项管理技术。例如，在一个系统内由若干个程序实时共享数据，为了最大限度地挖掘出系统潜在性能，就要选择一种存储管理方式，在其控制之下访问存储器时拥有校验功能，这就是分段存储管理方式。

在分段存储管理方式中，由于段的分界与程序的自然分界相对应，所以具有逻辑独立性，易于程序的编译、管理、修改和保护，也便于多道程序共享。但是，因为段的长度参差不齐，起点和终点不定，给主存空间分配带来了麻烦，容易在段间留下不能利用的“零头”，造成资源浪费。

（2）分页存储管理　以页为信息传送单位的虚拟存储器叫页式虚拟存储器。在页式虚拟存储器中，将虚拟地址和主存空间机械地分成大小固定的页。

在分页存储管理中，系统为每一个页建立一个页表，保存在主存中，存放页的若干信息，如页号、容量、是否装入主存、存放在主存的哪个页面上等。CPU 访问某页时，首先要查找页表，判断要访问的页是否在主存，若在主存为命中，否则为未命中，然后将未命中的页按照某种调度算法由辅存调入主存，并根据逻辑页号和存放的物理页面号的对应关系，将逻辑地址转换为物理地址。

（3）段页存储管理　页式虚拟存储和段式虚拟存储各有优缺点。页式虚拟存储器的优点是每页长度固定且可顺序编号，页表设置很方便，虚页调入主存时，主存空间分配简单，开销小，页面长度较小，主存空间可以得到充分利用；缺点是程序不可能正好是页面的整数倍，最后一页的零头无法利用而浪费，同时机械分页无法照顾程序内部的逻辑结构，几乎不可能出现一页正好是一个逻辑上独立的程序段，指令或数据跨页的状况会增加查页表的次数和页面失效的可能性。段页存储管理是将分页存储管理和分段存储管理结合起来的一种折中方案。它首先将程序按其逻辑结构划分为若干个大小不等的逻辑段，然后再将每个逻辑段划分为若干个大小相等的逻辑页，主存空间也划分为若干个同样大小的物理页。每个程序段对应一个段表，每页对应一个页表，系统以页为单位进行地址映射，CPU 通过段表和页表提供的信息，完成逻辑地址与物理地址间的转换。图 4-25 为段页地址转换示意图。

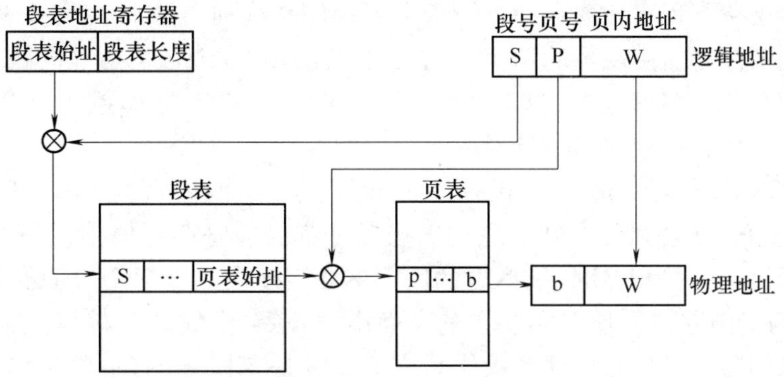

图 4-25　段页地址转换示意图

段页存储管理方式综合了段式管理和页式管理的优点，但需要经过两级查表才能完成地址转换，时间开销大。

2. 80×86 存储管理模式

（1）80×86 存储管理的特点　80×86 微处理器有实地址、保护虚地址和虚拟 8086 三种模式的存储管理机制。

实地址模式是 CPU 初始化后工作的基本模式，它相当于一个高速的 8086 CPU。在实地址模式下，系统32位地址总线只能使用低20位，可寻址的有效地址空间为1MB。实地址模式下不支持虚拟存储管理方式，程序只能在实地址空间内运行。

保护虚地址模式引入了虚拟存储器的概念，可支持多任务操作。在保护虚地址模式下，32位CPU可访问的物理存储空间为4GB（2^{32}B），程序可用的虚拟存储空间为64TB（2^{46}B）。

虚拟8086模式是一种既有保护功能又能执行16位微处理器软件的工作方式。虚拟8086模式的工作原理与保护虚地址模式相同，但程序指定的逻辑地址解释与8086微处理器相同。虚拟8086模式可以看成是保护虚地址模式的一种子方式。

（2）80×86保护虚地址模式存储管理　保护虚地址模式存储器寻址起源于80286，发展到80386之后便有了一个比较成熟的模式。通俗地讲，所谓“保护”就是在充分利用微处理器资源的基础上，保护各类程序既高效率又高可靠地运行。只有保护虚地址模式才能充分发挥32位微型计算机的强大威力，适应当代多任务、多用户的操作环境。例如Windows操作系统就必须而且只能在保护虚地址模式下运行。

80×86微处理器工作在保护虚地址模式时对存储器的管理有两个特点：一是引入了分段分页虚拟存储管理机制；二是引入了对存储器的保护机制。

（3）虚拟8086模式存储管理　虚拟8086模式存储管理有以下特点：

1）段式存储管理的特点。在虚拟8086模式下，32位微处理器不是用段选择符查询段描述符去装入CPU内描述符寄存器，而是按段基址（段寄存器值）乘以16、段限长为FFFFH的规定装入，所以不存在虚拟8086模式的描述符。

2）页式存储管理的特点。系统中存在多个虚拟8086模式下的任务时，一般都采用页式管理，主要有以下几个特点：①可由系统自动将各任务的1MB线性地址空间映射到物理空间的不同区域；②当虚拟8086模式下的地址偏移量超过1MB范围时，可用仿真方法实现8086地址回绕；③页式管理可以产生大于实际物理空间的虚拟存储空间，构成页请求虚拟存储系统，可容纳所有程序和数据，页请求虚拟存储系统利用异常14（页Fault）在虚拟地址空间的主存和辅存之间实现页的调度，调入要访问的程序或数据所在的缺页，换出最近最少使用的页到辅存；④多个虚拟8086模式下的任务共享8086操作系统或ROM代码；⑤由存储器映射I/O设备，可使端口地址对应于不同的线性地址。

3）虚拟8086模式与实地址方式有以下异同点：①两者都是为了8086/8088/80186/80188兼容而设置的16位操作方式，它们的段基址都为段寄存器值乘以16，最大段容量均为64KB，最大寻址空间为1MB；②两者的区别主要表现在如下两个方面。其一，实地址方式是整个CPU的工作方式，是实实在在的，而虚拟8086模式是一种模拟（仿真）8086模式，是在虚拟存储器、保护和多任务操作系统等环境支持下一个任务的工作方式。所以，在一个多任务操作系统（如UNIX、Windows）环境中，即可在虚拟8086模式这种仿真方式下创建和运行8086程序任务，又可在保护虚地址方式下创建和运行80286程序的任务以及80386/80486程序的任务。其二，在实地址方式下，各个段的特权级都为最高级0；而在虚拟8086模式下各个段的特权级则都为最低级3。这样，在虚拟8086模式下，就限制了一些特权指令的执行。

4.3　项目实战：一个半导体存储器系统的扩展

【要求】　项目实战前，教师需指导学生对CPU和半导体存储器有一个整体认识，并指导学生对部分引脚功能和用法有较深的理解，指导学生分清线选译码、部分译码和全译码的区别和联系，指导学生掌握存储器扩展的方法和步骤；学生需配合教师熟练掌握部分引脚的功能和用法，并能根据已知条件构建一个大容量的存储器系统。

根据前面的知识，我们了解了CPU和存储器的外部特性，并对存储器的扩展作了进一步的分析，具有了一定的分析和设计经验，在本项目实战中，就可以设计一个大容量的存储器系统了。

一、项目实战所需器材

32位微型计算机一台、微型计算机原理实验箱、必备散件一套。

二、项目实战内容

用一片静态RAM作为主存扩展，用全译码的方式生成一定的存储地址，并向生成地址8000H～8100H单元的偶地址单元送入AAH，奇地址单元送入55H。如果存储器有错误，屏幕显示“WRONG”，否则显示“OK”。

三、项目实战步骤

1. 打开微型计算机原理实验箱，根据要求，设计线路图并完成连接。
2. 使用EDIT命令编写程序，利用汇编编译程序进行程序编译获得目标文件。
3. 将程序下载、运行，根据程序输出结果判断是否正确。
4. 运用调试程序调试程序，直至结果正确。
5. 观察存储器的工作状态。

四、项目实战总结

1. 谈谈在项目实战中，是如何进行硬件电路设计的。
2. 谈谈在项目实战中，是如何将软件和硬件电路有机地结合在一起的。
3. 谈谈存储器的扩展对微型计算机工作有何意义。

4.4　项目决战：深入理解CPU的外部特性和存储器扩展

【要求】　通过习题的练习，进一步加深对CPU的外部特性和存储器扩展相关知识的认识和理解，并能熟练运用这些知识设计大容量存储系统。习题可根据情况选做。

一、单项选择题

1. 8086微处理器CLK引脚输入时钟信号是由（　　）提供。

A. 8284　　B. 8288　　C. 8287　　D. 8289

2. 8086 CPU在进行读内存操作时，控制信号$M/\overline{IO}$和$DT/\overline{C}$是（　　）。

A. 00　　B. 01　　C. 10　　D. 11

3. 将微处理器、内存储器及I/O接口连接起来的总线是（　　）。

A. 片总线　　B. 外总线　　C. 系统总线　　D. 局部总线

4. 连续启动两次独立的存储器操作之间的最小间隔叫（　　）。

A. 存取时间　　B. 读周期　　C. 写周期　　D. 存取周期

5. 半导体 EPROM 写入的内容，可以通过（　　）擦除。

A. 紫外线照射　　B. 电信号　　C. 口令　　D. DOS 命令

6. 存储系统中，通常 SRAM 芯片所用控制信号为（　　）。

A. READY　　B. $\overline{CS}$　　C. ALE　　D. $\overline{WE}$

二、填空题

1. ____________是处理器中处理动作的最小时间单位。

2. 8086 中地址线、数据线分时复用，为保证总线周期内地址稳定，应配置____________，为提高总线驱动能力，应配置____________。

3. 总线按其作用和位置可分为____________、____________、____________和____________四种，RS-232 属于____________总线。

4. 时钟周期是 CPU 的时间基准，它由计算机的____________决定，若 8086 的时钟周期为 250ns，则基本总线周期为____________。

5. 在存储器系统中，实现片选控制的方法有三种，它们是全译码法、____________和____________。

6. 用 2K×8 位的 RAM 芯片构成 32K×16 位的存储器，共需 RAM 芯片数、片内地址位数、产生片选信号的地址位数分别为____________、____________、____________。

7. 设微型计算机的地址总线为 16 位，其 RAM 存储器容量为 32KB，首地址为 4000H，且地址是连续的，则可用的最高地址是____________。

三、简答题

1. 80486 的主要总线操作有哪几种？

2. 画出微型计算机的基本结构图，并注明总线名称。

3. 半导体存储器的主要性能指标有哪些？

4. 存储器片选端的用途是什么？

5. 半导体存储器在与 CPU 连接时应注意哪些问题？

四、分析设计题

1. 一个具有 14 位地址、8 位数据线的存储器，能存储多少字节数据？若由 8K×4 位的芯片组成，共需多少芯片？

2. 用 16K×8 位的 ROM 为 8088 CPU 扩展外部 64K×8 位的 ROM，其地址范围为 40000H～4FFFFH，采用 74LS138 进行译码，写出详细设计过程并画出电路图。

4.5 项目挑战：了解微型计算机内存条的发展历程

在计算机诞生初期，并不存在内存条的概念，最早的内存是以磁心的形式排列在线路上，每个磁心与晶体管组成的一个双稳态电路作为 1 位存储器。后来才出现了焊接在主板上集成内存芯片，以内存芯片的形式为计算机的运算提供直接支持。那时的内存芯片容量都特别小，最常见的莫过于 256K×1 位、1M×4 位，虽然如此，但这相对于那时的运算任务来说却已经绰绰有余了。

内存芯片的状态一直沿用到 286 初期，鉴于它存在着无法拆卸、更换的弊病，这对于计算机的发展造成了现实的阻碍。鉴于此，内存条便应运而生了。将内存芯片焊接到事先设计好的印制电路板上，而计算机主板上也改用内存插槽。这样就把内存难以安装和更换的问题彻底解决了。

在80286主板刚推出的时候，内存条采用了SIMM（Single In-line Memory Modules，单边接触内存模组）接口，具有30pin扩展接口，容量为256KB。

随后，在1988～1990年间，PC技术迎来另一个发展高峰，也就是386和486时代，此时CPU已经向16位发展，72pin SIMM内存出现了，72pin SIMM支持32位快速页模式内存，内存带宽得以大幅度提升。72pin SIMM内存单条容量一般为512KB～2MB。

现在常见的内存条均为DDR SDRAM（Double Data Rate SDRAM），简称DDR，也就是“双倍速率SDRAM”的意思，DDR可以说是SDRAM的升级版本。随着CPU性能不断提高，对内存性能的要求也逐步升级，DDR2应运而生。DDR3相比起DDR2有更低的工作电压，从DDR2的1.8V降至1.5V，性能更好、更为省电；DDR2的4位预读升级为8位预读。DDR3目前最高能够达到2000MHz的速度，尽管目前最为快速的DDR2内存速度已经提升到800MHz/1066MHz，但是DDR3内存模组仍会从1066MHz起跳，已成为市场微型计算机系统的主流配置。

项目五　基本输入/输出接口

【项目导读】

本项目主要讲解微型计算机系统中的输入/输出接口技术，包括接口的概念和功能、输入/输出控制方式等主要内容，最后重点讲解可编程控制器8237A的应用。

【学习目标】

□了解I/O接口的定义和基本功能。

□掌握I/O接口的典型结构。

□理解I/O端口的编址方式与译码。

□熟练掌握数据的四种传送方式：无条件传送、查询传送、中断传送、直接存储器存取。

【学习建议】

在学习本项目过程中，除了学习有关接口的基本概念之外，还要紧紧抓住中断和DMA这两种重要的传送方式为主线，掌握I/O编程过程。本项目教学安排16学时，其中理论授课10学时，动手实践6学时。

5.1　项目开篇：什么是基本输入/输出接口

输入/输出（简称I/O）是计算机与外部世界进行信息交换不可缺少的功能，在整个计算机系统中占有重要的地位。计算机所处理的信息都由输入设备提供，而处理的结果则要通过输出设备输出。常用的输入设备有键盘、触摸式屏幕、模-数转换器、鼠标、扫描仪等；常用的输出设备有显示器、打印机、绘图仪、数-模转换器等。

I/O接口就是将外设连接在总线上的一组逻辑电路的总称，也称为外设接口或某某卡。各种外设通过它与系统相连，并在接口电路的支持下实现数据的传送和操作控制。I/O接口主要有以下几个方面的功能：

1）转换信息格式，如串-并行数据转换。

2）提供CPU与外设之间的联络信号，如应答信号。

3）对传输的数据进行缓冲或锁存，以协调CPU与外设之间数据传送速度上的差异。

4）有片选和片内端口地址选择，以便CPU能和指定外设的指定端口进行信息传送。

5）实现电平和正负逻辑转换，使CPU与外设在电气特性上相匹配。

6）接收CPU写来的控制字，向CPU提供状态信息，实现中断管理。

7）对I/O端口进行寻址，提供时序控制。

图5-1为CPU与外设之间的接口结构。从图中可以看出，一个完整的I/O接口结构应该由CPU、I/O接口和I/O外部设备（以下简称外设）组成。I/O接口电路除通过接口传送数据外，还将反映当前外设工作状态的状态信息反馈到CPU以及得到CPU向外设发出的各种控制信息。负责把信息从外设送入CPU的接口称为输入端口，而把将信息从CPU输出到外设的接口称为输出接口。

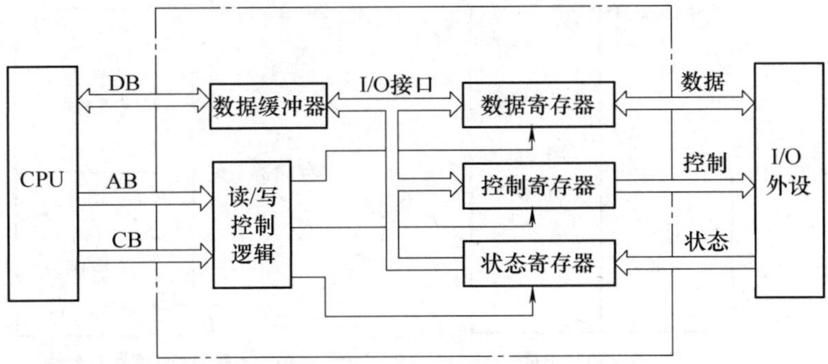

图 5-1　CPU 与外设之间的接口结构

内部一般由以下三类寄存器组成：

（1）数据寄存器　输入时，保存外设发往 CPU 的数据（称为数据输入寄存器）；输出时，保存 CPU 发往外设的数据（称为数据输出寄存器）。

（2）状态寄存器　保存状态数据，CPU 可从中读取当前接口电路或外设的状态。

（3）控制寄存器　保存控制数据，CPU 向控制寄存器写入命令，选择接口电路的工作方式或控制外设进行有关操作。

数据、状态和控制寄存器占用的 I/O 接口通常被依次称为数据接口、状态接口和控制接口，有时简称为数据口、状态口和控制口。

接口电路的外部特性由其对外的引出信号体现。面向 CPU 一侧的信号线用于与 CPU 连接，主要有数据线（DB）、地址线（AB）和控制线（CB）。这些信号与 CPU 进行连接类似于存储器与 CPU 的连接，主要是处理好地址译码问题。面向外设一侧的信号用于外设连接，因为外设种类繁多，型号不一，所提供的信号、时序及有效电平等差异较大，所以与外设连接的接口信号比较复杂。

那么这些接口电路的类型如何划分，又是如何工作的呢？遇到类似的接口问题又如何进行硬件连接和软件编写呢？

5.2　项目备战：基本端口与数据传送方式

任务 5.2.1　了解 I/O 端口的编址与译码

在不同的微型计算机系统中，I/O 端口的地址编排有两种形式：一种是 I/O 端口单独编址，其地址空间独立于存储地址空间，如图 5-2a 所示；另一种是 I/O 端口与存储器统一编址，共享一个地址空间，如图 5-2b 所示。

1. I/O 端口独立编址

在这种编址方式下，I/O 端口与存储器各自独立编址，微处理器既需要有与存储器联系的存储器指令和控制信号，还需要有与接口电路联系的输入/输出指令和控制信号。

这种方式的优点是：I/O 端口的地址空间独立（一般小于存储空间），控制和地址译码电路相对简单，专门的 I/O 指令使程序清晰易读。其缺点是：I/O 指令没有存储器指令丰富。

在 I/O 端口独立编址方式中，需要单独的译码芯片，译码器的输出端连接在 I/O 接口芯

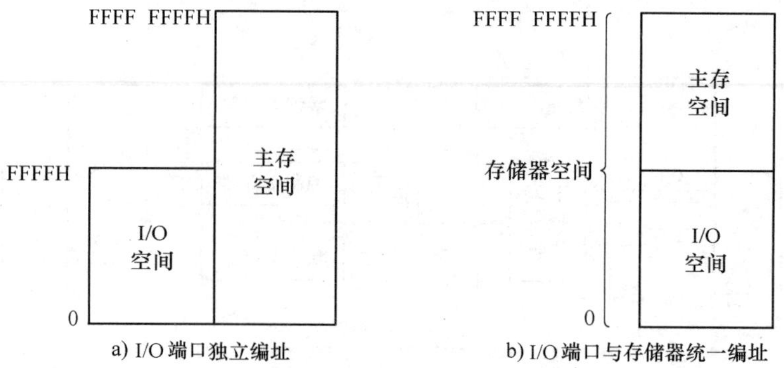

图 5-2 I/O 端口编址方式

片的控制端或片选端，译码器的控制输入端要接在 CPU 的 M/$\overline{IO}$线，且在工作时要保持低电平，端口地址由 A0 ~ A15 这 16 根地址线或 A0 ~ A7 低 8 位的 8 根地址线决定（根据端口的地址决定），在图 5-3 中，I/O 端口 1#的端口地址为 80H ~ 87H，I/O 端口 2#的端口地址为 88H ~ 8FH。

2. I/O 端口与存储器统一编址

在这种编址方式下，把 I/O 端口作为存储空间的一个地址单元来对待，即每个端口占用一个存储单元的地址。由于将 I/O 端口的地址映射到存储器地址空间，所以也称为存储器映像方式。此时，I/O 端口和存储单元的地址是混编在一起的，一切访问存储器的手段同样也适用于端口访问。

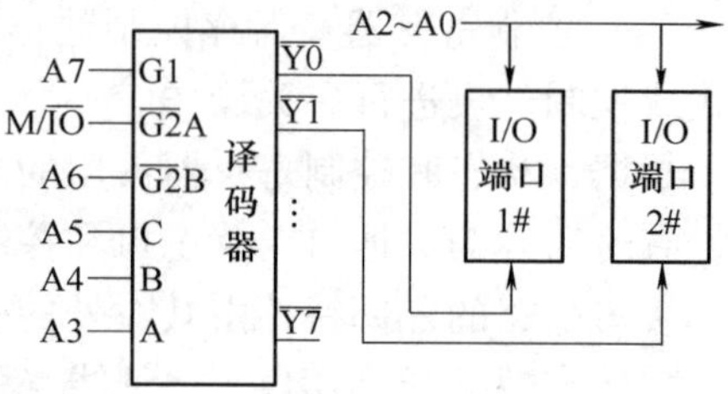

图 5-3 I/O 端口独立编址

这种方式的优点是：不需要专门的 I/O 指令，I/O 数据存储与存储器数据存储一样灵活，方便了接口程序的设计。其缺点是：I/O 端口要占去部分存储器地址空间。另外，由于分不清哪些指令在访问存储器，哪些在访问外设，使程序不易阅读。

I/O 端口与存储器统一编址不需要单独的译码器，它和存储器使用同一个译码器。从译码器的输出端接至 I/O 接口芯片的控制端或片选端形成 I/O 端口地址，接至存储器的芯片的片选端形成存储单元地址。译码器的控制输入端要接在 CPU 的 M/$\overline{IO}$线。当 M/$\overline{IO}$线高电平有效时，访问存储器；当 M/$\overline{IO}$线低电平有效时，访问 I/O 端口。在图 5-4 中，端口地址由 A0 ~ A19 这 20 根地址线决定，形成了一个 2KB 的存储单元地址和一个 2KB 的 I/O 端口地址，其各自的地址范围分别为 00000H ~ 007FFH、00800H ~ 00FFFH。

3. I/O 端口地址的译码

在 IBM PC 中，所有输入/输出接口与 CPU 之间的通信都是由 I/O 指令来完成的。在执行 I/O 指令时，CPU 首先把所要访问的端口地址放到地址总线上，然后才能对其进行读写操作。将总线上的地址信号转换为某个端口的“使能”信号，这个操作就称为端

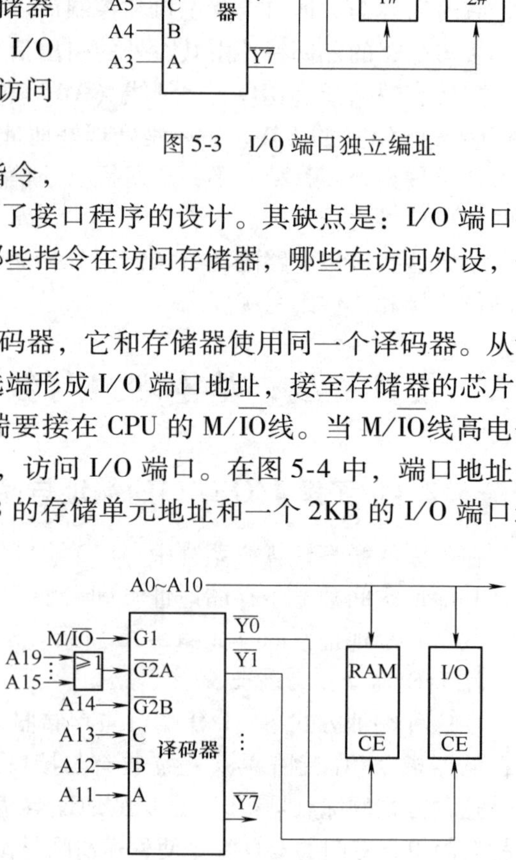

图 5-4 I/O 端口与存储器统一编址

口地址的译码。

在输入/输出技术中，端口的地址译码要注意以下几点：

1）I/O 地址译码可以采用全译码，但更多的时候是部分译码。部分译码时，通常是中间地址线不连接，也有最低地址线不连接的情况，这需要根据实际电路具体分析。

2）每个接口电路通常只占用几个 I/O 端口地址，这时也可以选用基本逻辑门电路进行地址译码。

3）除采用译码器、门电路进行译码外，I/O 地址译码还经常采用可编程逻辑器件（PLD），例如 GAL、PAL 等。另外，为了给系统一定的选择余地，有些接口电路利用比较器、开关或跨接器等进行多组 I/O 端口地址的译码。

任务 5.2.2　了解数据传送方式

计算机主机与 I/O 设备间进行数据传送有四种方式，即无条件传送方式、查询传送方式、中断传送方式和 DMA 传送方式。

1. 无条件传送方式

无条件传送方式也称同步传送方式。传送前，CPU 不需要了解端口的状态，直接进行数据的传送。图 5-5 给出了无条件传送的硬件接口。

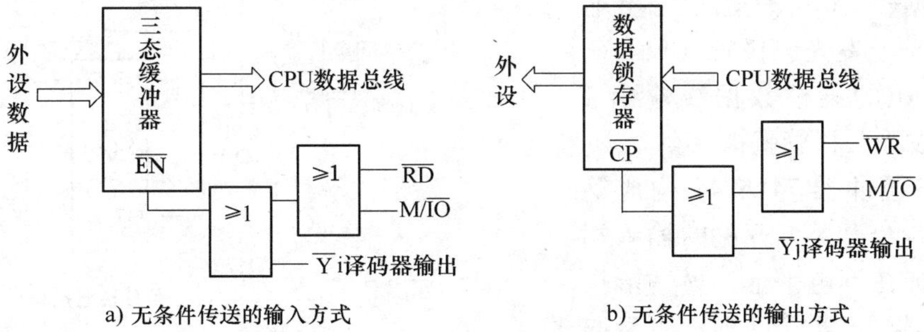

图 5-5　无条件传送的硬件接口

从图 5-5a 中可以看出，输入接口由可寻址的三态缓冲器和端口逻辑电路组成。输入数据时，来自外设的数据送至三态缓冲器输入端，只要 CPU 执行 IN 指令，根据 IN 指令中指定的外设端口地址，端口选择逻辑中的地址译码器对地址总线上的地址信号进行译码，用来选择被读的端口，并与读命令 $M/\overline{IO}$、$\overline{RD}$一起作用打开被读的三态门，使外设的数据传送到数据总线上，CPU 再对数据总线取样，将数据读到内部寄存器。

从图 5-5b 中可以看出，输出接口由一个可寻址的数据锁存器和端口选择逻辑构成。在向外设传送数据时，只要执行 OUT 指令，端口选择逻辑中的地址译码器根据 OUT 指令给出的地址选择被写端口，并与 $M/\overline{IO}$、$\overline{WR}$一起作用把数据总线上的数据锁存在锁存器中，从而完成数据输出的传送过程。

例 5-1　图 5-6 是一个无条件传送的实用接口电路及其所用芯片的引脚图，接口中只考虑数据的缓冲，不考虑信号的联络。

解：根据题意分析：

1）74LS244 是一个具有 20 个引脚的双列直插式 TTL 芯片，图 5-6a 是其引脚图，它有

2 个低电平有效的片选端$\overline{CE1}$、$\overline{CE2}$，8 个输入端 D0 ~ D7，8 个输出端 Q0 ~ Q7。2 个片选端信号控制可作为 2 个 4 位的缓冲器使用，也可作为 1 个 8 位的缓冲器使用。其内部结构实质上是 8 位带“允许输出”的三态器件，仅能用于输入接口。

2）74LS273 是一个具有 20 个引脚的双列直插式 TTL 芯片，图 5-6b 是其引脚图。具有清零端 CLR 和锁存控制端$\overline{CP}$，仅当$\overline{CP}$端具有低电平有效信号时，D0 ~ D7 输入端上的信号才会被锁存在 74LS273 内，并在输出端 Q0 ~ Q7 输出；当$\overline{CP}$端信号无效时，原被锁存的信号不会因 D0 ~ D7 上信号的变化而改变。其内部结构实质上是 8 位 D 锁存器，适用于做输出接口。

3）8D 触发器 74LS273 构成输出口。当时钟端出现上跳沿时锁存数据，被锁存的数据在 Q0 ~ Q7 输出端上输出，并驱动 8 个发光二极管（LED）。这样，当 CPU 的某根数据线输出 1 时，相应的发光二极管就被点亮。

4）三态缓冲器 74LS244 构成输入口。连接 8 个开关，开关的输入端通过电阻被挂在高电平上，另一端接地。当 CPU 选通 74LS244 时，可读取各开关的状态，读到 1 时，说明相应开关是打开的，反之，是闭合的。

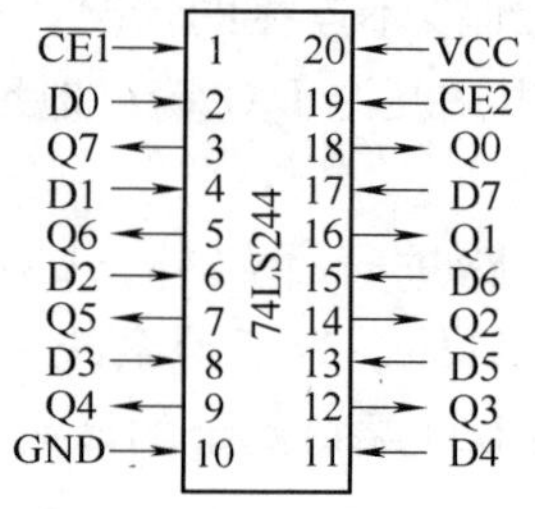

a) 74LS244引脚图

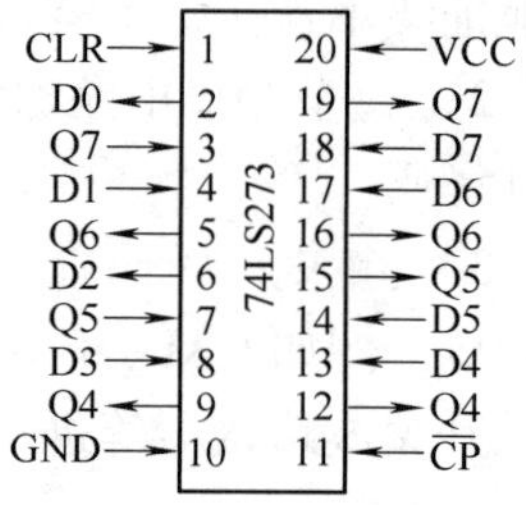

b) 74LS273引脚图

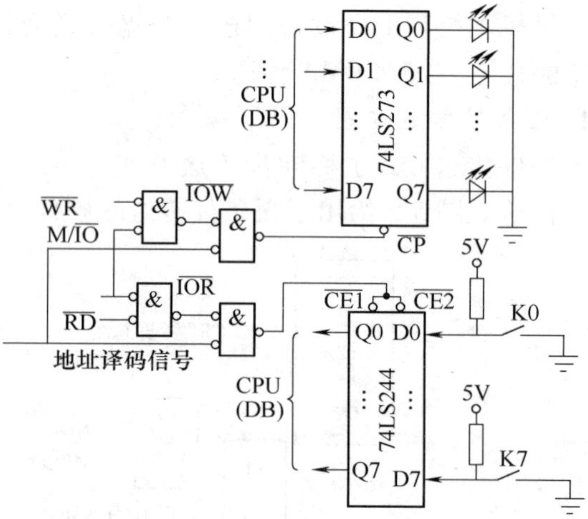

c) 无条件传送接口

图 5-6 无条件传送的实用接口电路及其所用芯片的引脚图

由于有读写信号参与寻址，所以输入口和输出口地址可以相同，在这里取 4000H。以下程序不断扫描 8 个开关，当开关断开时，点亮相应的发光二极管，扫描周期通过调用一个延时 2s 的子程序 DELAY 2s 来实现。

```
START：MOV     DX，4000H          ；DX 指向数据端口
       IN      AL，DX             ；读开关状态
       OUT     DX，AL             ；将开关状态送入输出端口
       CALL    DELAY2s            ；调用延时子程序
       JMP     START
```

由此可见，无条件传送是最简便的传送方式，硬件接口电路少，软件编制简单，但它仅适用于外部控制过程的各种动作时间是固定的且是已知的场合，因而，如果在外设没有准备就绪的情况下使用，会出现错误。

2. 查询传送方式

查询传送方式也称为异步传送方式，其流程框图如图 5-7 所示。对于查询传送方式，其

工作流程包含两个环节。

（1）查询环节　该环节寻址状态口，通过读取状态寄存器的标志位来检测外设是否就绪。若没就绪则继续查询，直至就绪才进行下一步。不论数据是输入还是输出，查询总是通过输入指令来实现。

（2）传送环节　在外设就绪的情况下，该环节寻址数据口。如果是输入，可通过输入指令从数据口读入数据；如果是输出，可通过输出指令向数据端口输出数据。对于多个外设或端口的查询传送，可采用轮询的办法进行。一般情况下，状态标志被集中在一个状态寄存器中，CPU 读取后，按一定的顺序对各标志位依次查询，查到某个标志位表示“就绪”，就进行相应的服务，服务后仍可继续查询。

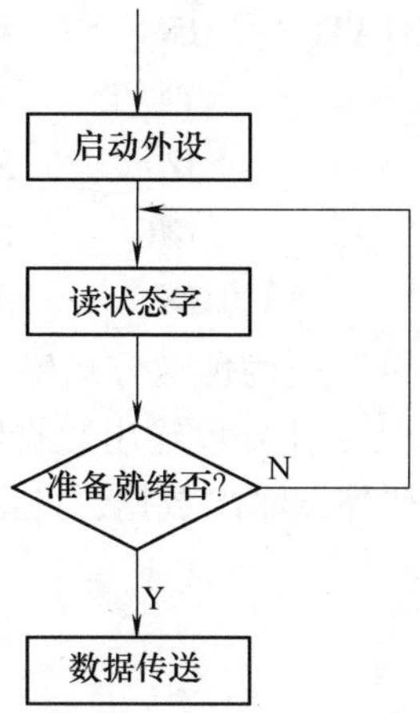

图 5-7　查询传送方式流程框图

由此可见，查询传送方式的特点是工作可靠、适用面宽，但传送效率低，特别在外设较多的情况下，其实时性更差。

（3）查询传送方式输入　图 5-8 表明了用查询传送方式进行输入的接口电路工作原理。输入设备在数据准备好之后便向接口发一选通信号$\overline{STB}$，它的作用有两个：①作为 8 位锁存器的控制信号，当$\overline{STB}=0$时，输入设备的数据被送入锁存器；②使 D 触发器的输出端 Q 端变成高电平，表示外设已准备好，接口电路已有外设送来的数据。

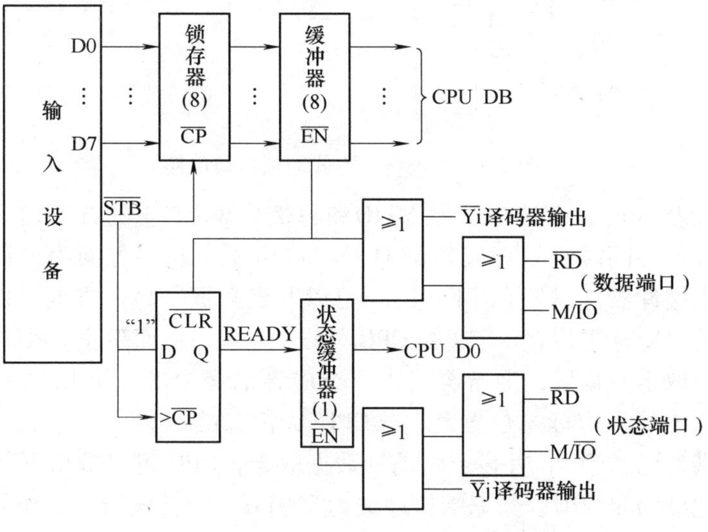

图 5-8　查询传递方式输入接口电路

当 CPU 要从外设输入数据时，先从状态口读 READY 状态（在 CPU 数据总线的 D0 上）。当 READY = 1，从数据端口读入数据，同时把 D 触发器清零（即 READY = 0），这样，便开始下一个数据的传输。

设状态端口地址为 8000H，数据端口地址为 8001H，配合该端口工作的相应程序段为：

```
        MOV     DX, 8000H           ; DX 指向状态端口
```

```
STATUS： IN     AL，DX        ；读状态端口
         TEST   AL，01H       ；测试标志位 D0
         JZ     STATUS        ；D0 =0，未就绪，继续查询
         INC    DX            ；D0 =1，就绪，DX 指向数据端口
         IN     AL，DX        ；从数据端口输入数据
```

（4）查询传送方式输出　图 5-9 表明了用查询传送方式进行输出的接口电路工作原理。当 CPU 要往外设输出数据时，先读取接口中的状态字，如果状态字表明外设不忙，这说明可以往外设输出数据，此时 CPU 才执行输出指令，否则，CPU 必须等待。

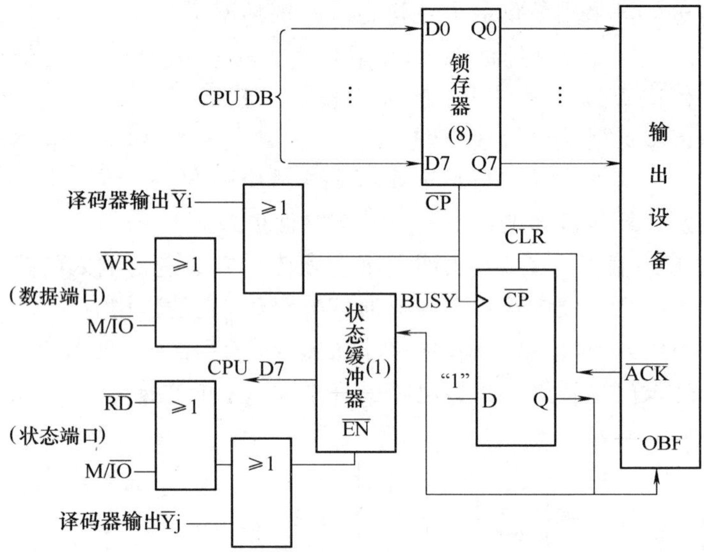

图 5-9　查询传送方式输出接口电路

CPU 执行输出指令时，由选择信号 M/$\overline{IO}$和写信号$\overline{WR}$产生的选通信号将数据总线上的数据输入接口锁存器，同时使 D 触发器的 Q 输出高电平。它一方面为外设提供一个联络信号，通知外设输出缓冲器“满”（OBF =1），可以取走数据；另一方面，D 触发器的输出信号使状态缓冲器的对应标志位置 1，通知 CPU 外设“忙”，从而阻止 CPU 输出新的数据。当输出设备从接口中取走数据后，通常会发出一个应答信号$\overline{ACK}$，使 D 触发器 Q 端复位，从而也使状态缓冲器中的对应标志位置 0，当 CPU 从状态端口读入这个状态信息（D7）后，知道外设的数据端口已“空”，外设已将前一数据取走，CPU 可以输出下一数据。

设状态端口地址为 8000H，数据端口地址为 8001H，配合该端口工作的相应程序段为：

```
         MOV    DX，8000H     ；DX 指向状态端口
STATUS： IN     AL，DX        ；读取状态端口的状态数据
         TEST   AL，80H       ；测试标志位 D7
         JNZ    STATUS        ；D7 =1，未就绪，继续查询
         INC    DX            ；D7 =0，就绪，DX 指向数据端口
         MOV    AL，BUF       ；变量 BUF 送入 AL
         OUT    DX，AL        ；将数据输出给数据端口
```

从查询传送方式的工作过程可以看出，查询传送方式实际上就是程序循环等待的过程，

即利用程序循环检测外设状态，直到外设准备好时才能进行数据传送的操作。由于外设的工作速度比 CPU 要慢得多，CPU 等待将浪费大量的时间，而且不能进行其他的工作，效率低下。另外，用查询传送方式工作时，如果一个系统中有多个外设，CPU 只能轮流对每个外设进行查询，而这些外设的速度往往并不相同，这时 CPU 显然不能很好地满足各个外设随机对 CPU 提出的输入/输出服务的要求，所以此方式不具备实时性。

例 5-2　以查询传送方式工作的字符输入设备，数据输入端口地址为 54H，状态端口地址为 56H。状态寄存器中 D0 位为 1，表示输入缓存器中已经有一个字节准备好，可以进行输入；D1 位为 1 表示输入设备发生故障，则显示错误信息后停止。要求从该设备上输入 80 个字符，配成偶校验。然后从输出设备输出，其数据输出端口地址为 55H，状态端口地址为 57H，状态寄存器 D7 位为 0 表示“空闲”，可以输出一个字符。试编写汇编语言程序。

解：计算机内的字符用七位 ASCII 码表示，需要进行奇偶校验时通常用一个字节的最高位作为校验位。程序中产生偶校验的方法是：从设备读入数据后，清除最高位，然后根据剩余七位的奇偶性决定最高位置 1 或 0。

```
；程序设计如下
        DATA      SEGMENT
        BUFFER    DB  81 DUP (?)
        MESSAGE   DB   'DEVICEVB FAULT!', 0DH, 0AH, '$'
        DATA      ENDS
        CODE      SEGMENT
        ASSUME    CS：CODE, DS：DATA
START：  MOV       AX, DATA            ；对 DS 初始化
        MOV       DS, AX
        LEA       SI, BUFFER          ；SI 为输入缓冲区指针
        MOV       CX, 80              ；设置 CX 为计数器，字符个数为 80
NEXT：   IN        AL, 56H             ；读入状态信息
        TEST      AL, 02H             ；测试状态寄存器 D1
        JNZ       ERR                 ；D1 为 1，设备故障，转 ERR
        TEST      AL, 01H             ；测试状态寄存器 D0
        JZ        NEXT                ；D0 为 0，未准备好，转 NEXT，再测
        IN        AL, 54H             ；否则准备好，读入字符信息
        AND       AL, 7FH             ；清最高位，进行校验
        JPE       STORE               ；偶数个 1，转 STORE
        OR        AL, 80H             ；奇数个 1，将最高位置为 1
STORE：  MOV       [SI], AL            ；将字符送缓冲区
        INC       SI                  ；修改地址指针
        LOOP      NEXT                ；80 个字符未输入完成，继续输入
        LEA       SI, BUFFER          ；输完，准备发送，SI 中置字符串首址
        MOV       CX, 80              ；发送字符数
ONE：    IN        AL, 55H             ；读输出设备状态信息
```

```
        TEST    AL, 80H         ; 测 D7 位
        JNZ     ONE             ; 不为 0, 转 ONE 继续测
        MOV     AL, [SI]        ; 否则, 取出一个字符
        OUT     57H, AL         ; 从输出设备输出一个字符
        INC     SI              ; 修改指针
        LOOP    ONE             ; 输出下一个字符
        JMP     DONE
ERR:    MOV     AH, 09H         ; 设备故障, 输出出错信息
        LEA     DX, MESSAGE
        INT     21H
DONE:   MOV     AH, 4CH         ; 返回 DOS
        INT     21H
        CODE    ENDS            ; 代码段结束
        END     START           ; 汇编结束
```

上述介绍了单个外设利用查询传送方式进行数据传送的工作过程。实际上，在系统中通常连接有多个外设，这时 CPU 可采用循环查询的方法。发现哪个外设准备就绪，就对该外设进行数据传送，然后再查询下一个外设，依次循环。多外设时查询传送流程图如图 5-10 所示。

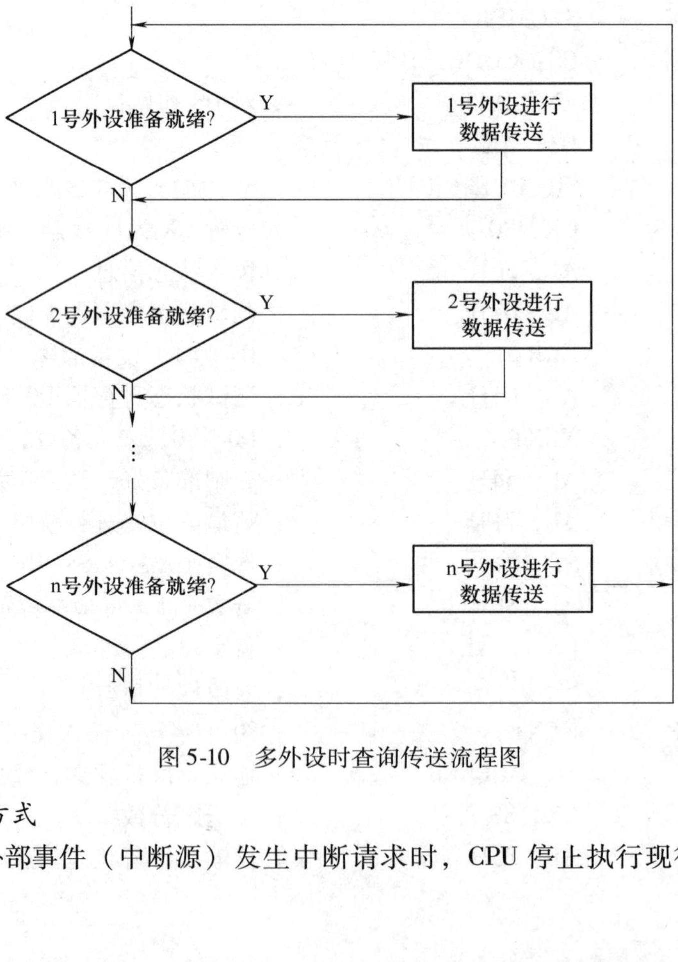

图 5-10 多外设时查询传送流程图

3. 中断传送方式

中断就是在外部事件（中断源）发生中断请求时，CPU 停止执行现行的程序，转去处

理相应的事件，即一段预先编好的处理程序。处理完成之后，根据一定的条件返回原来断点去继续运行，这一过程称为中断处理，图 5-11 是一个中断过程示意图。

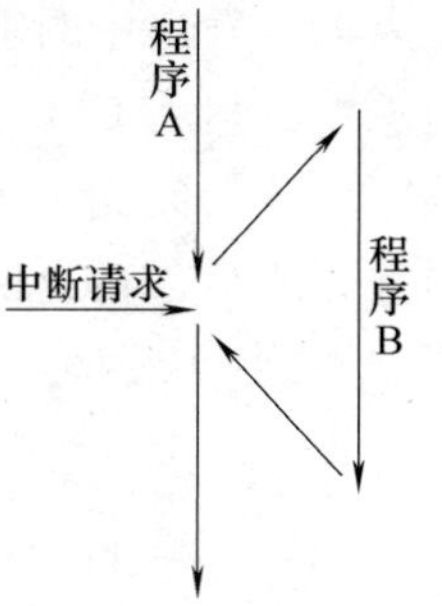

图 5-11　中断过程示意图

（1）中断的类型　按照引起中断的原因分类，中断可分为内部中断和外部中断。

1）内部中断。内部中断是由于 CPU 执行程序出现异常引起的程序中断，它又可分成多种：①除法错中断。在执行除法指令时，若除数为 0 或除法操作时商太大，超过了寄存器所能表达的范围，则产生一个向量号为 0 的内部中断，即除法错中断。②指令中断。在执行中断指令“INT N”时产生的一个向量号为 N 的内部中断，称为指令中断。“INT N”通常为两字节指令（机器代码是 1100 1101—N—），但向量号为 3 的指令中断是 1B 指令（机器代码是 1100 1100），它常用做程序调试的断点中断。例如 DEBUG 调试程序的 G 命令允许设置多达 10 个程序断点。③溢出中断。若上一条指令执行的结果使溢出标志位 OF = 1，则执行溢出中断指令 INTO 时，产生出一个向量号为 4 的内部中断，称为溢出中断。若 OF = 0，则溢出中断指令 INTO 不起作用，程序执行下一条指令。与除法错中断不同，溢出中断不会自动产生中断请求，OF = 1 仅是一个必要条件，两条指令中的任何一个不具备，溢出中断不会发生。④单步中断。若标志寄存器中的单步标志 TF = 1，则在每条指令执行结束后产生一个向量号为 1 的内部中断，称为单步中断。单步中断可用来调试程序，成为逐条指令观察操作系统的一个窗口，例如单步中断过程可以在每执行一条指令后打印或显示寄存器内容、指令指针的值即关键的存储变量等，实现程序执行的跟踪。

2）外部中断。外部中断是由 CPU 的外部硬件电路提出中断请求引起的程序中断，它们通过 CPU 的 NMI 引脚或 INTR 引脚向 CPU 提出中断请求，由此可见，外部中断可分成两种：①可屏蔽中断。连接在 INTR 引脚的中断请求称为可屏蔽中断。CPU 可以通过控制内部的 IF 位决定是否响应中断。当中断标志位 IF = 1，中断被允许发生，称之为“开中断”；当 IF = 0，中断被屏蔽（禁止），称之为“关中断”。可屏蔽中断用于处理一般的随机事件。外设与主机的中断传送方式就采用可屏蔽中断。②不可屏蔽中断。连在 NMI 引脚的中断请求称为不可屏蔽中断。该中断请求不能在 CPU 的内部被屏蔽，一经提出，CPU 必须响应。这种中断常被用来处理紧急事件，如电源掉电、奇偶校验出错、浮点运算出错及程序错误等。

中断传送的显著特点是：进行传送的中断服务程序是预先设计好的，其入口已知，但何时调用是由外部信号决定的，对 CPU 来说，它是随机发生的。除了执行中断服务的短暂时间外，CPU 和外设在大部分时间内各自独立，并行工作。所以，该方式大大提高了 CPU 的工作效率，使 CPU 有可能为多个外设提供更多的服务。

（2）中断传送方式的工作原理　图 5-12 是一个中断接口电路的工作原理图。当输入设备准备好一个数据后，发出选通信号$\overline{STB}$，使输入设备的 8 位数据送入锁存器 U1，同时使中断请求触发器 U2 置“1”，若系统允许该设备发出中断请求，则说明中断屏蔽触发器 U3 已置“1”，从而通过与门 U5 向 CPU 发出中断请求信号 INTR。若无其他设备的中断请求，在 CPU 开中断的情况下，则在现行指令结束后，CPU 响应该设备的中断请求，执行中断响应总线周期，发出中断响应信号$\overline{INTA}$，提出中断请求的外设则把一个字节的中断类型码送上数据总线，然后CPU根据该中断类型码转移到中断服务程序入口地址去执行相应的中断服务程序，读入数据（通过IN指令，打开三态缓冲器U4），同时复位中断请求触发器U2，中断服务完成后，再返回到程序断点处去执行被中断的程序。中断传送方式将在项目六中详细介绍。

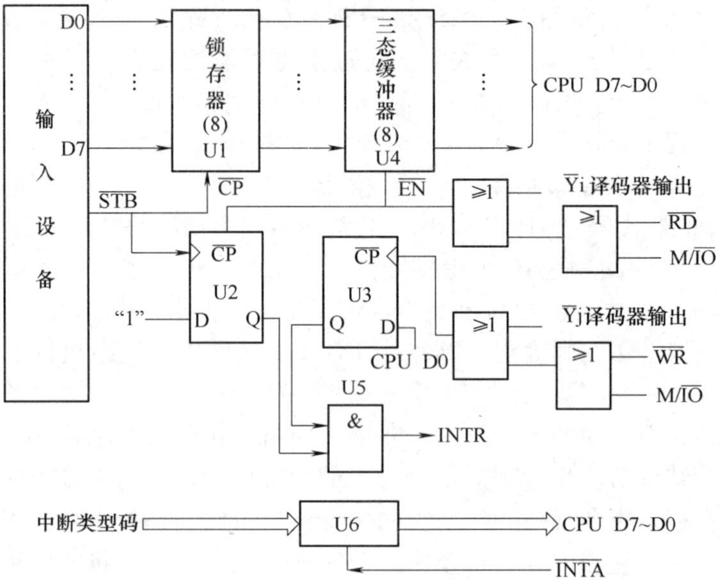

图5-12 中断接口电路

4. DMA传送方式

在程序控制的传送方式中，所有传送均通过CPU执行指令来完成，而CPU的指令系统只支持CPU（寄存器）的存储器/外设间的数据传送。所以，如果外设要和存储器进行数据交换，即使采用效率较高的中断传送，也免不了要走“外设→CPU→存储器”这条路线或相反的路线。显然，数据经CPU中转这一步是不必要的。此外，在很多情况下，传送是以数据块的方式进行的，这时的传送还伴随着存储器地址的改变、传送字节数的改变、传送结束判断等附加操作，这都降低了传送的效率。为此提出了在外设和主存之间直接传送数据的方式，即DMA（Direct Memory Access）传送方式。

DMA的意思是“直接存储器存取”，它由专门的硬件装置DMA控制器（DMAC）来完成。除了事先要用指令设置DMAC外，传送是应外设请求，在硬件控制下完成的，所以它具有极高的传送速率。

（1）DMAC的功能　通常情况下，系统的地址总线、数据总线和一些控制信号（如$M/\overline{IO}$、$\overline{RD}$、$\overline{WR}$等）是由CPU管理的，但当外设需要利用DMA方式进行数据传送时，接口电路向CPU提出请求响应，要求CPU让出总线控制权，而要求DMAC接管这些信号的控制权。因此，DMAC必须具有以下功能：

1）收到接口发出的DMA请求后，能向CPU发出总线请求信号HOLD，请求CPU放弃总线的控制，进入DMA方式。

2）当 CPU 响应请求并发出总线响应信号 HLDA 后，DMAC 接管对总线的控制。

3）能向地址总线发出主存地址信息，找到相应单元并能够自动修改其地址计数器。

4）能发出读、写等控制信号，包括存储器读写信号和 I/O 读写信号。

5）能决定传送的字节数，并能判断 DMA 传送是否结束。

6）能发出 DMA 结束信号，释放总线，使 CPU 恢复正常工作。

（2）DMAC 的工作过程　具有上述功能的 DMAC 工作示意图如图 5-13 所示。

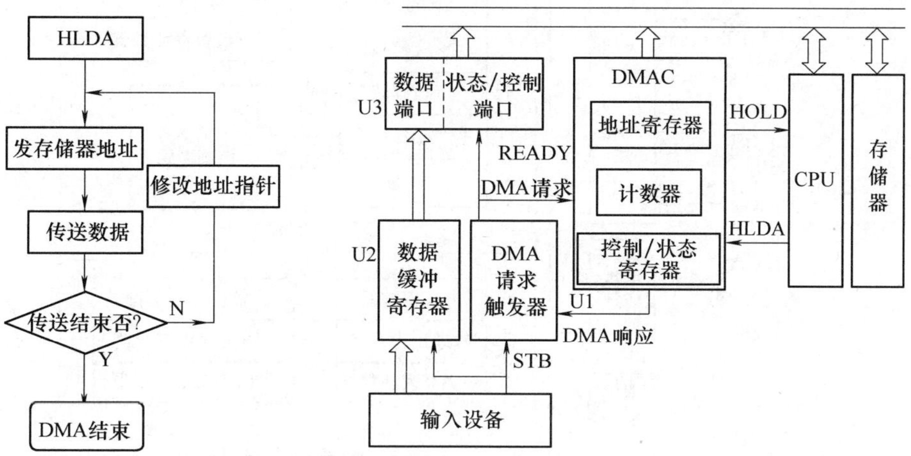

图 5-13　DMAC 工作示意图

DMAC 对存储器的访问与 CPU 类似，需要利用系统总线来完成。

当外设把数据准备好以后，发出一个选通脉冲 STB，将输入数据送入数据缓冲寄存器 U2，并使 DMA 请求触发器 U1 置“1”。DMA 请求触发器向状态控制端口发出准备就绪信号 READY，同时向 DMAC 发出 DMA 请求信号，该信号应维持到 DMAC 响应为止。

DMAC 收到请求后，向 CPU 发出总线请求信号 HOLD，要求 CPU 让出总线控制权，CPU 在完成当前总线周期后给予响应。响应包含两个方面：一是 CPU 将数据总线、地址总线和相应的控制信号均置为高阻态，放弃对总线的控制权；另一方面，CPU 向 DMAC 发出总线响应信号 HLDA。

DMAC 收到 HLDA 信号后，就开始控制总线，并向外设发出 DMA 响应信号，DMAC 送出地址信号和相应的控制信号，实现外设与主存或主存与主存之间的数据传送。

DMAC 可以自动修改地址和字节计数器，并据此判断是否需要重复传送操作。规定的数据传送完后，DMAC 控制器就撤销发往 CPU 的 HOLD 信号。CPU 检测到 HOLD 失效后，紧接着撤销 HLDA 信号，并在下一时钟重新控制总线，继续执行原来的程序。

任务 5.2.3　掌握 DMAC 8237A 的应用

8237A 是 Intel 公司生产的高性能可编程 DMAC，适合于与 Intel 公司生产的各种微处理器连接。每个 8237A 芯片有 4 个独立的 DMA 通道，即有 4 个 DMAC，每个通道具有不同的优先权，都可以分别允许和禁止。每个通道有 4 种工作方式，一次传送的最大长度可达 64KB。多个 8237A 可以级联，任意扩展通道数。

1. 8237A 概述

（1）内部结构和引脚　8237A 芯片作为 DMA 传送期间的系统控制器件，其内部结构和外部引脚相对都比较复杂。图 5-14 是 8237A 内部结构框图，它有 3 个基本控制逻辑块（时序与控制逻辑块、优先级编码逻辑块、命令控制逻辑块）、一个内部寄存器组和一个数据与地址缓冲器组，外部采用双列直插式封装，图 5-15 是 8237A 的引脚图。

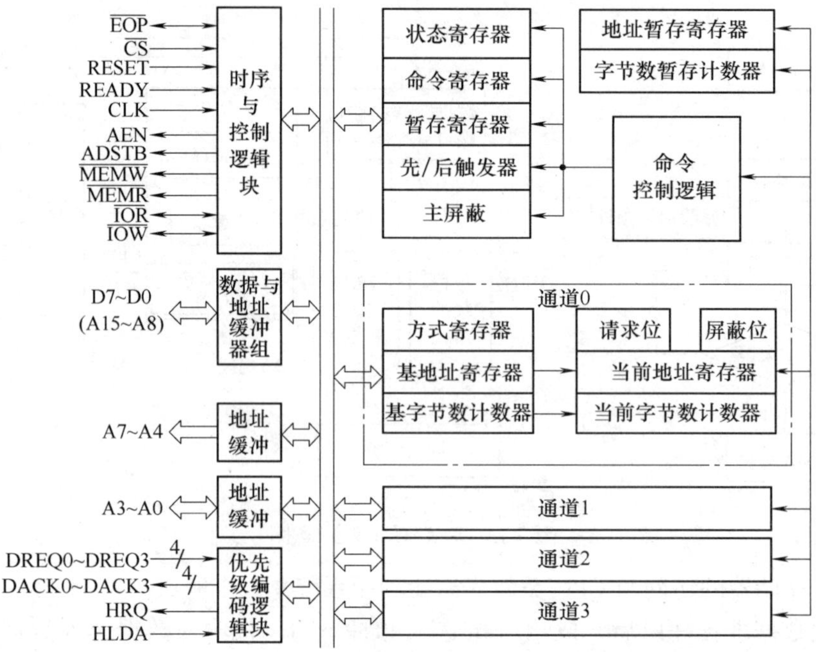

图 5-14　8237A 内部结构框图

1）时序与控制逻辑块。时序与控制逻辑块用来接收外部时钟及片选信号，根据编程规定的 DMAC 的工作模式，产生芯片内部时序控制信号、读写控制信号和地址输出信号。

$\overline{\text{EOP}}$：过程结束，双向信号，低电平有效。DMA 传送过程结束时，输出一个低有效脉冲。若由外部输入一低脉冲信号，也终结 DMA 传送。

RESET：复位输入信号，高电平有效。复位时，除使屏蔽寄存器被置位外，其余寄存器均被清零；复位期间，8237A 处于空闲状态。

$\overline{\text{CS}}$：片选输入信号，低电平有效。有效时，CPU 与 8237A 通过数据线通信，主要完成对 8237A 的编程，在空闲状态，CPU 利用该信号对芯片进行寻址。

READY：就绪输入信号。在 DMA 传送的第三个时钟周期的下降沿，8237A 检测到 READY 线为低电平时，则插入等待状态，直到 READY 为高电平才进入下一状态，完成数据的传送。

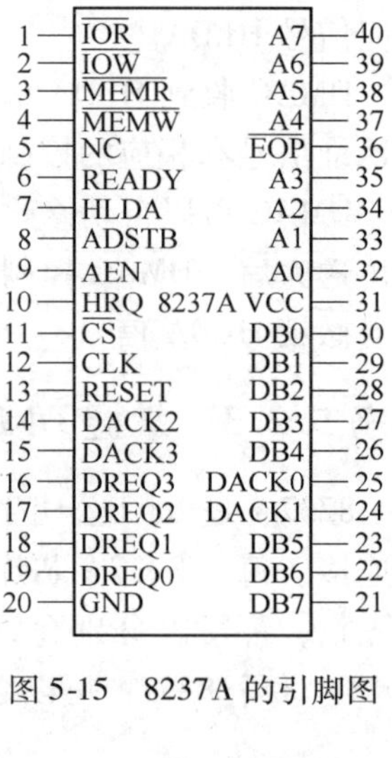

图 5-15　8237A 的引脚图

CLK：时钟输入信号。该信号控制芯片内部操作和数据传输的速率。

AEN：地址允许输出信号，高电平有效。有效时，将锁存的高 8 位地址送入系统总线，与芯片此时输出的低 8 位地址组成 16 位存储器地址。AEN 信号也使与 CPU 相连的地址锁存器无效。这样，就保证了地址总线上的信号来自 DMAC，而不是来自 CPU。

ADSTB：地址选通输出信号，高电平有效。有效时，把 DB0 ~ DB7 上输出的高 8 位地址锁存在外部锁存器中。

$\overline{\text{MEMW}}$：存储器写，三态输出信号，低电平有效。有效时与$\overline{\text{IOR}}$信号相配合，将数据写入存储器。

$\overline{\text{MEMR}}$：存储器读，三态输出信号，低电平有效。有效时与$\overline{\text{IOW}}$信号相配合，将数据从存储器读出。

$\overline{\text{IOR}}$：I/O 读，双向，三态输出信号。有效时，将数据从外设读出。

$\overline{\text{IOW}}$：I/O 写，双向，三态输出信号。有效时，将数据写入外设。

2）优先级编码逻辑块。优先级编码逻辑块对同时提出 DMA 请求的多个通道进行优先级排队。8237A 有两种优先级编码：固定优先级编码和循环优先级编码，它们均可通过软件编程选定，DMA 传送不存在嵌套。

固定优先级方式是指优先级固定的传送方式。通道优先级的顺序依次是通道 0、通道 1、通道 2、通道 3。循环优先级方式是指优先级循环变化的传送方式。最近一次服务的通道在下次循环中变成最低优先级，其他通道依次轮流相应的优先级。

DREQ0 ~ DREQ3：DMA 通道请求。当外设需要请求 DMA 服务时，将 DREQ 信号置成有效电平，并要保持到产生响应信号为止。DREQ 有效的电平由编程确定。8237A 芯片被复位后，DREQ 初始为高电平有效，4 个请求输入线均处于低电平。

HRQ：总线请求输出信号，高电平有效，此信号送到 CPU 的 HOLD 端。当 8237A 输出有效 HRQ 高电平时，表示向 CPU 申请使用系统总线。

HLDA：总线响应输入信号，高电平有效，此信号来自 CPU 的 HLDA 端。8237A 接收来自 CPU 的响应信号 HLDA，取得总线的控制权。

DACK0 ~ DACK3：DMA 通道响应信号。8237A 一旦获得 HLDA 有效信号，便使请求服务的通道产生相应的 DMA 响应信号以通知外设。DACK 输出信号的有效极性由编程选择，8237A 被复位后，初始为低电平有效。

3）命令控制逻辑块。命令控制逻辑块对 CPU 送来的编程命令进行译码。在芯片处于空闲周期时，通过 I/O 地址缓冲器输出的地址 A3 ~ A0 分别对内部寄存器进行预置。在芯片有效周期，对方式控制字的 D1 ~ D0 进行译码，以确定 DMA 操作类型。

4）数据与地址缓冲器组。

DB0 ~ DB7：数据线，双向三态。在芯片有效周期，输出高 8 位存储器地址，与 A7 ~ A0 配合组成 16 位地址。在存储器与存储器的传送期间，也用于数据的传送。

A3 ~ A0：三态地址线。在芯片空闲周期，作为输入地址，用于选择芯片内部寄存器；而在芯片有效周期，则作为低 4 位的地址输出线。

A7 ~ A4：三态地址线。此 4 位地址线始终工作在输出状态或悬空状态。在芯片有效周期，作为高 4 位的地址输出线，与 A3 ~ A0 共同组成地址输出的低 8 位。

（2）内部寄存器组　8237A 内部共有 12 种寄存器，它们的类型和数量见表 5-1。

表 5-1 8237A 内部寄存器

寄存器名	寄存器位数/位	数量/个	寄存器名	寄存器位数/位	数量/个
基地址寄存器	16	4	方式寄存器	6	4
基字节数计数器	16	4	命令寄存器	8	1
当前地址寄存器	16	4	请求寄存器	4	1
当前字节数计数器	16	4	屏蔽寄存器	4	1
地址暂存寄存器	16	1	状态寄存器	8	1
字节数暂存计数器	16	1	暂存寄存器	8	1

2. 8237A 的工作方式

8237A 的工作时序分成空闲周期和有效周期两种，这两个周期分别对应受 CPU 控制的工作状态和 DMA 传送的工作状态。

当 8237A 的任一通道都没有 DMA 请求时就处于空闲周期，此时，8237A 由 CPU 控制作为一个接口芯片。在空闲周期，8237A 在每一个时钟周期都采样通道的请求输入线 DREQ。8237A 复位以后，只要总线上没有外设提出 DMA 请求，就始终处于空闲周期。当 8237A 采样到外设有 DMA 请求时，就脱离空闲周期进入有效周期。8237A 作为系统的主控芯片，控制 DMA 传送操作。由于 DMA 传送借用系统总线完成，其控制信号以及工作时序类似 CPU 总线操作周期。

（1）8237A 的 4 种工作方式　8237A 在 DMA 传送时有 4 种工作方式。

1）单字节传送方式。单字节传送方式是每次只传送一个字节。传送一个字节之后，字节数寄存器减 1，地址寄存器加 1 或减 1，HRQ 变为无效，8237A 释放系统总线，将控制权还给 CPU，CPU 接管总线至少执行一个机器周期，然后产生下一个 DREQ 信号，完成下一字节的传送。在这个过程中，CPU 和 8237A 轮流控制系统总线。若传送后字节数从 0 减到 FFFFH，则终结 DMA 传送或重新初始化。这种传送的特点是一次只传送一个字节，效率偏低，但它会保证在两次 DMA 传送之间 CPU 有机会重新获得总线控制权，执行一个 CPU 总线周期。

2）块传送方式。块传送方式就是每次传送一个数据块。8237A 由 DREQ 启动后就连续地传送数据，直到当前字节数计数器从 0 减到 FFFFH 终止计数，或者由外部输入有效 $\overline{EOP}$ 信号终结 DMA 传送。

这种传送的特点是一次请求传送一个数据块，效率高，但整个 DMA 传送期间 CPU 长时间无法控制总线、无法响应其他 DMA 请求、无法处理中断等。

3）请求传送方式。请求传送方式指当 DREQ 信号有效时，就连续传送数据。而当出现以下 3 种情况之一时停止传送：①当前字节数计数器从 0 减到 FFFFH。②由外界送来一个有效的 $\overline{EDP}$ 信号。③外界的 DREQ 信号变为无效（外设的数据已传送完）。

当 DMA 传送被暂时中止时，8237A 释放总线，CPU 可继续操作。DMA 通道的地址和字节数的中间值仍被保存在相应通道的当前地址和当前字节数计数器。只要外设又准备好进行传送，可使 DREQ 信号再次有效，DMA 传送就继续进行下去。

请求传送的特点是 DMA 操作可由外设利用 DREQ 信号控制传送的过程（速率）。

4）级联方式。级联方式用于多个 8237A 级联以扩充通道。图 5-16 是两级 8237A 级联方式示意图。第二级的 HRQ 和 HLDA 信号连到第一级某个通道的 DREQ 和 DACK 上，第二级芯片的优先级与所连通道的优先级相对应。第二级的 HRQ 请求信号通过第一级向 CPU 转发 HRQ 请求信号，CPU 对第一级的 HLDA 信号再通过第一级转发给第二级相对应的 HLDA，即第一级只起优先级网络的作用，实际的操作由第二级芯片完成。当然，第一级未与第二级级联的通道仍可作为独立的 DAMC。若有需要，则还可由第二级扩展到第三级等。

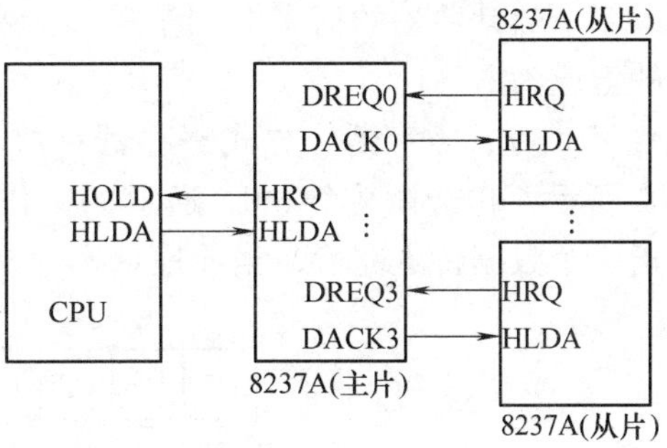

图 5-16 两级 8237A 级联方式示意图

（2）DMA 传送类型 在前 3 种工作方式下，DMA 传送有 3 种类型：DMA 读、DMA 写、DMA 检验。

1）DMA 读，把数据由存储器传送到外设。操作时由$\overline{MEMR}$有效从存储器读出数据，由$\overline{IOW}$有效将数据传送给外设。

2）DMA 写，把外设输入的数据写入存储器。操作时由$\overline{IOR}$有效从外设输入数据，由$\overline{MEMW}$有效把这一数据写入存储器。

3）DMA 检验。8237A 本身并不进行任何检验，而只是像 DMA 读或写传送一样产生时序、地址信号，但存储器和 I/O 控制线保持无效，所以并不进行传送，而外设可以利用这样的时序进行 DMA 校验。

（3）存储器到存储器的传送 8237A 还可以编程为存储器到存储器传送的工作方式，这时 8237A 要固定使用通道 0 和通道 1。通道 0 的地址寄存器存源区地址，通道 1 的地址寄存器存目标区地址，通道 1 的当前字节数计数器存传送的字节数。传送由设置通道 0 的软件请求启动。8237A 按正常方式向 CPU 发出 HRQ 请求信号，待 HLDA 响应后传送就可以开始。每传送一个字节，源地址和目的地址都要修改，字节数减 1。传送一直进行到通道 1 的字节数寄存器从 0 减到 FFFFH，终止计数并在$\overline{EOP}$端输出一个脉冲。存储器到存储器的传送也允许由外部送来一个$\overline{EOP}$停止数据传送过程。

（4）自动初始化方式 当某个 DMA 通道设置为自动初始化方式时，DMA 过程结束（不论是内部终止计数还是外部输入$\overline{EOP}$信号），都用基地址寄存器和基字节数计数器的内容，使相应的当前字节数寄存器和当前地址寄存器恢复为初始值，包括恢复屏蔽位、允许 DMA 请求，为下一次 DMA 传送做好准备。

3. 8237A 的寄存器组

8237A 共有 12 种内部寄存器，对它们的操作有时需要配合 3 个软件命令。这 12 种内部寄存器由最低 4 位地址 A0 ~ A3 区分，例如清除高/低触发器软件命令（A3A2A1A0 = 1100）、主清除命令（A3A2A1A0 = 1101）和清屏蔽寄存器命令（A3A2A1A0 = 1110）。所谓的软件命令是指不需要通过数据总线写入控制字而直接由地址和控制信号译码实现的操作命令。

（1）当前地址寄存器 当前地址寄存器保持 DMA 传送的当前地址值，每次传送后寄存器的值自动加 1 或减 1。这个寄存器的值可由 CPU 写入和读出。

（2）当前字节数计数器 当前字节数计数器保持 DMA 传送的剩余字节数。每次传送后，该计数器的值减 1。这个计数器的值可由 CPU 写入和读出。当计数器的值从 0 减到 FFFFH 时，终止计数。

（3）基地址寄存器 基地址寄存器存放着与当前地址寄存器相联系的初始值。CPU

同时写入基地址寄存器和当前地址寄存器，但是基地址寄存器不会自动修改，且不能读出。

（4）基字节数计数器　基字节数计数器存放着与当前地址寄存器相联系的初始值。CPU同时写入基字节数计数器和当前字节数计数器，但是基字节数计数器不会自动修改，且不能读出。

由于当前字节数计数器从0减到FFFFH时，计数才终止，所以实际传送的字节数要比写入字节数计数器的值多1。例如，需要传送N个字节，初始化编程时写入当前字节数计数器的值应为N－1。

（5）方式寄存器　方式寄存器存放相应的方式控制字。8237A方式控制字的格式如图5-17所示，它选择某个DMA通道的工作方式，其中用最低2位选择DMA通道。地址增量是指一个数据传送完后，当前地址寄存器的值加1，地址减量则使当前地址寄存器的值减1。

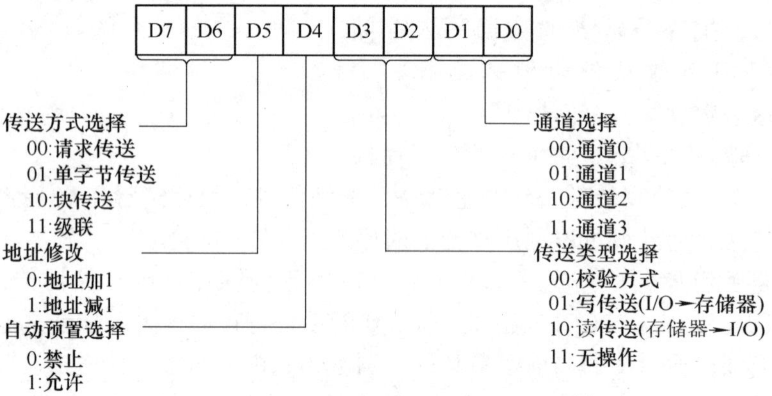

图5-17　8237A方式控制字的格式

（6）命令寄存器　命令寄存器存放8237A的命令字，8237A命令字格式如图5-18所示。它设置8237A芯片的操作方式，影响每个DMA通道，复位时使命令寄存器清零。其中，当D2＝0时，启动8237A工作，否则8237A不能进行DMA传送。

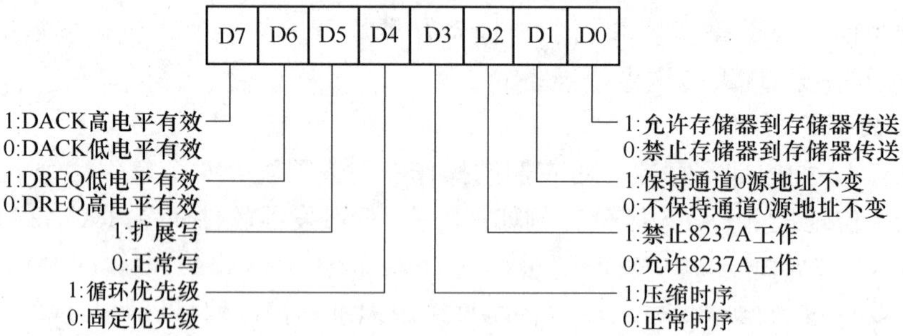

图5-18　8237A命令字格式

当D0＝1时，将选择存储器到存储器的传送方式。此时，通道0的地址寄存器存放源地址。若D1＝1，则整个存储器到存储器的传送过程始终保持同一个源地址，以便实现将一个目标存储区域设置为同一个值。

当D3＝0时，正常时序。当D3＝1时，压缩时序，即每进行一次DMA传送，将正常时序的 3 个时钟周期变为压缩时序的 2 个时钟周期。在正常时序时，命令字的 D5 选择正常写或扩展写。当 D5 = 1 时，将 $\overline{MEMW}$ 或 $\overline{IOW}$ 信号加宽，以使它们提前到来，提高传送速度。

（7）请求寄存器　请求寄存器存放软件 DMA 请求状态。除了可以利用硬件 DREQ 信号提出 DMA 请求外，当工作在数据块传送方式时也可以通过软件发出 DMA 请求。另外，若是存储器到存储器传送，则必须由软件请求启动通道 0。

CPU 通过请求字写入请求寄存器，软件请求字格式如图 5-19 所示。其中，D1D0 位决定写入的通道，D2 位决定是置位请求还是复位。每个通道的软件请求位分别设置，是非屏蔽的，它们的优先级同样受优先级逻辑控制。当用于存储器到存储器传送时，通道 0 必须用软件请求以启动 DMA 传送过程。RESET 信号使请求寄存器复位。

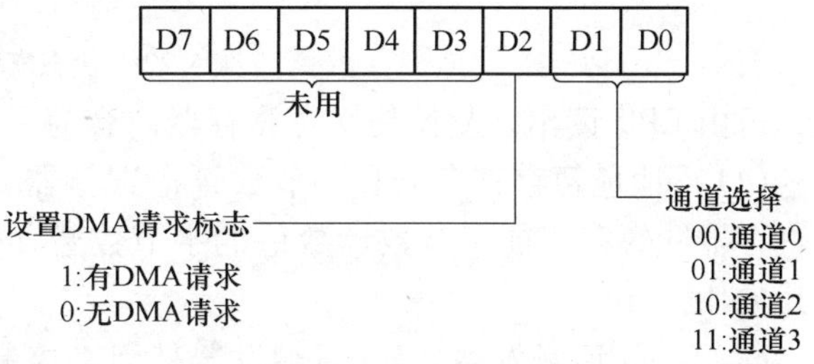

图 5-19　软件请求字格式

（8）屏蔽寄存器　屏蔽寄存器控制外设硬件 DMA 请求是否被响应（为 0 允许），各个通道互相独立。结合表 5-2，可知对屏蔽寄存器的写入有以下三种方法：

1）单通道屏蔽字（A3A2A1A0 = 1010）只对一个 DMA 通道屏蔽位进行设置，单通道屏蔽字格式如图 5-20 所示。

2）主屏蔽字（A3A2A1A0 = 1111）对 4 个 DMA 通道屏蔽位同时进行设置，四通道屏蔽字格式如图 5-21 所示。

3）清屏蔽寄存器命令（A3A2A1A0 = 1110）使 4 个屏蔽位都清零，都允许 DMA 请求。

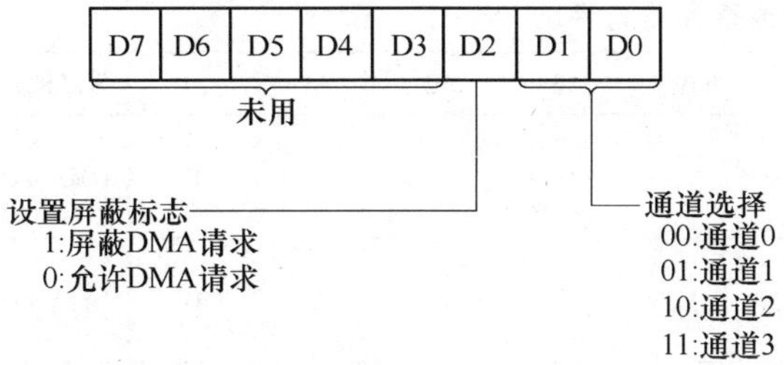

图 5-20　单通道屏蔽字格式

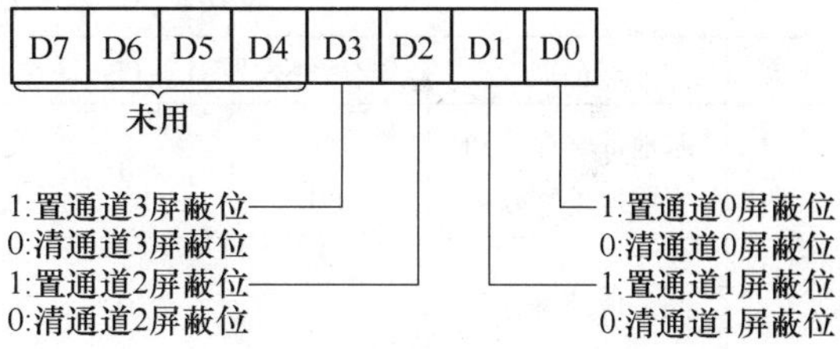

图 5-21　四通道屏蔽字格式

8237A 芯片复位使 4 个通道全置于屏蔽状态。所以，要根据需要复位屏蔽位，允许 DMA 请求。当某一个通道工作在非自动初始化状态时，DMA 过程结束，必须再次编程复位屏蔽位，才能进行下一次 DMA 传送。

（9）状态寄存器　状态寄存器是一个 8 位寄存器，该寄存器的状态信息可由 CPU 读取。它的低 4 位反映读命令这个瞬间每个通道是否产生 TC（为 1，表示该通道终止计数），高 4 位反映每个通道的 DMA 请求情况（为 1，表示该通道有请求），状态寄存器格式如图 5-22 所示。这些状态位在复位或被读出后，均被清零。

（10）暂存寄存器　暂存寄存器是在存储器到存储器传送方式下，保存从源存储单元读出的数据，该数据又被写入到目标存储单元。传送完成，暂存寄存器只会保留最后一个字

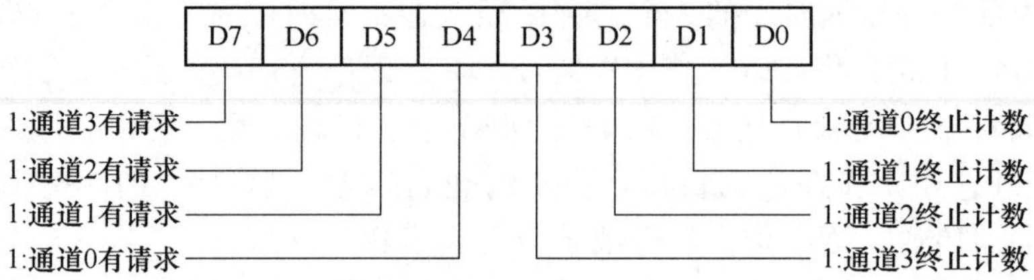

图 5-22　状态寄存器格式

节，可由 CPU 读出。复位使暂存寄存器内容为零。

（11）地址暂存寄存器和字节数暂存寄存器　这是两个 16 位的暂存当前地址的地址暂存寄存器和暂存当前字节数计数值的字节数暂存寄存器。它们不能被 CPU 读取，仅供内部芯片使用。

（12）先/后触发器　先/后触发器是用来控制 DMA 通道中地址寄存器和字节数计数器的初值设置的。8237A 只有 8 位数据线，一次只能读/写一个字节，先低字节后高字节。当先/后触发器状态为 0 时，进行低字节操作，然后先/后触发器自动置 1，进行高字节操作，然后又自动复位，周而复始地进行数据的传送。为了保证能正确设置初值，应预先发出清除先/后触发器命令。

4. 8237A 的编程

8237A 的编程命令是通过对内部寄存器的写操作来进行的，而状态寄存器中的状态字和暂存其中的内容是通过读操作来进行的。8237A 的寄存器分为两大类：一类是通道寄存器，即每个通道都有的当前地址寄存器、当前字节数寄存器和基地址寄存器；另一类是控制和状态寄存器，它们是方式寄存器、命令寄存器、状态寄存器、屏蔽寄存器、请求寄存器和暂存寄存器。这些寄存器的端口寻址见表 5-2 和表 5-3。

表 5-2　8237A 各通道寄存器的寻址

通道	寄存器	先/后触发器	$\overline{CS}$	$\overline{IOR}$	$\overline{IOW}$	A3	A2	A1	A0	端口地址
0	基地址寄存器和当前地址寄存器	0 1	0	1	0	0	0	0	0	DMA+0
	当前地址寄存器	0 1	0	0	1	0	0	0	0	DMA+0
	基字节数计数器和当前字节数计数器	0 1	0	1	0	0	0	0	1	DMA+1
	当前字节数计数器	0 1	0	0	1	0	0	0	1	DMA+1
1	基地址寄存器和当前地址寄存器	0 1	0	1	0	0	0	1	0	DMA+2
	当前地址寄存器	0 1	0	0	1	0	0	1	0	DMA+2
	基字节数计数器和当前字节数计数器	0 1	0	1	0	0	0	1	1	DMA+3
	当前字节数计数器	0 1	0	0	1	0	0	1	1	DMA+3

（续）

通道	寄存器	先/后触发器	$\overline{CS}$	$\overline{IOR}$	$\overline{IOW}$	A3	A2	A1	A0	端口地址
2	基地址寄存器和 当前地址寄存器	0 1	0	1	0	0	1	0	0	DMA +4
	当前地址寄存器	0 1	0	0	1	0	1	0	0	DMA +4
	基字节数计数器和 当前字节数计数器	0 1	0	1	0	0	1	0	1	DMA +5
	当前字节数计数器	0 1	0	0	1	0	1	0	1	DMA +5
3	基地址寄存器和 当前地址寄存器	0 1	0	1	0	0	1	1	0	DMA +6
	当前地址寄存器	0 1	0	0	1	0	1	1	0	DMA +6
	基字节数计数器和 当前字节数计数器	0 1	0	1	0	0	1	1	1	DMA +7
	当前字节数计数器	0 1	0	0	1	0	1	1	1	DMA +7

表 5-3　控制和状态寄存器的寻址

$\overline{CS}$	$\overline{IOR}$	$\overline{IOW}$	A3	A2	A1	A0	功　能	端口地址
0	0	1	1	0	0	0	读状态寄存器	DMA +8
0	1	0	1	0	0	0	写命令寄存器	DMA +8
0	1	0	1	0	0	1	写请求寄存器	DMA +9
0	1	0	1	0	1	0	写屏蔽寄存器	DMA + A
0	1	0	1	0	1	1	写方式寄存器	DMA + B
0	1	0	1	1	0	0	清先/后触发器	DMA + C
0	0	1	1	1	0	1	读暂存寄存器	DMA + D
0	1	0	1	1	0	1	复位命令	DMA + D
0	1	0	1	1	1	0	清屏蔽寄存器	DMA + E
0	1	0	1	1	1	1	写综合屏蔽寄存器	DMA + F

从表 5-2 中可以看出，各通道的寄存器通过$\overline{CS}$和地址线 A3 ~ A0 确定地址，高低字节的读写由先/后触发器来决定。其中，有的寄存器是可写可读的，而有的寄存器是只能写入。

从表 5-3 中可以看出，各通道的寄存器通过$\overline{CS}$和地址线 A3 ~ A0 确定地址，而利用$\overline{IOW}$或$\overline{IOR}$来对其进行写或读。其中，每个通道都有一个 6 位方式寄存器，而写方式只有一个地址，通过 D1 和 D0 的编码来选定相应通道的方式寄存器。

8237A 的地址线为 16 位，每个通道传送的最大字节数为 64KB。为了能对系统的 1MB 地址空间进行寻址，PC/XT 中设有 DMA 页面寄存器（4 组 4 位的寄存器电路 74LS670），存放 4 个 DMA 通道操作的高 4 位地址 A19 ~ A16。当控制端 WRITE 为低电平时，数据写入由 WB、WA 编码所指定的某组寄存器中；而当控制端 READ 为低电平时，数据从由 RB、RA 编码所指定的寄存器组中读取。部分控制端口功能表见表 5-4。

表 5-4　部分控制端口功能表

WRITE	WB	WA	功　能	READ	RB	RA	功　能
0	0	0	写入 0 组寄存器	0	0	0	读出 0 组寄存器
0	0	1	写入 1 组寄存器	0	0	1	读出 1 组寄存器
0	1	0	写入 2 组寄存器	0	1	0	读出 2 组寄存器
0	1	1	写入 3 组寄存器	0	1	1	读出 3 组寄存器

当进行 DMA 传送时，相应 DMA 页面寄存器的内容就放到了系统的地址总线上，以形成对存储器进行存取的高 4 位地址，它和 8237A 送出的 16 位地址一起形成了 20 位的物理地址，因此可在 1MB 空间的任一 64KB 空间进行 DMA 传送。

系统中通道 1 用 3 组寄存器，通道 2 用 1 组寄存器，通道 3 用 2 组寄存器，而通道 0 用于动态 RAM 刷新，不用 DMA 页面寄存器。而 DMA 页面寄存器的写入内容由数据总线 D3 ~ D0 供给。寄存器组写入选择端 WA 接地址总线 A0，WB 接 A1，因此 3 个通道的 DMA 页面寄存器写入地址依次是：通道 1 为 83H，通道 2 为 81H，通道 3 为 82H。读出页面寄存器内容的选择端 RB 接 DACK2，RA 接 DACK3。DMA 操作时，若既不是通道 2 工作，也不是通道 3 工作，就允许通道 1 的页面寄存器的内容送至系统地址总线。

对 8237A 接口电路的编程就是读写其内部寄存器，初始化流程框图如图 5-23 所示，即对 8237A 的初始化编程由以下内容组成：

1）发出主清除命令，对 8237A 进行软件复位，以接收新的命令。

2）根据所选通道，输入当前地址寄存器和基地址寄存器的初始值（如果采用地址减量工作，则是尾地址）。

3）将本次 DMA 传送的数据个数写入当前字节数计数器和基字节数计数器的初始值（个数要减 1）。

4）确定通道的工作方式，写入工作方式寄存器。

5）写入屏蔽寄存器让通道屏蔽位复位，允许 DMA 请求。

6）写入命令寄存器。命令字影响所有 4 个通道的操作。

7）写入请求寄存器，便可由软件启动 DMA 传送，DMA 传送过程中不需要进行软件编程，完全由 DMAC 8237A 采用硬件控制实现。若不是软件请求，在完成编程后，由通道的引脚输入有效的 DREQ 信号，启动 DMA 传送过程。

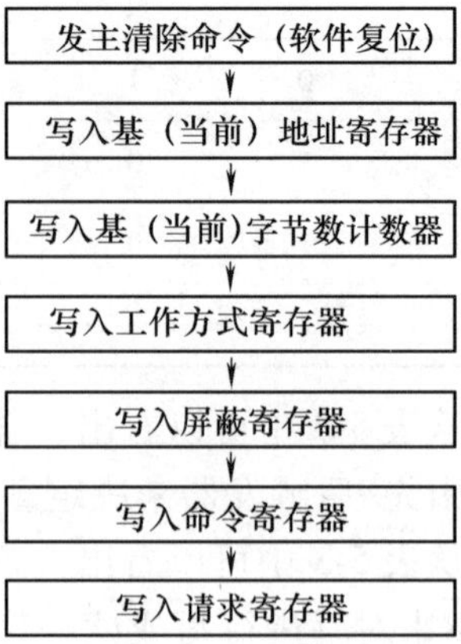

图 5-23　8237A 初始化流程框图

需要注意的是，每个通道都需要进行 DMA 传送编程。如果不是采用自动初始化工作方式，每次 DMA 传送也都需要这样的编程操作。

例 5-3　请简单叙述通道 0 输出存储器地址进行 DRAM 的刷新操作。

解：在 PC/XT 中，利用 8237A 通道 0 输出存储器地址进行 DRAM 的刷新操作，其 DMA 传送编程如下：

```
OUT   DMA +0DH, AL   ; DMAC 主清除命令
MOV   AL, 0          ; DMAC 命令字：固定优先权，DREQ 高有效，DACK 低有效
OUT   DMA +08, AL    ; 向 DMAC1 端口写入命令寄存器
MOV   AL, 0
OUT   DMA +00, AL    ; 写入通道 0 的地址寄存器低字节，实现清零
OUT   DMA +00, AL    ; 写入通道 0 的地址寄存器高字节，实现清零
MOV   AX, 00FFH      ; 将字节数送入 AX 寄存器
OUT   DMA +01, AL    ; 写入通道 0 的字节数计数器低字节
MOV   AL, AH
OUT   DMA +01H, AL   ; 写入通道 0 的字节数计数器高字节
MOV   AL, 58H        ; 通道 0 方式字：单字节传送、DMA 读、地址增量、自动初始化
OUT   DMA +0BH, AL   ; 写入工作方式寄存器
MOV   AL, 0          ; 通道 0 屏蔽字：允许 DREQ0 提出申请
OUT   DMA +0AH, AL   ; 写入单通道屏蔽字
```

经过编程后，8253/8254 的计数器 1 开始计时，每隔 15μs 使 DREQ0 有效，8237A 通道 0 输出刷新地址，所有 DRAM 芯片同时进行内部刷新操作。8237A 通道 0 采用自动初始化工作方式，保证了刷新操作循环不止。

5. 8237A 的应用

IBM PC/XT 使用一片 8237A-5（主频 5MHz）形成 4 个 DMA 通道，在系统中的硬件连接如图 5-24 所示。

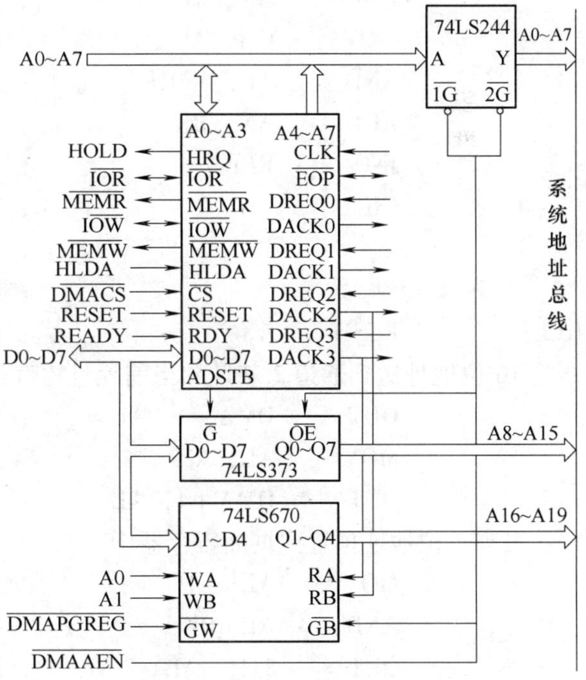

图 5-24　8237A-5 在 PC/XT 系统中的连接图

通道 0 作为动态存储器 DRAM 刷新使用；通道 2 和通道 3 分别用于主存与软盘、硬盘的高速数据交换；通道 1 可提供给用户使用，当使用串行同步通信适配器（SDLC 卡）时，通道 1 用于同步通信，在主存与 SDLC 卡间传输数据。

虽然，8237A 既能提供外设和存储器之间的 DMA 传送，也能进行存储器和存储器之间的 DMA 传送，但在 PC/XT 的 BIOS 初始化系统时，将 8237A 的这种传送方式给屏蔽掉了，

因此只能用它实现外设和主存间的高速数据交换。下面就以磁盘 DMA 传送为例，对初始化程序进行简单介绍。

例 5-4 请简单描述 ROM-BIOS 中的一段程序 DMA_SETUP 的 DMA 传送工作过程。

解：下面是 ROM-BIOS 中的一段程序，名为 DMA_SETUP，位于首地址为 FEEC8H 的主存中。它被读软盘、写软盘和软盘校验等程序调用，用来向 8237A-5 输入所要读写数据的 20 位首地址和字计数器初始值。调用前要求的入口参数是：

AL = DMA 方式字（读 = 46H，写 = 4AH，校验 = 42H）。

DH = 要传送的扇区个数。每个扇区的字节数基数为 128，实际由磁盘驱动器的规格而定，它可以是 128 的 2^N 倍（N = 0、1、2、3）。N 存放在磁盘基值区 DISK_BASE 的 03 号单元中，可由它和 DH 中的扇区数计算出实际要传送的总字节数。

ES：BX = 所要读写数据的主存首地址。

```
DMA_SETUP  PROC   NEAR
           PUSH   CX             ；保护 CX 的值
           CLI                   ；关中断，因软盘传送后要请求中断
           OUT    DMA +0CH，AL   ；清除先/后触发器
           PUSH   AX             ；延时，满足 8237A I/O 定时要求
           POP    AX
           OUT    DMA +0BH，AL   ；将 AL 中的方式字写入方式寄存器
；计算 20 位物理地址，结果的最高 4 位存入 CH 中，低 16 位放入 AX
           MOV    AX，ES         ；段基址→AX
           MOV    CL，4          ；循环次数
           ROL    AX，CL         ；AX 循环左移 4 位
           MOV    CH，AL         ；AX 的低 8 位暂存入 CH
           AND    AL，0F0H       ；AX 的低 4 位清零
           ADD    AX，BX         ；加偏移量，形成 16 位地址
           JNC    RLL            ；无进位，跳转
           INC    CH             ；有进位，最高 4 位加 1，形成 20 位物
                                 ；理地址，低 16 位在 AX 中，最高 4 位
                                 ；在 CH 的低 4 位中
RLL：      PUSH   AX             ；保存 16 位起始地址
；将 16 位地址送到通道 2 基址和当前地址寄存器中
           OUT    DMA +4，AL     ；先写低字节
           MOV    AL，AH
           OUT    DMA +4，AL     ；后写高字节
；将最高 4 位地址预置到页面寄存器中
           MOV    AL，CH         ；最高 4 位地址
           AND    AL，0FH        ；截取低 4 位
           OUT    81H，AL        ；置页面寄存器（通道 2，软盘 DMA 传送）
           MOV    AH，DH         ；传输的扇区数→AH
```

```
        SUB     AL, AL          ; AL 清零, 256×扇区数→AX
        SHR     AX, 1           ; 将 AX 内容除以 2 后, AX=128×扇区数
; 调用取软盘参数子程序, 要求入口参数: BX=字节索引值 (03 号单元) ×2
; 出口参数: AH=该索引的字节数
        PUSH    AX              ; 保存 AX 的值
        MOV     BX, 6           ; 字节索引值×2→BX
        CALL    GET_PARM        ; 调用取参数子程序
; 调用后结果, AH=N, N 可以是 0、1、2、3
        MOV     CL, AH          ; AH→CL
        POP     AX              ; 弹出 "128×扇区数" →AX
        SHL     AX, CL          ; 左移后, AX×N→AX
        DEC     AX              ; 传输总字节数减 1
        PUSH    AX              ; 保存基字节数计数器计数值
; 将减 1 后的字节数送通道 2 基字节数计数器和当前字节数计数器
        OUT     DMA+5, AL       ; 先送高字节
        MOV     AL, AH
        OUT     DMA+5, AL       ; 再送高字节
        STI                     ; 开中断
        POP     CX              ; 恢复基字节数计数器计数值
        POP     AX              ; 恢复低 16 位起始地址
; 将基地址和基字节数计数器值相加, 判别是否有进位, 若有, 表示超出 64KB, 出错
        ADD     AX, CX          ; 相加, 根据结果建立进位位 CF
        POP     CX              ; 恢复进入子程序时保护的 CX 值
        MOV     AL, 02H
        OUT     DMA+0AH, AL     ; 清除通道 2 (软盘 DMA 传送) 的屏蔽位
        RET                     ; 返回, 若 CF=1, 则 64KB 溢出, 应减
                                ; 少传送的扇区数, 字组的传送要分块进行
        DMA_SETUP ENDP          ; 子程序结束
```

5.3　项目实战：设计一个 DMAC 接口电路并编程

【要求】　项目实战前，教师需指导学生认真学习关于计算机接口电路的相关知识，使学生了解在计算机电路中数据传送的类型和传送原理，重点掌握 DMAC 的工作过程和 8237A 的工作原理，并能初步分析本书中的例题程序；学生需配合教师熟练掌握 8237A 的工作原理，熟练驾驭 8237A 各种字格式，能配合硬件电路编写相应的初始化程序，并在教师的指导下，完成相应的程序编写。

一、项目实战所需器材

32 位微型计算机一台、微型计算机原理实验箱一台、8237A 芯片以及其他备选芯片一套。

二、项目实战内容

编写程序，将一段数据由内存以 DMA 方式传送到硬盘的某个区域，再将硬盘上该区域的数据读出，验证存储的数据是否正确。

三、项目实战步骤

1. 按设计构想进行硬件连接。
2. 根据硬件连接编写源程序。
3. 对源程序编译、连接、调试。
4. 执行该程序并验证 DMA 传送是否准确。

四、项目实战总结

1. 谈谈对 DMA 传送方式的理解和认识。
2. 总结编译、运行调试过程中的心得体会。

5.4 项目决战：进一步理解接口电路的传送原理

【要求】 通过习题的练习，进一步加深对微型计算机接口电路传送原理的理解，实现本项目学习的目的。习题可根据情况选做。

一、选择题

1. 在各类数据传送方式中，（　　）是硬件电路最简单的一种。

A. 无条件传送方式　　B. 程序查询方式

C. 中断方式　　D. DMA 方式

2. 在微型计算机系统中采用 DMA 方式传送数据时，数据传送是（　　）。

A. 由 CPU 控制完成的

B. 由执行程序（软件）完成的

C. 由 DMAC 发出的控制信号控制下完成的

D. 由总线控制器发出的控制信号控制下完成的

3. CPU 停机方式的 DMA 操作中，CPU 与总线的关系是（　　）。

A. 只能控制数据总线　　B. 只能控制地址总线

C. 处于隔离状态　　D. 能传送所有控制信号

4. 当 DMAC 向 CPU 请求使用总线后，CPU 在（　　）后响应这一请求。

A. 时钟周期完　　B. 等待周期完

C. 总线周期完　　D. 指令周期完

5. CPU 与外设间的数据传送方式有（　　）。

A. 中断传送方式　　B. DMA 方式

C. 程序控制方式　　D. 以上三种都是

6. CPU 与 I/O 设备间传送的信号有（　　）。

A. 数据信息　　B. 控制信息

C. 状态信息　　D. 以上三种都是

7. 在中断方式下，外设数据输入到内存的路径是（　　）。

A. 外设→数据总线→内存　　B. 外设→数据总线→CPU→内存

C. 外设→CPU→DMAC→内存　　D. 外设→I/O 接口→CPU→内存

8. 在 DMA 方式下，数据从内存传送到外设的路径是（　　）。

A. 内存→CPU→总线→外设　　B. 内存→DMAC→外设

C. 内存→数据总线→外设　　D. 外设→内存

9. CPU 响应中断请求和响应 DMA 请求的本质区别是（　　）。

A. 中断请求响应靠软件实现

B. 速度慢

C. 控制简单

D. 响应中断请求时 CPU 仍然控制总线，而响应 DMA 请求时，CPU 要让出总线

10. 下面关于 8237A 可编程 DMAC 的叙述中，错误的是（　　）。

A. 8237A 有 4 个 DMA 通道

B. 8237A 的数据线为 16 位

C. 每个通道有硬件 DMA 请求和软件 DMA 请求两种方式

D. 每个通道在每次 DMA 传送后，其当前地址寄存器的值自动加 1 或减 1

二、填空题

1. 有的端口用来存放微处理器发来的命令，以便控制接口和外设的操作，这种端口称为____________端口。

2. CPU 从 I/O 端口的____________中获取外部设备的“忙”、“闲”和“准备好”等信息。CPU 通过 I/O 端口中的____________向外设发出“启动”和“停止”等信号。

3. I/O 端口是指__________________，选择具体端口的依据是____________。

4. DMAC 可处于____________、____________两种工作状态，DMAC 的传送方式（工作模式）有____________、____________、____________、____________ 4 种。

三、简答题

1. 什么是接口？计算机内为什么一定要配置接口电路？

2. 微型计算机的接口电路一般应具备哪些功能？

3. I/O 端口的编址方式有哪两种？各自的特点是什么？

4. CPU 与外设之间传送的信息有哪几种？相应的端口称为什么？

5. CPU 和外设之间的数据传送方式有哪几种？无条件传送方式通常用在哪些场合？

6. 相对查询传送，中断传送方式有什么优点？和 DMA 方式比较，中断传送方式又有什么不足？

四、程序编写

1. CPU 与外设采用查询传送方式传送数据的过程是怎样的？现有一输入设备，其数据端口的地址位为 FFE0H，状态端口的地址为 FFE2H，当其 D0 位为 1 时表明输入数据准备好。请编写采用查询方式进行数据传送的程序段，要求从该设备读取 100B 并输入到 2000H：2000H 开始的主存中。

2. 8237A 的端口基地址为 000H，要求通道 0 和通道 1 工作在单字节读传送方式，地址减 1 变化，无自动预置功能。通道 2 和通道 3 工作在数据块传送方式，地址加 1 变化，有自动预置功能。8237A 的 DACK 为高电平有效，DREQ 为低电平有效，用固定优先级方式启动 8237A 工作，试编写 8237A 的初始化程序。

5.5 项目挑战：了解奔腾系列微型计算机的 DMA 接口技术

440MX 芯片组内配备有 DMAC，DMAC 将两个 82C37（高性能可编程 DMAC）功能合并在一起。由 DMA 的各寄存器控制着 DMAC 的所有操作以及主机 CPU 经由 PCI 总线接口所进行的各种访问操作。

不论何时，440MX 芯片组内的控制器不是工作在主控方式下，就是工作在从属方式下。在主控方式下，DMAC 为某个 DMA（两个 82C37 中的一个）的从属设备，并根据 DMA 周期的请求进行 DMA 服务。但 440MX 控制器并不支持 ISA 主控方式。在从属方式下，440MX 芯片组同时监视 X-BUS 和 PCI 这两种总线，对输入/输出端口的读/写操作命令进行译码并予以响应，均是通过对 440MX 的寄存器的寻址操作实现的。

项目六　中断控制接口

【项目导读】

本项目主要讲解中断系统的基本知识，包括中断向量、中断向量表的有关知识；80486的中断处理过程；可编程中断控制器 Intel 8259A 的内部结构及外部引脚介绍，8259A 的中断过程及中断管理方式；8259A 的编程方式，并介绍了具体的应用。

【学习目标】

□掌握中断向量及中断向量表的有关知识。

□理解 80486 的中断处理过程。

□理解 Intel 8259A 的内部结构与外部引脚的功能。

□理解 8259A 的中断过程及中断管理方式。

□掌握 8259A 的编程方式。

【学习建议】

在了解 80486 中断系统的基础上，把重点放在理解 Intel 8259A 的工作原理及应用上。要清楚 8259A 的内部结构及外部引脚，理解 8259A 的中断过程及中断管理方式，掌握 8259A 的编程方式。本项目教学安排 16 学时，其中理论授课 10 学时，动手实践 6 学时。

6.1　项目开篇：什么是中断系统

中断是现代计算机系统中很重要的功能，是对微处理器的有效扩展。80×86 系统的中断是由 CPU 的中断管理机制、中断控制器和中断服务程序共同实现的。

80486 的中断可分为两大类：内部中断（软件中断）和外部中断（硬件中断），内部中断还包括 CPU 在执行指令的过程中产生错误所引起的异常情况，内部中断又称为异常中断或异常。在 80486 中，远过程调用也属于中断处理的范畴。图 6-1 是一个中断控制系统，使用两片中断控制器 8259A 级联管理硬件中断，可实现 15 级中断，IRQ0 ~ IRQ15 为微型计算机系统的硬件中断源。其主要特点如下：

1）主片的端口地址是 20H 和 21H，从片的端口地址是 A0H 和 A1H。

2）主、从片的中断请求信号均采用边沿触发方式。

3）主、从片均采用完全嵌套方式管理中断优先级，从片的 INT 端接 IR2 端，因此从片的中断请求都是经由主片的 IR2 发出，15 个中断源中断优先级由高至低的级别是：主 8259A 的 IR0、IR1，从片的 IR0 ~ IR7，主 8259A 的 IR3 ~ IR7，且不能改变。

4）采用非缓冲方式，主片的$\overline{SP}/\overline{EN}$接 5V，从片的$\overline{SP}/\overline{EN}$接地。

5）主、从片均采用一般中断结束方式。

6）主片 0 ~ 7 级中断号是 08H ~ 0FH，从片 8 ~ 15 级的中断号是 70H ~ 77H。

在刚才的介绍中，涉及中断请求、边沿触发、完全嵌套、优先级、中断号、缓冲方式，那么这些概念性的东西是什么，中断的原理是什么，中断系统又如何工作呢？我们在下面的

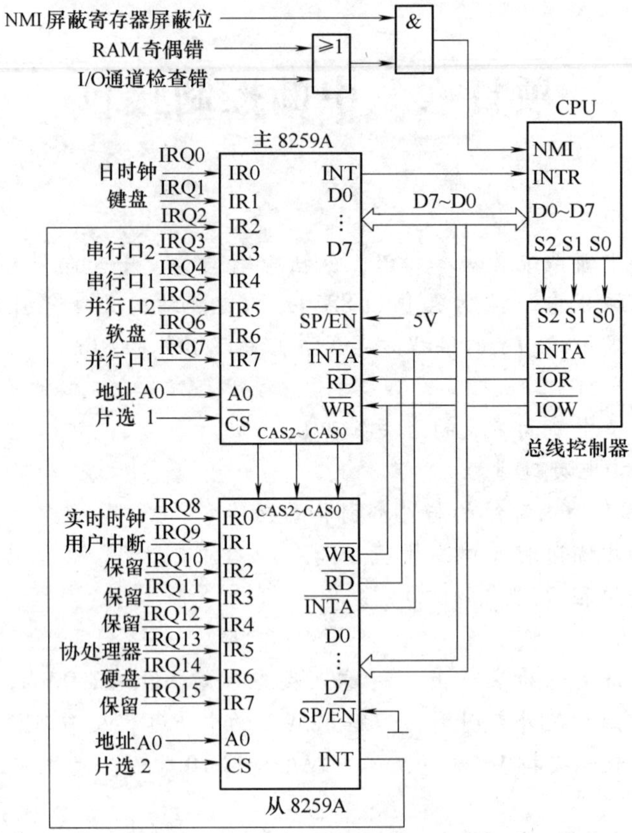

图 6-1 8259A 硬件级联结构图

内容中讨论这些内容。

6.2 项目备战：可编程中断控制器 8259A 的相关知识

任务 6.2.1 理解什么是中断向量表

在实地址模式下，中断向量表是使 CPU 转向中断服务程序的重要措施。

1. 中断向量

中断服务程序的入口地址就是中断向量，中断向量由两部分组成：服务程序所在代码段的段基址和服务程序入口的有效地址。

2. 中断向量表

80486 CPU 最多允许有 256 个中断源，系统为每个中断分配一个代号，称其为中断类型码，对应中断类型号 0 ~ 255。

在实地址模式环境下，80486 在存储器的最低 1KB 的地址（即物理地址为 00000 ~ 003FFH 的存储空间）建立一个中断向量表，用以存储 256 个中断向量，每个中断向量 32 位，占用 4 个存储单元，其中两个低位字节存放偏移地址的 IP 值，两个高位字节存放段基地址 CS 值。每个中断向量按其中断类型号在中断向量表中顺序存放。图 6-2a 给出了 n 型中断向量 4 个字节的存放规律以及 n 型中断向量和存放该向量的单元地址之间的关系。例如，“INT 21H” 是中断类型号为 21H，中断源的中断向量存放地址为 0000：0084H ~ 0000：0087H，其中，0084H 和 0085H 两个单元存放 21H 中断服务入口地址的 IP 值，0086H 和 0087H 两个单元存放 CS 值，以此类推。图 6-2b 给出了 0 ~ 255 型中断向量的排列规律。

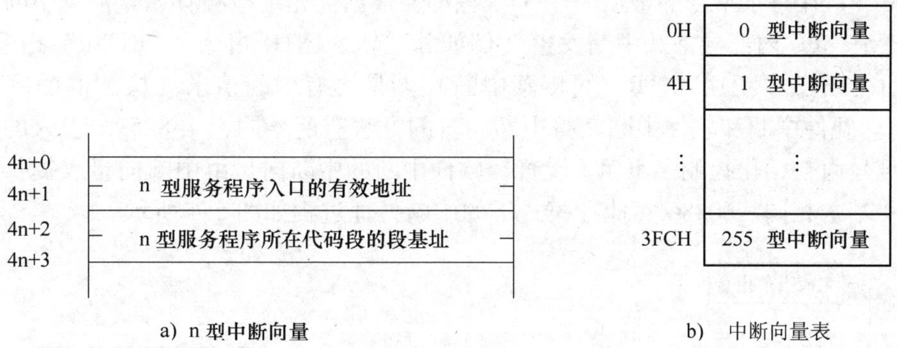

图 6-2　中断向量和中断向量表

3. 中断向量表的引导作用

CPU 响应中断后，中断向量将引导 CPU 去执行相应的中断服务程序。图 6-3 形象地说明了 CPU 执行 “INT 21H” 指令时，中断向量的引导作用。

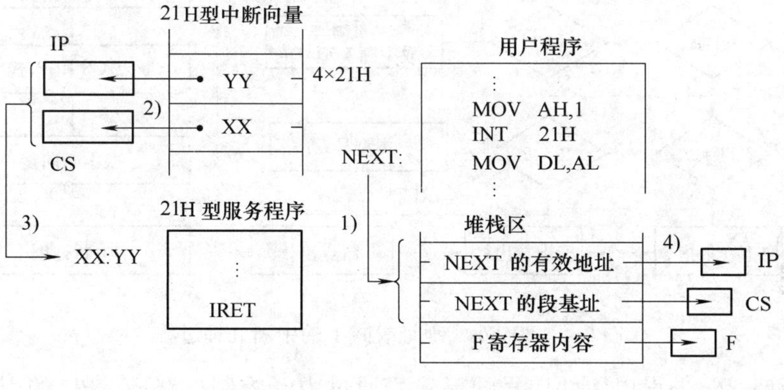

图 6-3　中断向量的引导作用

启动 DOS 后，假设 21H 型服务程序被放在地址等于 XX：YY 开始的存储区，中断点向量 XX：YY 存放在 4 ×21H ~4 ×21H +3 的单元中。

CPU 执行用户程序，当取出 “INT 21H” 指令后，CS：IP 必定等于标号 NEXT 所在单元的物理地址。执行 “INT 21H” 之后：

1）F 寄存器内容，CS、IP 的当前值被压入堆栈。

2）CPU 从 4 ×21H ~4 ×21H +3 的单元中取出 21H 型中断向量写入 IP、CS 中。

3）CPU 根据 CS：IP 的值转向 21H 型服务程序。

4）当 21H 型服务程序执行完毕，执行 IRET 指令时，CPU 从栈顶弹出 NEXT 的两个分量送至 IP、CS，接着弹出响应中断前的标志寄存器内容送至标志寄存器。

5）CPU 根据 CS：IP 返回断点 NEXT，执行 “MOV DL，AL” 完成中断全过程。

从上述过程可以看出，中断向量的作用就是引导 CPU 执行相应的中断服务程序。

4. 80486 实地址模式下的中断处理过程

80486 在实地址模式下，中断处理的过程比较简单，仅用中断向量即可找到中断服务程序入口。

80486 CPU 在每条指令的最后一个 T 状态都要根据优先级检测有无异常及中断发生，首先检测是否有 CPU 内部异常及中断发生（例如除法错、INTO 指令、“INT n” 指令等），再检测 NMI（非屏蔽中断）、INTR（可屏蔽中断）端是否有中断请求（检测的顺序就是优先级的顺序）。硬件中断和软件中断获得中断向量的方法有所不同，由 8259A 引入的硬件中断的中断类型号由初始化控制字 ICW2 设置，软件中断的中断向量由中断向量表提供，其他中断处理过程基本相同。80486 实地址模式下的中断处理过程如图 6-4 所示。

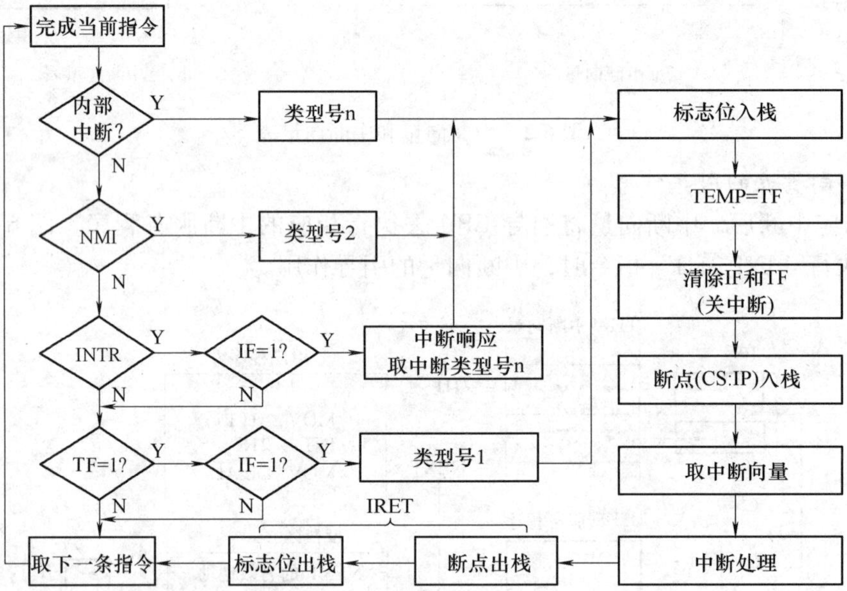

图 6-4　80486 实地址模式下的中断处理过程

（1）中断请求　外设以硬件信号的形式，通过中断控制电路向 CPU 的引脚提出有效的中断请求信号。

（2）中断响应　CPU 完成当前指令后，且没有更高级的请求信号发生，就进入中断响应周期。当查询到有内部中断发生时，中断类型号 n 由 CPU 内部形成或由指令本身提供；当查询到有 NMI 请求，自动转入中断类型 2 进行处理；当查询到有 INTR 请求时，中断类型号 n 由请求设备在中断响应周期自动给出；当查询到单步请求 TF＝1，并且在 IF＝1 时，自动转入中断类型 1 进行处理。

（3）关中断　CPU 在响应中断后将自动关闭中断，不经用户打开，CPU 不再受理其他的中断请求。

（4）断点保护　CPU 将自动保护断点地址以及处理器当前状态，以便中断结束后恢复原来的程序状态。对 80×86 来说，中断响应时，标志寄存器 FLAGS 和 CS、IP 将被压入堆栈保护，待中断返回时再予以恢复。其他要保护的内容，需在中断服务程序中进行。

(5) 中断源识别　识别中断来源，并找到相应中断处理程序入口，这一步操作要视中断接口的情况，分别通过软件或硬件的方法来完成，也可能在中断服务中再进行这项工作。当多个中断源同时提出请求时，还需要进行优先级别的判断。

以下工作，将在中断服务程序中进行。

(6) 现场保护　将中断前一刻CPU的工作环境，主要是把各寄存器的内容保护起来。

(7) 中断服务　从中断向量表地址为4n存储单元中取出中断向量送CS、IP，继而CPU执行中断处理事务。

(8) 恢复现场　完成中断服务后，CPU准备返回断点，继续原来的工作，此时应恢复原来的工作环境。如果现场是压栈保护的，恢复时应注意数据的出栈顺序。

(9) 开中断　由于CPU响应中断后，已自动关闭中断，所以只要不开中断，在整个中断过程中，CPU不可能再响应其他的中断。因此，在中断返回的前一刻应执行STI指令开中断，这样，CPU在中断返回后还可以再次响应中断。

(10) 中断返回　通过中断返回指令（IRET），CPU将断点地址从堆栈中弹出，使程序返回原来的断点。但中断返回指令不同于一般的返回指令（RET），它会进行一些恢复工作。例如80×86的中断返回指令除了恢复断点外，还恢复标志寄存器的内容。

5. *中断向量表初始化

中断服务程序的入口地址（中断向量）必须在中断之前写入中断向量表中，常用方法如下：

方法1：直接编程填写中断向量表。例如，某中断源的中断向量码为40H，中断服务程序的入口地址为INTF。初始化中断向量表的程序如下：

```
MOV  AX, 0000H
MOV  DS, AX
MOV  SI, 0100H                  ；中断向量地址：40H×4=0100H
MOV  AX, OFFSET  INTF           ；取中断向量偏移地址
MOV  [SI], AX
MOV  AX, SEG  INTF              ；取中断向量段基地址
MOV  [SI+2], AX
```

方法2：通用DOS系统调用填写中断向量表。例如，若在DOS下工作，可采用DOS系统功能调用“INT 21H”的25H功能号，其调用方法是：AH←25H；AL←中断向量码；DS：DX←中断向量段基地址：偏移地址。程序如下：

```
MOV  AH, 25H                    ；功能号
MOV  AL, 40H                    ；中断类型号
MOV  DX, SEG  INTF              ；取中断向量段基地址
MOV  DS, DX
MOV  DX, OFFSET  INTF           ；取中断向量偏移地址
INT  21H
```

综上所述，中断类型码和中断向量通过中断向量表联系在一起。

6. *80486在保护模式下的中断处理过程

在多任务操作系统（例如Windows、UNIX）管理下，80486工作在保护模式的时候，对

存储器实现分段、分页管理以及特权保护，仅用中断向量描述中断服务程序的属性是不够的，于是，在保护模式下采用“中断描述符”来描述服务程序，用中断描述符表（IDT）来管理各种中断。

中断描述符是在保护模式下全面描述中断服务程序属性的数据结构，一个中断描述符由 8B 组成，并对应一个中断源。中断描述符格式如图 6-5 所示。

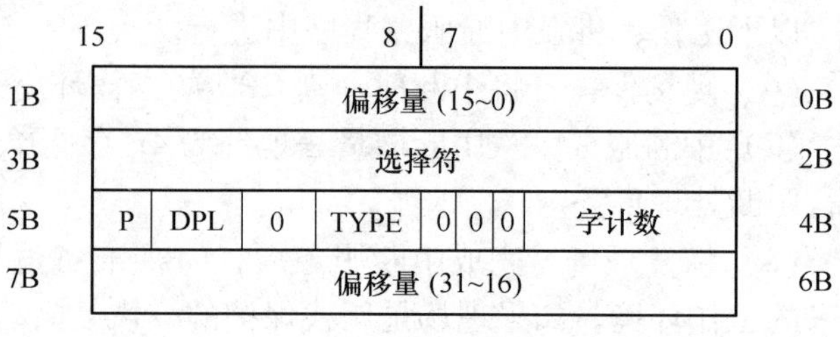

图 6-5 中断描述符格式

P 位：P = 0，描述符无效，即该描述符描述的存储区在物理存储器中不存在；P = 1，描述符有效。

DPL 位：描述符特权级，占两位。在保护模式下，CPU 调用中断服务程序或远过程时，要进行特权级检查和保护性检查，服务程序段的特权级必须大于或等于被中断程序的特权级，才能被执行。

TYPE：TYPE = 0101 为任务门；TYPE = 1100 为调用门；TYPE = 1110 为中断门；TYPE = 1111 为异常门。

字计数：只对调用门有意义，它说明在调用子程序时，需从调用程序堆栈区复制到子程序堆栈区中的参数个数。

选择符和偏移量：对于中断门、异常门和调用门，选择符和偏移量共同表示服务程序或子程序的入口地址。

中断描述符又称为门描述符，CPU 用“门”来控制从一段程序到另一段程序的转换，或从一个任务到另一个任务的转换，得到目的程序的入口地址，并在此过程中自动进行保护性检查。

与中断向量表相似，中断描述符表是将中断描述符按中断源类型号和顺序排列在一起，它最多可包含 256 个中断描述符，中断描述符表占 2KB 的存储空间。

80486 在保护模式下，中断描述符表（IDT）可放在主存的任意区间，它在主存中的基地址放在 CPU 内部的中断描述符表寄存器（IDTR）中，IDTR 用于存放 IDT 的 32 位线性基地址和 16 位界限值。根据基地址和中断类型号来定位中断描述符，IDTR 与 IDT 的关系如图 6-6 所示。由中断描述符中的选择符和偏移量决定了中断服务程序的入口地址。

保护模式下中断调用过程如图 6-7 所示。当 CPU 响应外部中断请求或执行某条指令产生异常时，根据中断或异常的类型号 n，从中断描述符表（IDT）中找到相应的中断门，由中断描述符中的段选择符指向全局描述符表（GDT）或局部描述符表（LDT）中的目标段描述符，此目标段描述符内的段基地址指向中断服务程序代码段的基地址，由该基地址与中断描述符中的偏移量之和形成中断服务程序入口。

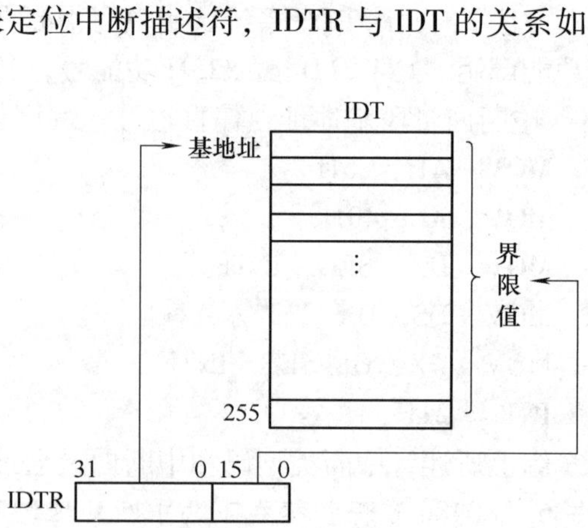

图 6-6 IDTR 与 IDT 的关系

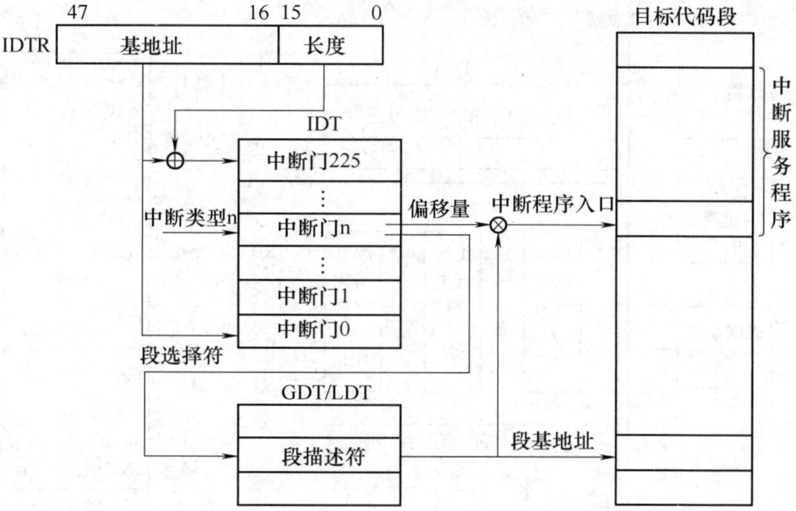

图6-7　保护模式下中断调用过程

具体实现方法如下：

1）根据中断类型号 n，得到中断门在 IDT 中的起始地址，即起始地址 = IDT 的基地址 +8n。

2）由中断门中的段选择符，从 GDT 或 LDT 中取出段描述符。

3）根据段描述符中提供的段基址和中断描述符中提供的偏移地址，合成中断服务程序的入口地址。

任务 6.2.2　了解可编程中断控制器 8259A 的内部结构及引脚功能

80×86 CPU 只有 INTR 和 NMI 两个引脚接收外部硬件发出的中断请求，不便于管理多个中断源。8259A 是 Intel 公司设计的专用集成电路，用于管理外部中断源，它采用 NMOS 工艺，可完成中断优先级排队、中断源识别、产生中断向量及进行中断屏蔽等功能。

8259A 是可编程的中断控制器，它的工作方式完全由程序来设定，而无需硬件的改变或附加外部电路。每一片 8259A 可管理 8 级优先级中断，两片 8259A 级联可管理 15 级优先级中断，多片级联最多可构成 64 级优先级管理系统。

8259A 的内部结构框图及引脚信号如图 6-8 所示。

1. 中断请求寄存器 IRR（8 位）

IRR 用于寄存外部的中断请求，8 个中断请求分别由引脚 IR0～IR7 输入到 8259A。当任意一个引脚 IRi 变为高电平时，IRR 的对应位 IRRi 置 1，表示有中断请求；否则 IRRi 置 0，表示无中断请求。

2. 优先级电路 PR

在多中断源的系统中，可能多个中断源同时向 CPU 发出中断请求，或者 CPU 在响应某个中断请求时，又有新的中断源发出中断请求，但 CPU 一般只有一条中断请求输入信号线，即某一时刻只能响应一个中断源的中断请求。

在多中断源的系统中，用硬件或软件按各中断源任务的轻重缓急安排它们的优先级。当

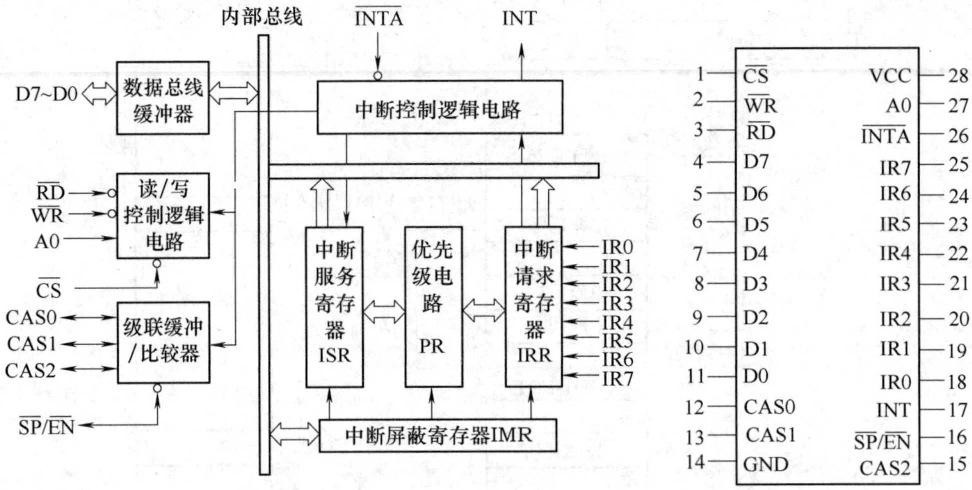

a) 内部结构框图　　　　b) 引脚信号

图 6-8　8259A 的内部结构框图及引脚信号

多中断源同时请示中断时，CPU 辨别和比较它们的优先级，进行中断排队，先响应优先级别最高的中断请求；当 CPU 正在进行较低级中断源的中断服务时，若出现中断优先级更高的中断请求，CPU 暂停目前正在进行的中断服务，响应新的中断源的中断请求，服务完毕，再返回继续完成被中断的较低级的中断服务，直至最后返回主程序。

优先级电路 PR 用于比较、判断保存在 IRR 中的各个中断请求的优先级别，并选出优先级最高的中断请求存储在中断服务寄存器 ISR 中。PR 还比较、判断 CPU 正在服务的中断级别和新进入 IRR 的中断级别。PR 判断哪个中断请求具有最高优先级，并在$\overline{\text{INTA}}$脉冲期间把它置入中断服务寄存器 ISR 的相应位。

3. 中断服务寄存器 ISR（8 位）

中断服务寄存器 ISR 用于记录所有正在被服务的中断源，若某个中断请求 IRi 被响应，CPU 正在执行它的中断服务程序，则 ISR 的对应位 ISRi 置位且状态将保持到该中断请求被处理完毕。当收到中断结束命令后，该位复位，若优先级较高的中断源中断了优先级较低的中断源的处理过程，则两个中断源的 ISR 对应位都为 1。

4. 中断屏蔽寄存器 IMR（8 位）

中断屏蔽寄存器 IMR 用于存放用户写入的中断屏蔽字，IMR 的每一位可对 IRR 中对应的中断请求进行屏蔽。若 IMRi 位对应的中断请求被屏蔽，便不可能进入优先级电路；若 IMRi 位为 0，则对应的中断请求是开放的。

5. 中断控制逻辑电路

中断控制逻辑电路是 8259A 内部的控制电路，有两组可编程的命令字寄存器，它们分别存储初始化命令字 ICW1 ~ ICW4 和操作命令字 OCW1 ~ OCW3。这些命令字经译码后产生内部控制信号，根据中断请求和中断优先级的判别结果，向 CPU 发出中断请求信号 INT，并接收来自 CPU 的中断响应信号$\overline{\text{INTA}}$，控制 8259A 进入中断服务。

在 80486 CPU 中，中断响应信号由两个连续的负脉冲组成，第一个负脉冲作为中断响应，第二个负脉冲结束时，CPU 读取 8259A 送到数据总线上的中断类型号。

6. 数据总线缓冲器

数据总线缓冲器是与系统总线的接口，它是双向三态缓冲器。所有 CPU 对 8259A 编程时的控制命令字都是通过它写入的，而且 8259A 的状态信息以及中断响应期间的中断向量也是通过它提供给 CPU 的。

作为一个能与系统数据总线直接相连的芯片，都应设置数据总线缓冲器。在该芯片被选中时提供与系统数据总线的传送通道，在该芯片未选中时使芯片内部的数据线与系统数据总线“脱开”（呈现高阻抗），这样不影响 CPU 与其他芯片的联系。

7. 读/写控制逻辑电路

读/写控制逻辑电路实现 CPU 对 8259A 的读/写操作。这部分电路有 4 个引脚：$\overline{CS}$、$\overline{WR}$、$\overline{RD}$和 A0，其作用简述如下。

$\overline{CS}$：片选信号，当其为低电平有效时，该 8259A 被选中，允许 CPU 对其进行读/写操作，一般由高位地址线通过译码器产生片选信号。

$\overline{WR}$：写控制信号，当其为低电平有效时，CPU 把命令字写入相应的命令寄存器。

$\overline{RD}$：读控制信号，当其为低电平有效时，CPU 读取 8259A 内部寄存器的内容。

A0：端口选择信号，8259A 具有两个端口地址，A0 用于内部端口地址选择，一般直接连到 CPU 的地址线 A0 或其他地址线上。

8259A 的端口地址分配及读/写操作功能见表 6-1。

表 6-1　8259A 的端口地址分配及读/写操作功能

$\overline{CS}$	$\overline{WR}$	$\overline{RD}$	A0	D4	D3	功　能
0	0	1	0	1	×	写 ICW1
0	0	1	1	×	×	写 ICW2
0	0	1	1	×	×	写 ICW3
0	0	1	1	×	×	写 ICW4
0	0	1	1	×	×	写 OCW1
0	0	1	0	0	0	写 OCW2
0	0	1	0	0	1	写 OCW3
0	1	0	0	×	×	读 IRR
0	1	0	0	×	×	读 ISR
0	1	0	1	×	×	读 IMR
0	1	0	1	×	×	读状态

注：D4、D3 为对应寄存器中的标志位。

在 8259A 内部有两组命令字：一组为初始化命令字 ICW，用于设置 8259A 的工作方式；另一组为操作命令字 OCW，用于设置 8259A 的中断结束方式等。由于 8259A 受端口选择线 A0 的限制，片内寄存器只能使用两个端口地址，因此多个寄存器使用了相同的端口。为了区别不同的寄存器，有的寄存器设置了标志位，有的寄存器由规定的读/写顺序来加以区分。

8. 级联缓冲/比较器

8259A 既可以工作于单片方式，也可以工作于多片方式，图 6-9 所示为多片级联方式。

$\overline{SP}/\overline{EN}$为双向双功能引脚。用做输入时，决定此 8259A 是主片还是从片，为 1，则为主片，否则为从片；用做输出时，用于选通 8259A 至 CPU 间的数据总线缓冲器。

引脚 CAS2 ~ CAS0 为级联信号线。主 8259A 和所有从 8259A 的 CAS2 ~ CAS0 对应相连，主片的 CAS2 ~ CAS0 是输出信号线，从片的 CAS2 ~ CAS0 是输入信号线。每个从片的中断请求信号 INT，连至主片的一个中断请求输入端 IR。主片的 INT 线连至 CPU 的中断请求输入端 INTR。

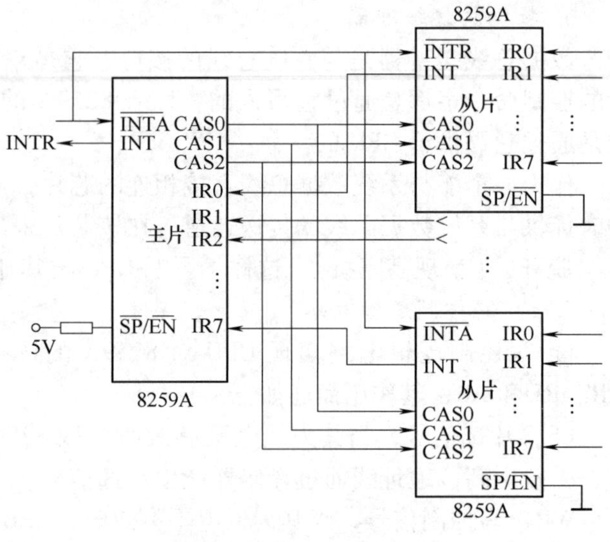

图 6-9 8259A 的级联方式

任务 6.2.3 掌握 8259A 的中断过程

8259A 的中断过程就是微型计算机系统响应可屏蔽中断的过程，这一过程可简单描述如下：

1）中断请求信号由引脚 IR0 ~ IR7 进入中断请求寄存器 IRR 寄存，使其对应位置 1。

2）未被中断屏蔽寄存器 IMR 所屏蔽的中断请求被送到优先级电路 PR 进行判优。

3）经过优先级电路的判别，选中当前级别最高的中断源，然后从引脚 INT 向 CPU 发出中断请求信号。

4）如果 CPU 处于开中断的状态，则在执行完当前指令后，CPU 向 8259A 发出中断响应信号$\overline{INTA}$（两个负脉冲）。

5）8259A 从引脚$\overline{INTA}$接收第一个中断响应信号（即第一个负脉冲）后，立即使优先级最高的中断源在 ISR 中的对应位置 1，同时把中断请求寄存器中的相应位清 0。

6）8259A 从引脚$\overline{INTA}$接收第二个中断响应信号（即第二个负脉冲）后，向 CPU 的数据总线发出 8 位的中断类型号 n。

7）在实地址模式下，CPU 从 4n ~ 4n + 3 单元取出该中断源的中断向量送至 CS：IP，从而引导 CPU 执行该中断源的中断服务程序。

任务 6.2.4 了解 8259A 的中断管理方式

8259A 的中断管理十分灵活，对中断优先级的管理是其中管理的核心，8259A 的中断管理方式如图 6-10 所示。

1. 中断触发方式

8259A 有以下两种中断触发方式。

（1）边沿触发方式 当 IR0 ~ IR7 出现低电平到高电平的跃变时，表示有中断请求。在

- 8259A中断管理方式
  - 中断触发方式
    - 边沿触发方式
    - 电平触发方式
  - 中断屏蔽方式
    - 常规屏蔽方式
    - 特殊屏蔽方式
  - 中断优先级管理方式
    - 完全嵌套方式
    - 特殊嵌套方式
    - 优先级循环方式
      - 自动优先级循环方式
      - 特殊优先级循环方式
  - 中断结束方式
    - 自动中断结束方式
    - 非自动中断结束方式
      - 普通中断结束方式
      - 特殊中断结束方式
  - 总线连接方式
    - 缓冲方式
    - 非缓冲方式

图 6-10　8259A 的中断管理方式

CPU 响应中断，8259A 收到第一个中断响应脉冲之前，同一个输入端不应当出现第二次低电平到高电平的跃变，否则第一次跃变（即中断请求）可能被丢失。80×86 微型计算机系统采用边沿触发方式。

（2）电平触发方式　当 IR0～IR7 出现高电平时，表示有中断请求。高电平必须要持续到 CPU 响应该中断请求，而且要保持到 8259A 收到第一个中断响应脉冲之前，否则本次中断可能被丢失。当中断服务结束，对应的 ISRi 被清 0 之前，IRi 的高电平必须撤销，否则可能引起第二次中断。

2. 中断屏蔽方式

8259A 有以下两种中断屏蔽方式。

（1）常规屏蔽方式　将中断屏蔽寄存器的某一位置 1，即可屏蔽相应级别的中断请求。例如，在初始化编程之后，在主程序或者某个服务程序中把 11111100 写入中断屏蔽寄存器，即可屏蔽 IR7～IR2 的中断请求，而开放 IR1～IR0 中断。

（2）特殊屏蔽方式　通常情况下，当一个中断被响应时，禁止同级和较低级别的中断请求。而特殊屏蔽方式的功能是：当一个中断被响应时，仅仅屏蔽同级别的再次中断，而允许较低或者较高级别的中断源中断正在执行的服务程序。

在 80×86 微型计算机系统中，采用常规屏蔽方式。

3. 中断优先级管理方式

8259A 对中断优先级管理有以下三种主要方式。

（1）完全嵌套方式　完全嵌套方式又称为固定优先级方式，也是使用最多的一种工作方式。在这种方式下，中断请求 IR0～IR7 的优先级别是固定的，即 IR0 最高，IR7 最低。中断请求后，8259A 对当前优先级最高的请求 IRi 予以响应，将其向量号送上数据总线，对应 ISR 的 Di 位置位，直到中断结束，Di 位复位。在 ISR 的 Di 位置位期间，禁止再发生同级和低级优先级的中断，但允许高级优先级的嵌套。

（2）特殊嵌套方式　在这种方式下，当处理某一级中断时，如果有同级中断请求，CPU 也会予以响应，实现对同级中断请求的特殊嵌套。

多片级联时，主片编程工作于特殊嵌套方式，从片编程工作于完全嵌套方式。当来自某从片的中断请求正在被处理时，遵循完全嵌套方式的原则，CPU 会响应来自主片上较高优先级的中断请求，但是对同一从片中较高优先级的中断请求（对主片而言是同级中断）也会响应。当然对同一从片中较低优先级的中断请求，CPU 是不会响应的，因为经从片优先级电路的裁决，该片不可能向 CPU 发出中断请求。

（3）优先级循环方式　这种方式用于多个中断源优先级相同的情况。在这种方式下，IR0 ~ IR7 的优先级别是可变的，一个中断源的中断服务完成后，其优先级自动降为最低，而原先比它低一级的中断源自动升为最高级。例如，设初始优先级 IR0 为最高优先级，如图 6-11a 所示，当 IR0 有中断请求，CPU 响应中断后，IR0 的优先级自动降为最低，其优先级队列随之自动调整为图 6-11b 所示情况。

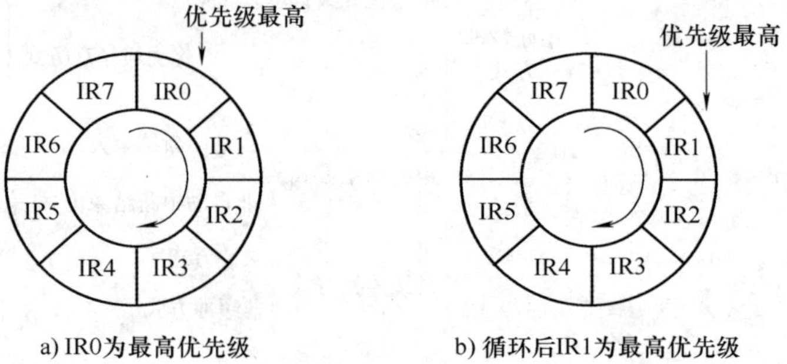

图 6-11　优先级循环方式示意图

CPU 中断处理结束时，向 8259A 发出具有优先级循环功能的中断结束命令，就可以实现优先级的自动循环。

优先级循环方式可分为自动优先级循环方式和特殊优先级循环方式，图 6-11 属于自动优先级循环方式。特殊优先级循环方式是用户根据要求用置优先级命令指定最低优先级。例如，确定 IR4 为最低优先级，那么优先级从高到低的顺序就是 IR5、IR6、IR7、IR0、…、IR4。

在 80×86 微型计算机系统中，采用完全嵌套方式。

4. 中断结束方式

CPU 响应中断源的中断请求并为其服务时，8259A 就会使 ISR 的对应位置 1，中断服务结束后，该位清 0，以便再次接收同级中断，这个清 0 的动作就结束了中断过程。8259A 分自动中断结束方式和非自动中断结束方式，而非自动中断结束方式又分为普通中断结束方式和特殊中断结束方式。

（1）自动中断结束方式　这种方式只适用于一片 8259A，且无中断嵌套的系统。在自动中断结束方式中，当第二个中断响应信号送达 8259A 时，8259A 自动将 ISR 的对应位清 0，所以，尽管 CPU 正在为某个中断源服务，但 8259A 的 ISR 却没有相应位作指示。只要中断是开放的，它就会接收优先级较低或同级中断源的服务请求。为避免该情况的发生，CPU 进入中断服务程序前必须关中断。

（2）普通中断结束方式　这种方式适用于完全嵌套的优先级管理方式。在中断服务程序返回主程序（执行 IRET）之前，CPU 向 8259A 发一个中断结束命令，8259A 便将 ISR 中优先级最高的置 1 位清 0。一般中断结束命令是由设置操作命令字 OCW2 中的 EOI = 1、SL = 0、R = 0 实现的。

在完全嵌套方式中，中断优先级是固定的，ISR 中优先级最高的置 1 位必定对应于正在处理的中断源，所以该位的清 0 相当于结束了当前正在处理的中断。

（3）特殊中断结束方式　在非完全嵌套方式下，用 ISR 无法确定当前正在处理的中断是哪级中断，这时应选择特殊中断结束方式。在中断服务程序执行 IRET 指令之前，CPU 向 8259A 发出特殊中断结束命令，此时，用 OCW2 中的 L2、L1、L0 位指出 ISR 中需要清 0 的位。

在多片级联方式下，一般不用自动中断结束方式，而用非自动中断结束方式。这时，不管是用普通中断结束方式，还是用特殊中断结束方式，当中断服务程序结束时，都必须发两次中断结束命令，一次对主片发出，另一次对从片发出。

任务 6.2.5　掌握 8259A 的编程及应用

在 8259A 工作之前，必须对其进行初始化编程，规定其中断优先级管理方式、中断结束方式及级联方式等，这段程序一般称为对可编程器件的初始化。经过初始化编程之后，在使用过程中只需进行应用编程即可。

初始化包括两部分：第一部分是写入初始化命令字，即向 8259A 写入初始化命令字 ICW1～ICW4，写入顺序如图 6-12 所示。其中，ICW1 和 ICW2 是必须送的，而 ICW3 和 ICW4 是由工作方式（ICW1 的有关位）决定的。

第二部分是写入操作命令字，8259A 通过预置命令字初始化后，将自动进入操作模式。操作命令字 OCW1～OCW3，无写入顺序，可在初始化后的任何时刻写入，并可进行改写。操作命令字可改变 8259A 的操作方式，以实现对中断处理过程的动态控制。

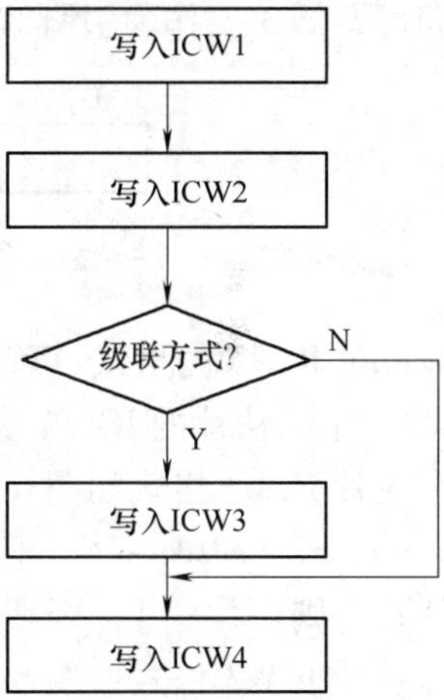

图 6-12　初始化命令字写入顺序

1. 初始化命令字 ICW

（1）ICW1 的格式　ICW1 的格式如图 6-13 所示。

其中“/”表示此位没有定义，可取任意值。

D7～D5 位未定义，通常设置为 0。

D4：恒为 1，是 ICW1 的标志位。

D3（LTIM）：设置中断请求信号的触发方式，“1”为高电平触发，“0”为上升沿触发。

D2（ADI）：设置调用时间间隔，在 80×86 CPU 中无效。

D1（SNGL）：设置 8259A 单片/级联工作方式，“0”为多片级联方式，“1”为单片方式。

D0：该位为 1，表示需要写入 ICW4，在 80×86 中需要定义 ICW4＝1。

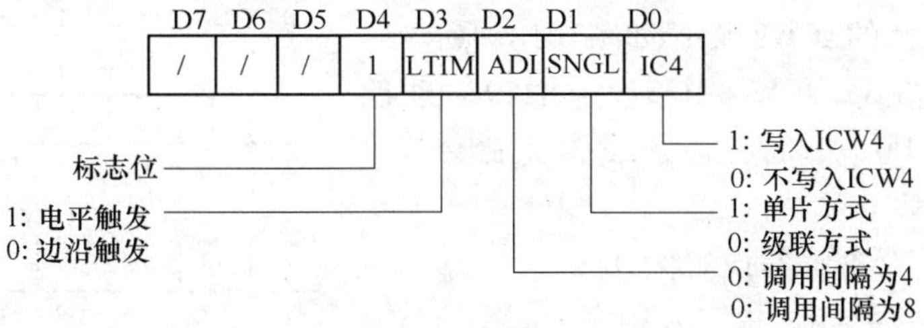

图 6-13　ICW1 的格式

（2）ICW2 的格式　ICW2 的格式如图 6-14 所示，ICW2 用以设置中断类型号。

D7～D3：用户指定的中断类型号的高 5 位。

D2～D0：中断类型号的低 3 位，由 8259A 芯片引脚 IR 的编号决定，IR0 的编码是 000，IR1 的编码是 001，……，IR7 的编码是 111。

CPU 写入 8259A 的初始化命令字 ICW2，为 8259A 提供了一个中断类型号的初值，对应中断请求信号 IR0，IR0～IR7 的中断类型号是连续的。例如，若 ICW2 写入 50H，则 IR0～IR7 对应的中断类型号为 50H～57H，如图 6-15 所示。从图中可以看出，初始化时设置 ICW2 的高 5 位即可，低 3 位作为引脚编号与设置无关。

D7	D6	D5	D4	D3	D2	D1	D0
T7	T6	T5	T4	T3	ID2	ID1	ID0

（D7～D3：用户定义）

ID2	ID1	ID0	
0	0	0	—— IR0
0	0	1	—— IR1
0	1	0	—— IR2
0	1	1	—— IR3
1	0	0	—— IR4
1	0	1	—— IR5
1	1	0	—— IR6
1	1	1	—— IR7

图 6-14　ICW2 的格式

D7	D6	D5	D4	D3	D2	D1	D0
0	1	0	1	0	0	0	0

图 6-15　ICW2 的设定

（3）ICW3 的格式　ICW3 是级联命令字，ICW1 中的 SNGL＝0 表示级联使用，需写入 ICW3。主、从片的 ICW3 设置不同。

主片 ICW3 格式如图 6-16 所示。

S0～S7 与 IR0～IR7 相对应，指出主片的哪个中断请求输入端接有从片，若某 IR 端接有从片，则该位置 1，否则置 0。

从片 ICW3 格式如图 6-17 所示。

D7	D6	D5	D4	D3	D2	D1	D0
S7	S6	S5	S4	S3	S2	S1	S0

图 6-16　主片 ICW3 格式

D7	D6	D5	D4	D3	D2	D1	D0
0	0	0	0	0	ID2	ID1	ID0

图 6-17　从片 ICW3 格式

D2（ID2）～D0（ID1）指出该从片接入主片中断输入端 IR 的编码，000～111 的编码分别对应 IR0～IR7，如从 8259A 接到主 8259A 的 IR6，则从 8259A 的 D2D1D0 编码为 110。D7～D3 未用，通常设置为 0。

例 6-1　主片 8259A 的 IR1 和 IR5 上接有从片，试写出主片和从片的 ICW3。

解：主片和从片的 ICW3 设置如图 6-18 所示。

主片ICW3

0	0	1	0	0	0	1	0
D7	D6	D5	D4	D3	D2	D1	D0

从片(1)ICW3

0	0	0	0	0	0	0	1
D7	D6	D5	D4	D3	D2	D1	D0

从片(2)ICW3

0	0	0	0	0	1	0	1
D7	D6	D5	D4	D3	D2	D1	D0

图 6-18　主片和从片的 ICW3 设置

（4）ICW4 的格式　ICW4 用于设定 8259A 的工作方式，ICW1 的 D0＝1 时，必须设置此命令字。格式如图 6-19 所示。

D7～D5：未定义，通常设置为 0。

D4（SFNM）：D4＝0，指定采用完全嵌套方式；D4＝1，指定采用特殊嵌套方式。

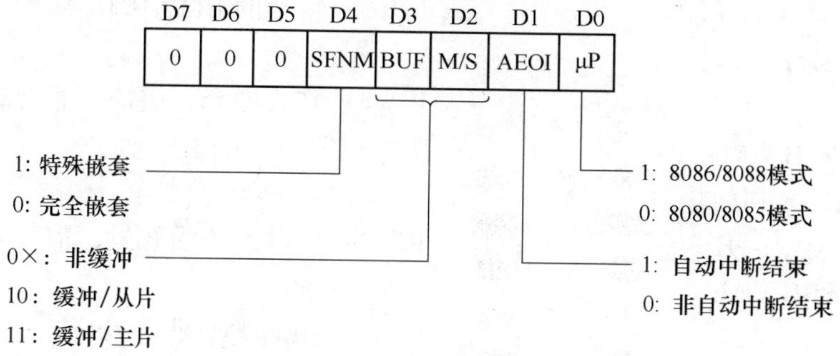

图 6-19　ICW4 格式

D3（BUF）：指出 CPU 的数据总线是否需要增加缓冲器，D3 = 0，为非缓冲方式；D3 = 1，为缓冲方式。

D2（M/S）：指出在缓冲方式下，本片是主片还是从片。它与 D3 位配合使用，当 D3 = 0 时，D2 不起作用；当 D3 = 1、D2 = 0 时，本片为从片；当 D3 = 1、D2 = 1 时，本片为主片。

D1（AEOI）：设置 8259A 的中断结束方式。D1 = 0，为非自动中断结束方式；D1 = 1，为自动中断结束方式。

D0：设置 CPU 的模式。μP = 1，为 8086/8088 模式；μP = 0，为 8088/8085 模式。

例 6-2　某微型计算机系统使用一片 8259A 管理中断，中断请求由 IR2 引入，工作方式采用边沿触发、完全嵌套和非自动中断结束，中断类型号为 50H，设端口地址为 20H 和 21H，试编写初始化程序。

解：根据题意，写出 ICW1、ICW2、ICW4 的格式，按照初始化流程图写入。初始化程序段如下：

```
MOV    AL, 13H          ; 单片，边沿触发，需要写入 ICW4
OUT    20H, AL          ; 写入 ICW1
MOV    AL, 50H          ; 中断类型号为 50H
OUT    21H, AL          ; 写入 ICW2
MOV    AL, 01H          ; 完全嵌套，非自动中断结束
OUT    21H, AL          ; 写入 ICW4
```

例 6-3　某微型计算机系统使用主、从两片 8259A 管理中断，从片中断请求 INT 与主片的 IR2 连接。设主片工作于特殊嵌套、缓冲和非自动中断结束方式，中断类型号为 50H，端口地址为 20H 和 21H；从片工作于完全嵌套、非缓冲和非自动中断结束方式，中断类型号为 70H，端口地址为 80H 和 81H。试编写主、从片的初始化程序。

解：根据题意，可对主片 8259A、从片 8259A 进行初始化。

```
; 主片 8259A 的初始化
MOV    AL, 11H          ; 写入 ICW1：级联，边沿触发，需写入 ICW4
OUT    20H, AL
MOV    AL, 50H          ; 写入 ICW2：中断类型号为 50H
OUT    21H, AL
```

```
MOV     AL, 04H           ; 写入ICW3: 主片的IR2引脚接从片
OUT     21H, AL
MOV     AL, 1DH           ; 写入ICW4: 特殊嵌套, 缓冲, 非自动中断结束
OUT     21H, AL
; 从片8259A初始化
MOV     AL, 11H           ; 写入ICW1: 级联, 边沿触发, 需写入ICW4
OUT     80H, AL
MOV     AL, 70H           ; 写入ICW2: 中断类型号为70H
OUT     81H, AL
MOV     AL, 02H           ; 写入ICW3: 从片接主片的IR2引脚
OUT     81H, AL
MOV     AL, 01H           ; 写入ICW4: 完全嵌套, 非缓冲, 非自动中断结束
OUT     81H, AL
```

2. 操作命令字 OCW

8259A 工作期间，可以随时接收操作命令字 OCW。OCW 共有 3 个，它没有写入顺序，任何时候均可写入。

（1）OCW1 的格式　OCW1 是中断屏蔽命令字，其内容被存入中断屏蔽寄存器 IMR 中，对外部中断请求信号 IRi 实行屏蔽格式，如图 6-20 所示。

D7	D6	D5	D4	D3	D2	D1	D0
M7	M6	M5	M4	M3	M2	M1	M0

图 6-20　OCW1 格式

OCW1 中某位为 1 时，对应该位的中断请求就被屏蔽，为 0 时，表示对应的中断请求是开放的。屏蔽某个引脚并不影响其他引脚的屏蔽状态。

例 6-4　假设允许 IR0～IR3 的中断请求输入，屏蔽 IR4～IR7 的中断请求，请对 OCW1 进行设定。

解： 根据题意要求，可设定 OCW1 如图 6-21 所示。

D7	D6	D5	D4	D3	D2	D1	D0
1	1	1	1	0	0	0	0

图 6-21　例 6-4　OCW1 的设定

（2）OCW2 的格式　OCW2 用于设置优先级循环方式和中断结束方式，格式如图 6-22 所示。

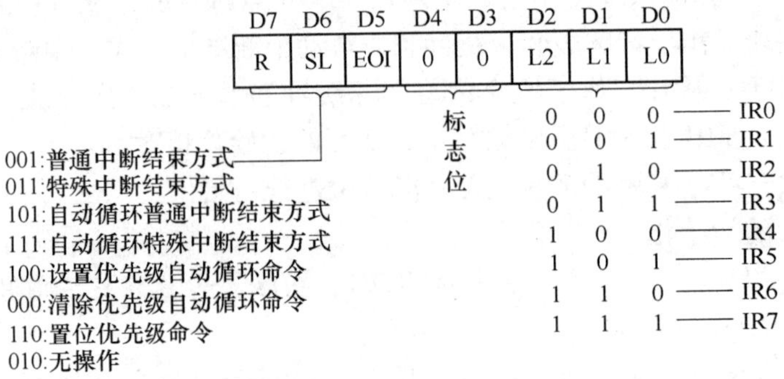

图 6-22　OCW2 格式

D7（R）：用于优先级控制。D7 =0，为固定优先级方式（IR0 最高，IR7 最低）；D7 = 1，为优先级循环方式。

D6（SL）：用于决定 OCW2 中的 L2、L1、L0 是否有效。D6 =0，表示无效；D6 =1，表示有效。

D5（EOI）：用于中断结束命令。D5 =1，使中断服务寄存器 ISR 的对应位清 0。当 ICW4 的 D1（AEOI）位为0 时，要在中断服务程序的 IRET 指令前用 OCW2 的 EOI 命令来清除 ISR 的对应位。EOI 命令是通过 OCW2 的 D5 =1 来设置的。

D4、D3：D4D3 =00，OCW2 的标志位。

D2 ~ D0（L2 ~ L0）：用于决定 8259A 优先级循环中的最低优先级编码，以此改变 8259A 复位后自动设置的固定优先级（IR0 最高，IR7 最低）。如，设 L2L1L0 =110，即设置 IR6 为最低优先级，假设 IR5 为原最高优先级，8259A 执行该设置命令后，IR7 变为最高。L2 ~ L0 还有一个作用是，当 OCW2 给出特殊中断结束命令（即 EOI =1、SL =1、R =0）时，D2 ~ D0 应使 ISR 中的对应位清 0。

例 6-5　若使 8086 系统中 8259A 的优先级顺序为 IR4、IR5、IR6、IR0、IR1、IR2、IR3，试编写一程序段实现该优先顺序。设 8259A 的端口偶地址为 20H。

解：经分析可知，若系统中的优先级按一定的顺序来设置，需设定 8259A 为优先级循环方式，那么，用 OCW2 的 R（D7） =1 指定。从题中规定的优先级顺序可以看出，IR4 的优先级为最高级，则需将 L2L1L0（D2D1D0）设置为 011。

OCW2 的设定如图 6-23 所示。

8259A 的操作编程如下：

```
MOV     AL, 0C3H
OUT     20H, AL
```

R	SL	EOI	0	0	L2	L1	L0
1	1	0	0	0	0	1	1

图 6-23　例 6-5OCW2 的设定

（3）OCW3 的格式　OCW3 用于设置或清除特殊屏蔽方式、中断查询方式、读出 8259A 内部寄存器的状态。格式如图 6-24 所示。

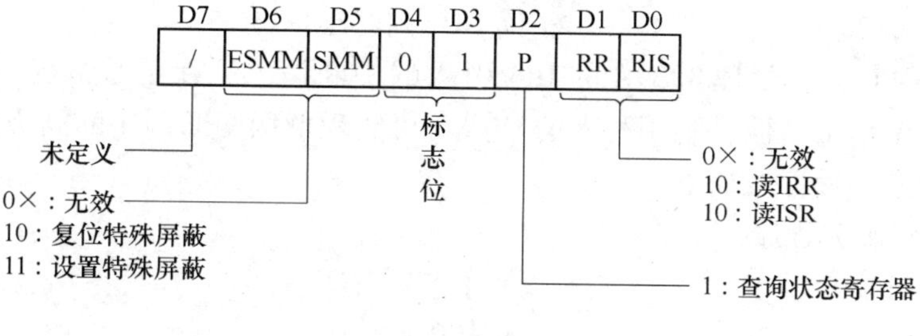

图 6-24　OCW3 格式

D7：没有定义。

D6（ESMM）：为 1，表示允许设置或取消设置特殊屏蔽。

D5（SMM）：D6 和 D5 组合使用。当 D6 =0 时，无论 D5 为何值，都不能设置或取消特殊屏蔽方式。当 D6 =1 时，D5 =0，复位特殊屏蔽方式，否则就设置特殊屏蔽方式。

当需 8259A 允许低级中断源中断高级中断源时，先用 OCW1 命令字屏蔽正在运行的高级中断，再设置 OCW3 的 ESMM =1 和 SMM =1。

D4、D3：D4D3 =01，OCW3 的标志位。

D2（P）：查询位。P=1，表示向8259A发出查询命令，查询当前是否有中断请求正在被处理，如果有，则给出当前处理的最高优先级是哪一级。可查询的中断状态字格式如图6-25所示。

D7	D6	D5	D4	D3	D2	D1	D0
IR	/	/	/	/	L2	L1	L0

IR——1：有中断请求；0：无中断请求

L2～L0——当前处理的最高优先级IRi的编码

图6-25 可查询的中断状态字格式

在状态字中D2～D0位给出当前处理的具有最高优先级的IR编码，D7位有两种情况，当D7=0时，表明无中断请求，否则表示有中断请求。

D1（RR）、D0（RIS）：两位组合使用，用于选择状态读方式。只有当RR=1时，RIS才起作用，因此，RR叫做允许读寄存器命令位。RR=1、RIS=0，表示下一个操作读取中断请求寄存器IRR的内容；RR=1、RIS=1，表示下一个操作读取中断服务寄存器ISR的内容。

若要读取屏蔽寄存器IMR的内容，则应用输入指令从奇地址端口（A0=1）读取。

例6-6 设8259A的两个端口地址为20H和21H，OCW3、ISR和IRR共用地址20H。

解：读取中断服务寄存器ISR内容的程序段为：

```
MOV     AL, 0BH
OUT     20H, AL                  ; 读ISR命令字写入OCW3
IN      AL, 20H                  ; 读ISR内容至AL
```

读取中断请求寄存器IRR内容的程序段为：

```
MOV     AL, 0AH
OUT     20H, AL                  ; 读IRR命令写入OCW3
IN      AL, 20H                  ; 读IRR内容至AL
```

例6-7 如CPU正在处理8259A的IR4引入的中断请求，在正常情况下不允许CPU响应级别更低的中断请求，但是利用写入的OCW3可实现低级中断源中断高级中断源的服务。

解：根据题意，程序段如下：

```
; IR4的中断服务程序
            ⋮
CLI                              ; 关中断
MOV     AL, 10H                  ; 写入OCW1，屏蔽IR4
OUT     21H, AL
MOV     AL, 68H                  ; 写入OCW3，SMM=1，设置特殊屏蔽方式
OUT     20H, AL
STI                              ; 开中断
            ⋮
; 此时，有低级中断源请求，CPU可响应，并执行低级中断源的服务程序
            ⋮
```

```
CLI                          ; 关中断
MOV     AL, 48H              ; 写入 OCW3, SMM=0, 清除特殊屏蔽方式
OUT     20H, AL
MOV     AL, 00H              ; 写入 OCW1, 开放 IR4
OUT     21H
STI                          ; 开中断
        ⋮
```

3. 8259A 的应用

（1）8259A 中断初始化　项目开篇中引用了一个使用两片 8259A 级联的中断管理系统，共 15 级，其相应的初始化程序如下：

```
; 数据段
INTA00    EQU  20H           ; 主片端口 0
INTA01    EQU  21H           ; 主片端口 1
EOI       EQU  20H           ; 中断结束命令
INTB00    EQU  0A0H          ; 8259A 从片端口 0
INTB01    EQU  0A1H          ; 8259A 从片端口 1
INT_TYPE  EQU  70H           ; 8259A 从片起始中断号
; 初始化 8259A 主片
MOV     AL, 11H              ; 写 ICW1, 边沿触发, 多片, 需 ICW4
MOV     INTA00, AL
JMP     SHORT  $+2           ; CPU 对 I/O 端口等待延时（下同）
MOV     AL, 8                ; 写 ICW2, 中断类型号的高 5 位
OUT     INTA01, AL
JMP     SHORT  $+2
MOV     AL, 04H              ; 写 ICW3, 主片的 IR2 上接从片（S2=1）
OUT     INTA01, AL
JMP     SHORT  $+2
MOV     AL, 01H              ; 写 ICW4, 非缓冲, 完全嵌套, 非自动中断结束
OUT     INTA01, AL
JMP     SHORT  $+2
MOV     AL, 0FFH             ; 写 OCW1, 屏蔽所有中断请求
OUT     INTA01, AL
; 初始化 8259A 从片
MOV     AL, 11H              ; 写 ICW1, 边沿触发, 多片, 需写 ICW4
MOV     INTB00, AL
JMP     SHORT  $+2
MOV     AL, INT_TYPE         ; 写 ICW2, 中断类型号的高 5 位
MOV     INTB01, AL
JMP     SHORT  $+2
```

```
MOV     AL, 02H              ; 写 ICW3, 从片接主片的 IR2
MOV     INTB01, AL
JMP     SHORT  $+2
MOV     AL, 01H              ; 写 ICW4, 非缓冲, 完全嵌套, 非自动中断结束
MOV     INTB01, AL
JMP     SHORT  $+2
MOV     AL, 0FFH             ; 写 OCW1, 屏蔽所有中断请求
OUT     INTB01, AL
```

主、从 8259A 均采用普通中断结束方式，中断源的服务结束时，即执行 IRET 指令前，均需写入 OCW2。

对于主片，执行：

```
MOV     AL, EOI
OUT     INTA00, AL
```

对于从片，执行：

```
MOV     AL, EOI
OUT     INTB00, AL
```

在 80486 微型计算机系统中，采用了多功能外围接口电路，如 82206、82360、82380 等，它们不是独立的芯片，而是将多个控制电路（DMAC、DRAM、定时/计数器、中断控制器、总线控制器等）集成在一起的超大规模集成电路。硬件中断逻辑也是由多功能外围接口电路实现，例如 82380 内部集成了 3 片 8259A，在微型计算机系统中级联，支持 20 个不同优先级的中断向量，其中有 15 个作为外部中断请求，每一个又可与一个从 8259A 相连，因此最多可管理 8×15=120 个外部中断源。

（2）* 中断处理程序设计　设计一个中断处理程序，要求中断请求信号以跳变方式由 IR2 提出中断请求（可为任一定时脉冲信号），当 CPU 响应 IR2 请求时，输出字符串“8259A？INTERRUPT!”，中断 10 次，程序退出（设 8259A 的端口地址为 20H 和 21H，中断类型号为 40H）。

中断处理程序如下：

```
        DATA      SEGMENT
        MESSAGE   DB  '8259A? INTERRUPT! ', 0AH, 0DH, '$'
        COUNT     DB  10                  ; 计数值为 10
        DATA      ENDS
        STACK     SEGMENT  STACK
        STA       DB  100H  DUP (?)
        TOP       EQU  LENGTH  STA
        STACK     ENDS
        CODE      SEGMENT
        ASSUME    CS: CODE, DS: DATA, SS: STACK
START:  CLI
        MOV       AX, DATA                ; 设置 DS 指向数据段段地址
```

```
        MOV     DS, AX
        MOV     AX, STACK               ；设置 SS 指向堆栈段段地址
        MOV     SS, AX
        MOV     SP, TOP                 ；设置栈顶地址
        PUSH    DS
        MOV     AX, 0000H
        MOV     DS, AX
        MOV     SI, 0100H               ；中断向量地址 40H×4=0100H
        MOV     AX, OFFSET  INTF        ；取中断入口偏移地址
        MOV     [SI], AX                ；写 INTF 的偏移地址
        MOV     AX, SEG  INTF           ；取中断入口段地址
        MOV     [SI+2], AX              ；写 INTF 的段地址
        MOV     AL, 13H                 ；8259A 初始化
        OUT     20H, AL                 ；ICW1，单片，边沿触发
        MOV     AL, 40H                 ；ICW2 中断类型号为 40H
        OUT     21H, AL
        MOV     AL, 01H                 ；ICW4 非自动结束
        OUT     21H, AL
        IN      AL, 21H                 ；读 IMR
        AND     AL, 0FBH                ；允许 IR2 请求中断
        OUT     21H, AL                 ；写中断屏蔽字 OCW1
WAIT1:  STI                             ；开中断
        CMP     COUNT, 0                ；判断 10 次中断是否结束
        JNZ     WAIT1                   ；未结束，等待
        IN      AL, 21H                 ；读 IMR
        OR      AL, 04H                 ；屏蔽 IR2 请求
        OUT     21H, AL
        CLI                             ；关中断
        MOV     AH, 4CH                 ；结束，返回 DOS
        INT     21H
INTF    PROC
        PUSH    DS                      ；保护现场
        PUSH    AX
        PUSH    DX
        STI                             ；开中断
        MOV     AX, DATA
        MOV     DS, AX
        MOV     DX, OFFSET  MESSAGE     ；显示信息
        MOV     AH, 09H
```

```
        INT     21H
        DEC     COUNT           ; 控制 10 次循环
        MOV     AL, 20H         ; 写 OCW2, 送中断结束命令 EOI
        OUT     20H, AL
        POP     DX              ; 恢复现场
        POP     AX
        POP     DS
        IRET                    ; 中断返回
INTF    ENDP
CODE    ENDS
        END     START
```

6.3 项目实战：8259A 中断控制器的应用

【要求】 项目实战前，教师需指导学生对8259A中断控制器有一个整体认识，指导学生对部分引脚功能和用法有较深的理解，指导学生编写相应的初始化程序和中断程序，并尝试开发外中断控制程序；学生需配合教师熟练掌握部分引脚的功能和用法，能根据要求搭建硬件电路，并设计中断服务程序。

一、项目实战所需器材

32 位微型计算机一台、微型计算机原理实验箱、必备散件一套。

二、项目实战内容

编写一个键盘处理中断程序记录键盘中断次数，并把该程序作为系统键盘中断处理程序，要求当键盘中断产生 8 次后，显示按键次数然后结束程序。

三、项目实战步骤

1. 按要求连接好实验箱中断系统的电路。
2. 按实训内容要求编写源程序。
3. 在编译系统中编译、连接源程序，使之成为可执行程序。
4. 运行程序，连续按键盘多次，观察现象。

四、项目实战总结

1. 谈谈在项目实战中，是如何进行硬件电路设计的。
2. 谈谈在项目实战中，是如何将软件和硬件电路有机地结合在一起的。
3. 解释模拟中断操作产生的结果。

6.4 项目决战：进一步掌握中断和中断控制器的相关知识

【要求】 通过习题的练习，进一步加深对中断和中断控制器相关知识的理解，并能熟练运用这些知识设计中断电路和相应的中断服务程序。习题可根据情况选做。

一、单项选择题

1. 中断向量表存放在存储器的（　　）地址范围中。

A. FFC00H ~ FFFFFH　　B. 00000H ~ 003FFH

C. EEC00H ~ FFFFFH　　D. EEBFFH ~ FFFFFH

2. 已知中断类型号为 18H，则其中断服务程序的入口地址存放在中断向量表的（　　）中。

A. 0000H: 00072H ~ 0000H: 0075H　　B. 0000H: 00072H ~ 0000H: 0073H

C. 0000H: 00060H ~ 0000H: 0063H　　D. 0000H: 00060H ~ 0000H: 0061H

3. 在中断系统中，中断类型号是在（　　）的作用下送往 CPU 的。

A. 读信号 $\overline{RD}$ 为低电平　　B. 地址译码信号 $\overline{RAS}$ 为低电平

C. 中断请求信号 INTR 为高电平　　D. 中断响应信号 $\overline{WE}$ 为低电平

4. 采用两片可编程中断控制器级联使用，可以使 CPU 的可屏蔽中断扩大到（　　）。

A. 15 级　　B. 16 级　　C. 32 级　　D. 64 级

5. CPU 在中断响应过程中（　　），是为了能正确地实现中断返回。

A. 识别中断源　　B. 断点压栈

C. 获得中断服务程序入口地址　　D. 清除中断允许标志位 IF

6. 在 8086 CPU 的下列 4 种中断中，需要由硬件提供中断类型码的是（　　）。

A. INTR　　B. INT0　　C. INT n　　D. NMI

7. CPU 响应 INTR 和 NMI 中断时，相同的必要条件是（　　）。

A. 当前指令执行结束　　B. 允许中断

C. 当前访问内存结束　　D. 总线空闲

8. 通常，中断服务程序中的一条 STI 指令目的是（　　）。

A. 允许低一级中断产生　　B. 开放所有可屏蔽中断

C. 允许同级中断产生　　D. 允许高一级中断产生

9. 在 8259A 内部，（　　）是用于反映当前哪些中断源要求 CPU 中断服务的。

A. 中断请求寄存器　　B. 中断服务寄存器

C. 中断屏蔽寄存器　　D. 中断优先级比较器

10. 地址 08H ~ 0AH 保存的是（　　）中断向量。

A. 单步　　B. NMI　　C. 断点　　D. 溢出

11. 设 8259A 当前最高优先级为 IR5，如果要使该中断在下一循环中变为最低优先级，则 OCW2 应设为（　　）。

A. 11100000　　B. 10100101　　C. 10100000　　D. 01100101

12. 特殊屏蔽方式要解决的主要问题是（　　）。

A. 屏蔽所有中断　　B. 设置最低优先级

C. 开放低级中断　　D. 响应同级中断

二、填空题

1. 8086 CPU 响应可屏蔽中断的条件是____________。

2. 可编程中断控制器 8259A 有 5 种优先级管理方式，如果 8259A 初始化时未对优先级管理方式编程，则 8259A 就自动进入____________。

3. 类型码为____________的中断所对应的中断向量存放在 0000H：0058H 开始的 4 个连续单元中，若这 4 个单元的内容分别为____________，则相应的中断服务程序入口地址为

5060H：7080H。

4. CPU 在指令的最后一个时钟周期检测 INTR 引脚，若测得 INTR 为____________且 IF 为____________，则 CPU 在结束当前指令后响应中断请求。

5. 中断控制器 8259A 中的中断屏蔽寄存器 IMR 的作用是____________。

6. 设主片 8259A 的 IR3 上接有一从片，IR5 上引入了一个中断申请，那么初始化时，主、从片的 ICW3 分别是____________。

三、简答题

1. 什么是中断向量和中断向量表？什么是中断描述符和中断描述符表？

2. 简述 80486 在实地址模式下响应类型号为 18H 的中断源的中断请求过程。

3. 8259A 中 IRR、IMR 和 ISR 三种寄存器的作用是什么？

4. 某时刻 8259A 的 IRR 内容是 08H，ISR 的内容是 08H，分别说明什么？

5. 8259A 管理中断优先级的方法有哪几种？各有何特点？

6. 8259A 的中断请求有哪两种触发方式？它们分别对请求信号有什么要求？

四、按要求完成下列各题

1. 在两片 8259A 级联的中断电路中，主片的第 5 级 IR5 作为从片的中断请求输入，则初始化主、从片时，ICW3 的控制字分别是什么？

2. 8259A 仅占用两个 I/O 地址，它是如何区别 4 条 ICW 命令和 3 条 OCW 命令的？地址引脚 A0 =1 时，读出的是什么内容？

3. 写出单片 8259A 的初始化程序，条件是：IR0 的中断类型号为 20H，中断请求信号采用电平触发方式，与系统数据总线的连接方式为缓冲方式，采用一般中断结束命令。已知 8259A 的端口地址是 20H 和 21H。

6.5 项目挑战：了解高级中断控制器的相关知识

高级可编程中断控制器（Advanced Programmable Interrupt Controller，APIC）用来驱动中断控制器，在目前的配置中，系统的每一个部分都是经由 APIC 总线连接的。APIC 为系统的一部分，负责传递中断指令至指定的处理器，举例来说，当一台机器上有 3 个处理器，则它必须相对地要有 3 个 APIC。自 1994 年的 Pentium P54C 开始，Intel 公司已经将 APIC 配置在它们的处理器中。实际配置了 Intel 处理器的计算机就已经包含了 APIC 系统的部分。

系统中另一个重要的部分为 I/O APIC，系统中最多可拥有 8 个 I/O APIC。它们会收集来自 I/O 装置的中断信号且当这些装置需要中断时传送信息至 APIC。每个 I/O APIC 有一个专有的中断输入（或 IRQ）号码。Intel 公司的 I/O APIC 通常有 24 个输入，其他的可能有多达 64 个，而且有些机器拥有数个 I/O APIC，每一个 I/O APIC 分别有自己的输入（或 IRQ）号码，加起来一台机器上会有上百个 IRQ 号码可供装置中断使用。

然而，系统中若没有 I/O APIC，那 APIC 就没有用处。在这样的状况下，Windows 2000 会还原使用 8259 PIC。

项目七　并 行 接 口

【项目导读】

本项目首先介绍了并行通信的基本知识，然后重点以 Intel 8255A、8254 为例，介绍了可编程并行接口芯片的内部结构、引脚功能、工作方式及其实际应用。通过本项目的学习，读者可以掌握微型计算机实现并行通信的相关技术。

【学习目标】

□了解 8255A、8254 的内部结构及外部引脚。

□掌握 8255A 控制字与初始化编程、8254 的控制字及编程方法。

□掌握 8255A、8254 的工作方式及编程。

□掌握 8255A、8254 与 CPU 的接口及应用。

【学习建议】

在了解 8255A、8254 内部结构和外部引脚功能的基础上，重点掌握 8255A 控制字与初始化编程、8254 的控制字及编程方法；掌握 8255A、8254 的工作方式及编程；掌握 8255A、8254 与 CPU 的接口及应用。本项目教学安排 16 学时，其中理论授课 10 学时，动手实践 6 学时。

7.1　项目开篇：8255A 和 8254 的应用

所谓通信是指计算机与外部设备之间或计算机与计算机之间的信息交换、数据传输，计算机系统的通信有两种方式：并行通信和串行通信。并行通信是以计算机的字长为传输单位，通常是 8 位、16 位或 32 位，一次传送一个字长的数据。并行通信强调的是要传输的各位同时输入或输出，因此，如果一次传输 n 位的数据，对并行通信而言，至少需要 n + 1 条信号线，其中包括 n 条数据线和 1 条公共地线。这种传输方式适合于外部设备与微型计算机之间进行近距离、大量和快速的信息交换。并行通信是微型计算机系统中最基本的信息交换方式。实现并行通信的接口称为并行通信接口，简称为并行接口，如微型计算机与并行接口打印机、磁盘驱动器等之间的数据传输都是并行数据传输，它们之间的接口都是典型的并行接口。并行传输方式是微型计算机系统中最基本的信息交换方式。图 7-1 是并行通信方式的

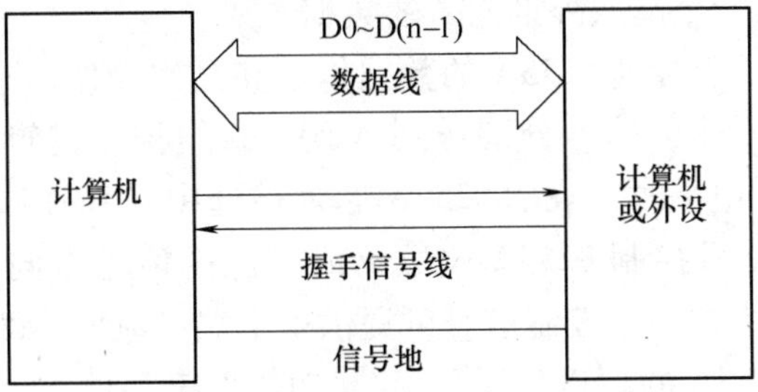

图 7-1　并行通信方式示意图

一个示意图。

那么并行通信方式是如何进行的，常用的可编程芯片又是如何编程使用的?

7.2 项目备战：可编程并行 I/O 接口芯片 8255A 和可编程定时器 8254

任务 7.2.1 了解 8255A 的内部结构及外部引脚

Intel 8255A 是一种通用的可编程并行 I/O 接口芯片，它使用单一 5V 电源供电，提供 3B 宽度的 I/O 端口，端口可通过编程，配置为输入、输出或双向并行 I/O 接口。

1. 8255A 的内部结构

8255A 的内部结构框图及引脚图如图 7-2 所示，8255A 由 CPU 接口、内部逻辑电路和外设接口三部分组成。

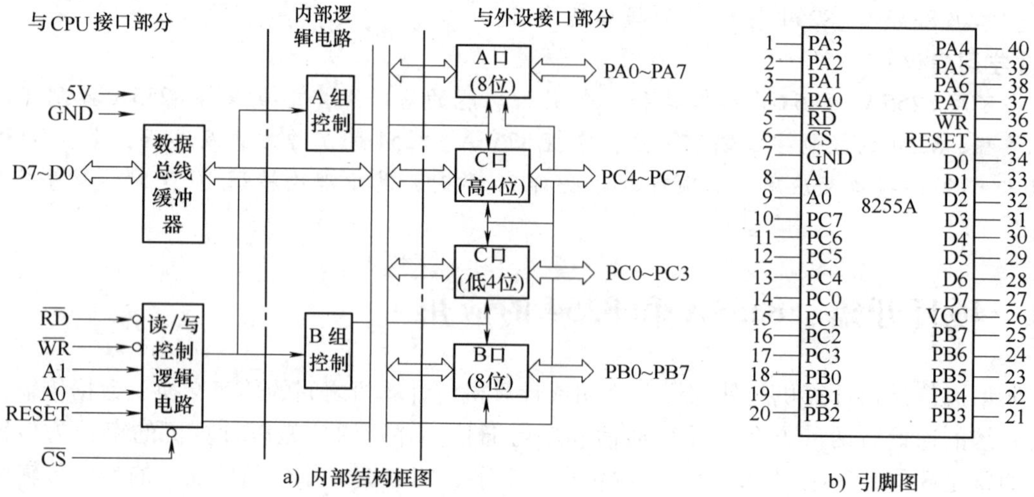

图 7-2 8255A 的内部结构框图及引脚图

（1）与 CPU 接口部分 与 CPU 接口部分是由双向数据总线缓冲器和读/写控制逻辑电路组成。

数据总线缓冲器是一个 8 位双向三态缓冲器，8 条数据线 D7 ~ D0 与系统总线连接，构成 CPU 与 8255A 之间信息传送通道，CPU 通过执行输出指令向 8255A 写入控制命令或向外设送数据，通过执行输入指令读取外设输入的数据。

读/写控制逻辑电路用于管理 8255A 的数据传送和复位操作，它的 6 根输入控制线分别与 CPU 的接口电路相连，输出信号分别送到 A 组、B 组控制逻辑电路和 A、B、C 三个端口。例如，当 $\overline{CS}$ 信号为低电平时，表示 8255A 芯片被选中（该片选信号由 CPU 的地址线通过译码产生），$\overline{RD}$、$\overline{WR}$ 信号控制 8255A 中数据或信息的传送方向。端口选择控制则由 A1 和 A0 的组合状态提供，由这两个控制信号可提供 4 个端口地址，即 A、B、C 三个端口地址及一个控制端口地址。8255A 的端口分配及读/写功能见表 7-1。

8255A 可用 RESET 控制信号复位，当该控制信号有效时，清除 8255A 所有控制寄存器内容，并将各端口置成输入方式。

（2）内部逻辑电路（A 组和 B 组控制）　8255A 内部的 3 个端口分为 A、B 两组。A 组和 B 组分别有自己的控制部件，可接收来自读/写控制电路的命令和 CPU 送来的控制字，并根据它们来定义各个端口的操作方式。

表 7-1　8255A 的端口分配及读/写功能

$\overline{CS}$	$\overline{WR}$	$\overline{RD}$	A1	A0	功　能
0	0	1	0	0	数据写入 A 口
0	0	1	0	1	数据写入 B 口
0	0	1	1	0	数据写入 C 口
0	0	1	1	1	命令写入控制字寄存器
0	1	0	0	0	读取 A 口数据
0	1	0	0	1	读取 B 口数据
0	1	0	1	0	读取 C 口数据
0	1	0	1	1	无操作

（3）与外设接口部分（端口 A、B、C）　8255A 有 3 个与外设相连的端口，它们是端口 A、B、C，每个端口为 8 位，共 24 根端口线，各个端口在功能上有不同特点。

端口 A：具有 8 位数据输出锁存器/缓冲器和输入锁存器，输入、输出数据均能锁存。

端口 B：具有 8 位数据输出锁存器/缓冲器和输入缓冲器，输出数据能锁存，输入数据不能锁存。

端口 C：具有 8 位数据输出锁存器/缓冲器和输入缓冲器，输出数据能锁存，输入数据不能锁存。

8255A 的 3 个数据端口分成两组进行控制：A 组控制端口 A 和端口 C 的上（高）半部分（PC4 ~ PC7），B 组控制端口 B 和端口 C 的下（低）半部分（PC0 ~ PC3）。端口 A 和 B 可作为独立工作的输入/输出数据端口，而端口 C 一般作为 8255A 与外设信号联络和传送状态信息的端口，它的 8 个引脚可直接按位置位或复位。

2. 8255A 的引脚功能

（1）与外设相连的引脚　与外设相连的引脚共 24 个，包括 PA7 ~ PA0、PB7 ~ PB0、PC7 ~ PC0。

PA7 ~ PA0：A 口输入/输出信号引脚。

PB7 ~ PB0：B 口输入/输出信号引脚。

PC7 ~ PC0：C 口输入/输出信号引脚，用途与 A 口、B 口的工作方式有关，通常可作为 A 口、B 口与外设之间传送数据的信号联络线。

（2）与 CPU 相连的引脚　与 CPU 相连的引脚共 14 个，主要是数据引脚、控制引脚、片选引脚等。

D7 ~ D0：数据和命令通道，双向数据线。通过它，CPU 与 8255A 数据端口之间可传送数据。

$\overline{RD}$、$\overline{WR}$：读/写控制引脚，低电平有效。读控制信号将数据或状态信息从 8255A 读至 CPU，写控制信号将数据或控制字输出到 8255A 数据端口或控制字寄存器。

RESET：复位信号。复位后，清除 8255A 控制字寄存器的内容，并将端口 A、B、C 置成输入方式。该引脚通常连到微型计算机系统复位端。

$\overline{CS}$：片选信号，低电平有效。

A1、A0：用于片内端口寻址，8255A 中共有 4 个端口，即 A 口、B 口、C 口和控制字寄存器，A1A0 = 00，选中 A 口；A1A0 = 01，选中 B 口；A1A0 = 10，选中 C 口；A1A0 = 11，选中控制字寄存器。

任务 7.2.2 掌握 8255A 的控制字与初始化编程

8255A 的控制字分两种，分别是工作方式控制字和端口 C 置位/复位控制字，使用时要由 CPU 对 8255A 的控制字寄存器写入控制字，这个设置过程称为对 8255A 的初始化。工作方式控制字用于选择 8255A 各端口的工作方式，端口 C 置位/复位控制字用于对端口 C 进行按位操作。这两个控制字使用同一个端口地址，由最高数据位 D7 区分。

1. 工作方式控制字

8255A 工作方式控制字格式如图 7-3 所示。

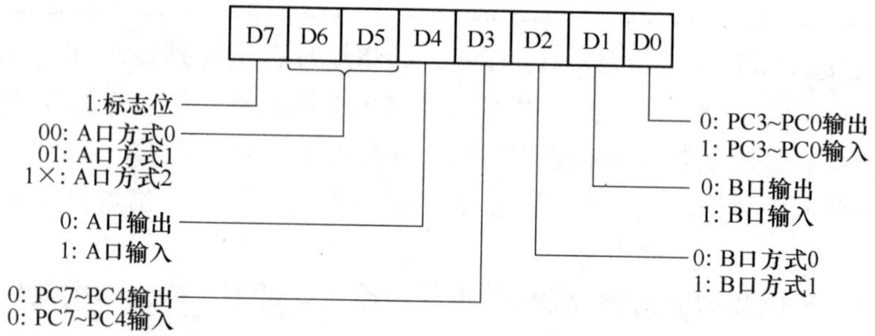

图 7-3 8255A 工作方式控制字格式

例 7-1 端口 A 工作于方式 0 输出，端口 B 工作于方式 1 输入，端口 C 全部输出。此时 8255A 的控制字是 86H。若 8255A 的端口地址位于 CPU 的 I/O 地址 C00 ~ C03H，写出其初始化程序。

解：根据题意，其初始化程序如下：

```
MOV     DX, 0C03H
MOV     AL, 86H      ；设置控制字：A 口工作于方式 0，输出，C 口上半部分输出，
                     ；B 口工作于方式 1，输入，C 口下半部分输出
OUT     DX, AL
```

在 8255A 工作过程中，如果要改变工作方式，CPU 可重新写入工作方式控制字。工作方式控制字写入后，所有端口寄存器包括状态触发器先复位，然后按新确定的方式开始工作。

2. 端口 C 置位/复位控制字

该控制字对 C 口的各位置 1 或清 0，也用于置位或复位内部的中断允许触发器，由 CPU 写入 8255A 控制寄存器的，其格式如图 7-4 所示。D7 位为该字

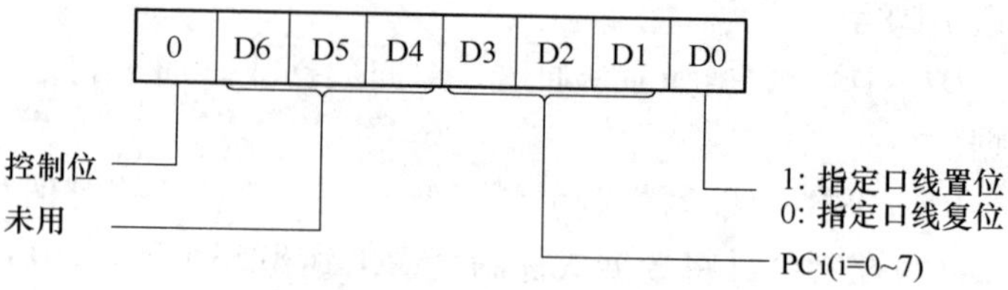

图 7-4 置位/复位控制字格式

的控制位，恒为0；D6D5D4 没有定义，一般设置为0，D3D2D1 的 8 种状态组合 000~111 对应表示 PC0~PC7，D0 位用来设定指定口线 PCi 为高电平还是低电平。当 D0=1 时，指定口线 PCi 输出高电平，否则为低电平。例如，若把 PC2 口线输出状态设置为高电平，则置位/复位控制字为 00000101B。

3. 8255A 的初始化

8255A 的初始化编程分两步：首先把工作方式控制字写入控制口，确定所用端口的工作方式。如果端口选择为方式 1 或方式 2，还要进一步明确 CPU 和 8255A 之间是用查询方式还是用中断方式交换信息，并以此来组织 C 口复位或置位控制字，写入 8255A 控制口，使相应的中断允许标志位（INTE）清 0 或置 1，从而达到禁止或开放中断的目的。

完成了初始化编程之后，CPU 就可以用 IN 或 OUT 指令通过 8255A 与外设交换数据了。

任务 7.2.3　掌握 8255A 的工作方式及编程

8255A 有 3 种工作方式，即方式 0、方式 1、方式 2，A 口可以工作在 3 种工作方式下，B 口只工作在方式 0 和方式 1 下，C 口只工作在方式 0 下。当 A、B 口工作在方式 1 或 A 口工作于方式 2 时，C 口配合 A 口和 B 口工作，为这两个端口的输入/输出提供联络信号。3 种工作方式可以通过工作方式控制字来设置。

1. 方式 0：基本的输入/输出方式

这种方式的基本功能是：8255A 与外设之间传送数据时，没有规定固定的应答式的联络信号线。8255A 的 3 个端口均可配置工作在方式 0，当 A 口和 B 口都工作在方式 0 时，8255A 包含 A 口、B 口两个数据口以及 C 口上半部、C 口下半部两个 4 位数据口。当 8255A 的 3 个端口均工作在方式 0 时，通过对方式控制字 D4、D3、D1、D0 位的设置，可以决定 PA7~PA0、PC7~PC4、PB7~PB0、PC3~PC0 这 4 个端口的传送方向，共有 $2^4=16$ 种组合。

例 7-2　系统中采用一片 8255A 作为扩展并行 I/O 接口，设 8255A 的端口地址为 60H，控制字寄存器地址为 6CH。8255A 端口配置及控制字如图 7-5 所示。要求将 8255A 端口 A 与端口 C 作为输出，端口 B 作为输入，写出 8255A 初始化程序。

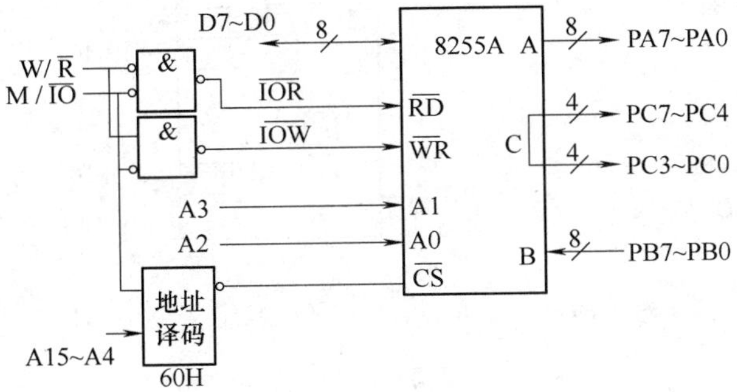

a) 端口配置

控制字

D7	D6	D5	D4	D3	D2	D1	D0
1	0	0	0	0	0	1	0

b) 控制字

图 7-5　8255A 端口配置及控制字

解： 按要求写出 8255A 的控制字为 10000010B，8255A 各端口地址为 60H、64H、68H，控制字寄存器地址为 6CH。8255A 初始化程序为：

```
MOV    AL, 82H
MOV    DX, 6CH          ; 8255A 控制寄存器地址
OUT    DX, AL           ; 输出控制字
```

2. 方式 1：选通输入/输出方式

在这种方式下，A 口和 B 口可作为独立字节宽度的 I/O 端口，且数据的输入/输出都有锁存功能，端口 C 的部分引脚用做联络信号线，分别分配给 A 口和 B 口，C 口剩余位可作为数据输入或输出用。CPU 与 8255A 在这种方式下连接，常用于查询方式或中断方式。

（1）方式 1 输入　A 口、B 口工作在方式 1 输入时，端口 C 的 PC3、PC4、PC5 作为端口 A 数据传输的联络信号，分别标记为 INTRa、$\overline{\text{STB}}$b、IBFa；PC2、PC1、PC0 作为端口 B 的数据传输联络信号，分别标记为$\overline{\text{STB}}$a、IBFb、INTRb，剩余的 PC6 和 PC7 仍可以作为基本 I/O 线，工作于方式 0。8255A 工作在方式 1 输入时 A 口、B 口、C 口的引脚定义如图 7-6 所示，C 口信号联络作用如下：

$\overline{\text{STB}}$：用于选通输入，低电平有效。由外设提供，当其有效时，可将输入设备送来的数据送入相应端口的输入锁存器中。

IBF：输入缓冲器满信号，高电平有效，这是 8255A 提供给外设的状态信号。当输入设备查询到 IBF 信号为低电平时，输入设备才能送来新的数据，即输入设备发出$\overline{\text{STB}}$信号有效。当$\overline{\text{STB}}$信号有效后，IBF 信号就被置成高电平，表示输入设备已将数据输入到 A 口或 B 口的输入锁存器中，直至 CPU 把数据读走，此时$\overline{\text{RD}}$信号的上升沿使 IBF 信号变为低电平。

INTR：用于中断请求，高电平有效，输出。该信号可接到可编程中断控制器 8259A 的某一根中断请求输入线上，通过 8259A 向 CPU 提出中断申请，以便 CPU 采用中断方式从 A 口或 B 口读取数据。

INTE：内部中断允许信号，通过置位/复位来控制，实现允许/禁止中断。

PC7、PC6 可用做一般的 I/O 线，由方式控制字的 D3 位设置为输入或输出。

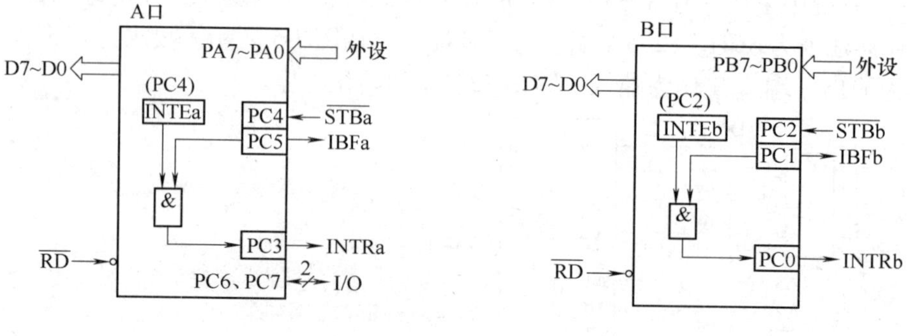

图 7-6　8255A 工作在方式 1 输入时 A 口、B 口、C 口的引脚定义

方式 1 输入的过程如下：

当输入设备准备好数据并检测到 IBF 为低电平（输入缓冲器空）后，8255A 将 PA7 ~ PA0 或 PB7 ~ PB0 上的数据输入到 A 口或 B 口数据输入锁存器中，并发出$\overline{\text{STB}}$有效信号，$\overline{\text{STB}}$的宽度至少应保持 500ns，在$\overline{\text{STB}}$有效后的大约 300ns，8255A 向输入设备发出 IBF 有效信号，通知输入设备暂缓送数，等待 CPU 读取数据。待 CPU 读取数据之后约 300ns，IBF 由高电平变为低电平，表示一次数据传送结束。在这个过程中，有两种方式通知 CPU 取数。

第一种是用中断方式，当允许 A 或 B 口中断，即给 INTEa 或 INTEb 置 1 时，输入设备发出的$\overline{\mathrm{STB}}$选通信号的上升沿保持 300ns，使 INTRa 或 INTRb 有效，通过 8259A 向 CPU 申请中断，进行中断管理。当 CPU 响应中断后，执行 IN 指令，将 A 口或 B 口数据输入寄存器中的数据取走；同时$\overline{\mathrm{RD}}$信号的下降沿经 400ns 复位 INTRa 或 INTRb，$\overline{\mathrm{RD}}$信号的上升沿经 300ns，则使 IBF 复位。输入设备检测到 IBF 为低电平后，开始传送下一个数据，如此循环。方式 1 中断输入时序如图 7-7 所示。

第二种方式是软件查询方式，当 CPU 查询到 IBF 有效后，即 CPU 读取 C 口的 PC5（IBFa）或PC1（IBFb）为 1，则 CPU 从 A 口或 B 口取走数据，否则 CPU 处于查询等待。

（2）方式 1 输出　A 口、B 口工作在方式 1 输出时，A 口、B 口、C 口输出引脚信号定义如图 7-8 所示，C 口信号联络的作用如下：

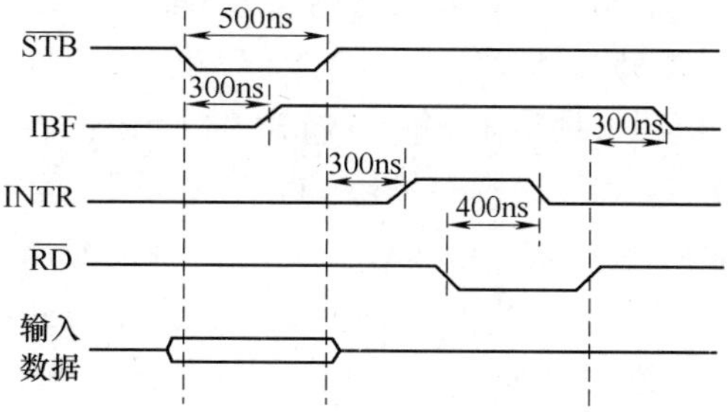

图 7-7　方式 1 中断输入时序

$\overline{\mathrm{OBF}}$：输出缓冲器满信号，低电平有效，这是 8255A 输出给外设的一个状态信号。当其有效时，表示 CPU 已经把数据输出到指定的端口，通知外设可以将数据取走。它由输出指令$\overline{\mathrm{WR}}$的上升沿经延时 650ns 置为有效，由$\overline{\mathrm{ACK}}$信号的下降沿经 350ns 延时，使其恢复为高电平。

$\overline{\mathrm{ACK}}$：外设响应输入信号，低电平有效。外设读取数据后，通过使$\overline{\mathrm{ACK}}$有效来通知 8255A，外设已读取了端口上的数据，用来清除$\overline{\mathrm{OBF}}$。

INTR：中断请求信号，输出，高电平有效。它由输出缓冲器满信号$\overline{\mathrm{OBF}}$与内部中断允许相与产生。当外设从端口读走数据，并使$\overline{\mathrm{ACK}}$有效后，如果中断允许逻辑为 1，8255A 产生中断请求，请求新的数据。端口 A 的中断请求信号来自 PC3 引脚，端口 B 的中断请求信号来自 PC0 引脚。

INTE：中断允许信号，其中，INTEa 由 PC6 的置位/复位来控制，实现允许/禁止中断；INTEb 由 PC2 的置位/复位来控制，实现允许/禁止中断。对 PC6 或 PC2 的位操作只影响 INTEa 或 INTEb 的状态，而不影响 PC6 或 PC2 引脚状态。

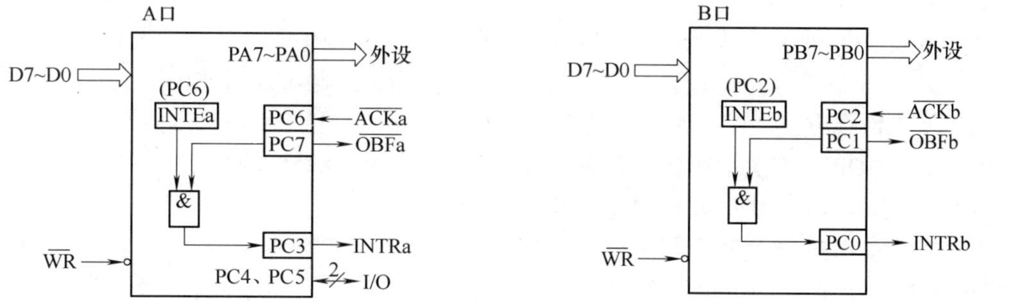

图 7-8　方式 1 时 A 口、B 口、C 口输出引脚信号定义

方式 1 输出的过程如下：

CPU 可采用查询方式或者中断方式。当 CPU 向 8255A 写入数据时，$\overline{\mathrm{WR}}$信号上升沿后约

650ns，输出缓冲器满信号$\overline{OBF}$有效，发给外设，作为外设接收数据的选通信号。外设采样到$\overline{OBF}$为低电平后，向8255A发出$\overline{ACK}$信号，$\overline{ACK}$信号的上升沿表示外设已将指定端口的数据取走，并使$\overline{OBF}$置位无效，一次数据传送结束。若此时INTE为高电平且$\overline{ACK}$信号无效之后350ns，INTR被置为高电平，CPU继续输出下一个数据。

若用中断方式传送数据，通常把INTR连到8259A的请求输入端IRi。

方式1数据输出的工作时序如图7-9所示。

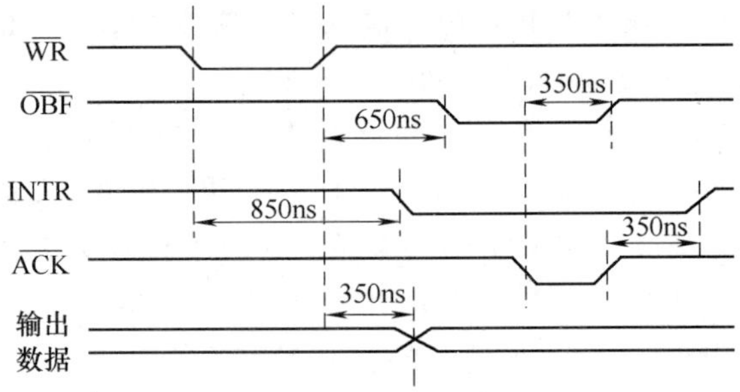

图7-9　方式1数据输出的工作时序

3. *方式2：双向选通输入/输出方式

8255A只允许A口工作于方式2，即A口可分时进行输入/输出的操作，在PA7～PA0口数据线上，既能发送数据，又能接收数据，这两种功能的控制信号由端口C的部分引脚实现。A口工作于方式2时，能用查询方式或中断方式传送数据，B口可工作在方式0或方式1，C口PC3～PC7充当A口输入/输出信号联络线，PC2～PC0可充当工作在方式1的B口信号联络线。当B口工作在方式0时，PC2～PC0仅作一般的I/O线。

端口A输入控制信号有选通输入信号$\overline{STB}a$、输入缓冲器满信号IBFa；输出控制信号有输出缓冲器满信号$\overline{OBF}a$、响应输入信号$\overline{ACK}a$。这些信号与端口A在方式1下具有相同的功能，不同之处在于中断请求是由输入传送中断和输出传送中断两个中断源相或产生，因而8255A与外设完成数据输入或输出操作时，都会产生中断请求。中断允许信号有INTE1和INTE2两个。INTE1允许或屏蔽端口A输出缓冲器已空产生的中断请求，它通过对PC6按位置位/复位操作来实现。复位PC6使INTE1为逻辑0，屏蔽中断，置位允许中断。INTE2允许或屏蔽输入就绪中断，通过对PC4控制位置位/复位操作实现，操作方式与INTE1相同。

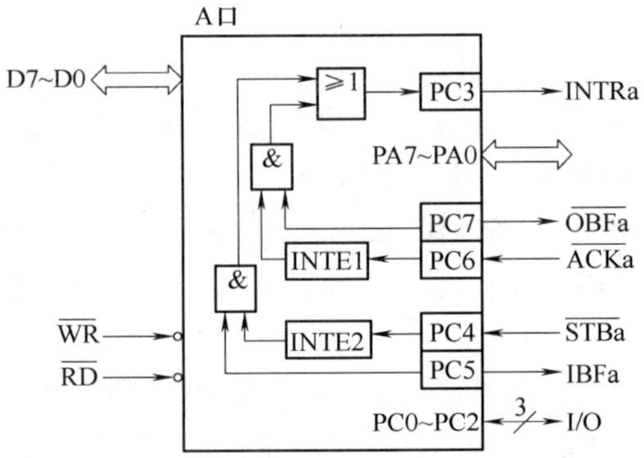

图7-10　A口方式2的引脚信号定义

8255A工作在方式2时，A口方式2的引脚信号定义如图7-10所示。

INTE1：与$\overline{OBF}$a有关的中断允许触发器，可由用户给8255A控制字寄存器送PC6的置位/复位字来实现允许/禁止A口产生的中断请求。

INTE2：与IBFa有关的中断允许触发器，可由用户给8255A控制字寄存器送PC4的置位/复位字来实现允许/禁止A口输入中断。

INTRa：中断请求，高电平有效，输入/输出都用此信号向CPU申请中断。产生中断请求信号的条件为：INTRa = IBFa · INTE2 · $\overline{STB}$a · $\overline{RD}$（输入中断）或INTRa = $\overline{OBF}$a · INTE1 · $\overline{ACK}$a · $\overline{WR}$（输出中断）。

方式2输入过程如下：

外设向 8255A 写入数据时，先使数据线 PA7 ~ PA0 有效，并发出选通输入信号$\overline{STBa}$将输入数据锁存到端口 A 输入锁存器，8255A 收到数据后置输入缓冲器满信号 IBFa 有效，通知外设数据已锁存，此时若输入中断允许信号 INTE2 有效，IBFa 与 INTE2 产生中断请求信号，CPU 响应中断请求，在中断服务程序中读取数据，同时 8255A 将 INTRa 和 IBFa 信号复位。

方式 2 输出过程如下：

端口 A 工作在方式 2 下输出数据时，CPU 执行输出指令，在$\overline{WR}$上升沿之后延时一段时间$\overline{OBFa}$有效，通知外设读取端口数据，外设读取数据后置响应输入信号$\overline{ACKa}$有效。8255A 在$\overline{ACKa}$有效后延时一段时间，复位输出缓冲器满信号$\overline{OBFa}$，此时若输出中断允许 INTE1 为 1，则产生中断请求信号，通知 CPU 数据已取走，可以进行下一步操作。

任务 7.2.4　掌握 8255A 与 CPU 的接口及应用

8255A 的地址选择线 A1 和 A0，原则上可由 CPU 地址线的任意两条线控制。$\overline{CS}$是由地址译码器的一根输出线来控制的。

8255A 数据总线缓冲器的 D0 ~ D7 和数据总线的 DB0 ~ DB7 相连。

8255A 的$\overline{RD}$和$\overline{WR}$可与 CPU 的$\overline{RD}$和$\overline{WR}$直接相连。

8255A 的复位信号 RESET 可直接接在 CPU 的复位信号 RESET 上。

例 7-3　8255A 利用查询方式的打印机接口如图 7-11 所示，请写出相应的程序。

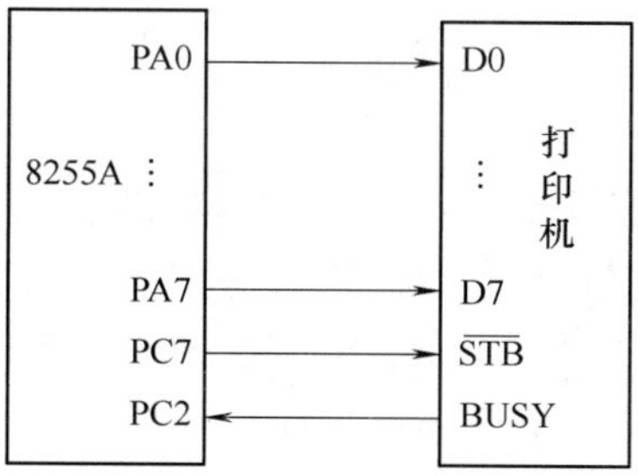

a) 硬件连接原理图

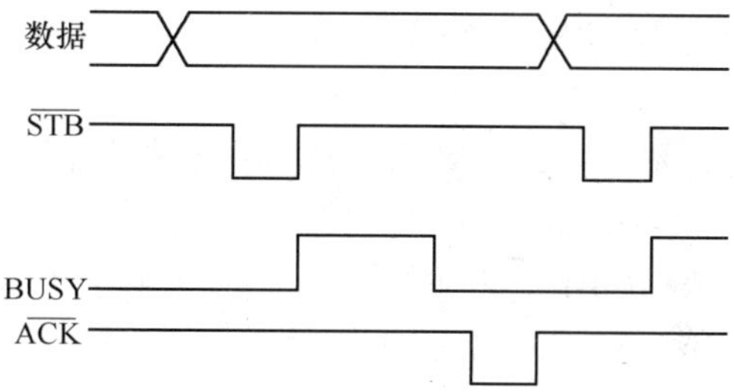

b) 打印机操作时序图

图 7-11　8255A 利用查询方式的打印机接口

解： 8255A 的 A 口作为输出打印数据口，工作于方式 0，PC7 引脚作为打印机的数据选通信号$\overline{STB}$，由它产生一个负脉冲，将数据线 PA7 ~ PA0 上的数据送入打印机。PC2 引脚接收打印机的忙状态信号，打印机在打印某字符时，忙状态信号 BUSY 为 1，此时 CPU 不能向 8255A 输出数据，一定要等待 BUSY 信号为低电平时，CPU 才能再次输出数据到 8255A。设打印字符存于缓冲区 BUFF 中，共有 100H 个字符，利用查询 BUSY 信号完成 CPU 与打印机之间数据交换的程序如下：

```
；代码段
        MOV     DX，PORTCNL         ；8255A 控制口地址送 DX 寄存器
        MOV     AL，81H             ；8255A 方式选择控制字
        OUT     DX，AL              ；A 口方式 0 输出，PC7 输出，PC2 输入
```

```
          MOV    AL, 0FH              ; 端口 C 的置位/复位控制字
          OUT    DX, AL               ; PC7 置 1，使STB高电平
          MOV    CX, 100H             ; 打印字符个数送 CX
          MOV    SI, OFFSET  BUFF     ; 缓冲区首址送 SI
POLL:     MOV    DX, PORTC            ; 8255A 数据 C 口地址送 DX 寄存器
          IN     AL, DX               ; 读入状态
          TEST   AL, 04H              ; 查 BUSY 是否为 0
          JNZ    POLL                 ; 不为 0，打印机忙，则等待
          MOV    DX, PORTA            ; 否则，向 A 口送数
          MOV    AL, [SI]
          OUT    DX, AL
          MOV    DX, PORTCNL          ; 8255A 控制口地址送 DX 寄存器
          MOV    AL, 0EH              ; PC7 置 0，STB变为低电平
          OUT    DX, AL               ; 产生一个负脉冲
          NOP
          NOP                         ; 延时
          MOV    AL, 0FH              ; PC7 置 1，使STB变为高电平
          OUT    DX, AL
          INC    SI
          LOOP   POLL                 ; 未打印完，继续
          ⋮
```

例 7-4 请设计一个 8255A 作为并行打印机接口的电路，并写出相应程序。

要求：用 8255A 的 A 口连接打印机，工作于方式 1 输出，用查询方式将主存输出缓冲区 OBUF 中的 100H 个字节数据送至打印机输出，设计接口电路，编制打印驱动程序。

解：本例是 8255A 方式 1 应用的一个例子，8255A 并行接口打印机连接电路如图 7-12 所示。

由于 8255A 的 A 口以方式 1 工作，因此将 8255A 的 PA0 ~ PA7 与打印机的数据线 D0 ~ D7 连接，PC7（$\overline{OBFa}$）和 PC6（$\overline{ACKa}$）分别与打印机的数据选通信号$\overline{DSTB}$和应答信号$\overline{ACK}$对应连接，PC4 用来查询打印机的忙信号 BUSY 的状态，端口地址为 40H ~ 43H。

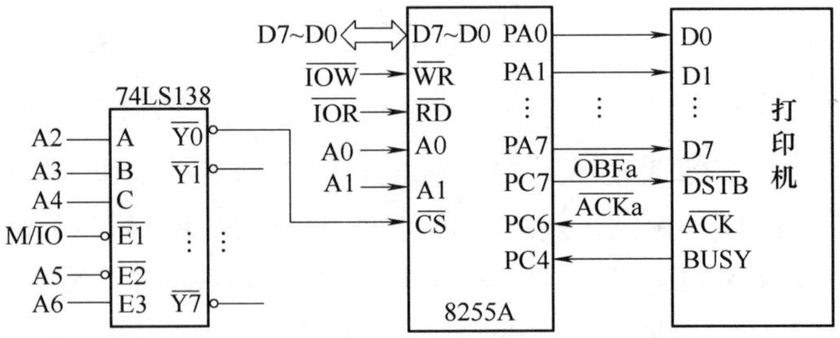

图 7-12　8255A 并行接口打印机连接电路

打印机的工作原理是：当数据选通信号$\overline{DSTB}$有效时，数据线 D0 ~ D7 上的数据被锁存到打印机内部的数据缓冲区中，同时将忙状态信号 BUSY 置 1，表示打印机正在处理输入的数据，等到输入的数据处理完毕，撤销忙信号，将 BUSY 信号清 0，同时送出应答信号$\overline{ACK}$，表示一个字符已经输出完毕。

打印机的驱动程序如下：

```
DATA     SEGMENT                         ; 定义数据段
OBUF     DB  100H  DUP（?）
DATA     ENDS
CODE     SEGMENT                         ; 定义代码段
         ASSUME  CS：CODE，DS：DATA       ; 确定各逻辑的类型
START：  MOV   AX，DATA
         MOV   DS，AX                     ; 获取数据段段地址
         MOV   AL，0A8H                   ; A 口方式 1 输出，PC4 输入
         OUT   43H，AL                    ; 写入控制端口地址
         MOV   CX，100H                   ; 传送字节数至 CX 寄存器
         MOV   SI，OFFSET  OBUF           ; 缓冲区首地址送 SI 寄存器
L1：     IN    AL，42H                    ; 读 C 口，查询 BUSY
         AND   AL，10H                    ; BUSY = 1?
         JNZ   L1                         ; 是，继续查询
         MOV   AL，[SI]                   ; 否，取数据
         OUT   40H，AL                    ; A 口输出数据
         INC   SI                         ; 修改缓冲区地址
         LOOP  L1                         ; 未完，继续
         MOV   AH，4CH                    ; 打印结束，返回 DOS
         INT   21H
CODE     ENDS
         END   START
```

例 7-5*　请设计 8255A 作为双机并行通信接口的电路和程序。

要求：主机、从机两台微型计算机并行通信，主机为 PC，从机为一单片机，主机一侧的 8255A 工作于方式 2，用中断方式传送数据，从机一侧的 8255A 工作于方式 0，用查询方式传送数据。设主机发送数据块的起始地址为 1000H，接收数据块的起始地址为 3000H，传送数据块的字节数为 256 个，试设计通信接口电路，并编制主机的接收发送通信程序。

解：本例是 8255A 方式 2 应用的一个例子，通信接口电路设计如图 7-13 所示，主机 8255A 的 A 口与从机 8255A 的 A 口和 B 口连接，实现双方向数据传送；输入/输出联络信号

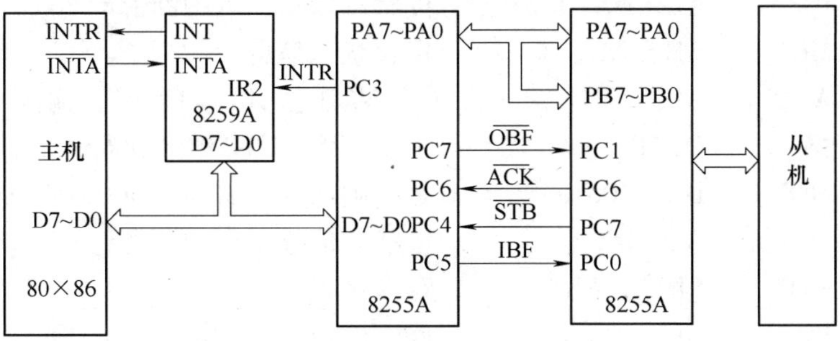

图 7-13　8255A 通信接口电路

线 PC4 ~ PC7 连到从机 8255A 的 C 口，中断请求线 PC3 连到 8259A 的请求输入端 IR2。设 8255A 的端口地址为 400H ~ 403H，8259A 的端口地址为 20H 和 21H。

主机通信程序编制如下：

```
;代码段
        MOV   DX, 403H      ; 8255A 初始化
        MOV   AL, 0C0H      ; A 口工作于方式 2
        OUT   DX, AL
        MOV   AL, 09H       ; 置位 PC4，使输入中断允许 INTE2 为 1
        OUT   DX, AL
        MOV   AL, 0DH       ; 置位 PC6，使输出中断允许 INTE1 为 1
        OUT   DX, AL
        MOV   SI, 1000H     ; 发送数据块的首地址送 SI
        MOV   DI, 3000H     ; 接收数据块的首地址送 DI
        MOV   CX, 256       ; 数据块字节数送 CX
          ⋮                 ; 8259A 初始化及中断向量设置（此处省略）
NEXT:   STI                 ; 开中断
        HLT                 ; 等待中断
        CLI                 ; 关中断
        DEC   CX            ; 字节数 -1
        JNZ   NEXT          ; 未完，继续
        MOV   AH, 4CH
        INT   21H           ; 传送结束，返回 DOS
INTP    PROC                ; 中断服务程序
        MOV   DX, 403H      ; 8255A 控制口地址为 403H
        MOV   AL, 08H       ; 复位 PC4，使 INTE2 =0，禁止输入中断
        OUT   DX, AL
        MOV   AL, 0CH       ; 复位 PC6，使 INTE1 =0，禁止输出中断
        OUT   DX, AL
        CLI                 ; 关中断
        MOV   DX, 402H      ; 8255A 的 C 口地址为 402H
        IN    AL, DX        ; 读状态信息，查中断源
        MOV   AH, AL        ; 保存状态信息
        AND   AL, 20H       ; 检查状态位 IBF =1？是，输入
        JZ    OUTP          ; 不是，跳 OUTP 继续执行
INP:    MOV   DX, 400H      ; 是，则从 A 口读数，400H 为 A 口地址
        IN    AL, DX        ; 读状态信息，查中断源
        MOV   [DI], AL      ; 存入接收区
        INC   DI            ; 修改地址
        JMP   RETURN        ; 跳 RETURN 继续执行
```

```
OUTP:     MOV    DX, 400H      ; 发送，向 A 口写数
          MOV    AL, [SI]      ; 从发送区取数
          OUT    DX, AL        ; 输出
          INC    SI            ; 修改地址
RETURN:   MOV    DX, 403H      ; 8255A 控制口地址
          MOV    AL, 0DH       ; 允许输出中断
          OUT    DX, AL
          MOV    AL, 09H       ; 允许输入中断
          OUT    DX, AL
          MOV    AL, 62H       ; 中断结束 OCW2
          OUT    20H, AL
          IRET                 ; 中断返回
INTP      ENDP
```

任务 7.2.5　了解可编程定时器 8254 的内部结构及外部引脚

计算机系统中经常要用到定时信号，以实现定时和延时控制，如定时中断、定时检测、定时扫描等，还要求有能对外部事件进行计数的计数器。有 3 种实现定时的控制方法：软件定时、不可编程的硬件定时和可编程的硬件定时。

软件定时是用延时程序来实现，定时较准确，但在定时过程中，CPU 不能执行其他程序，降低了 CPU 的效率。

不可编程的硬件定时是由定时数字逻辑电路实现的，这种方法不占用 CPU 时间，但硬件电路确定后，定时特性不易改变。

可编程的硬件定时方法指可由软件设定定时与计数功能，设定后与 CPU 并行工作，不占用 CPU 时钟，功能强，使用灵活。

在微型计算机处理系统中，常采用 8254 定时/计数器，8254 具有以下功能：3 个独立的 16 位计数器；每个计数器有 6 种工作方式；计数初值可以设定为二进制数或 BCD 码数；每个计数器允许的最高计数频率为 10MHz；有读出命令。

8254 的内部结构及引脚图如图 7-14 所示，它由 CPU 的接口电路、控制字寄存器及 3 个

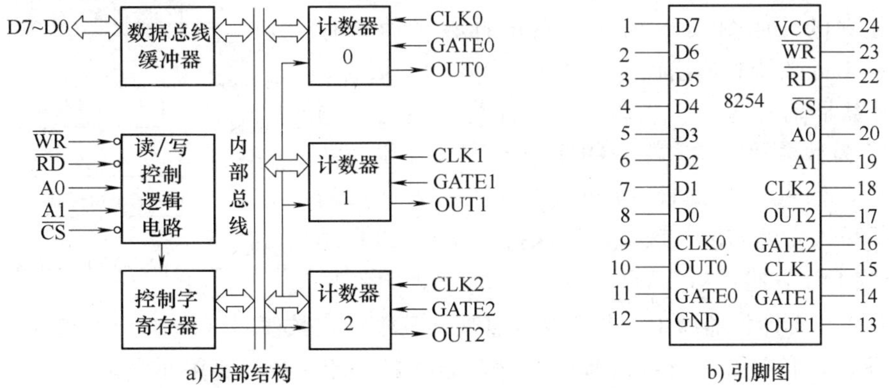

图 7-14　8254 的内部结构及引脚图

计数器组成。

1. 内部结构及功能

（1）与 CPU 的接口电路　与 CPU 的接口电路由数据总线缓冲器和读/写控制逻辑电路组成。

数据总线缓冲器是一个 8 位双向三态缓冲器，CPU 与 8254 进行的数据交换都需经过该缓冲器进行传送，用于与系统总线 D7 ~ D0 相连。数据总线缓冲器有 3 个基本功能：CPU 通过数据总线缓冲器向 8254 写入确定工作方式的命令字、向某一计数器写入计数初值、从某一计数器读取当前的计数值。

表 7-2 给出了 8254 内部寄存器的读/写操作。

表 7-2　8254 内部寄存器的读/写操作

$\overline{CS}$	$\overline{RD}$	$\overline{WR}$	A1	A0	操　作
0	1	0	0	0	计数初值写入 0 号计数器
0	1	0	0	1	计数初值写入 1 号计数器
0	1	0	1	0	计数初值写入 2 号计数器
0	1	0	1	1	向控制字寄存器写控制字
0	0	1	0	0	读 0 号计数器当前计数值
0	0	1	0	1	读 1 号计数器当前计数值
0	0	1	1	0	读 2 号计数器当前计数值
0	0	1	1	1	无操作
1	×	×	×	×	禁止
0	1	1	×	×	无操作

读/写控制逻辑电路是 8254 内部的控制电路，当片选信号 $\overline{CS}=0$ 时，由 A1、A0（通常接 CPU 地址线 A1、A0）信号选择内部寄存器，由读信号 $\overline{RD}$ 和写信号 $\overline{WR}$ 完成对选定寄存器的读/写操作。当 $\overline{CS}=1$ 时，数据总线缓冲器与系统数据总线脱开，读/写逻辑被禁止。

（2）控制字寄存器　控制字寄存器由 3 个 8 位寄存器组成，初始化编程时，由 CPU 写入控制字，以决定计数器的工作方式。此寄存器只能写入，不能读出。

（3）计数器　8254 有 3 个独立的计数器，分别记为计数器 0、1、2。每个计数器的逻辑结构完全相同，操作是完全独立的，如图 7-15 所示，它由计数初值寄存器、16 位减 1 计数器和输出锁存器组成。

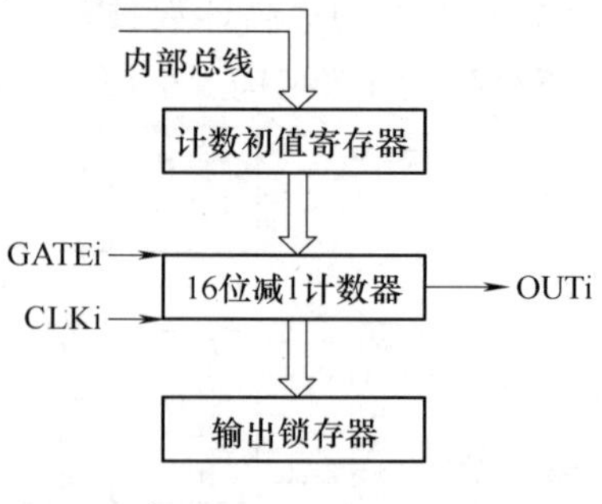

图 7-15　计数器的逻辑结构示意图

每个计数器对外有 3 个引脚：GATEi 为门控信号输入端，CLKi 为计数脉冲输入端，OUTi 为信号输出端。

初始化编程时，用户向计数初值寄存器写入计数初值（只要不写入新的初值，该值始终保持不变），将自动送入 16 位减 1 计数器。当 GATEi = 1 时，每一个 CLK 信号的下降沿使减 1 计数器减 1。当计数器值减到某个规定数值时（取决于工作方式的设定），OUTi 端产生输出信号。在计数过程中，锁存器随减 1 计数器的变化而变化。

2. 8254 的引脚功能

8254的引脚可以由与外设连接部分和与CPU连接部分组成。

（1）与CPU相连的引脚　8254与CPU相连的引脚主要是数据线、控制线、地址线等，共13根。具体分配如下：

D7～D0：三态，双向数据总线。

$\overline{RD}$、$\overline{WR}$：读写控制信号。

$\overline{CS}$：片选输入信号，由译码电路产生。

A1、A0：地址信号输入引脚，用于选择8254各计数器和控制字寄存器。

（2）与外设连接部分　8254与外设连接部分主要是时钟控制、数据输出、门控等信号，共6根引脚。具体分配如下：

CLK2～CLK0：时钟脉冲输入引脚。

OUT2～OUT0：计数器输出引脚。输出信号依据计数器所选择的工作方式输出连续时钟或单个脉冲信号。

GATE2～GATE0：门控信号输入引脚，该引脚用来允许或禁止计数器工作。

任务7.2.6　了解8254的工作方式

8254的3个计数器均有6种工作方式，主要区别是：①输出波形不同；②启动计数器的触发方式不同；③计数过程中门控信号GATE对计数操作的影响不同；④有的工作方式在计数值减到规定的数值后，计数初值将会自动装入计数器。

1. 方式0：计数结束中断工作方式

写入控制字后，OUT立即变为低电平。写入计数初值后，OUT端保持低电平，计数器开始对CLK脉冲进行减1计数。当计数值减为0，OUT端变为高电平时，高电平一直保持到CPU又写入一个方式0控制字，可用于向CPU发出中断请求。方式0的工作波形如图7-16所示。

在$\overline{WR}$信号的上升沿，将方式控制字CW写入8254；第二个$\overline{WR}$信号的上升沿，将计数初值N写入计数寄存器中。

方式0的计数过程可由门控信号GATE控制，当GATE＝0时，计数器暂停计数，直至GATE＝1时，计数器继续计数，GATE信号的变化不会影响输出端OUT的状态。方式0时GATE信号的作用如图7-17所示。

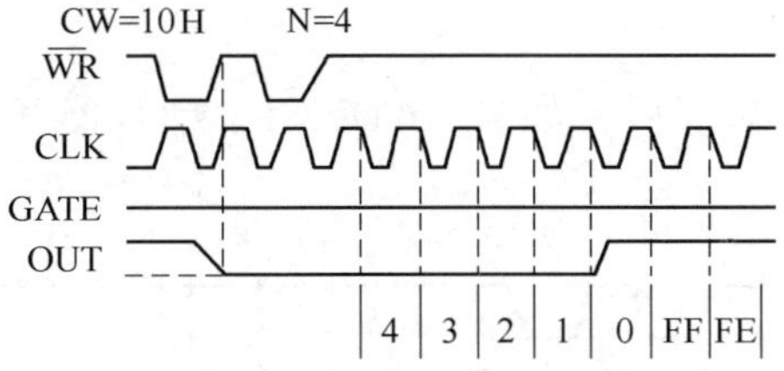

图7-16　方式0的工作波形

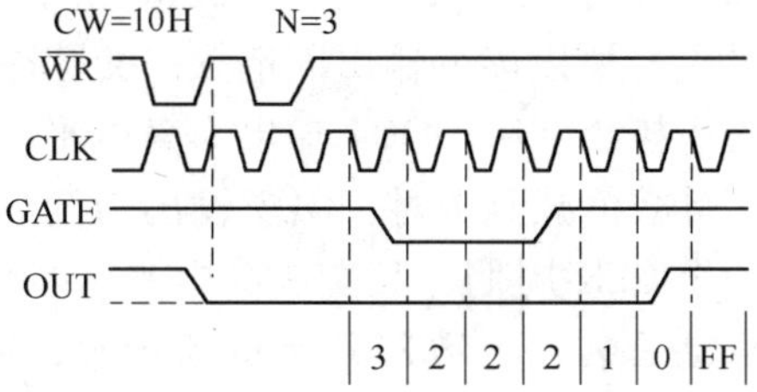

图7-17　方式0时GATE信号的作用

如果在计数过程中，改变计数初值，则在写入新计数值时，计数器将以该值为计数初值，重新开始作减1计数，如图7-18所示。

方式0不具备“初值自动重装”功能，计数过程结束，不恢复计数初值。

2. 方式1：可编程单脉冲发生器工作方式

方式1的工作波形如图7-19所示。

在控制字写进控制字寄存器后，OUT端输出高电平（与GATE状态无关）。写入计数初值后，OUT端保持高电平，计数器并不开始计数，直到GATE由低电平向高电平跳变启动硬件后，从第一个CLK下降沿才开始计数，OUT由高电平变成低电平，形成输出单脉冲的前沿。在计数过程中，输出保持为低，直到计数到0，OUT输出由低电平变高电平，形成输出单脉冲的后沿。脉冲宽度为计数初值乘以CLK脉冲周期。

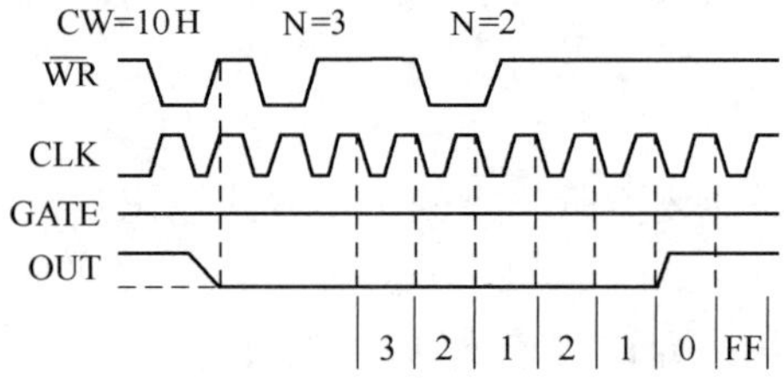

图7-18 方式0计数过程中改变计数值

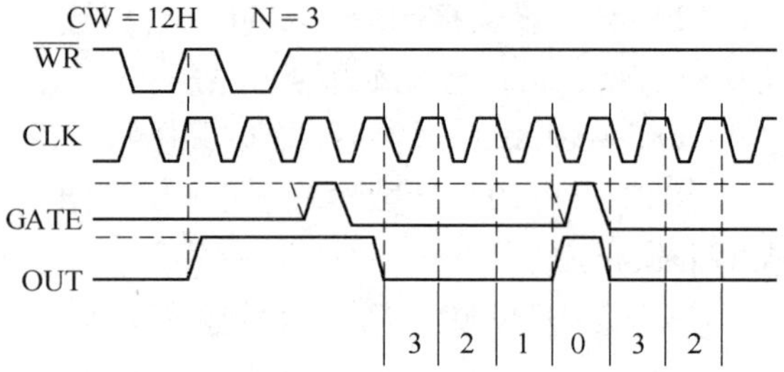

图7-19 方式1的工作波形

方式1没有“初值自动重装”功能，在计数器未计到0时，GATE脉冲再次启动，计数初值将重新装入计数器，计数器又从原计数值重新开始计数，波形如图7-20所示。

在计数过程中，CPU可改变设定的计数初值，但这种改变不会影响正在进行的计数过程。只有当GATE再次触发启动之后，计数器将按照新的计数值计数，波形如图7-21所示。

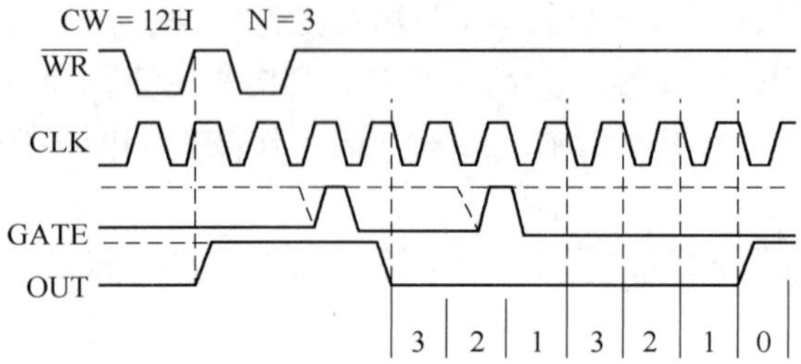

图7-20 方式1时GATE信号的作用

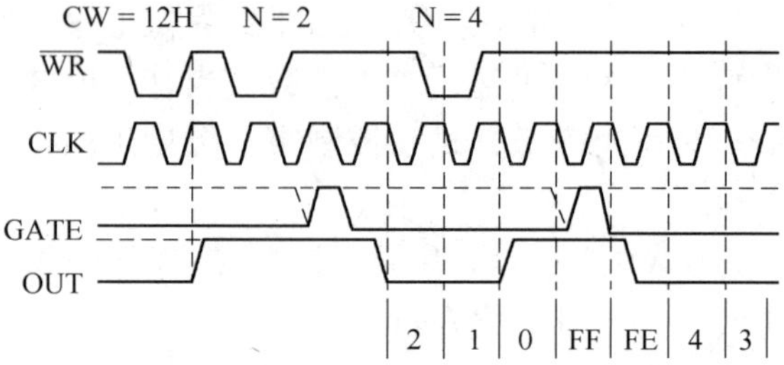

图7-21 方式1计数过程中改变计数值

3. 方式2：频率发生器工作方式

8254工作在方式2的工作波形如图7-22所示。方式2的特点是计数器有“初值自动重装”功能，所以能够输出固定频率的脉冲。

写入控制字后，OUT输出为高电平。写入计数初值后，如果GATE = 1，计数器开始计数，当计数值减到1时，OUT输出为低电平，维持一个CLK周期，又变成高电平，且计数初值自动重装，计数器开始重新计数，周而复始，OUT端输出连续的负脉冲，负脉冲的宽度为一个CLK周期。

如果在减1计数的过程中，GATE变低，则暂停计数，GATE的上升沿使计数器恢复初值，并从初值开始计数，波形如图7-23所示。

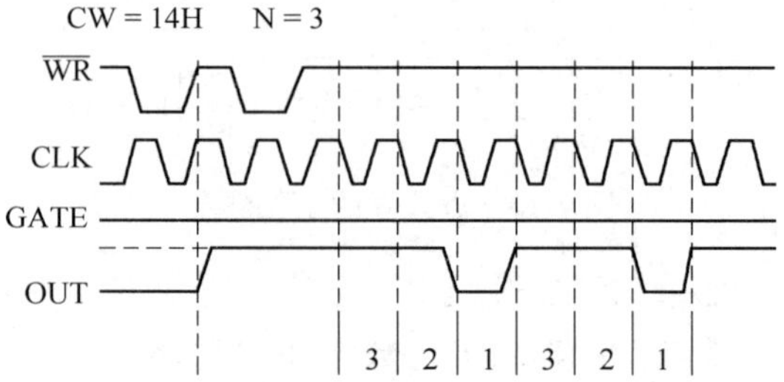

图7-22 方式2的工作波形

在计数过程中，CPU 可以改变设定的计数初值，但这种改变不会影响正在进行的计数过程。新的计数初值仅在本次计数完成后载入，波形如图 7-24 所示。

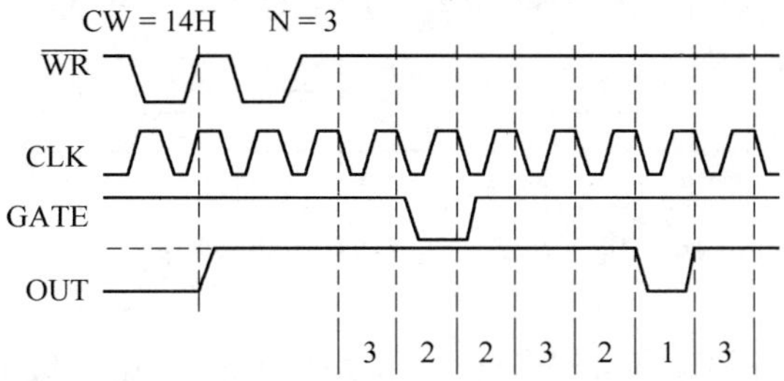

图 7-23　方式 2 时 GATE 信号的作用

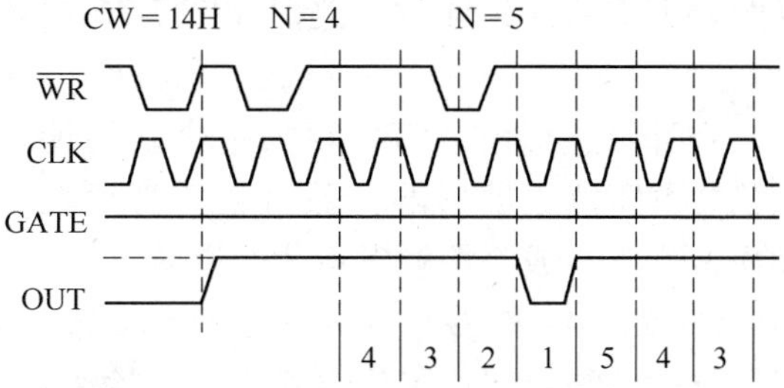

图 7-24　方式 2 计数过程中改变计数值

4. 方式 3：方波频率发生器工作方式

8254 计数器在方式 3 下，输出信号 OUT 是周期性的信号，但与方式 2 不同的是，在整个计数时间间隔中，当计数初值 N 为偶数时，每来一个 CLK 脉冲，计数值减 2，当计数值减到 0 的时候输出端改变极性，内部完成初值自动重装，继续计数。所以输出端为 1∶1 的对称方波，工作波形如图 7-25a 所示。

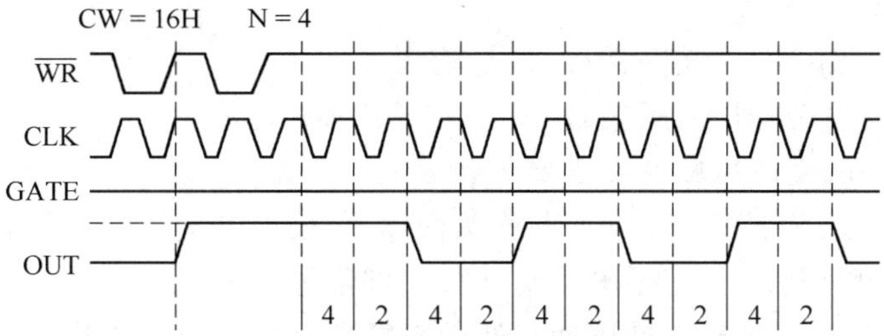

a) 方式3计数值为偶数时的波形

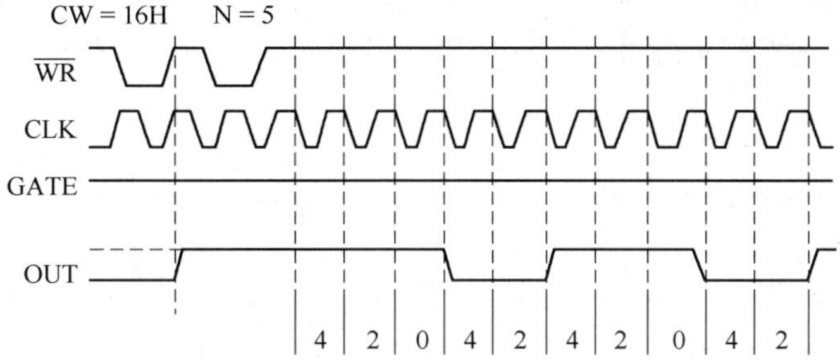

b) 方式3计数值为奇数时的波形

图 7-25　方式 3 的工作波形

当计数初值为奇数时，OUT 最初为高电平，在一个 CLK 时钟内将计数值减 1（变成偶数）后再重装，然后每一个 CLK 使计数器减 2，当计数值为 0 后的一个时钟 OUT 变成低电平，再用初值减 1 的值重新装入计数器，重复减 2 计数，当计数值为 0 的同时，OUT 变成高电平，再用初值减 1 重新装入。输出高电平的时间为（N + 1）/2，而输出为低电平的时间为（N − 1）/2。输出电平的转变发生在输入时钟的下降沿，输出方波的周期等于计数初值乘以输入时钟周期。工作波形如图 7-25b 所示。

在 OUT 为高电平期间，GATE 变低，则暂停计数，直到 GATE 变高，计数器又重新开始计数；在 OUT 为低电平期间，GATE 变低，则 OUT 将立即变高电平。在 GATE =1 后，计数器又重新开始计数，波形如图 7-26 所示。

在计数过程中，CPU 写入一个新的计数值，并不能立即影响计数过程，必须在输出改变状态或门控触发后才会有效。

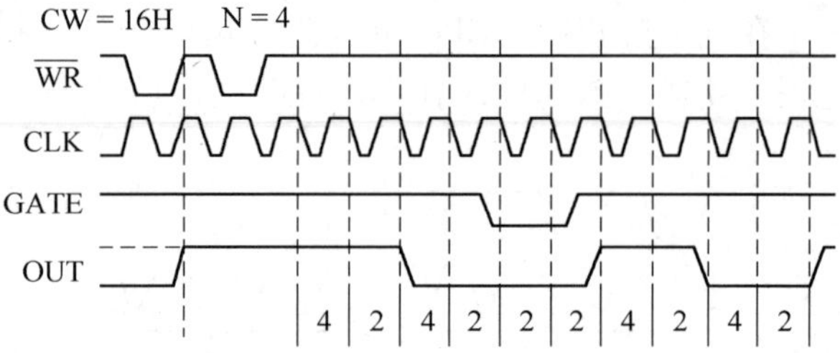

图 7-26　方式 3 时 GATE 信号的作用

5. 方式 4：软件触发的单脉冲发生器工作方式

计数器被设置成工作方式 4 后，输入信号 OUT 为高电平，并一直保持。计数初值设置完毕，若 GATE 为高电平，计数器开始计数直至计数到 0，在 OUT 端输出一个宽度等于 CLK 脉冲周期的负脉冲，方式 4 没有自动重装功能，工作波形如图 7-27 所示。

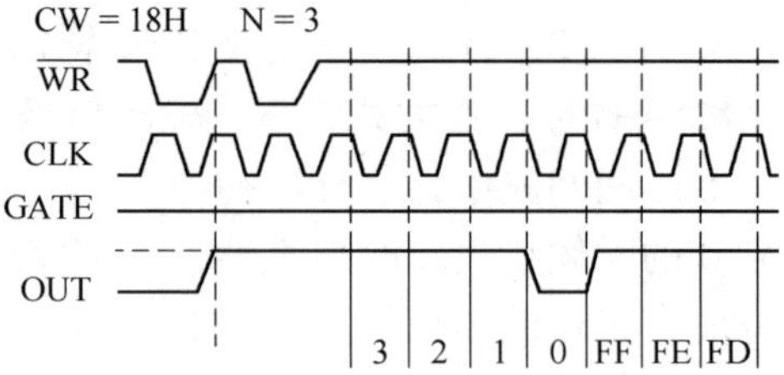

图 7-27　方式 4 的工作波形

GATE =1 时，允许计数，GATE =0，禁止计数，GATE 信号不影响输出信号 OUT，波形如图 7-28 所示。在工作方式 4 下，改变计数初值是立即有效的，波形如图 7-29 所示。

工作方式 4 和工作方式 0 很相似，只是前者输出负脉冲信号，而后者输出阶跃信号。

6. 方式 5：硬件触发的单脉冲发生器工作方式

计数器在工作方式 5 下，输出初始状态为高电平。设置初值后，计数器不会立即开始计数，而是等门控脉冲的上升沿出现才开始计数，即靠硬件触发计数器。当计数器计数到 0 时，输出变低，经过一个 CLK 脉冲周期，然后恢复高电平。只有再次出现 GATE 触发脉冲，才再次计数。工作波形如图 7-30 所示。

在计数过程中出现 GATE 脉冲，可再次重新启动计数器按计数初值重新开始计数，波形如图 7-31 所示。

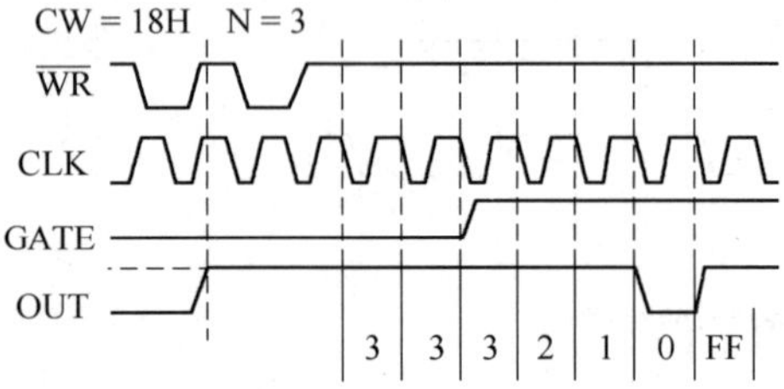

图 7-28　方式 4 时 GATE 信号的作用

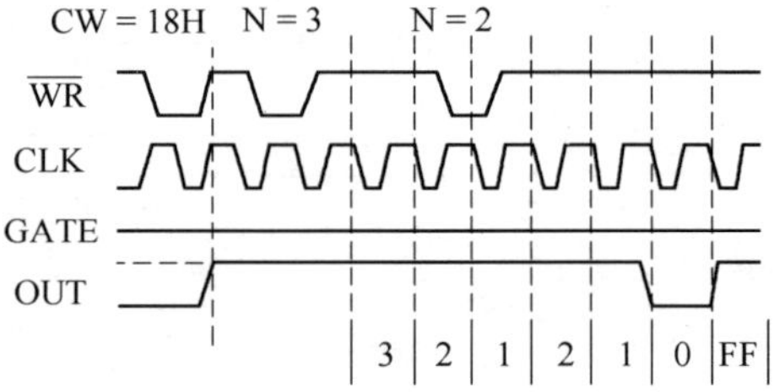

图 7-29　方式 4 计数过程中改变计数值

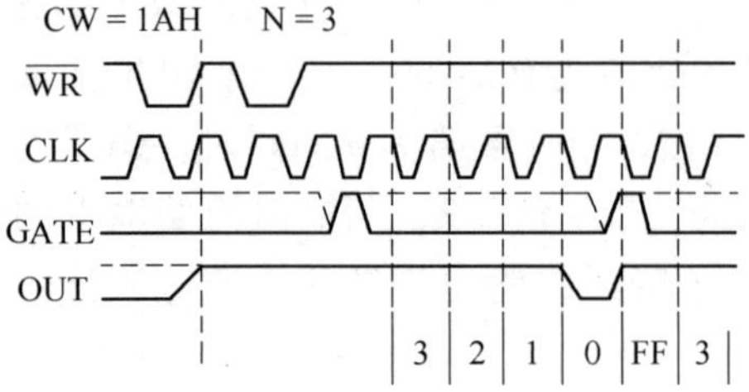

图 7-30　方式 5 的工作波形

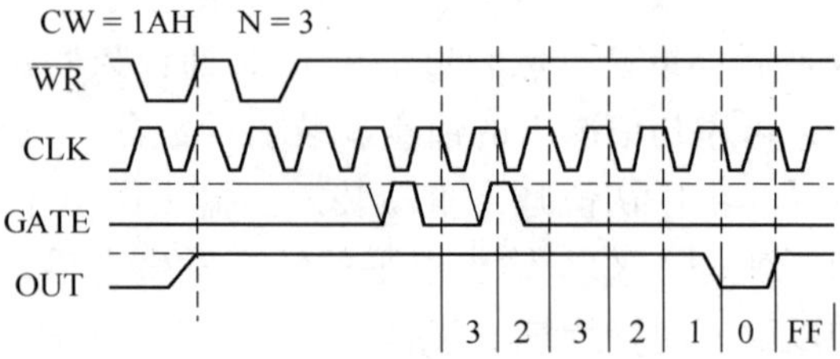

图 7-31　方式 5 时 GATE 信号的作用

在计数过程中改变计数值，只要不出现 GATE 脉冲，对当前的计数没有影响，需等到计数到 0 再由 GATE 启动时，才按新的计数值重新开始计数。

在上述 6 种工作方式中，GATE 信号控制计数的功能起到输出信号的同步作用。对于各种不同的工作方式，它所起的作用各不相同。

为了系统地掌握 8254 的工作方式，表 7-3 列出了 8254 6 种工作方式的特点、OUT 输出波形及主要用途。

表 7-3　8254 6 种工作方式的特点、OUT 输出波形及主要用途

方式	启动计数	终止计数	自动重复	OUT 波形	用　途
0	软件	GATE = 0	无		计数（定时）中断
1	硬件	—	无		单脉冲发生器
2	软（硬）件	GATE = 0	有		频率发生器或分频器
3	软（硬）件	GATE = 0	有		方波发生器或分频器
4	软件	GATE = 0	无	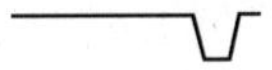	单脉冲发生器
5	硬件	—	无	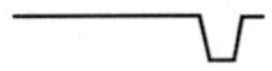	单脉冲发生器

任务 7.2.7　掌握 8254 的控制字及编程方法

1. 8254 的控制字

8254 的控制字有两个，一个用来设置计数器的工作方式，称为方式控制字；另一个为读出控制字。两个控制字共用一个地址，由标志位来区分。

（1）方式控制字　方式控制字的格式如图 7-32 所示。

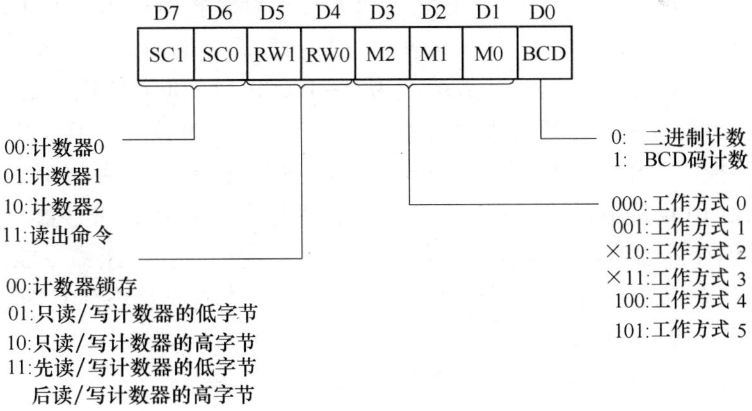

图 7-32　8254 的方式控制字

1）计数器选择（D7D6）。控制字的最高两位用于选择欲设置的计数器。8254 每个计数器的控制字均写到 3 个计数器的共用控制字端口。通过对 D7D6 位译码，将控制字存入对应计数器的工作寄存器中，从而完成计数器读/写方式、工作方式和计数数制的设置。每个计数器的操作都是独立的，且各有自己的控制字。所以要使每个计数器正确工作，必须将各计数器的控制字送到控制字寄存器单元地址中。

D7D6 =00，表示选择0号计数器；

D7D6 =01，表示选择1号计数器；

D7D6 =10，表示选择2号计数器；

D7D6 =11，表示控制字是读出命令。

CPU向8254控制字寄存器单元写入读出命令后，8254锁存3个计数器当前计数值和状态信息，从而允许用户通过对计数器单元的读操作，获取计数器信息。

2）读/写方式选择。CPU对某一计数器进行读/写数据操作是通过对该计数器的地址端口读/写进行的。控制字D5D4用于设定数据读/写操作的方式。

D5D4 =00，表示锁存计数器当前的计数值，以便读出检查；

D5D4 =01，表示写入时，只写低8位计数初值，高8位清0，读出时，只能读出低8位的当前计数值；

D5D4 =10，表示写入时，只写高8位计数初值，低8位清0，读出时，只能读出高8位的当前计数值；

D5D4 =11，表示先读/写低8位计数值，后读/写高8位计数值。

3）工作方式选择。8254每一个计数器都可以分别选择6种工作方式，D3D2D1确定每一计数器的工作方式。

D3D2D1 =000，表示选择工作方式0；

D3D2D1 =001，表示选择工作方式1；

D3D2D1 = ×10，表示选择工作方式2；

D3D2D1 = ×11，表示选择工作方式3；

D3D2D1 =100，表示选择工作方式4；

D3D2D1 =101，表示选择工作方式5。

4）数制选择位D0。控制字的最低位设定计数器的计数控制。若D0 =0，则计数器按二进制计数，其计数值范围是0001H ~ 10000H，即1 ~ 65536；若D0 =1，则计数器按BCD码计数，其计数范围是4位BCD码，计数范围为1 ~ 10000，即0000H代表最大值。

（2）8254读出控制字　8254计数寄存器的值可以随时读出，读出控制字格式如图7-33a所示。读出控制字以D7D6 =11、D0 =0为标志写入控制字寄存器地址。D5 =0，表示锁存计数值，以便CPU读取。D4 =0，表示将状态信息锁存入状态寄存器。D3 ~ D1为计数器选择，不论是锁存计数值还是锁存状态信息，都不影响计数。读出命令能同时锁存几个计数器的计数值或状态信息，当CPU读取某一计数器的计数值或状态信息时，该计数器自动解锁，其他计数器不受影响。

（3）8254状态字　状态字格式如图7-33b所示。

D5 ~ D0的意义与方式控制字的对应位意义相同。D7表示OUT引脚的输出状态，D7 = 1，表示OUT引脚为高电平，D7 =0，表示OUT引脚为低电平。D6表示计数初值是否已装入减1计数器，D6 =0，表示已装入，可以读取计数器。

2. 8254初始化编程

8254是可编程芯片，使用之前需要进行初始化编程。初始化编程分两步：首先，向控制字寄存器写入方式控制字，对使用的计数器规定其工作方式等；然后，向使用的计数器写

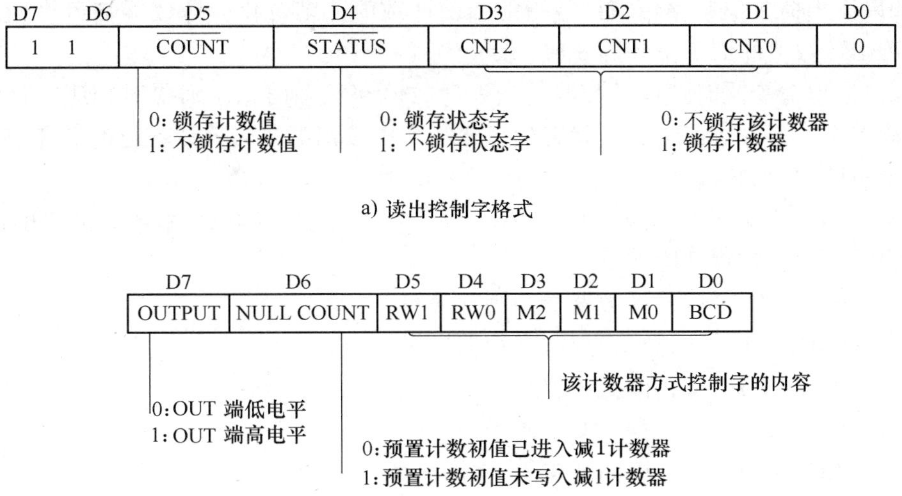

a) 读出控制字格式

b) 状态字格式

图 7-33　8254 读出控制字和状态字格式

入计数初值。

例 7-6　设 8254 端口地址为 40H ~ 43H，要求计数器 2 工作在方式 1，按 BCD 码计数，计数初值为十进制数 4000，试写出初始化程序段。

解： 根据题意，设定按 BCD 码计数，计数初值为十进制数 4000，所以计数初值为 4000H，由于计数初值低 8 位为 0，控制字可设定读/写操作为只写高 8 位，低 8 位自动置 0，所以控制字为 A3H。程序段如下：

```
MOV     AL，0A3H          ；写控制字
OUT     43H，AL
MOV     AL，40H           ；写初值为 4000，仅写高 8 位
OUT     42H，AL
```

3. 读取当前计数值

8254 任一计数器的计数值，可用输入指令读取。由于计数器为 16 位，因而要分两次读。

读操作有以下 5 种方法，假设初始化编程规定的读/写方式为先低 8 位后高 8 位。

（1）GATE = 0，停止计数　使 GATE = 0，停止计数，然后对相应的计数端口进行两次读操作，第 1 次读出的是低 8 位计数值，第 2 次读出的是高 8 位计数值，这种方法在系统机中无法实现。

（2）写入控制字，锁存计数　在计数过程中，先向 8254 控制寄存器写入一个 D7D6 = 计数器编号、D5D4 = 00 的控制字，锁存相应计数器的当前计数值，然后再对相应的计数器端口进行两次读操作，依次读出计数值的低 8 位和高 8 位。

（3）计数过程中读出命令相关状态　计数过程中，先向 8254 控制寄存器写入读出命令，这又分为 3 种情况：

1）如果读出命令仅锁存相应计数器的状态信息，则对相应计数器端口进行 1 次读操作，即可读出状态信息。

2）如果读出命令仅锁存相应计数器的当前计数值，则对相应计数器端口进行两次读操作，依次读出计数值的低8位和高8位。

3）如果读出命令同时锁存计数器的当前计数值和状态信息，则要对相应的计数器端口执行3次读操作，第1次读出的是状态信息，第2次读出的是当前计数值的低8位，第3次读出的是当前计数值的高8位。

例7-7 设8254端口地址为40H~43H，试写出程序段，读取计数器2的当前计数值。

解： 根据题意，列程序段如下：

```
MOV   AL，84H     ；计数器2的锁存命令
OUT   43H，AL     ；写入控制寄存器
IN    AL，42H     ；读低8位
MOV   CL，AL      ；存入CL中
IN    AL，42H     ；读高8位
MOV   CH，AL      ；存入CH中
```

任务7.2.8 掌握8254的应用

在PC系列机中，8254是CPU外围支持电路之一，提供动态存储器刷新定时、系统时钟中断及发声系统音调控制等功能。系统8254的初始化由BIOS在启动DOS时完成。

8254在IBM PC/AT中的应用如图7-34所示。

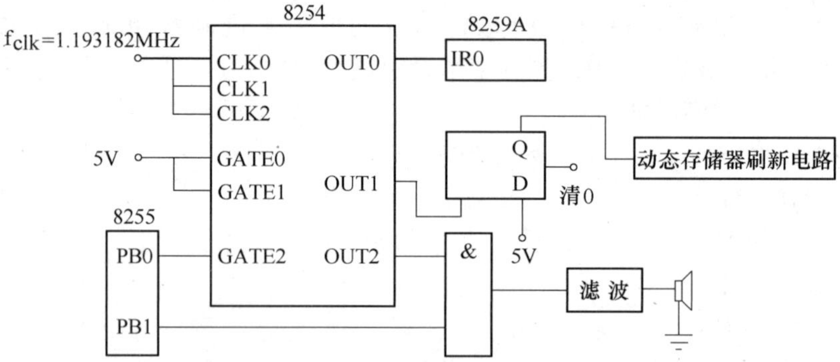

图7-34 8254在IBM PC/AT中的应用

8254在PC/AT中的使用状况见表7-4。

表7-4 8254在PC/AT中的使用状况表

计数器	工作方式	计数方式	初值	控制字	Tout	fout
0	3	二进制	0	36H	55ms	
1	2	二进制	12H	54H	15.1μs	66.827kHz
2	3	二进制	533H	B6H		约900Hz

系统中8254的端口地址为40H~43H，8255B口的地址为61H。

3个计数器初始化程序如下（这些程序已在ROM-BIOS中）：

1. 计数器0用于定时（约55ms）中断

```
MOV   AL，36H          ；写入方式字：方式3，二进制计数
```

```
OUT     43H, AL
MOV     AL, 0          ; 初值为0
OUT     40H, AL        ; 写入低字节计数值
OUT     40H, AL        ; 写入高字节计数值
```

2. 计数器1用于动态存储器刷新定时（每隔15μs进行一次请求）

```
MOV     AL, 54H        ; 方式2，只写低8位，二进制计数
OUT     43H, AL        ; 写入方式字
MOV     AL, 12H        ; 初值为18
OUT     41H, AL        ; 写入计数初值
```

3. 计数器2用于产生约900Hz的方波送至扬声器

```
MOV     AL, B6H        ; 方式3，先写低字节，后写高字节，二进制计数
OUT     43H, AL
MOV     AX, 0533H      ; 初值为0533H
OUT     42H, AL        ; 先写低8位
MOV     AL, AH
OUT     42H, AL        ; 再写高8位
```

例7-8 以计数器2为例，说明8254的工作过程。

解： PC系列机利用计数器2的输出，控制扬声器的发声音调、作为机器的报警信号或伴音信号。计数器2输出一定频率的方波，经滤波后得到近似的正弦波，推动扬声器发声。

```
; 发音频率设置子程序，入口参数：AX =1.19318 ×10^6 ÷发音频率
SPEAKER PROC
        PUSH    AX
        MOV     AL, 0B6H     ; 定时器2为方式3，先低后高写入16位计数值
        OUT     43H, AL
        POP     AX
        OUT     42H, AL      ; 写入低8位计数值
        MOV     AL, AH
        OUT     42H, AL      ; 写入高8位计数值
        RET
SPEAKER ENDP
```

即使完成了计数器2的初始化编程，计数器是否工作仍受控于它的门控信号。GATE2接并行接口PB0位，即I/O端口地址61H的D0位。同时，输出OUT2经过一个与门，这个与门受PB1位控制。PB1是I/O端口地址61H的D1位。所以，必须使PB0和PB1同时为高电平，扬声器才能发出预先设定频率的声音。

```
SPEAKON PROC                 ; 扬声器开子程序
        PUSH    AX
        IN      AL, 61H      ; 读取61H端口的原控制信息
        OR      AL, 03H      ; D1D0 = PB1PB0 = 11，其他位不变
        OUT     61H, AL      ; 直接控制发声
```

```
            POP     AX
            RET
SPEAKON     ENDP
SPEAKOFF    PROC                扬声器关子程序
            PUSH    AX
            IN      AL, 61H
            AND     AL, 0FCH    ; D1D0 = PB1PB0 = 00，其他位不变
            OUT     61H, AL     ; 直接控制闭音
            POP     AX
            RET
SPEAKOFF    ENDP
```

主程序设置好音调后，调用子程序即可发出声音，当用户在键盘上按任何键后声音停止。

```
; 数据段
FREQ        DW  1193180/900     ; 给一个900Hz的频率
            ; 代码段
            MOV     AX, FREQ
            CALL    SPEAKER     ; 设置扬声器的音调
            CALL    SPEAKON     ; 打开扬声器声音
            MOV     AH, 1       ; 等待按键
            INT     21H
            CALL    SPEAKOFF    ; 关闭扬声器声音子程序
            ⋮
```

7.3 项目实战：并行接口的应用

【要求】 项目实战前，教师需指导学生对8255A、8254有一个总体认识，并指导学生对部分引脚功能和用法有较深的理解，指导学生编写相应的初始化程序和应用程序，并具有开发并行接口应用程序的能力；学生需配合教师熟练掌握部分引脚的功能和用法，能根据要求搭建硬件电路，并设计并行接口应用程序。

一、项目实战所需器材

32位微型计算机一台，微型计算机原理实验箱一台，8255A、8254芯片及其他必备器件。

二、项目实战内容

用8254做定时计数器，用8255并行接口输出不同数据来控制发光二极管的亮与灭，用发光二极管模拟十字路口交通灯的工作情况。交通灯亮灭规则如下：

假设有个十字路口，东西、南北两个方向，南北方向的为1、3路口，东西方向的为2、4路口。设初始状态4路口红灯全亮，不准通行。之后1、3路口绿灯亮，2、4路口红灯不灭，则1、3路口南北方向通行，延时一段时间后，1、3路口绿灯灭，黄灯闪烁8次，而后

红灯亮，同时2、4路口红灯灭、绿灯亮，2、4路口东西方向通行，延时一段时间后，2、4路口绿灯灭，黄灯闪烁8次，而后红灯亮，同时1、3路口红灯灭、绿灯亮，循环上述过程。

三、项目实战步骤

1. 按要求进行硬件连线。
2. 按照交通灯亮灭规则编写源程序。
3. 对源程序进行编译、连接生成可执行程序。
4. 运行可执行程序，对照交通灯的工作情况观察程序运行效果。

四、实训报告要求

1. 画出程序流程图，写出程序源代码。
2. 根据实战情况谈谈并行接口的优势和不足。

7.4 项目决战：进一步掌握并行接口的相关知识

【要求】 通过习题的练习，进一步加深对8255A和8254可编程控制器相关知识的理解，并能熟练运用这些知识设计相应的应用程序。习题可根据情况选做。

一、选择题

1. 8255A的PA口工作于方式2时，PB口不能工作于（　　）。

A. 方式0　　B. 方式1　　C. 方式2　　D. 任何方式

2. 8255A芯片的地址线A1、A0分别接8086的A2、A1，8086芯片的A0参与8255A的片选译码，接到74LS138的$\overline{RAS}$ = L。该接口芯片初始化指令为“OUT　8EH，AL”，则8255A的PA口地址为（　　）。

A. 8BH　　B. 88H　　C. 89H　　D. 8AH

3. 8255A的PA口工作于方式2，PB口工作于方式0时，其PC口（　　）。

A. 用做一个8位I/O端口　　B. 用做一个4位I/O端口

C. 部分作联络线　　D. 全部作联络线

4. 8255A的方式选择控制字为80H，其含义是（　　）。

A. A、B、C口全为输入　　B. A口为输出，其他为输入

C. A、B口为方式0　　D. A、B、C口均为方式0，输出

5. 当8255A工作在方式1输出时，通知外设将数据取走的信号是（　　）。

A. $\overline{ACK}$　　B. INTE　　C. $\overline{OBF}$　　D. IBF

6. 8255A引脚信号$\overline{WR}$=0、$\overline{CS}$=0、A1=1、A0=1时，表示（　　）。

A. CPU向数据口写数据　　B. CPU向控制口送控制字

C. CPU读8255A控制口　　D. 无效操作

7. 8254可编程定时器/计数器工作在方式0时，在计数器工作过程中，门控信号GATE变为低电平后，（　　）

A. 暂时停止当前计数工作

B. 终止本次计数过程，开始新的计数

C. 结束本次计数过程，等待下一次计数的开始

D. 不影响计数器工作

8. 某一8254通道，CLK输入频率1000Hz，工作于方式3，写入的计数初值为10H，且采用二进制计数方式，则一个周期内输出信号的高电平和低电平的时间分别为（　　）。

A. 10ms、10ms　　B. 5ms、5ms　　C. 16ms、16ms　　D. 8ms、8ms

9. 在下列8254的4种工作方式中，即使GATE保持为高电平，处于（　　）的8254在写入初值以后也不开始定时或计数。

A. 方式0（计数结束中断）　　B. 方式1（可编程单脉冲发生器）

C. 方式2（速率发生器）　　D. 方式3（方波频率发生器）

10. 要使8254输出1个时钟周期（CLK）宽度的负脉冲，可选择哪几种工作方式？（　　）

A. 方式2、4、0　　B. 方式0、4、5

C. 方式2、4、5　　D. 方式1、4、5

二、填空题

1. 8255A中共有________个8位端口，其中________口既可作数据口，又可产生控制信号，若要所有端口均为输出口，则方式选择字应为________。

2. 若要可编程并行芯片8255A三个端口均作为输入口，则其方式选择控制字应为________。

3. 8255A工作于方式1输入时，通过________信号表示端口已准备好向CPU输入数据。

4. 将8255A的端口A、B设置为方式1时，从端口C读到的信息含义是________。

5. 8255A工作于方式1输入时，它和外设间的联络信号为________和________。

6. 8255A可允许中断请求的工作方式有________和________。

7. 如果要读取8254的当前数值，必须先________，如果要计数器1生成一正跳变信号，应选用方式________。

8. 设8254的计数器1的输入时钟频率为1MHz，以BCD码计数，要求该通道每隔5ms输出一个正跳变信号，则其方式控制字应为________。

三、简答题

1. 8255A的24条外设数据线有什么特点？

2. 8255A的A口、B口都定义为方式1输入，则方式控制字是什么？

3. 总结8255A端口C的使用特点。

4. 设8255A的端口A为方式1输入，端口B为方式1输出，则读取端口C的数据的各位是何含义？

5. 如果8255A的端口A配置为操作方式2，其端口B适用于什么样的功能？

6. 对8255A的控制寄存器写入B0H，则其端口C的PC5引脚是什么作用的信号线？

7. 8254的6种工作方式各有哪些特点？其用途如何？

四、程序设计

1. 设8254内计数器0、1、2的I/O端口地址分别为40H、44H、48H。控制寄存器I/O端口地址为4CH。编写指令序列，完成下列的初始化设置。

（1）计数器0：二进制计数，以方式0工作，计数初值为1234H。

（2）计数器1：BCD计数，以方式2工作，计数初值为100H。

（3）计数器2：二进制计数，以方式2工作，计数初值为1FFFH。

2. 编写一个在计数操作进行过程中读取计数器2内容的指令序列，并把读取的数值装入AX寄存器中（8254各端口设置同上）。

7.5 项目挑战：了解并行端口的其他相关知识

众所周知，一提到打印机，无论是厂家的说明书还是商家的广告宣传，总是涉及LPT并行端口与IEEE 1284并行标准。从个人计算机的外观看，并行端口表现为机箱背面一个拥有25孔的D形连接器，在IEEE 1284标准中称为IEEE 1284-A连接器。当这个端口连接一台打印机时，可以看到连接电缆的打印机一端并非是一个对称的25芯D形连接器，而是一个拥有36个弹簧片触点的连接器，这个36引脚接口座有一个专业名词，称为centronics连接器，在IEEE 1284标准中又称为IEEE 1284-B连接器，其外形较大。

IEEE 1284标准是一个定义和描述了并行通信所有通用规程和协议的文件，全称是“个人计算机双向并行外设接口的标准信令方法”，并于1994年颁布。它描述了5种数据通信协议模式，即兼容型、4位组型、字节型、EPP型与ECP型；定义了并行接口信号，描述了不同模式下这些信号的用途和时序特性；规范了并行接口所使用的连接器与电缆线。

关于IEEE 1284标准的具体情况，在此不作详细介绍，感兴趣的读者可进一步参阅相关书籍。

项目八　串行接口与通信技术

【项目导读】

本项目主要讲解串行通信的基本知识，包括串行异步通信、串行同步通信以及它们的传输方式，并从应用的角度介绍了8251A芯片的工作原理和接口电路。

【学习目标】

□理解串行异步通信和同步通信的基本概念，并了解它们的优缺点。

□理解串行通信单工、半双工、全双工工作方式。

□理解通信协议。

□掌握8251A的工作原理，并能熟练设计接口电路。

【学习建议】

在理解串行异步通信、同步通信的基础上，理解通信协议，并把重点放在8251A工作原理上，并能根据需要设计合理的接口电路。本项目重点是可编程串行接口芯片8251A的特性、初始化命令字及应用。本项目难点在于对8251A的初始化及应用。本项目教学安排12学时，其中理论授课6学时，动手实践6学时。

8.1　项目开篇：串行接口与串行通信

在生活中经常遇到信息的传递，在上一个项目中，我们讲述了并行通信方式，相对应的就有串行通信方式，那么什么是串行通信？所谓的串行通信就是指利用一条传输线将数据一位位顺序传送的通信方式。由于只占用一根数据线，因此，这根传输线既要传输数据信息，又要传输联络控制信息。串行通信减少了传输线，使串行通信借助电话线进行远距离传送成为可能，从而实现远程通信。

串行通信中的I/O接口称为串行接口。串行接口同外围设备之间的数据传送是串行的，而CPU与串行接口之间的数据传送还是并行的，串行接口在发送时要实行并—串转换，接收时要实行串—并转换。因此，串行通信的接口技术较复杂，数据传输速度较慢。

串行通信分为异步通信（ASYNC）与同步通信（SYNC）两种方式。

异步通信以一个字符为传输单位，通信中两个字符间的时间间隔是不固定的，然而在同一个字符中的两个相邻位代码间的时间间隔是固定的。

同步通信以一个帧为传输单位，每个帧中包含有多个字符。在通信过程中，每个字符间的时间间隔是相等的，而且每个字符中各相邻位代码间的时间间隔也是固定的。

波特率是衡量数据传送速度的指标，表示每秒钟传送多少个二进制位数，以bit/s为单位。

例如，数据传送速率为120字符/s，而每一个字符为10bit，则其传送的波特率为10bit/字符×120字符/s＝1200bit/s＝1200 baud。

1. 数据传送方式

根据数据传送方向的不同，串行数据传送方式可分为单工传送方式、半双工传送方式、全双工传送方式三种，如图 8-1 所示。

a) 单工传送方式　　b) 半双工传送方式　　c) 全双工传送方式

图 8-1　数据传送方式

（1）单工传送方式　单工传送方式只允许数据按照一个固定的方向传送，即一方只能作为发送站，另一方只能作为接收站。

（2）半双工传送方式　数据能从 A 站传送到 B 站，也能从 B 站传送到 A 站，但是不能同时在两个方向上传送，每次只能有一个站发送，另一个站接收。通信双方可以轮流地进行发送和接收。

（3）全双工传送方式　允许通信双方同时进行发送和接收。这时，A 站在发送的同时也可以接收，B 站在接收的同时也可以发送。全双工方式相当于把两个方向相反的单工传送方式组合在一起，因此它需要两条传输线。

在计算机串行通信中主要使用半双工和全双工传送方式。

2. 信号传输方式

（1）基带传输方式　在传输线路上直接传输不加调制的二进制信号，称为基带传输方式。它要求传输线路的频带较宽，传输的数字信号是矩形波。基带传输方式仅适宜于近距离和速度较低的通信。

（2）频带传输方式　在远距离通信时，发送方要用调制器把数字信号转换成模拟信号，然后进行传输，这个过程称为调制；接收方则用解调器将接收到的模拟信号再还原成数字信号，这个过程称为解调。在实际应用中将调制和解调功能集成在一起，构成调制解调器（MODEM）。采用频带传输时，通信双方各接一个调制解调器，将数字信号寄载在模拟信号（载波）上加以传输。因此，这种传输方式也称为载波传输方式。这时的通信线路可以是电话交换网，也可以是专用线。

通过上面的介绍，我们对串行通信有了一定的了解，那么在实际通信中，对串行接口有什么要求，在数据传送中又需要注意哪些问题，如何自己设计一个串行通信接口？在项目备战中，我们一一做出解答。

8.2　项目备战：串行接口的相关知识

任务 8.2.1　了解串行接口标准

串行接口标准指的是计算机或终端等数据终端设备（DTE）的串行接口电路与调制解调器（MODEM）等数据通信设备（DCE）之间的连接标准。

1. RS-232C 标准

RS-232C 是一种标准接口，D 形插座，采用 25 芯引脚或 9 芯引脚的连接器，如图 8-2 所示。

（1）信号线　RS-232C 标准规定接口有 25 根连线，只有以下 9 个信号线经常使用。引脚和功能分别如下：

TXD（2 脚）：发送数据线，输出。发送数据到 MODEM。

RXD（3 脚）：接收数据线，输入。接收数据到计算机或终端。

RTS（4 脚）：请求发送，输出。计算机通过此引脚通知 MODEM，要求发送数据。

CTS（5 脚）：允许发送，输入。发出作为对 RTS 的回答，计算机才可以进行发送数据。

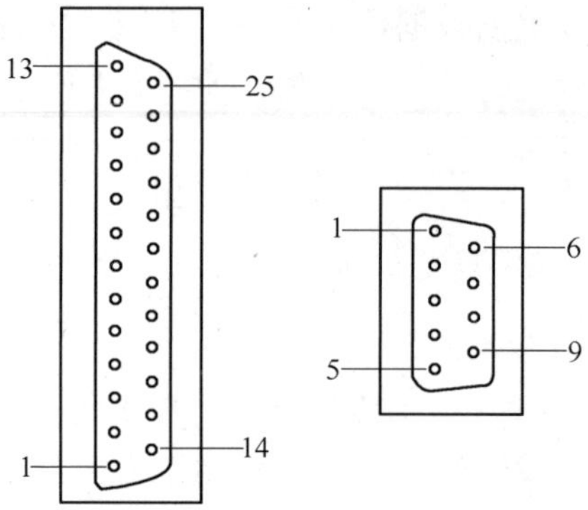

a) DB-25 插座　　b) DB-9 插座

图 8-2　RS-232C D 形插座连接器

DSR（6 脚）：数据装置就绪（即 MODEM 准备好），输入。表示调制解调器可以使用，该信号有时直接接到电源上，这样当设备连通时即有效。

DCD（8 脚）：载波检测（接收线信号测定器），输入。用来表示 DCE 已接通通信链路，告之 DTE 准备接收数据。

RI（22 脚）：振铃指示，输入。MODEM 若接到交换台送来的振铃呼叫信号，就发出该信号来通知计算机或终端。

DTR（20 脚）：数据终端就绪，输出。计算机收到 RI 信号以后，就发出信号到 MODEM 作为回答，以控制它的转换设备，建立通信链路。

GND（7 脚）：接地

9 芯引脚连接器的引脚信号及功能见表 8-1。RS-232C 所能直接连接的最长距离不大于 15m，最高通信速率为 20kbit/s。

表 8-1　9 芯引脚连接器的引脚信号及功能

引脚	信号	方向	功　能	引脚	信号	方向	功　能
1	CD	入	载波检测	6	DSR	入	数据设备就绪
2	RXD	入	接收数据	7	RTS	出	请求传送
3	TXD	出	发送数据	8	CTS	入	允许传送
4	DTR	出	数据终端就绪	9	RI	入	振铃指示
5	GND		信号地				

（2）逻辑电平　RS-232C 标准采用 EIA 电平，规定：对 TXD 和 RXD 上的数据信号“1”的逻辑电平为 $-15\sim-3$V，“0”的逻辑电平为 $3\sim15$V；对于 DTR、DSR、RTS、CTS、CD 等控制信号，$-25\sim-3$V 表示信号无效，即断开，$3\sim25$V 表示信号有效，即接通。

由于计算机采用 TTL 电平，而 EIA 电平与 TTL 电平完全不同，所以必须进行相应的电平转换。MC1488 完成 TTL 电平到 EIA 电平的转换，MC1489 完成 EIA 电平到 TTL 电平的转换。

微型计算机之间的串行通信就是通过按照 RS-232C 标准设计的接口电路实现的。如果使用一根电话线进行通信，那么计算机和 MODEM 之间的连线就是根据 RS-232C 标准连接的。双机远距离通信连接示意图如图 8-3 所示。

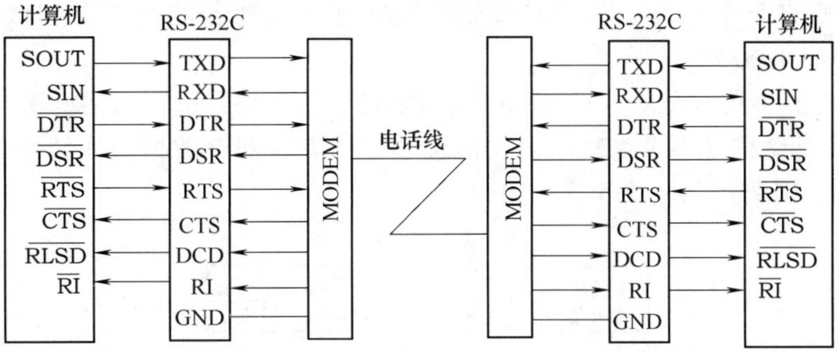

图 8-3　双机远距离通信连接示意图

发送方将计算机发送的数字信号用调制器转换为模拟信号，送到电话线路上；接收方将接收到的模拟信号由解调器转换为数字信号，送计算机处理。

$\overline{\text{DTR}}$和$\overline{\text{DSR}}$是一对握手信号，当计算机准备就绪时，向 MODEM 发送$\overline{\text{DTR}}$，MODEM 接收到$\overline{\text{DTR}}$后，若同意通信，则向计算机回送$\overline{\text{DSR}}$，于是握手成功。

$\overline{\text{RTS}}$和$\overline{\text{CTS}}$也是一对握手信号，当计算机准备发送数据时，向 MODEM 发送$\overline{\text{RTS}}$，MODEM 接收到$\overline{\text{RTS}}$后，若同意发送，则向计算机回送$\overline{\text{CTS}}$，于是握手成功，可以开始传送数据。

2. * 其他串行总线标准

（1）RS-423A 总线　为了克服 RS-232C 的缺点，提高传送速率，增加通信距离，又考虑到与 RS-232C 的兼容性，美国电子工业协会在 1987 年提出了 RS-423A 总线标准。该标准的主要优点是在接收端采用了差分输入，对共模干扰信号有较高的抑制作用，提高了通信的可靠性。采用 RS-423A 标准以获得比 RS-232C 更佳的通信效果。

（2）RS-422A 总线　RS-422A 总线采用平衡输出的发送器，差分输入的接收器。在高速传送信号时，应该考虑到通信线路的阻抗匹配，一般在接收端加终端电阻以吸收掉反射波。电阻网络也应该是平衡的。

（3）RS-485 总线　RS-485 适用于收发双方共用一对线路进行通信，也适用于多个点之间共用一对线路进行总线方式联网，通信只能是半双工的。

任务 8.2.2　了解可编程串行接口芯片 8251A 内部结构

8251A 是通用同步/异步接收发送器（Universal Synchronous/Asynchronous Receiver and Transmitter，USART），是适合与各种微处理器连接的高性能串行通信接口芯片。8251A 作为可编程的串行通信接口芯片，基本性能包括：

（1）工作方式　8251A 有两种工作方式，即同步传送方式和异步传送方式。

1）同步传送方式。在同步传送方式中，每个字符包含 5 ~ 8 个数据位，可选用内同步传送或外同步传送，能自动插入同步字符，并且内部能自动检测同步字符，从而实现同步。除此之外，8251A 也允许同步方式下增加奇/偶校验位进行校验。

2）异步传送方式。在异步传送方式中，每个字符包含 5 ~ 8 个数据位，时钟频率为传输波特率的 1 倍、16 倍或 64 倍，用 1 位作为奇/偶校验，1 个启动位，并能根据编程为每个数据增加 1 个、1.5 个或 2 个停止位。可以检查假启动位，能自动检测和处理终止字符。

（2）全双工的工作方式　8251A 内部提供具有双缓冲器的发送器和接收器，有利于 8251A 全双工的工作方式。

（3）出错检测　具有奇偶、溢出和帧错误 3 种校验电路，进行出错检测。

8251A 的内部结构如图 8-4 所示，它由接收器、发送器、数据总线缓冲器、读/写控制逻辑电路及调制/解调控制电路 5 部分组成。

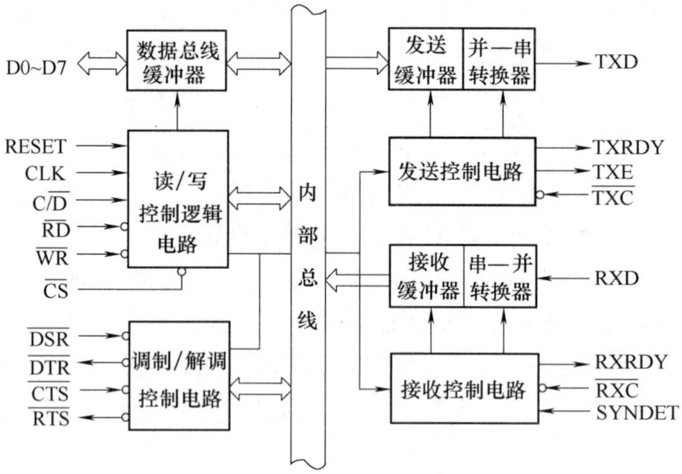

图 8-4　8251A 的内部结构

1. 接收器

接收器由接收缓冲器和接收控制电路两部分组成。接收移位寄存器从 RXD 引脚上接收串行数据，转换成并行数据后存入接收缓冲器。

（1）异步方式　在 RXD 线上检测低电平，将检测到的低电平作为起始位，8251A 开始进行采样，完成字符装配，并进行奇偶校验和去掉停止位，变成了并行数据后，送到数据输入寄存器，同时发出 RXRDY 信号送 CPU，表示已经收到一个可用的数据。

（2）同步方式　首先搜索同步字符，8251A 检测 RXD 线，每当 RXD 线上出现一个数据位时，接收下来并送入移位寄存器移位，与同步字符寄存器的内容进行比较，如果两者不相等，则接收下一位数据，并且重复上述比较过程。当两个寄存器的内容相等时，8251A 的 SYNDET 升为高电平，表示同步字符已经找到，同步已经实现。

采用双同步方式，就要在测得输入移位寄存器的内容与第一个同步字符寄存器的内容相同后，再继续检测此后输入移位寄存器的内容是否与第二个同步字符寄存器的内容相同。如果相同，则认为同步已经实现。在外同步情况下，同步输入端 SYNDET 加一个高电位来实现同步。

实现同步之后，接收器和发送器间就开始进行数据的同步传输。这时，接收器利用时钟信号对 RXD 线进行采样，并把收到的数据位送到移位寄存器中，在 RXRDY 引脚上发出一个信号，表示收到了一个字符。

2. 发送器

发送器由发送缓冲器和发送控制电路两部分组成。采用异步方式，则由发送控制电路在其首尾加上起始位和停止位，然后从起始位开始，经移位寄存器从数据输出线 TXD 逐位串行输出。采用同步方式，则在发送数据之前，发送器将自动送出 1 个或 2 个同步字符，然后才逐位串行输出数据。如果 CPU 与 8251A 之间采用中断方式交换信息，那么 TXRDY 可作为向 CPU 发出的中断请求信号。当发送器中的 8 位数据串行发送完毕时，由发送控制电路向 CPU 发出 TXE 有效信号，表示发送器中移位寄存器已空。

3. 数据总线缓冲器

数据总线缓冲器是 CPU 与 8251A 之间的数据接口，包含 3 个 8 位的缓冲寄存器：2 个寄存器分别用来存放 CPU 向 8251A 读取的数据或状态信息，1 个寄存器用来存放 CPU 向 8251A 写入的数据或控制字。

4. 读/写控制逻辑电路

读/写控制逻辑电路用来配合数据总线缓冲器的工作，其功能如下：

1）接收写信号，并将来自数据总线的数据和控制字写入 8251A。

2）接收读信号，并将数据或状态字从 8251A 送往数据总线。

3）接收控制/数据选择信号 $C/\overline{D}$，高电平时为控制字或状态字，低电平时为数据。

4）接收时钟信号 CLK，完成 8251A 的内部定时。

5）接收复位信号 RESET，使 8251A 处于空闲状态。

5. 调制/解调控制电路

调制/解调控制电路用来简化 8251A 和调制解调器的连接。当计算机进行远程通信时，利用调制/解调控制电路提供的一组通用的控制信号，使 8251A 可直接与调制解调器相连。

任务 8.2.3　认识并了解 8251A 的引脚及其功能

1. 与 CPU 接口的信号线

8251A 的引脚图如图 8-5 所示。8251A 和 CPU 之间的连接信号可以分为 4 类：

（1）片选信号　片选信号 $\overline{CS}$，低电平有效，它由 CPU 的地址信号通过译码后得到。

（2）数据信号　数据信号 D0 ~ D7，8 位，三态，双向数据线，与系统的数据总线相连，传输 CPU 对 8251A 的编程命令字和 8251A 送往 CPU 的状态信息及数据。

（3）读/写控制信号　$\overline{RD}$：读信号，低电平有效，与系统的 $\overline{IOR}$ 相连，有效时，表示 CPU 当前正在从 8251A 读取数据或者状态信息；$\overline{WR}$：写信号，低电平有效，与系统的 $\overline{IOW}$ 相连，有效时，表示 CPU 当前正在向 8251A 写入数据或者控制信息。控制/数据选择信号 $C/\overline{D}$，用来区分当前读/写的是数据还是控制信息或状态信息。

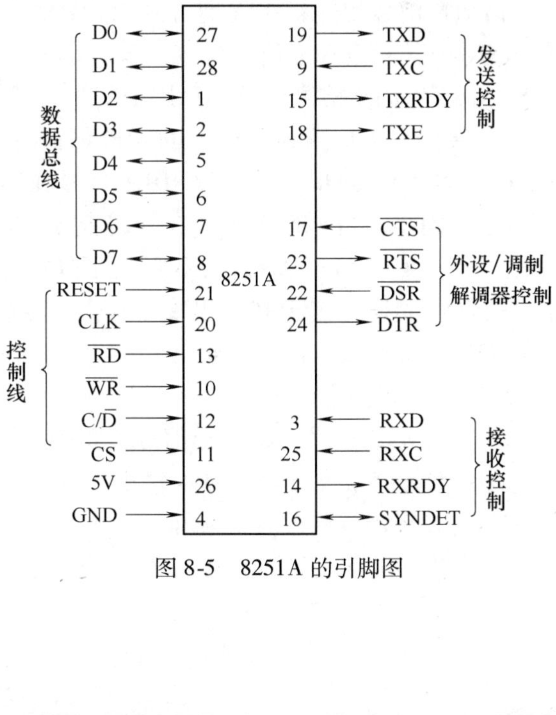

图 8-5　8251A 的引脚图

当$\overline{CS}=0$时，$C/\overline{D}=1$，表示选中 8251A 控制寄存器和状态寄存器。此时，若$\overline{RD}=0$，则读取 8251A 状态寄存器送到数据线 D0 ~ D7；若$\overline{WR}=0$，则将 D0 ~ D7 线上的“方式选择命令字”、“操作命令字”写入控制寄存器。

当$\overline{CS}=0$时，$C/\overline{D}=0$，表示选中 8251A 数据寄存器。此时，若执行 IN 指令（$\overline{IOR}=0$），则读取接收数据；若执行 OUT 指令（$\overline{IOW}=0$），则写入待发送的数据。8251A 端口的读写操作见表 8-2。

表 8-2　8251A 端口的读写操作

$\overline{CS}$	$C/\overline{D}$	$\overline{RD}$	$\overline{WR}$	功　能
0	0	0	1	CPU 从 8251A 读数据
0	1	0	1	CPU 从 8251A 读状态
0	0	1	0	CPU 向 8251A 写数据
0	1	1	0	CPU 向 8251A 写命令
1	×	×	×	无操作

（4）收发联络信号　收发联络信号有 TXRDY、TXE、RXRDY、SYNDET。

TXRDY：发送器准备好信号，高电平有效，用来通知 CPU，8251A 已准备好发送一个字符。在引脚$\overline{CTS}$有效的前提下，初始化编程是设置工作命令字 D0 位 TXEN = 1（允许发送），当发送缓冲寄存器为空时，TXRDY 有效。CPU 向 8251A 写入一个字符后，TXRDY 自动复位。

TXE：发送器空信号，高电平有效，用来表示此时 8251A 发送器中并—串转换器空，说明一个发送动作已完成。TXE 和 TXRDY 不同，TXRDY 信号表示的是发送缓冲器的状态，而 TXE 表示的是并—串转换器的状态，实际上是表示一个发送过程的完成，即 TXRDY 较 TXE 之前有效。

RXRDY：接收器准备好信号，用来表示当前 8251A 已经从外设或调制解调器接收到一个字符，等待 CPU 来取走。因此，在中断方式时，RXRDY 可用来作为中断请求信号，与 CPU 的 INTR 信号相连；在查询方式时，RXRDY 可用来作为查询信号。CPU 读取数据后，引脚 RXRDY 信号自动复位。

SYNDET：同步检测信号，只用于同步方式。当 8251A 工作在内同步时，SYNDET 为输出端，如果 8251A 检测到所要求的同步字符时，该信号输出高电平，表示此时接收端、发送端同步。若为双同步方式，SYNDET 信号在第 2 个同步字符的最后一位中间变为高电平，表明已达到同步。当 8251A 工作在外同步方式时，SYNDET 作为输入端，从此输入端输入的一个上升沿，使 8251A 从下一个$\overline{RXC}$的下降沿开始接收数据。SYNDET 输入的高电平至少应维持一个$\overline{RXC}$周期，直到$\overline{RXC}$出现又一个下降沿方可变为低电平。

2. 8251A 与外设的接口信号

8251A 与外设的接口信号分为两类：

（1）收发联络信号　这部分信号主要完成信号的收发联系。

$\overline{DTR}$：数据终端准备好信号，输出，低电平有效，可由操作命令字中的 DTR 位置 1 而使该信号有效，当其有效时，通知外设，CPU 当前已经准备就绪。

$\overline{DSR}$：数据设备准备好信号，输入，低电平有效，CPU 可以通过读状态缓冲器的状态位

DSR 而获知该信号是否有效，当 DSR 状态位为 1 时，表示$\overline{\mathrm{DSR}}$信号有效。该信号实际上是对$\overline{\mathrm{DTR}}$信号的应答，通常用于接收数据。

$\overline{\mathrm{RTS}}$：请求发送信号，输出，低电平有效，表示 CPU 已经准备好发送。

$\overline{\mathrm{CTS}}$：允许发送信号，输入，低电平有效，由外设送往 8251A。

（2）数据信号　主要包括发送器数据输出信号 TXD、接收器数据输入信号 RXD。

TXD：发送器数据输出信号。当 CPU 送往 8251A 的并行数据被转变为串行数据后，通过 TXD 送往外设。

RXD：接收器数据输入信号。用来接收外设送来的串行数据，数据进入 8251A 后被转变为并行方式。

3. 时钟、电源和地

8251A 除了与 CPU 及外设的连接信号外，还有电源端、地端和 3 个时钟端。

CLK：时钟输入，用来产生 8251A 器件的内部时序。同步方式下，CLK 的频率大于接收数据或发送数据波特率的 30 倍；异步方式下，则要大于数据波特率的 4.5 倍。

$\overline{\mathrm{TXC}}$：发送器时钟，控制发送字符的速度。在同步方式下，$\overline{\mathrm{TXC}}$的频率等于字符传输的波特率；在异步方式下，TXC 的频率可以为字符传输波特率的 1 倍、16 倍或 64 倍。

$\overline{\mathrm{RXC}}$：接收器时钟，用来控制接收字符的速度，和$\overline{\mathrm{TXC}}$的控制模式一样。在实际使用时，$\overline{\mathrm{RXC}}$和$\overline{\mathrm{TXC}}$往往连在一起，由同一个外部时钟来提供，CLK 则由另一个频率较高的外部时钟来提供。

VCC：电源输入。

GND：接地。

任务 8.2.4　掌握 8251A 的命令字与初始化编程

8251A 是一个可编程的多功能串行通信接口芯片，使用前必须对 8251A 进行初始化编程，向控制口写入方式选择命令字和操作命令字，这样，8251A 就可以进行收发通信了。在 8251A 工作期间，可读取状态寄存器的内容以了解 8251A 当前的工作状态。

1. 方式选择命令字

方式选择命令字分为同步方式控制字和异步方式控制字两种格式，控制字为一个字节。D1D0 = 00，是同步方式控制字，此时，D7 和 D6 位用来选择同步方式；D1D0 ≠ 00，是异步方式控制字，此时 D7 和 D6 位用来选择停止位个数。8251A 方式选择命令字如图 8-6 所示。

在同步方式下，发送和接收的波特率分别和$\overline{\mathrm{TXC}}$、$\overline{\mathrm{RXC}}$引脚的输入时钟频率相等。在异步方式中，D1D0 的 3 种组合用以确定异步方式下的波特率因子（系数），此时，$\overline{\mathrm{TXC}}$和$\overline{\mathrm{RXC}}$的频率、波特率因子和波特率之间有如下关系：

$$f_{\overline{\mathrm{TXC}}、\overline{\mathrm{RXD}}} = \text{波特率因子} \times \text{波特率}$$

2. 操作命令字

操作命令字的作用是确定 8251A 的实际操作，迫使 8251A 处于某种工作状态，以便接收或发送数据。其格式如图 8-7 所示。

D0：TXEN，允许发送。D0 = 1，允许发送；D0 = 0，不允许发送。

D1：DTR，数据终端准备就绪，D1 = 1，使引脚$\overline{\mathrm{DTR}}$低有效，表示数据终端准备就

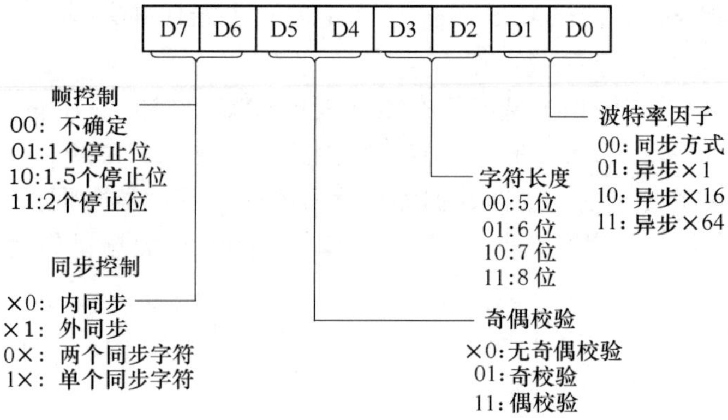

图 8-6　8251A 方式选择命令字

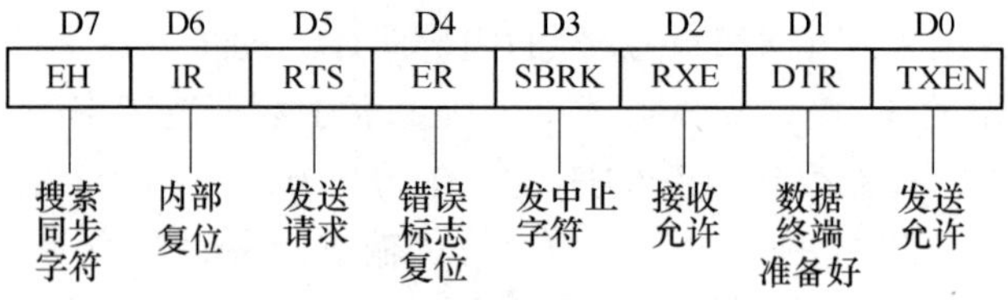

图 8-7　8251A 操作命令字格式

绪。

D2：RXE，接收允许。D2 =1，允许接收；D2 =0，不允许接收。

D3：SBRK，发中止字符。D3 =1，使$\overline{TXD}$为低电平，输出中止字符；D3 =0，正常通信。

D4：ER，错误标识复位。D4 =1，使出错标志位 PE、OE、TE 复位。

D5：RTS，发送请求。D5 =1，使$\overline{RTS}$线为低电平有效。

D6：IR，内部复位。D6 =1，内部复位，回到方式指令字状态。

D7：EH，搜索同步字符，仅用于内同步方式。D7 =1，开始搜索同步字符。

3. 状态字

8251A 内部设有状态寄存器，CPU 可用输入指令 IN 获取状态寄存器的内容，了解 8251A 当前的工作状态。其格式如图 8-8 所示。

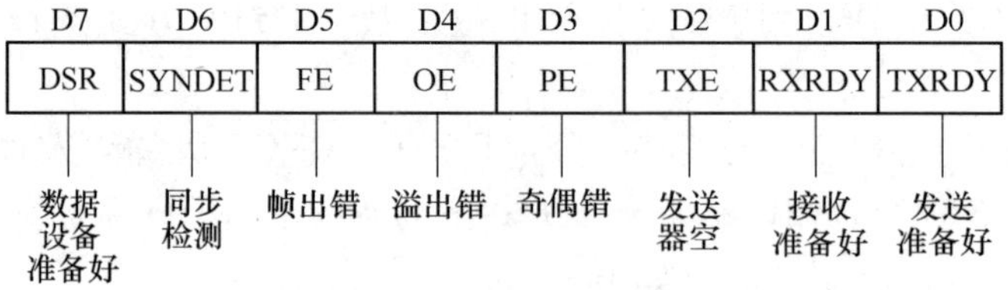

图 8-8　8251A 状态字格式

需要注意的是，状态寄存器的 RXRDY 位、TXE 位、SYNDET 位和 DSR 位的含义与芯片同名引脚的定义相同，只有 TXRDY 位的含义与芯片引脚 TXRDY 的定义不同。对于状态寄存器的状态位 TXRDY 来说，只要发送寄存器空就置位，而芯片引脚 TXRDY 还要满足引脚 $\overline{CTS}$ =0 和命令字 TXEN 位为 1，即满足 3 个条件才置位。

状态寄存器的 D3、D4、D5 位分别作为奇偶错、溢出错、帧出错的指示，当数据传输过程中产生其中某类型的错误时，相应的出错指示位被置为 1。

4. 8251A 与 CPU 的信息交换方式

CPU 与 8251A 之间可以采用查询方式和中断方式交换信息。

采用查询方式，在信息交换前，应读取 8251A 状态字。状态字 D0 =1，CPU 可向 8251A 数据口写入数据，完成串行数据的发送；D1 =1，CPU 可从 8251A 数据口读取数据，完成一帧数据的接收。

采用中断方式要注意以下几点：

1）8251A 没有单独的中断请求引脚。引脚 TXRDY 可以作为发送中断请求，但前提是 $\overline{CTS}$有效，且操作命令字 D0 =1，发送缓冲器空闲。

2）引脚 RXRDY 可作为接收中断请求。

3）如果数据发送和接收均采用中断方式，则 TXRDY 引脚和 RXRDY 引脚应该通过或门与 CPU 的 INTR 相连，向 CPU 提出中断请求。CPU 响应中断请求后再查询状态寄存器的内容，检查 D1 位（RXRDY）和 D0 位（TXRDY），分别转向发送或接收处理程序。

5. 8251A 的初始化编程

对 8251A 进行初始化编程，必须在系统复位后，先使用方式选择命令字，如果定义 8251A 工作在异步方式，那么必须紧跟操作命令字进行定义，然后才可以开始传送数据。在数据传送过程中，可使用操作命令字重新定义，或使用状态控制字读入 8251A 的状态，待数据传送结束，必须用操作命令字 IR 位置 1，使其返回到方式选择控制字，接收新的方式选择命令，改变工作方式。

如果采用同步工作方式，在方式选择命令字之后，输出同步字符，在一个或两个同步字符之后再使用操作命令字，以后的过程和异步方式相同。8251A 初始化编程的操作过程可用图 8-9 来描述。

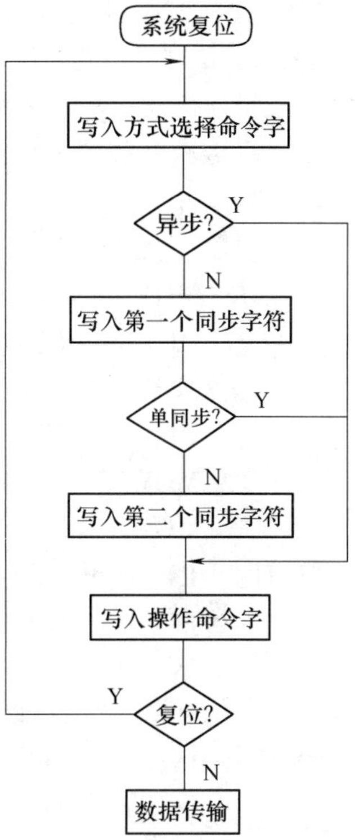

图 8-9　8251A 初始化流程图

例 8-1　用程序逻辑对 8251A 进行同步模式设置。设端口地址为 66H，规定用内同步方式，同步字符为 2 个，用奇校验，7 个数据位。

解：根据图 8-9，写出部分程序段如下：

```
；代码段
    XOR   AX，AX         ；AX 寄存器清零
    MOV   DX，66H        ；向 DX 寄存器写入端口地址
    OUT   DX，AL         ；往 8251A 的控制端□送 3
                         ；个 00H
    OUT   DX，AL
    OUT   DX，AL
```

```
MOV   AL, 40H        ; 向8251A的控制端□写入操作命令字IR=1, 使它复位
OUT   DX, AL
MOV   AL, 18H        ; 写入方式命令字: 内同步, 2个同步字符, 奇校验、字符
                     ; 长度7位
OUT   DX, AL
MOV   AL, SYNC       ; SYNC为同步字, 进行同步检测
OUT   DX, AL
OUT   DX, AL         ; 送同步字2个
MOV   AL, 0BFH       ; 写入操作命令字
OUT   DX, AL         ; 送控制字
```

例8-2 设8251A为异步工作方式，波特率因子为16，7位数据位，奇校验，2位停止位。CPU对8251A输入80个字符，试对其进行初始化编程。设8251A的地址为F1H。

解：对8251A初始化编程，要注意如下事项：①因其方式选择字、操作命令字和同步字之间无特征标志，故装入顺序不能错；②因有80个数据待传送，必须设置计数指针及循环；③串行传送一般要进行传送正确性的测试。

部分程序段如下：

```
; 代码段
        MOV    AL, 0DAH           ; 写入方式选择字
        OUT    0F1H, AL           ; 异步×16, 7位长度, 奇校验, 2位停止位
        MOV    AL, 35H            ; 写入操作命令字
        OUT    0F1H, AL
        MOV    DI, 0
        MOV    CX, 80
WAIT:   IN     AL, 0F1H
        JZ     WAIT               ; 等待输入
        IN     AL, 0F0H           ; 输入字符
        MOV    DATA_1 [DI], AL    ; 存入主存
        INC    DI
        IN     AL, 0F1H
        TEST   AL, 38H            ; 检测错误标志位
        JNZ    ERR                ; 出错, 至错误处理
        LOOP   WAIT
ERR:           …
               ⋮
```

例8-3 设计一个采用异步通信方式输出字符的程序，波特率因子为64，7个数据位，1个停止位，偶校验，端口地址为40H、42H，缓冲区为2000H：3000H。

解：经分析，该要求与例8-2类似，仅仅数据传送方式变为“输出”，并且定义了缓冲区及它的地址范围，部分程序段如下：

; 数据段

```
BUF      EQU     3000H
；代码段
         XOR     AX，AX
         MOV     DX，42H
         OUT     DX，AL
         OUT     DX，AL
         OUT     DX，AL
         MOV     AL，40H
         OUT     DX，AL          ；往8251A的控制端口送3个00H和1个
                                 ；40H，使它复位
         MOV     AL，7BH
         OUT     DX，AL          ；送方式选择命令字
         MOV     AL，31H
         OUT     DX，AL          ；送操作命令字
         MOV     AX，2000H       ；附加数据段段地址为2000H
         MOV     ES，AX
         MOV     SI，BUF
AGAIN：  IN      AL，DX
         TEST    AL，01H         ；测TXRDY是否为1
         JZ      AGAIN           ；测TXRDY位为0，等待
         MOV     AL，ES：[SI]    ；否则，传输数据
         SUB     DX，2
         OUT     DX，AL
```

任务8.2.5　掌握8251A的接口技术与应用

利用串行接口芯片8251A通过标准串行接口总线RS-232可实现两台8086微型计算机间的串行通信，双机通信电路框图如图8-10所示。

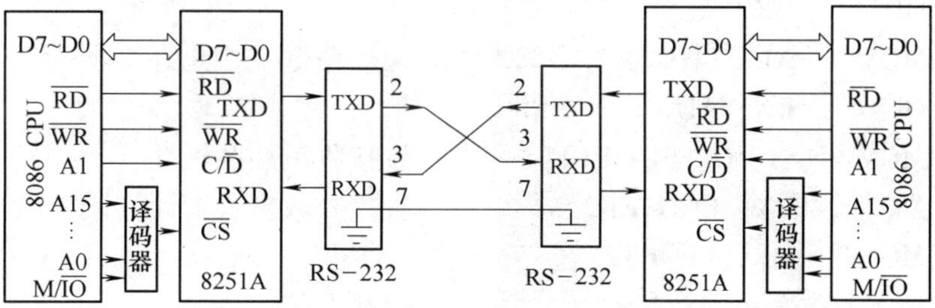

图8-10　双机通信电路框图

该例中采用查询方式，异步传送，双方实现半双工通信。一方为接收器，则另一方为发送器。发送端的CPU查状态字的TXRDY（D0）位，若为高电平，则向8251A并行输出一个字节数据，该并行数据通过8251A的发送移位控制器将其转换成所要求的串行格式数据从TXD端发送；接收端的CPU查询到状态控制字的RXRDY（D1）位为1，则从8251A的

接收数据缓冲器中读取一个并行数据，一直进行到全部数据传送完毕。

设 8251A 工作在异步方式，8 位字符，1 位停止符，奇校验，取波特率因子为 16。

```
；发送端初始化程序与发送控制程序
；代码段
STT：  MOV   DX，CPORT1        ；8251A 控制端口 C/D̄=1
       MOV   AL，5EH           ；写入方式控制字
       OUT   DX，AL
       MOV   AL，11H           ；允许发送，复位出错标志位
       OUT   DX，AL
       MOV   DI，OFFSET BUFF1  ；置发送数据指针
       MOV   CX，CONTER1       ；置数据长度计数器
NEXT： MOV   DX，CPORT1        ；8251A 控制端口 C/D̄=1
       IN    AL，DX            ；取状态位
       TEST  AL，01            ；校验 TXRDY 位是否为 1
       JZ    NEXT              ；TXRDY≠1，等待 TXRDFY 有效
       MOV   DX，DPORT1        ；8251A 数据端口 C/D̄=0
       MOV   AL，[DI]          ；向 8251A 输出一个字节数据
       OUT   DX，AL
       INC   DI                ；准备下一个输出数据
       LOOP  NEXT              ；直到全部数据输出完
       MOV   AH，4CH
       INT   21H               ；返回 DOS 环境
        ⋮
；接收端初始化程序和接收控制程序
；代码段
SRR：  MOV   DX，CPORT2        ；8251A 控制端口 C/D̄=1
       MOV   AL，5EH           ；写入方式控制字
       OUT   DX，AL
       MOV   AL，14H           ；操作命令字，允许接收
       OUT   DX，AL
       MOV   SI，OFFSET BUFF2  ；置接收缓冲区指针
       MOV   CX，CONTER2       ；置接收数据长度计数器
COMT： MOV   DX，CPORT2
       IN    AL，DX            ；取状态位
       ROR   AL，1             ；查询 D1 位，即 RXRDY 位
       ROR   AL，1
       JNC   COMT              ；校验 RXRDY 位是否为 0，为 0，则等待
       ROR   AL，1             ；查询 D3 位，PE 奇偶错否
       ROR   AL，1
```

```
        JC      ERR             ; PE=1，则转出错处理程序
        MOV     DX, DPORT2      ; 8251A 数据端口 C/D̄=0
        IN      AL, DX          ; 从 8251A 接收并行数据
        MOV     [SI], AL        ; 数据存缓冲区内
        INC     SI              ; 循环，直到全部数据接收完
        LOOP    COMT
        MOV     AH, 4CH
        INT     21H
ERR:    …
                ⋮
```

8.3　项目实战：利用 8251A 设计一串行接口

【要求】　项目实战前，教师需指导学生对串行接口的基本概念有一定的了解，对 8251A 芯片的内部结构、引脚功能、初始化编程有初步了解，指导学生利用 8251A 设计相应程序。学生应该具有芯片应用的能力，并能配合教师熟练搭建硬件电路，并编写相应程序。

一、项目实战所需器材

32 位微型计算机一台、微型计算机原理实验箱一台、8251 芯片及其他备选器件一套。

二、项目实战内容

利用实验箱上的 8251A 以及相应的 RS-232C 接口芯片作为微型计算机系统的外扩串行接口，设计一个针对外扩串行接口的自动测试程序，将下列测试电文经 8251A 的 TXD 端发出，再由 RXD 端接收，显示在主机屏幕上。

HAPPY NEW YEAR TO YOU!

三、项目实战步骤

1. 按实训要求设计好电路图并完成连接，其中 8251A 的 TXD 和 RXD 用短路线连接，构成自发自收的实训环境。

2. 设计编写自动测试程序，编译、连接后运行程序。

3. 观察屏幕显示，理解串行通信。

四、项目实战总结

1. 根据项目实践，谈谈你的收获。

2. 说明串行通信的优缺点。

8.4　项目决战：进一步理解串行通信的含义

【要求】　通过习题的练习，进一步加深对微型计算机串行通信原理的理解，实现本项目学习的目的。习题可根据情况选做。

一、选择题

1. 下面关于串行通信的叙述中，错误的是（　　）。

A. 异步通信时，起始位和停止位用来完成每一帧信息的收发同步

B. 二进制数据序列在串行传送过程中，无论是发送还是接收，都必须由时钟信号对传送数据进行定位

C. 串行通信有单工、半双工和全双工三种方式

D. 对传送数据进行校验时，如果发送方按偶校验产生校验位，那么接收方可按偶校验进行校验，也可按奇校验进行校验

2. 与并行通信相比，串行通信适用于（　　）的情况。

A. 传送距离远　　B. 传送速度快　　C. 传送信号好　　D. 传送费用高

3. 在异步串行通信中，表示数据传送速率的是波特率，这里的波特率是指（　　）。

A. 每秒钟传送的二进制位数　　B. 每秒钟传送的字节数

C. 每秒钟传送的字符数　　D. 每秒钟传送的数据帧数

4. 串行同步传送时，每一帧数据都是由（　　）开头的。

A. 低电平　　B. 高电平　　C. 起始位　　D. 同步字符

5. 在数据传输率相同的情况下，同步传输的字符传送速度高于异步传输的字符传送速度，其原因是（　　）。

A. 同步传输采用了中断方式　　B. 同步传输中所附加的冗余信息量少

C. 同步传输中发送时钟和接收时钟严格一致　　D. 同步传输采用了检错能力强的 CRC 校验

6. 可编程通信接口芯片 8251A（　　）。

A. 可用做并行接口　　B. 仅可用做异步串行接口

C. 仅可用做同步串行接口　　D. 可用做同步、异步串行接口

7. 异步串行通信中，收发双方必须保持（　　）。

A. 收发时钟相同　　B. 停止位相同

C. 数据格式和波特率相同　　D. 以上都正确

8. 异步传送中，CPU 了解 8251A 是否接收好一个字符数据的方法是（　　）。

A. CPU 响应 8251A 的中断请求　　B. CPU 通过查询请求信号 $\overline{RTS}$

C. CPU 通过程序查询 RXD 接收线状态　　D. CPU 通过程序查询 RXRDY 信号状态

9. 8251 方式字（模式字）的作用是（　　）。

A. 决定 8251 的通信方式　　B. 决定 8251 的数据传送方向

C. 决定 8251 的通信方式和数据格式　　D. 以上三种都不对

10. 设串行异步通信的数据格式是 1 个起始位、7 个数据位、1 个校验位、1 个停止位，若传输率为 1200baud，收、发时钟（RXC / TXC）频率为 38.4kHz，则波特率因子为（　　），每秒传输的最大字符数为（　　）。

A. 16，10 个　　B. 16，110 个　　C. 16，120 个　　D. 64，240 个

二、填空题

1. 波特率为 9600baud，波特率因子为 16，则接收时钟和发送时钟频率________。

2. 设 8251A 工作于异步方式，收发时钟频率为 38.4kHz，波特率为 2400baud。数据格式为 7 位数据位、1 位停止位、偶校验，则 8251A 的方式字为________。

3. 8251 能检测的错误有________、________、________三种。

三、计算题

1. 在串行异步传送中，一个串行字符由 1 个起始位、7 个数据位、1 个校验位和 1 个停

止位组成，每秒传送 120 个字符，则数据传送的波特率应为多少？传送每位信息所占用的时间为多少？

2. 已知 8251A 的方式字为 DAH，那么发送的字符格式应是怎样的？若要使接收和发送时的波特率分别为 600baud 和 2400baud，则加在$\overline{RXC}$和$\overline{TXC}$引脚上的接收时钟和发送时钟应各为多少？

四、程序设计

按下列要求对 8251A 进行初始化，并加适当注释。

1. 要求异步方式工作，波特率因子为 64，偶校验，7 位数据位，1 位停止位。
2. 允许接收，允许发送，全部错误标志位复位，内部复位。
3. 查询 8251A 的状态字，当发送准备就绪时，则通过 8251A 发送数据，否则等待。

设 8251A 的控制口地址为 1F2H，数据口地址为 1F0H。

8.5　项目挑战：了解串行接口的其他总线形式

1. USB

通用串行总线（USB）是由 Intel、COMPAQ、IBM 等七大公司联合推出的一种新的总线串行接口标准。严格地说，它不是一种新的系统总线和局部总线，而是主机连接外设的一种新的接口标准。随着微软在 Windows 98 中内置了对 USB 接口的支持模块，加上具有 USB 接口的外设日渐增多，USB 规范已受到业界和用户的关注。

USB 的主要性能特点如下：

1）USB 具有真正的“即插即用”特性，支持热插拔。

2）为 USB 接口设计的驱动程序和应用程序可以自动启动，无需用户干预。

3）成本低，节省空间，具有开放性的、不具专利版权的理想工业标准。开放性是 USB 规范具有强大的生命力之所在。

总之，USB 规范的先进性、开放性、实用性将会改变目前 PC 后部的主端口设置，取代目前各种串、并口。

2. IEEE 1394 总线

IEEE 1394 是一种串行接口标准，这种接口标准允许把计算机、计算机外设和各种家电非常简单地连接在一起。从 IEEE 1394a 可以连接多种不同外设的功能特点来看，也可以称为总线，即一种连接外设的机外总线。它改变了当前计算机本身拥有众多附加插卡、跨接线的现状，它把各种外设和各种家用电器连接起来，使计算机也成为一种普通的家电。

（1）IEEE 1394 总线特点

1）采用级联方式连接各个外设，最多可以连接 63 个设备，设备间采用树形或菊花链结构。

2）能够向被连接的设备提供电源，像数码相机之类的一些低功耗设备可以从总线电缆内部取得动力。

3）采用基于主存的地址编码，具有高速传输能力。

4）采用点对点结构，支持任何两个 IEEE 1394 的设备直接连接。

5）安装方便且容易使用，支持即插即用。

（2）IEEE 1394 的工作模式

1）数据传输模式。IEEE 1394a 标准定义了两种总线数据传输模式，即 Backplane 模式和 Cable 模式。其中 Backplane 模式支持 12.5Mbit/s、25Mbit/s、50Mbit/s 的传输速率，Cable 模式支持 100Mbit/s、200Mbit/s、400Mbit/s 的传输速率。2003 年 10 月，IEEE 1394b 问世，它把传输速率提高到 800Mbit/s ~ 3.2Gbit/s，同时最大传输距离从原来的 5m 延伸至 100m。

2）IEEE 1394 可同时提供同步和异步数据传输方式。同步传输应用于实时性的任务，而异步传输则是将数据传送到特定的地址。这一标准的协议称为等时同步协议。使用这一协议的设备可以从 IEEE 1394 连接中获得必要的带宽。其余的带宽，可以用于异步数据传输，而异步数据传输过程并不保留同步传输所需的带宽。这种处理方式使得两种传输方式各得其所，可以在同一传输介质上可靠地传输音频、视频和计算机数据，而对计算机内部总线没有影响。目前的 PCI 局部总线可以充分利用 IEEE 1394。

项目九　数-模与模-数转换电路

【项目导读】

本项目主要讲解数-模与模-数转换电路的基本工作原理和主要技术指标，并详细介绍了典型芯片 DAC0832 和 ADC0809 的内部结构及它们与 CPU 的接口等使用情况，最后介绍了模-数、数-模转换器芯片选用应注意的问题。

【学习目标】

□掌握数-模、模-数转换的基本概念。

□理解控制系统中模拟接口的工作过程。

□了解数-模转换电路的工作原理，并理解它的主要技术指标。

□掌握 DAC0832 的工作原理，并能熟练设计接口电路。

□了解模-数转换电路的工作原理，并理解它的主要技术指标。

□掌握 ADC0809 的工作原理，并能熟练设计接口电路。

□了解数-模、模-数转换器芯片选用的一般性常识。

【学习建议】

在了解数-模、模-数转换工作原理的基础上，把重点放在理解 DAC0832 和 ADC0809 的转换原理和工作方式上，并能结合以前所学知识，设计简单实用的转换电路。本项目教学安排 10 学时，其中理论授课 4 学时，动手实践 6 学时。

9.1　项目开篇：控制系统中的模拟接口

随着数字技术，特别是计算机技术的飞速发展与普及，在现代控制、通信及检测领域中，对信号的处理广泛采用了数字计算机技术。由于系统的实际处理对象往往都是一些模拟量（如温度、压力、位移、图像等），要使计算机或数字仪表能识别和处理这些信号，必须首先将这些模拟信号转换成数字信号，而经计算机分析、处理后输出的数字量往往也需要将其转换成为相应的模拟信号才能为指令执行单元所接收。这样，就需要一种能在模拟信号与数字信号之间起桥梁作用的电路——模-数转换电路和数-模转换电路。

能将模拟信号转换成数字信号的电路，称为模-数转换器（又称 A-D 转换器、ADC）；而能将数字信号转换成模拟信号的电路称为数-模转换器（又称 D-A 转换器、DAC）。模-数转换器和数-模转换器已经成为计算机系统中不可缺少的接口电路。

图 9-1 所示是一个典型的模拟输入/输出系统接口。微型计算机控制系统对所要监视和控制的各种参数（如温度、压力等），必须先由传感器进行检测，并转换为电信号。接着，通过模-数转换器，将标准的模拟信号转换为等价的数字信号，再传给微型计算机。微型计算机对各种信号进行处理后输出数字信号，再由数-模转换器将数字信号转换为模拟信号，作为控制装置的输出去控制生产过程的各种参数。图 9-1 中点画线框 1 为模拟量输入通道，点画线框 2 为模拟量输出通道。

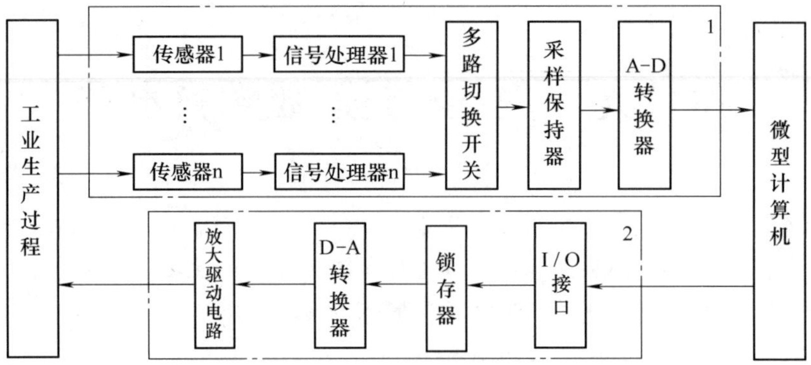

图 9-1　典型的模拟输入/输出系统接口

1. 模拟量输入通道

（1）传感器　传感器的作用是将各种现场的物理量测量出来并转换成电信号（模拟电压或电流），常用的传感器有温度传感器、压力传感器、流量传感器、振动传感器和重量传感器等。

（2）信号处理器　不同传感器的输出电信号各不相同，因此需要通过信号处理环节，将传感器输出的信号放大或处理成与模-数转换器输入相适配的电压范围。另外，传感器与现场信号相连接，处于恶劣的工作环境，其输出叠加有干扰信号。因此，信号处理器应有低通滤波电路，以滤去干扰信号。

（3）多路切换开关　在实际应用中，常常要对多个模拟量进行转换，而现场信号的变化多是比较缓慢的，没有必要对每一路模拟信号单独配置一个模-数转换器。这时，可以采用多路开关，通过微型计算机控制，把多个现场信号分时接通到模-数转换器上转换，达到共用模-数转换器以节省硬件的目的。

（4）采样保持器　对高速变化的信号进行模-数转换时，为了保证转换精度，需要使用采样保持器，使其周期性地采样连续信号，并在模-数转换期间保持不变。

（5）模-数转换器　模-数转换器是模拟量输入通道的核心环节，其作用是将模拟输入量转换成数字量。

2. 模拟量输出通道

微型计算机输出的信号是以数字形式给出的，而有的执行元件要求提供模拟的电流或电压，故必须采用模拟量输出通道来实现。

（1）锁存器　由于数-模转换器需要一定的转换时间，在转换期间，输入待转换的数字量应该保持不变，而微型计算机输出的数据在数据总线上稳定的时间很短，因此必须在微型计算机与数-模转换器间用锁存器来保持数字量的稳定。

（2）数-模转换器　数-模转换器是模拟量输出通道的核心环节，其作用是将数字量转换成模拟量。

（3）放大驱动电路　经过数-模转换器得到的模拟信号，一般要经过低通滤波器，使其输出波形平滑。同时为了能驱动受控设备，可以采用功率放大器作为模拟量输出的驱动电路。

通过上面的介绍，我们对模拟量通道有了初步的认识，那么模-数、数-模转换电路是如何工作的？在选用类似的器件时需要注意什么？在项目备战中我们会对这些问题逐一解释。

9.2　项目备战：数-模、模-数转换器及其接口技术

任务 9.2.1　掌握数-模转换器及其接口技术

1. 数-模转换器的主要技术指标

（1）转换精度　数-模转换器的转换精度通常用分辨率和转换误差来描述。

1）分辨率。分辨率这个参数表明数-模转换器对模拟量的分辨能力。输入的数字量位数越多，输出电压可分离的等级就越多，分辨率就越高。在实际应用中，往往用输入数字量的位数表示数-模转换器的分辨率。此外，数-模转换器的分辨率也可以用能分辨的最小输出电压（此时输入的数字代码只有最低有效位为 1，其余各位都为 0）与最大输出电压（此时输入的数字代码各有效位全为 1）之比给出。N 位数-模转换器的分辨率可表示为$\frac{1}{2^N-1}$，它表示数-模转换器在理论上可以达到的精度。例如，4 位数-模转换器，其分辨率为$\frac{1}{2^4-1}=\frac{1}{15}=6.67\%$。

2）转换误差。转换误差的来源很多，如转换器中各元件参数值的误差、基准电源不够稳定以及运算放大器存在零漂等都是数-模转换存在误差的原因。

数-模转换器的绝对误差（或绝对精度）是指输入端加入最大数字量（全 1）时，数-模转换器的理论值与实际值之差。该误差值应低于最低有效位（LSB）的一半。

数-模转换器的相对精度指的是满量程值校准后，输入任一数字量得到模拟量输出与它的理论值之差，对于线性数-模转换器来说，相对精度就是非线性度 。

例如，一个 8 位的数-模转换器，对应最大数字量（FFH）的模拟理论输出值为 $\frac{255}{256}V_{REF}$，$\frac{1}{2}LSB=\frac{1}{512}V_{REF}$，所以实际值不应超过$\left(\frac{255}{256}\pm\frac{1}{512}\right)V_{REF}$。

（2）转换速度　转换速度主要用建立时间、转换速率来描述。

1）建立时间（T_{SET}）。建立时间是指输入数字量变化时，输出电压变化到相应稳定电压值所需的时间。一般用数-模转换器输入的数字量从全 0 变为全 1 时，输出电压达到规定的误差范围（±LSB/2）时所需时间表示。

2）转换速率（SR）。转换速率是指大信号工作状态下模拟电压的变化率。

（3）温度系数　温度系数是指在输入不变的情况下，输出模拟电压随温度变化产生的变化量。一般用满刻度输出条件下温度每升高 1℃，输出电压变化的百分数作为温度系数。

2. DAC0832 的工作方式及其接口技术

目前市场上的数-模转换器的种类很多，功能、特性各异，DAC0832 是一种典型的 8 位、电流输出型、通用的 DAC 芯片。

（1）内部结构及引脚功能　DAC0832 是一种具有 20 个引脚的双列直插式芯片，内部结构和外部引脚如图 9-2 所示。

由图9-2可知，DAC0832内部由两级缓冲寄存器（一个8位输入寄存器和一个8位DAC寄存器）和一个数-模转换器及转换控制电路组成。两个8位输入寄存器可以分别选通，从而使DAC0832实现双缓冲工作方式，即可把从CPU送来的数据先送入输入寄存器，在需要进行转换时，再选通DAC寄存器，实现数-模转换，这种工作方式称为双缓冲方式。各引脚功能说明如下：

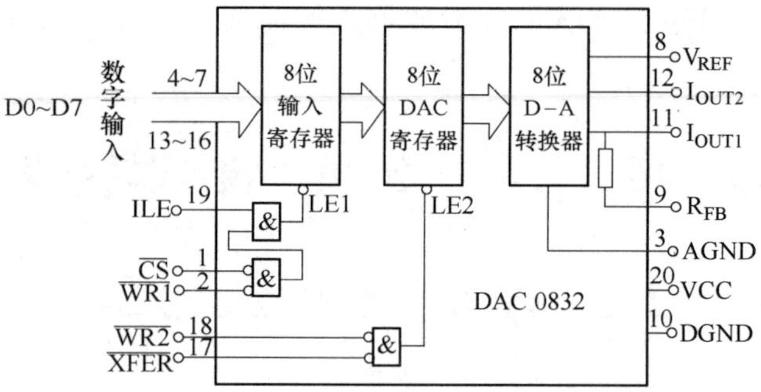

图9-2 DAC0832的内部结构及引脚功能框图

D7～D0：8位数字量输入数据线，D7为最高位。

$\overline{CS}$：片选信号输入端。

ILE：输入锁存允许信号。

$\overline{WR1}$：写信号1。

$\overline{WR2}$：写信号2。

$\overline{XFER}$：传送控制信号。

I_{OUT1}：模拟电流输出端1，当输入数据为全1时，输出电流最大；当输入数据为全零时，输出电流为0。

I_{OUT2}：模拟电流输出端2（$I_{OUT1}+I_{OUT2}=$常数）。

R_{FB}：内部反馈电阻引出端，外部的运算放大器输出端可以直接接到RFB端。

V_{REF}：外接参考电压，电压范围为－10～10V。

V_{CC}：芯片工作电压，电压范围为－5～5V。

AGND：模拟信号地。

DGND：数字信号地。

（2）DAC0832的工作方式　改变图9-2中几个转换控制信号的时序和电平，就可使DAC0832处于3种不同的工作方式。

1）直通方式。直通方式就是使DAC0832内部的两个寄存器处于不锁存状态，数据一旦到达输入端D7～D0，就直接送入数-模转换器，被转换成模拟量。输入数据变化，数-模转换器的输出模拟量跟着变化。为实现直通方式，必须使ILE为高电平，$\overline{CS}$、$\overline{WR1}$、$\overline{WR2}$和$\overline{XFER}$端都需接数字地，这时锁存信号LE1、LE2均为高电平，输入寄存器和DAC寄存器便均处于不锁存状态。

2）单缓冲方式。单缓冲方式就是使两个寄存器中的一个处于直通方式，另一个处于锁存方式，输入数据只经过一级缓冲器送入数-模转换器，通常的做法是将$\overline{WR2}$和$\overline{XFER}$接地，使DAC寄存器处于直通方式，而把ILE接高电平，$\overline{CS}$接端口地址译码信号，$\overline{WR1}$接CPU系统总线的$\overline{IOW}$信号，使输入寄存器处于锁存方式，这样便可通过执行一条OUT指令，选中该端口，使$\overline{CS}$和$\overline{WR1}$有效，从而启动数-模转换。单缓冲方式只需执行一次写操作即可完成数-模转换。一般，当不需要多个模拟量同时输出时，可采用单缓冲方式。

3）双缓冲方式。双缓冲方式就是使输入寄存器和DAC寄存器均处于锁存状态，数据要经过两级锁存后再送入数-模转换器。利用双缓冲方式，可在数-模转换的同时，进行下一个数据的输入，这样能够有效地提高转换速度。这时，只要将 ILE 接高电平，$\overline{WR1}$和$\overline{WR2}$接 CPU 的$\overline{IOW}$，$\overline{CS}$和$\overline{XFER}$分别接两个不同的 I/O 地址译码信号。当执行 OUT 指令时，$\overline{WR1}$和$\overline{WR2}$均变为有效低电平。这样可先执行一条 OUT 指令，选中$\overline{CS}$端口，把数据写入寄存器；再执行第二条 OUT 指令，选中$\overline{XFER}$端口，把输入寄存器内容写入 DAC 寄存器，实现数-模转换。

（3）DAC0832 的模拟输出　DAC0832 的模拟输出主要可以接成单极性、双极性两种工作方式。

1）单极性工作。当输入数字信号为单极性数字时，电路接法如图 9-3 所示。

V_{REF}可以是稳定的直流电压，也可以是 -10 ~ 10V 之间的可变电压。V_{OUT}的极性与 V_{REF}相反，其数值由数字输入和 V_{REF}决定。

R_1 用于零校准，R_2 用于满刻度增益校准。在一般情况下，内部反馈电阻 R_{FB}能满足满刻度增益精度要求，因而在反馈回路中不需要串联 R_2，也不需要并联 R_3。

假设电路中没有 R_1、R_2、R_3 用来校准，R_{FB}直接接在输出端 V_{OUT}处，其输出公式为

$$V_{OUT} = -I_{OUT}R_{FB} = -\frac{V_{REF}}{R_{FB}}\frac{D}{2^8}R_{FB} = -\frac{D}{2^8}V_{REF}$$

式中，D 为数字量输入。

2）双极性工作。当输入为双极性数字信号（偏移二进制码）时，电路接法如图 9-4 所示。双极性电压输出公式为

$$V_{OUT} = -\left(2V_{OUT1} + V_{REF}\right) = -\left(-\frac{D}{2^8}V_{REF} \times 2 + V_{REF}\right) = \frac{D-128}{128}V_{REF}$$

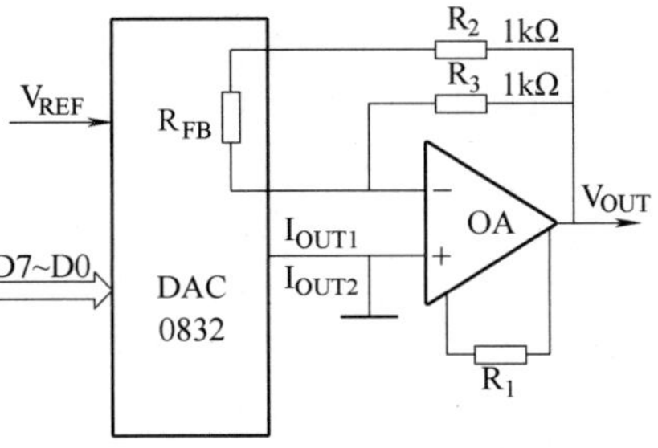

图 9-3　单极性工作的电路接法

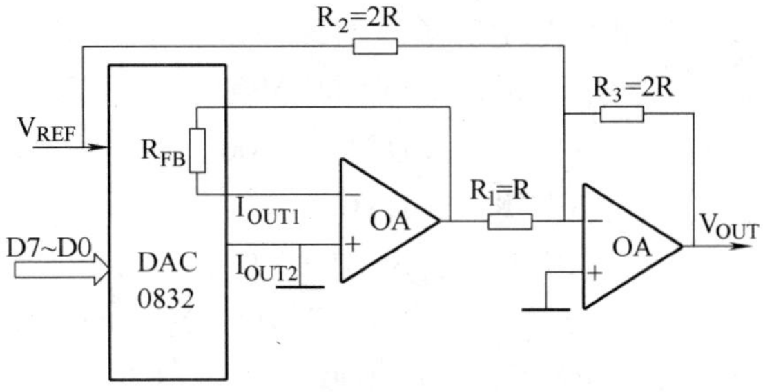

图 9-4　双极性工作的电路接法

（4）CPU 与 DAC0832 的接口　利用 DAC0832 进行模-数转换，产生图 9-5 所示的负三角波波形。

分析：给数-模转换器输入一个数字量，就可以在模拟电压输出端得到一个与数字量大小成正比例的模拟电压 V_O。输入的数字量越大，则得到的输出模拟电压 V_O 的幅值就越大，而模拟电压的极性与参考电压的极性相反。因此，只有将 DAC0832 的参考电压 V_{REF}接正电压，才能在输出给 DAC0832 数字量后，在模拟电压输出端得到负电压。

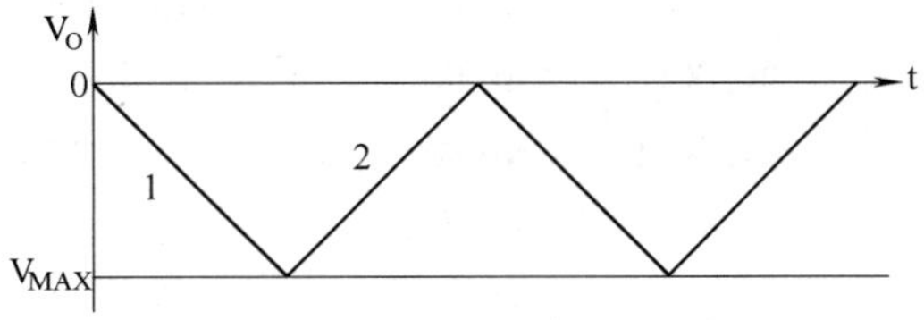

图 9-5　利用数-模转换器产生三角波形

产生负三角波的方法是：从 0 开始输出一个数字量给 DAC0832，在 V_O 端得到模拟电压输出为 0，再将数字量增加一个固定的幅值，再输出给 DAC0832，使得在 V_O 端的负电压按比例增大。这样每次输出给 DAC0832 的数字量都是按固定增幅增大，在 V_O 端的模拟电压也就按固定比例呈线性负方向增加，于是就产生了一条从 0 开始、随时间增长而幅值不断增加的向下延伸的线段 1。当输出给 DAC0832 的数字量增大到最大值时，在 V_O 端产生的模拟电压值也就达到负最大 V_{MAX}。当 V_O 端达到最大输出模拟电压后，数字量再不断地等幅值减小并输出给 DAC0832，就可得到随时间增长而幅值不断减小的向上延伸的线段 2。线段 1 和线段 2 构成三角波的一个完整周期。重复以上过程，就可在运算放大器的输出端得到连续的三角波形。V_O 端产生三角波电压输出的电路可接成双缓冲方式，DAC0832 接成双缓冲方式如图 9-6 所示。

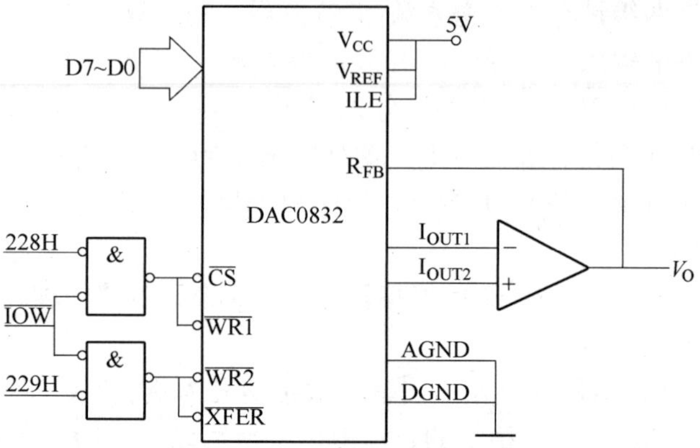

图 9-6　DAC0832 接成双缓冲方式

当 DAC0832 工作在双缓冲方式时，需向 DAC0832 的输入寄存器和 DAC 寄存器分别写两次数字量才能开始数-模转换。根据电路接法，当 CPU 执行向 I/O 设备 228H 地址写指令时，$\overline{CS}$和$\overline{WR1}$为 0，数字量从 CPU 经数据总线写入 DAC0832 的输入寄存器，当 CPU 执行向 I/O 设备 229H 地址写指令时，数字量从输入寄存器写入 DAC 寄存器。

因此，产生三角波的程序如下：

```
STACK     SEGMENT     STACK
          DW     100  DUP (0)
STACK     ENDS
CODE      SEGMENT
ASSUME    CS: CODE, SS: STACK
MAIN      PROC        FAR
          PUSH        DS
          XOR         AX, AX
          PUSH        AX
          MOV         CX, 0FFFFH     ；产生 65536 个三角波
NEXT:     MOV         AL, 0
NEXT1:    MOV         DX, 228H       ；输入寄存器地址
          OUT         DX, AL         ；数字量送输入寄存器
          INC         DX             ；DAC 寄存器地址
          OUT         DX, AL         ；数字量送 DAC 寄存器
          ADD         AL, 1          ；波形幅值加 1
          CMP         AL, 0FFH       ；到达最大值否？
```

```
            JB      NEXT1       ；数字量低于最大值跳转至 NEXT1
NEXT2：     MOV     DX，228H    ；输入寄存器地址
            OUT     DX，AL
            INC     DX          ；DAC 寄存器地址
            OUT     DX，AL
            SUB     AL，1       ；波形幅值减 1
            CMP     AL，0       ；到达最小值否？
            JA      NEXT2
            LOOP    NEXT        ；65536 个三角波输完否？未完转
                                ；NEXT 继续
            RET
MAIN        ENDP
CODE        ENDS
END         MAIN
```

3. DAC 端口电路设计应注意的问题

1）应注意锁存 CPU 送出的数字量。在端口电路设计中，要注意数据锁存器（或称数据输入寄存器）的使用。CPU 把待转换数字放入数据锁存器，DAC 从中取得数据，只要 CPU 不重新送数，数据锁存器的值不变，从而 DAC 输出的模拟量不变。有些 DAC 芯片内部不带锁存器（如 AD7520、AD7521、DAC0808 等），在端口设计时，必须设计相应的锁存器，锁存器可以是常用的数字集成电路，如 74LS273/274，也可以是可编程并行接口芯片，如 8255A 等。有些 DAC 芯片内部已经带有数据锁存器（如 AC0832、DAC1210、AD7524 等），则接口电路中不必再设计该类寄存器。

2）端口设计应注意的问题。当 CPU 的 I/O 端口与 DAC 分辨率不一致时，如通过 8 位 I/O 端口向 16 位 DAC 传送数字，接口电路中还应该有“DAC 寄存器”。CPU 分两次把数字送给 DAC 寄存器，当 DAC 寄存器收到全部 16 位后，把全部 16 位一起送给锁存器。即当 CPU 的 I/O 端口与 DAC 分辨率不一致时，接口电路必须使用两级缓冲：锁存器和 DAC 寄存器。有些 DAC 芯片内部已经带有两级缓冲，则接口电路不再设计两级缓冲；若芯片内没有缓冲器，则需外接锁存器。

3）输出精度的调整。对于一个实际的数-模转换电路，由于存在零点偏移、增益误差、非线性误差及温度漂移等原因，其理论上的模拟量输出会不等于实际得到的模拟量。为了得到一定精度的数-模转换结果，需要进行模拟输出的调整。

4）地线的连接。使用数-模、模-数转换电路时，各种地线的连接也会影响模拟电路的精度和抗干扰能力。在数字量和模拟量并存的电路系统中，有两类电路：一类是数字电路，如 CPU、存储器、译码器等；另一类是模拟电路，如运算放大器、DAC 和 ADC 内部主要部件等。它们各有自己的信号地线，分别表示为数字地（DGND）和模拟地（AGND）。原则上应把系统的数字地和模拟地分开连接，避免信号的互串干扰。

任务 9.2.2　掌握模-数转换器及其接口技术

1. 采样和量化

在模-数转换器中，因为输入的模拟信号在时间上是连续量，而输出的数字信号是离散量，所以进行转换时必须在连续变化的模拟量上按照一定的规律，取出其中某一些瞬时值（样点）来代表这个连续的模拟量，然后再把这些取样值转换为输出的数字量。因此，一般的模-数转换过程是通过采样、保持、量化和编码这 4 个步骤完成的，其过程如图 9-7 所示。

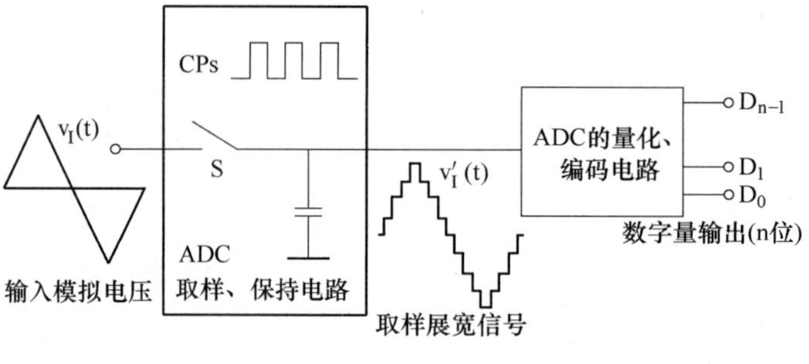

图 9-7　模拟量到数字量的转换过程

（1）采样和保持　采样过程是将时间连续的信号变成时间不连续的模拟信号，这个过程是通过模拟开关来实现的。模拟开关每隔一定的时间开关一次，一个连续信号通过这个开关，就形成一系列的脉冲信号，称为采样信号。

根据香农采样定理，如果采样频率 F 不小于随时间变化的模拟信号 F（T）的最高频率 F_{max}的 2 倍，即 $F \geqslant 2F_{max}$，则采样信号 F（KT）包括了 F（T）的全部信息，通过 F（KT）可以不失真地恢复 F（T）。在实际应用中常取 F =（5 ~ 10）F_{max}。

A-D 转换器在进行 A-D 转换期间，通常要求输入的模拟量应保持不变，以保证 A-D 转换的准确进行。因此，采样信号应送至采样保持电路（也称采样保持器）进行保持。

（2）量化和编码　数字信号不仅在时间上是离散的，而且在数值上的变化也不是连续的，因此，在用数字量表示采样电压时，可把它化成某个最小数量单位的整倍数，这个转化过程就叫做量化。把量化的数值用二进制代码表示，称为编码。这个二进制代码就是 A-D 转换的输出信号。

2. 模-数转化器的性能参数

（1）转换精度　转换精度可以用分辨率和转换误差来描述。

1）分辨率。分辨率是指模-数转换器能分辨的最小模拟输入量，通常用能转换成的数字量的位数来表示。从理论上讲，n 位输出的模-数转换器能区分 2^n 个不同等级的输入模拟电压，能区分输入电压的最小值为满量程输入的 $1/2^n$。在最大输入电压一定时，输出位数越多，量化单位越小，分辨率越高。

2）转换误差。转换误差的来源很多，转换器中各元件参数值存在误差、基准电源不够稳定、运算放大器存在零漂等都是模-数转换误差存在的原因。

对于模-数转换器，绝对精度指的是在输出端产生给定的数字代码，实际需要的模拟输入值与理论上要求的模拟输入值之差。

对于模-数转换器，相对精度指的是满刻度值校准以后，任意数字输出所对应的实际模拟输入值（中间值）与理论值（中间值）之差。对于线性模-数转换器，相对精度就是它的线性度。与数-模转换器类似，精度代表的是电气或工艺精度，它的绝对值应小于分辨率，因此常用 1LSB 的分数形式来表示。

例如，某信号采集系统要求用一片模-数转换集成芯片在 1s 内对 20 个热电偶的输出电压分时进行模-数转换。已知热电偶输出电压为 0～0.025V（对应于 0～450℃温度范围），需要分辨的温度为 0.1℃，试问应选择多少位的模-数转换器，其转换时间为多少？

对于从 0～450℃温度范围，输入信号电压为 0～0.025V，能分辨的温度为 0.1℃，这相当于$\frac{0.1}{450}=\frac{1}{4500}$的分辨率。12 位模-数转换器的分辨率为$\frac{1}{2^{12}}=\frac{1}{4096}$，所以必须选用 13 位的模-数转换器。

系统的采样速率为每秒 20 次，采样时间为$\frac{1s}{20}=50ms$，这样慢的采样转换速度对模-数转换器来说，均可实现。

再如，8 位 ADC，单极性输入 0～5V，数字量为 0～255，它能分辨的最小输入信号是 $\Delta=5V/256=20mV$，分辨率 $=\frac{1}{2^8}=\frac{1}{256}$。

12 位 ADC，双极性输入 -5～5V，数字量为 -2048～2047，它能分辨的最小输入信号是 $\Delta=\frac{10V}{4096}=2mV$，分辨率 $=\frac{1}{2^{12}}=\frac{1}{4096}$。

（2）转换时间　转换时间是模-数转换完成一次所需的时间，指从启动信号开始到转换结束并得到稳定的数字输出量的时间。一般地说，转换时间越短，则转换速度就越快。

（3）量程　量程是指所能转换的输入电压范围。

（4）漏码　在模-数转换中，如果模拟输入连续增加（或减小）时，数字输出不是连续增加（或减小）而是越过某一数字，即出现漏码。漏码是由于模-数转换器的非单调性引起的。

3. ADC0809 的工作原理及其接口技术

目前市场上的模-数转换器的种类很多，功能、特性各异，ADC0809 是一种典型的 8 位通用 ADC 芯片。

（1）模拟输出　ADC0809 原理框图如图 9-8 所示。

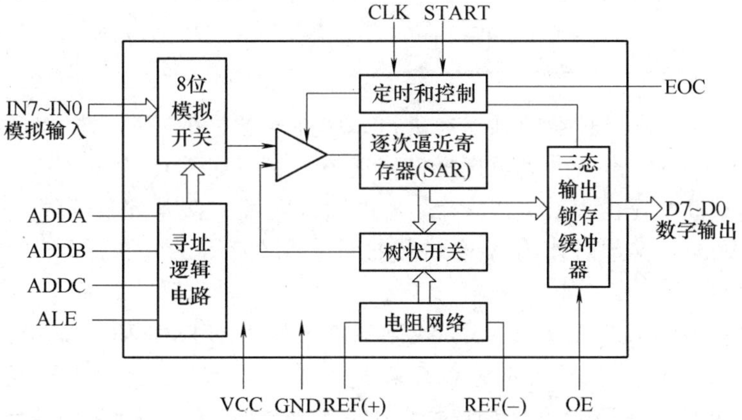

图 9-8　ADC0809 原理框图

图 9-8 中的树状开关和电阻网络一起，实现单调性的模-数转换。图 9-9 给出了 ADC0809 芯片的引脚图，表 9-1 给出了该芯片的引脚功能说明。

表 9-1 ADC0809 引脚功能说明

引　脚　名	功能说明
D7 ~ D0	数字数据输出端
IN7 ~ IN0	8 个模拟信号输入端
START	启动转换信号输入端
EOC	转换结束状态信号输出端
OE	允许输出数据信号输入端
CLK	时钟脉冲输入端
ADDA、ADDB、ADDC	选择模拟通道的地址输入端
ALE	允许地址锁存信号输入端
REF（+）、REF（-）	基准电压输入端
VCC	电源（5V）
GND	地

ADC0809 的模拟输入部分提供一个 8 位模拟开关和寻址逻辑电路，可以接入 8 个模拟输入电压。其中，IN0 ~ IN7 是 8 个模拟电压输入端，ADDA、ADDB 和 ADDC 是 3 个地址输入端，而 ALE 地址锁存允许信号的上升沿用于锁存 3 个地址输入端的状态，然后由译码器选中一个模拟电压输入端进行模-数转换，见表 9-2。

表 9-2 ADC0809 地址输入与选中通道关系

选中通道	地址		
	C	B	A
IN0	0	0	0
IN1	0	0	1
IN2	0	1	0
IN3	0	1	1
IN4	1	0	0
IN5	1	0	1
IN6	1	1	0
IN7	1	1	1

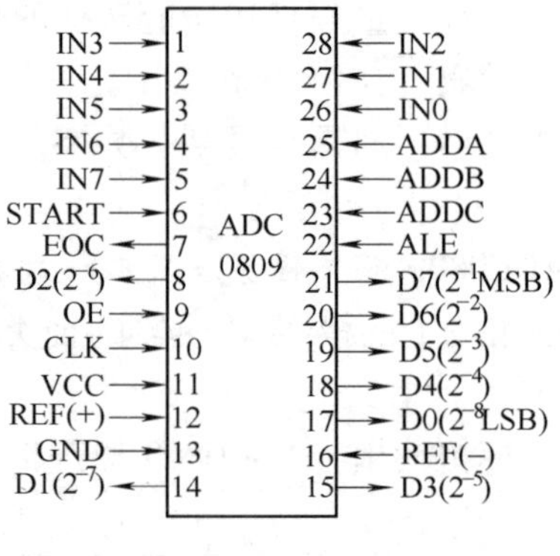

图 9-9 ADC0809 引脚图

通道的选择可以在进行转换前独立地进行，然而通常是把通道选择和启动转换结合起来完成，这样可以用一条输出指令既可选择模拟通道，又可启动转换。

ADC0809 的基准电压由 $V_{REF(+)}$ 和 $V_{REF(-)}$ 提供，$V_{REF(+)}$ 接基准电压的正极，$V_{REF(-)}$ 接基准电压的负极，$V_{REF(-)}$ 接地时作为 ADC 的模拟地。另外，V_{CC} 是电源电压，接 5V，GND 是数字地。

ADC0809 的模拟输入范围为 0 ~ 5.25V。基准电压 V_{REF} 根据 VCC 确定，典型值 $V_{REF(+)}$ = VCC、$V_{REF(-)}$ = 0，$V_{REF(+)}$ 不允许比 VCC 高，$V_{REF(-)}$ 也不允许比地电平低。

（2）数字输出　ADC0809 的转换过程由时钟脉冲 CLK 控制，它的频率范围为 10 ~ 1280kHz，典型值为 640kHz。

转换过程由 START 信号启动，它要求正脉冲有效，高脉冲宽度应不小于 200ns。START 信号的上升沿将内部逐次逼近寄存器复位，下降沿启动模-数转换。如果在转换过程中，

START 再次有效，则终止正在进行的转换，开始新的转换。

转换完成由结束信号 EOC 指示。该信号平时为高电平，在 START 信号上升沿之后的 2μs 加 8 个时钟周期之内（不定）变为低电平。转换结束，EOC 又变为低电平。这个状态信号可用做中断申请。

ADC0809 内部对转换后的数字量具有锁存能力，数字输出端 D0 ~ D7 具有三态功能，只有当输出允许信号 OE 为高电平有效时，才将三态锁存缓冲器的数字量 D0 ~ D7 输出。

对于 8 位模-数转换器，从输入模拟量 V_{IN}转换为数字输出量 N 的公式为

$$N = [V_{IN} - V_{REF(-)}] \times 2^8 / [V_{REF(+)} - V_{REF(-)}]$$

例如，基准电压 $V_{REF(+)} = 5V$，$V_{REF(-)} = 0$，输入模拟电压 $V_{IN} = 1.5V$，则

$$N = (1.5 - 0) \times 2^8 / (5 - 0) = 76.8 \approx 77 = 4DH$$

实际上，上述模-数转换公式同样适合于双极性输入电压。将 2^8 换成 2^N，就是 N 位 ADC 的转换公式。

(3) CPU 与 ADC0809 的连接

1) ADC0809 与 CPU 采用查询法的接口电路，如图 9-10 所示。

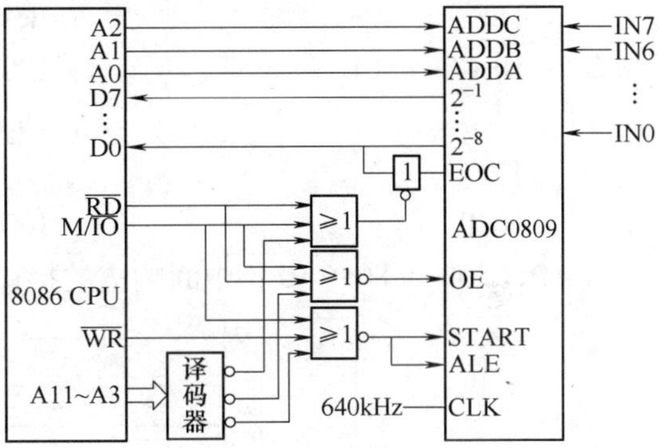

图 9-10　ADC0809 与 8086 CPU 的接口

假设仅对模拟通道 IN0 进行模-数转换，译码器输出的地址分别为 100H、101H、102H，转换结束信号 EOC 作为状态信号，经三态门接入数据总线 D0 位，采用查询方式的程序如下（对通道 0 采样一个点）：

```
;代码段
        MOV     DX，100H
        OUT     DX，AL          ；选通 IN0，启动模-数转换
        NOP                     ；延时 2μs 加 8 个时钟周期（不定）
        NOP                     ；可根据 CPU 的速度决定 NOP 的个数
        MOV     DX，101H
WT：    IN      AL，DX          ；输入 EOC 标志位
        TEST    AL，01H         ；测试状态
        JZ      WT              ；未结束，返回等待
        MOV     DX，102H
        IN      AL，DX          ；结束，把结果送入 AL 中
```

若对 IN0 ~ IN7 的 8 个通道的模拟量各采样 100 个点并转换成数字量，则可采用查询方式编写程序，编写的程序如下（伪指令省略）：

```
        MOV     BX，OFFSET WP   ；设置 BX 为数据存储指针
        MOV     CL，100         ；设置 CL 计数初值
NA：    MOV     DX，100H
P8：    OUT     DX，AL          ；选通一个通道，启动模-数转换
        NOP                     ；可根据 CPU 的速度决定 NOP 的个数
```

```
      MOV    DX, 101H
WT:   IN     AL, DX          ; 输入 EOC 标志位
      TEST   AL, 01H         ; 测试状态
      JZ     WT              ; 未结束，返回等待
      MOV    DX, 102H
      IN     AL, DX          ; 结束，把结果送入 AL 中
      MOV    [BX], AL        ; 存数
      INC    BX              ; 修改存储地址指针
      INC    DX              ; 修改模-数转换通道地址
      CMP    DX, 108H        ; 判断 8 个通道是否转换完
      JNZ    P8              ; 未完，返回启动新通道
      DEC    CL              ; 100 个点是否采样结束？未结束返回，再启
                             ; 动 IN0 通道
      JNZ    NA
      HLT                    ; 100 个点采样结束，暂停
```

2）ADC0809 与 8086 CPU 中断响应的接口电路如图 9-11 所示。

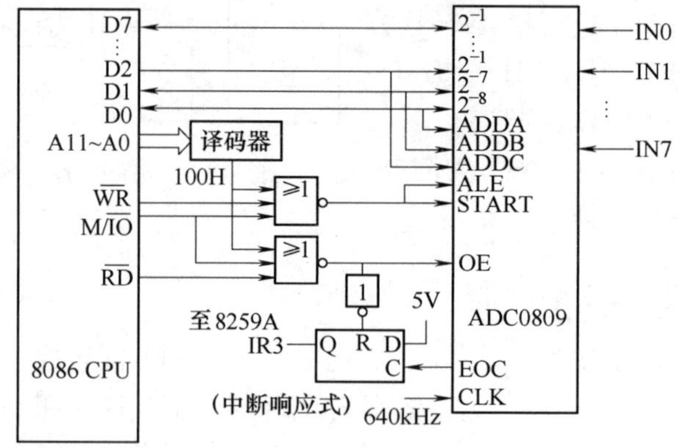

图 9-11 ADC0809 与 8086 CPU 中断响应的接口电路

在图 9-11 中，通道的地址 ADDA、ADDB、ADDC 分别接到数据总线的 D0、D1、D2 上。转换结束信号 EOC 通过 D 触发器经中断控制器 8259A 后，将中断请求信号送到 8086 CPU。

假设 ADC0809 端口地址为 100H，仅对模拟通道 IN3 进行模-数转换，采用中断响应的程序为：

```
      CLI                    ; 关中断
      MOV    AL, 03H
      MOV    DX, 100H
      OUT    DX, AL          ; 选通 IN3，并启动模-数转换
      NOP
      STI                    ; 开中断
       ⋮
```

而中断服务程序中用两条指令：

```
        MOV     DX, 100H
        IN      AL, DX              ; 读取转换结果的数字量
```

若对 IN0 ~ IN7 的 8 个通道的模拟量各采样 100 个点并转换成数字量，采用中断方式的程序如下（伪指令省略）：

```
        MOV     AL, 13H             ; 8259A 初始化，写入 ICW1：边沿触发，单片方式
        OUT     20H, AL             ; I/O 地址是 20H、21H
        MOV     AL, 70H             ; 写入 ICW2，IR0 的中断向量号为 70H
        OUT     21H, AL             ; 写入 ICW2 的 I/O 地址为 21H
        MOV     AL, 03H             ; 写入 ICW4：自动中断，普通全嵌套方式，非
                                    ; 缓冲方式
        OUT     21H, AL
        PUSH    DS
        MOV     AX, 0               ; 中断矢量表段基址
        MOV     DS, AX
        MOV     BX, OFFSET  XY      ; 分离中断服务程序偏移地址
        MOV     SI, SEG  XY         ; 分离中断服务程序段地址
        MOV     [01CCH], BX         ; 存放中断服务程序偏移地址
        MOV     [01CEH], SI         ; 存放中断服务程序段地址
        POP     DS                  ; 中断信号由 IR3 引入，73H×4 =01CCH
        MOV     CX, 100             ; 设置计数值
        MOV     DI, OFFSET WP       ; 设置数据缓冲区地址
        STI
PP:     MOV     BL, 00H             ; 设置通道初值
LL:     MOV     AL, BL
        MOV     DX, 100H
        OUT     DX, AL              ; 启动模-数转换
        HLT                         ; 等待中断
        INC     BL                  ; 修改通道
        CMP     BL, 08H             ; 8 个通道是否转换完?
        JNZ     LL                  ; 未完，返回启动新通道
        DEC     CX                  ; 100 个点是否转换完?
        JNZ     PP                  ; 未完，返回 0 通道
        HLT
        ; 中断服务程序
XY:     PUSH    AX                  保护寄存器数据
        STI                         ; 开中断
        MOV     DX, 100H
        IN      AL, DX              ; 从端口地址读入数据
        MOV     [DI], AL            ; 存数据
```

```
INC     DI
CLI                         ; 关中断
POP     AX                  ; AX 寄存器出栈
IRET                        ; 中断返回
```

4. 模-数转换器与微型计算机接口必须注意的问题

设计模-数转换器和微型计算机间的接口时，必须注意以下问题：

（1）模-数转换器的数字输出特性　模-数转换器与微处理器之间除了明显的电气相容性以外，对模-数转换器的数字输出必须考虑的关键两点是：转换结果数据应有模-数转换锁存、数据输出最好具有三态能力。这样，转换数据在外界控制下才能被送到数据总线上，从而使接口简化。

（2）ADC 与微型计算机间的时间配合　模-数转换器从接到启动命令到完成转换给出转换结果数据，需要一定的时间。通常，最快的 ADC 转换时间都比 CPU 的指令周期长。为了得到的正确转换结果，必须根据要求，解决好启动转换和读取数据这两种操作的时间配合问题，解决的方法通常有固定延时等待法、中断响应法、保持等待法、查询法和双重缓冲法等。

（3）模拟输入信号的连接　许多模-数转换器要求输入模拟量为 0～5V 标准电压信号，但其他器件有单极性和双极性输入两种工作方式，有时可根据模拟信号的性质选定。

（4）模-数转换器的启动方式　有的模-数转换器要求脉冲启动，有的要求电平启动，其中又有不同的极性要求。要求脉冲启动的往往是前沿用于复位模-数转换，后沿才用于启动转换。对要求电平启动的模-数转换器，在整个转换过程中，必须始终维持该电平，否则会使转换中途停止得出错误的转换结果。

（5）转换结束信号的处理　模-数转换器在转换结束时会输出转换结束信号，CPU 根据此信号读取转换后的数据。判断转换是否结束的方法大致有三种：中断方式、查询方式和软件延时方式。中断方式是指将转换结束信号接到 CPU 的中断申请端，作为中断申请信号，CPU 响应中断后在中断服务程序中读取数据，此方式适合于实时性强、多参数的系统；查询方式是指编写查询软件，使 CPU 不断查询模-数转换是否结束，一旦查到结束信号就读取数据，此方式简单，但占用 CPU 的机器时钟；软件延时方式是指根据完成转换所需要的时间，调用一段延时子程序，执行完后，模-数转换也结束，立即读取数据。

9.3　项目实战：模-数、数-模转换及其应用

【要求】　项目实战前，教师需指导学生对模-数、数-模转换器有一个整体认识，并指导学生对部分引脚功能和用法有较深的理解，指导学生编写相应的初始化程序，并尝试编写相应的转换程序；学生需配合教师熟练掌握部分引脚的功能和用法，并能根据要求搭建硬件电路，并设计简单的模-数、数-模转换程序。

一、项目实战所需器材

32 位微型计算机一台、微型计算机原理实验箱一台、万用表一台、示波器一台。

二、项目实战内容

编写程序，将 ADC 单元中提供的 0～10V 信号源作为 ADC0809 的模拟输入量，并将通

过转换所得到数字量显示在屏幕上，同时再通过 DAC0832 转换出来，形成输出波形，并对这两个波形进行比较。

三、项目实战及步骤

1. 设计出线路图并完成线路连接。
2. 根据 ADC0809、DAC0832 的控制功能和电路图编写程序。
3. 将源程序编译连接后运行，启动模-数转换、数-模转换。
4. 观察屏幕显示的转换结果并记录下来，观察输入端和输出端波形。

四、项目实战总结

1. 通过实训总结对比模-数转换和数-模转换。
2. 谈谈你对数字量和模拟量转换的理解。

9.4 项目决战：进一步理解模-数、数-模转换器的工作原理

【要求】 通过习题的练习，进一步加深对模-数、数-模转换相关知识的理解，并能熟练运用这些知识设计相应程序。习题可根据情况选做。

一、选择题

1. ADC 转换时间是指 ADC 完成一次转换所需要的时间，通常为（　　）级。

A. 毫秒　　B. 微秒　　C. 秒　　D. 纳秒

2. 设有一被测量温度的变化范围为 20 ~ 1200 ℃，要求测量误差不超过 ± 1℃，则选用模-数转换器的分辨率至少应该为（　　）。

A. 4 位　　B. 8 位　　C. 10 位　　D. 12 位

3. ADC0809 是一种（　　）的模-数转换器。

A. 8 位 8 通道　　B. 8 位 16 通道　　C. 16 位 8 通道　　D. 16 位 16 通道

二、简答题

1. 在模-数转换过程中，采样、保持电路有什么作用？在什么情况下可以不使用采样、保持电路？

2. 数-模、模-数转换器在微型计算机控制系统中起何作用？

3. 选择数-模、模-数转换器时的主要依据是什么？试上网查询一种能与微型计算机并行直接接口的 32 位数-模转换器，并下载其数据手册。

三、编程与应用题

1. 模-数转换器如图 9-12 所示，试说明该转换器的运行过程以及各信号的作用。

2. 编写用 ADC0832 转换器产生三角波的程序，电压变化范围为 0 ~ 10V。若要在 −5 ~ 5V 之间变化，要采用什么措施实现？

3. 设被测温度变化范围为 300 ~ 3000℃，如果要求误差不超过 ±1℃，应选用分辨率和精度都为多少位的模-数转换器？设模-数转换器的分辨率和精度的位数一样。

4. 试设计一个采用查询法并用数据线选择通道的 CPU 和 ADC0809 的接口电路，并编写程序使之把所采集的 8 个通道的数据送到给定的主存区。

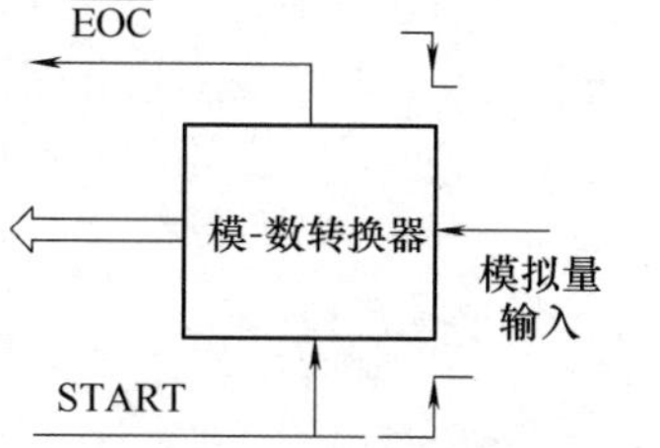

图 9-12 模-数转换器

9.5 项目挑战：了解模-数、数-模互相转换的相关知识

随着微型计算机应用范围的日益广泛，模-数和数-模转换器的使用也得到飞速的发展，这也促进了生产厂家针对市场不同需求生产不同类型和多种规格的转换器，同时也为用户选择提供了有利的条件。在选择转化器时需要考虑以下几个方面：

（1）精率　与系统中所测量的信号范围有关，但估算时要考虑到其他因素，转换器位数应该比总精度要求的最低分辨率高一位。

（2）速率　应根据信号的最高频率来确定，保证转换器的转换速率要高于系统要求的采样频率。

（3）接口方式　接口有并行/串行之分，串行又有 SPI、I^2C 等多种不同标准。数值编码通常是二进制码，但也有 BCD 码、双极性补码、偏移码等。

（4）模拟信号的类型　通常模-数转换的模拟信号都是电压信号，而数-模转换器输出的模拟信号有电压和电流两种。同时，根据信号是否过零，还分成单极性、双极性两种。

（5）通道　有的芯片含有多个模-数或数-模转换模块，可同时实现多路信号的转换。常见的多路模-数转换器只有一个公共的模-数转换模块，由一个多路转换开关实现分时转换。

（6）电源电压和基准电压　有的芯片可选用单电源或双电源，并且可有不同的电压范围，而有的芯片只能使用其中的一种，并且电源变换范围要求很小。基准电压有内外基准和单双基准之分。

当然，还有其他一些要求，如功耗、封装、满幅度输出等，所以选用芯片时，注意参数的选择对电路设计的成功与否至关重要。

附　　录

附录 A　期末模拟试题

说明：本试卷总分 100 分，时间 150min。

一、填空题（每空 1 分，共 10 分）

1. 8086 CPU 通过____________寄存器和____________寄存器能准确找到指令代码。

2. 类型码为____________的中断所对应的中断向量存放在 0000H：0058H 开始的 4 个连续单元中，若这 4 个单元的内容分别为____________，则相应的中断服务程序入口地址为 5060H：7080H。

3. 设 8251A 工作于异步方式，收发时钟频率为 38.4kHz，波特率为 2400baud。数据格式为 7 位数据位，1 位停止位，偶校验，则 8251A 的方式字为____________。

4. CPU 从 I/O 接口中的____________获取外设的“准备就绪”或“忙/闲”状态信息。

5. 8255A 工作于方式 1 输入时，通过____________信号表示端口已准备好向 CPU 输入数据。

6. 设 8254 的计数器用于对外部事件计数，计满 100 后输出一跳变信号，若按 BCD 方式计数，则写入计数初值的指令为“MOV AL，____________”和“OUT PORT，AL”。

7. DMA 控制器的传送方式有单字节传送方式、________、请求传送方式和________四种。

二、单项选择题（每小题 2 分，共 30 分）

8. 将微处理器、内存储器及 I/O 接口连接起来的总线是（　　）。

A. 片总线　　B. 外总线　　C. 系统总线　　D. 局部总线

9. 连续启动两次独立的存储器操作之间的最小间隔叫（　　）。

A. 存取时间　　B. 读周期　　C. 写周期　　D. 存取周期

10. 连接到 64000H ~ 6FFFFH 地址范围内的存储器是用 $2^{13}\times 8$ 位 RAM 芯片构成的，该芯片需要（　　）片。

A. 8　　B. 6　　C. 10　　D. 12 片

11. RESET 信号有效后，8086 CPU 执行的第一条指令地址为（　　）。

A. 00000H　　B. FFFFFH　　C. FFFF0H　　D. 0FFFFH

12. 要管理 64 级可屏蔽中断，需要级联的 8259A 芯片数为（　　）。

A. 4 片　　B. 8 片　　C. 10 片　　D. 9 片

13. 异步串行通信中，收发双方必须保持（　　）。

A. 收发时钟相同　　B. 停止位相同

C. 数据格式和波特率相同　　D. 以上都正确

14. 8254 作为定时器和计数器时（　　）。

A. 使用的计数方式相同　　B. 工作方式不同

C. 实质相同　　D. 输出定时信号不同

15. 对可编程接口芯片进行读/写操作的必要条件是（　　）

A. $\overline{RD}=0$　　B. $\overline{WR}=0$　　C. $\overline{RD}=0$ 或 $\overline{WR}=0$　　D. $\overline{CS}=0$

16. 在 DMA 方式下，CPU 与总线的关系是（　　）。

A. 只能控制地址总线　　B. 相互成隔离状态

C. 只能控制数据线　　D. 相互成短接状态

17. 当 8255A 工作在方式 1 输出时，通知外设将数据取走的信号是（　　）。

A. $\overline{ACK}$　　B. INTE　　C. $\overline{OBF}$　　D. IBF

18. 在数据传输率相同的情况下，同步传输率高于异步传输速率的原因是（　　）。

A. 附加的冗余信息量少　　B. 发生错误的概率小

C. 字符或字符组传送，间隔少　　D. 由于采用 CRC 循环码校验

19. 异步传送中，CPU 了解 8251A 是否接收好一个字符数据的方法是（　　）。

A. CPU 响应 8251A 的中断请求　　B. CPU 通过查询请求信号 RTS

C. CPU 通过程序查询 RXD 接收线状态　　D. CPU 通过程序查询 RXRDY 信号状态

20. 对存储器访问时，地址线有效和数据线有效的时间关系应该是（　　）。

A. 数据线较先有效　B. 二者同时有效　C. 地址线较先有效　D. 同时高电平

21. 8255A 引脚信号 $\overline{WR}=0$、$\overline{CS}=0$、A1 = 1、A0 = 1 时，表示（　　）。

A. CPU 向数据口写数据　　B. CPU 向控制口送控制字

C. CPU 读 8255A 控制口　　D. 无效操作

22. 8254 计数器的最大计数初值是（　　）

A. 65536　　B. FFFFH　　C. FFF0H　　D. 0000H

三、名词解释（每小题 2 分，共 10 分）

23. 总线周期

24. 物理地址

25. 波特率

26. 总线仲裁

27. 中断传送

四、简答题（每小题 5 分，共 10 分）

28. CPU 与外设间传送数据的控制方式有哪几种？各自的优缺点是什么？

29. 简述 8259A 配合 CPU 完成的主要任务，其内部中断服务寄存器的作用。

五、计算题（每小题 5 分，共 10 分）

30. 8254 的计数器 2 工作于方式 2，其计数时钟 CLK2 为 100kHz，输出信号 OUT2 作定时中断申请，定时间隔为 8ms，试计算其计数初值 N。

31. 一个具有 14 位地址 8 位数据线的存储器，能存储多少字节数据，若由 $2^{13}\times 4$ 位的芯片组成，共需多少芯片？

六、简单应用题（每小题 10 分，共 30 分）

32. 用 DAC0832 与 8086 CPU 直接相连设计一数-模转换电路，并编程使之产生呈负向增长的锯齿波，且锯齿波周期可调，DAC0832 的口地址为 300H。

33. 设 8251A 工作于异步方式，波特率为 2400baud，收发时钟频率为 153.6kHz，异步

数据格式为 7 位数据位、1 位停止位、偶校验，允许接收，允许发送，错误标志位复位，试编写 8251A 的初始化程序和以查询方式从 8251A 接收 100 个字符存入首地址为 3000H 的数据区的数据接收程序段。主要语句应加注释，8251A 口地址为 200H、201H。

34. 用 8255A 并行接口设计一个 4 ×4 键盘接口电路，并写出相关程序。

附录 B　80 ×86 常用指令表

表 B-1　指令符号说明

符号	说　明
r8	任意一个 8 位通用寄存器 AH、AL、BH、BL、CH、CL、DH、DL
r16	任意一个 16 位通用寄存器 AX、BX、CX、DX、SI、DI、BP、SP
r32	任意一个 32 位通用寄存器 EAX、EBX、ECX、EDX、ESI、EDI、EBP、ESP
reg	代表 r8、r16、r32
seg	段寄存器 CS、DS、SS、ES、FS、GS
m8	一个 8 位存储器操作数单元
m16	一个 16 位存储器操作数单元
m32	一个 32 位存储器操作数单元
mem	代表 m8、m16、m32
i8	一个 8 位立即数
i16	一个 16 位立即数
i32	一个 32 位立即数
imm	代表 i8、i16、i32
dest	目标操作数
src	源操作数
label	标号

表 B-2　指令汇编格式

指令类型	指令汇编格式	指令功能简介
传送命令	MOV reg/mem，imm MOV reg/mem/seg，seg MOV reg/seg，mem MOV reg/mem，seg	dest←src
交换指令	XCHG reg，reg/mem XCHG reg/mem，reg	reg↔reg/mem
转换指令	XLAT label XLAT	AL←［BX + AL］
堆栈指令	PUSH r16、32/m16、32/seg POP r16、32/m16、32/seg	寄存器/存储器入栈 寄存器/存储器出栈

（续）

指令类型	指令汇编格式	指令功能简介
标志传送	CLC STC CMC CLD STD CLI STI LAHF SAHF PUSHF POPF PUSHFD POPFD	CF←0 CF←1 CF←$\overline{CF}$ DF←0 DF←1 IF←0 IF←1 AH←FLAG 低字节 FLAG 低字节←AH 16 位标志寄存器 FLAGS 入栈 16 位标志寄存器 FLAGS 出栈 32 位标志寄存器 FLAGS 入栈 32 位标志寄存器 FLAGS 出栈
地址传送	LEA r16/r32，mem LDS r16/r32，mem LES r16/r32，mem	r16←16 位、32 位有效地址 DS：r16←32 位远指针；DS：r16←48 位远指针 ES：r16←32 位远指针；ES：r16←48 位远指针
输入	IN AL/AX/EAX，i8/DX	AL/AX/EAX←I/O 端口 i8/DX
输出	OUT i8/DX，AL/AX/EAX	I/O 端口 i8/DX←AL/AX/EAX
加法运算	ADD reg，imm/reg/mem ADD mem，imm/reg ADC reg，imm/reg/mem ADC mem，imm/reg INC reg/mem	dest←dest + src dest←dest + src + CF reg/mem←reg/mem + 1
减法运算	SUB reg，imm/reg/mem SUB mem，imm/reg SBB reg，imm/reg/mem SBB mem，imm/reg DEC reg/mem NEG reg/mem CMP reg，imm/reg/mem CMP mem，imm/reg	dest←dest − src dest←dest − src − CF reg/mem←reg/mem − 1 reg/mem←0 − reg/mem dest − src
乘法运算	MUL reg/mem IMUL reg/mem	无符号数值乘法 有符号数值乘法
除法运算	DIV reg/mem IDIV reg/mem	无符号数值除法 有符号数值除法
符号扩展	CBW CWD CDQ	把 AL 符号扩展为 AX 把 AX 符号扩展为 DX. AX 把 EAX 符号扩展为 EDX. EAX

（续）

指令类型	指令汇编格式	指令功能简介
十进制调整	DAA DAS AAA AAS AAM AAD	将 AL 中的加和调整为压缩 BCD 码 将 AL 中的减差调整为压缩 BCD 码 将 AL 中的加和调整为非压缩 BCD 码 将 AL 中的减差调整为非压缩 BCD 码 将 AX 中的乘积调整为非压缩 BCD 码 将 AX 中的非压缩 BCD 码扩展成二进制数
逻辑运算	AND reg，imm/reg/mem AND mem，imm/reg OR　reg，imm/reg/mem OR　mem，imm/reg XOR reg，imm/reg/mem XOR mem，imm/reg TEST reg，imm/reg/mem TEST mem，imm/reg NOT reg/mem	dest←dest AND src dest←dest OR src dest←dest XOR src dest AND src reg/mem←NOT reg/mem
移位	SAL reg/mem，1/CL SAR reg/mem，1/CL SHL reg/mem，1/CL RCR reg/mem，1/CL	算术左移 1/CL 指定的次数 算术右移 1/CL 指定的次数 与 SAL 相同 带进位循环右移 1/CL 指定的次数
串操作	MOVS [B/W] LODS [B/W] STOS [B/W] CMPS [B/W] SCAS [B/W] REP REPZ/REPE REPNZ/REPNE	串传送 串读取 串存储 串比较 串扫描 重复前缀 相等重复前缀 不等重复前缀
控制转移	JMP label JMP r16、32/m16、32 Jcc label	无条件直接转移 无条件间接转移 条件转移
循环	LOOP label LOOPZ/LOOPE label LOOPNZ/LOOPNE label JCXZ labe	(E)CX←(E)CX－1，若(E)CX≠0，循环 (E)CX←(E)CX－1，若(E)CX≠0 且 ZF＝1，循环 (E)CX←(E)CX－1，若(E)CX≠0 且 ZF＝0，循环 (E)CX＝0，循环
子程序	CALL label CALL r16、32/m16、32 RET RET i16	直接调用 间接调用 无参数返回 有参数返回

（续）

指令类型	指令汇编格式	指令功能简介
中断	INT i8 IRET INTO	中断调用 中断返回 溢出中断调用
处理器控制	NOP SEG HLT LOCK WAIT ESC i8，reg/mem	空操作指令 段超越前缀 停机指令 封锁前缀 等待指令 交给浮点处理器的浮点指令

表 B-3　状态符号说明

符号	说　明
-	标志位不受影响（没有改变）
0	标志位复位（置 0）
1	标志位置位（置 1）
×	标志位按定义功能改变
#	标志位按指令的特定说明改变（使用情况参见项目二、三相关指令说明）
u	标志位不确定（可能为 0，也可能为 1）

表 B-4　指令对状态标志位的影响（未列出的指令不影响标志位）

指令	OF	SF	ZF	AF	PF	CF
SAHF	-	#	#	#	#	#
POPF/IRET	#	#	#	#	#	#
ADD/ADC/SUB/SBB/CMP/NEG/CMPS/SCAS	×	×	×	×	×	×
INC/DEC	×	×	×	×	×	—
MUL/IMUL	#	u	u	u	u	#
DIV/IDIV	u	u	u	u	u	u
DAA/DAS	u	×	×	×	×	×
AAA/AAS	u	u	u	×	u	×
AAM/AAD	u	×	×	u	×	u
AND/OR/XOR/TEST	0	×	×	u	×	0
SAL/SAR/SHL/SHR	#	×	×	u	×	#
ROL/ROR/RCL/RCR	#	—	—	—	—	#
CLC/STC/CMC	—	—	—	—	—	#

附录 C　汇编语言的开发方法

源程序的开发过程都需要经过编辑、编译、连接等步骤。本书源程序的命令行开发方法只需要以下几个文件：

1）汇编语言程序，MASM 5. ×是 MASM. EXE，MASM 6. ×是 ML. EXE 和 ML. ERR，如果在纯 DOS 环境还需要 DOSXNT. EXE。

2）连接程序 LINK. EXE。

3）库管理程序 LIB. EXE（如果不创建子程序库，此文件也不需要）。

当然还需要一个文本编辑器 EDIT. COM（若在 Windwos 下，可用记事本编写成文本文件）和调试程序 DEBUG. COM。

C.1 源程序的编辑

编辑是形成源程序文件（. ASM）的过程，它需要文本编辑器。例如，DOS 中的全屏幕文本编辑器 EDIT，或读者已经熟悉的其他程序开发工具中的编辑环境（如 Turbo C），也可以采用 MASM 程序员工作平台 PWB 中的编辑环境，以及其他程序员开发的中文集成环境。

C.2 源程序的汇编

汇编是将源程序文件翻译为由机器代码组成的目标模块文件（. OBJ）的过程，它需要借助汇编语言程序来实现。

1. MASM 5. ×汇编的命令

MASM 5. ×汇编的命令格式：

MASM ［/参数］源程序文件名［模块文件名 . OBJ，列表文件名 . LST，交叉文件名 . CRF］［；］

MASM 5. ×汇编的常用命令：

MASM 源程序文件名 . ASM

2. MASM 6. ×汇编的命令

MASM 6. ×汇编的命令格式：

ML ［/参数选项］源程序文件列表［/LINK 连接参数选项］

MASM 6. ×汇编的常用命令：

ML/c 源程序文件名 . ASM

如果源程序文件中没有语法错误，MASM 将生成一个目标模块文件，否则 MASM 将给出相应的错误信息。MASM 6. ×仅实现源程序的汇编，参数“/c”（小写）必不可少。

3. MASM 6. ×汇编和连接依次进行的常用命令

MASM 6. ×汇编和连接依次进行的常用命令（不带“/c”参数）：

ML 源程序文件名 . ASM

ML. EXE 程序的常用参数选项如下（注意参数的大小写）：

/c——只汇编源程序，不进行自动连接（这里是小写的字母 c）；

/Fl 文件名——创建一个汇编列表文件（扩展名为 . LST），若无文件名则与源程序文件名相同；

/Fo 文件名——根据指定的文件名生成模块文件，而不是采用默认名；

/Fe 文件名——根据指定的文件名生成可执行文件，而不是采用默认名；

/Fm 文件名——创建一个连续映像文件（扩展名为 . MAP），若无文件名则默认文件名；

列表文件是一种文本文件，含有源程序和目标代码，可用 DOS 命令 TYPE 查看。

C.3 目标文件的连接

连接是把一个或多个目标文件和库文件中的有关模块合成一个可执行文件的过程，需要利用连接程序 LINK. EXE。连接程序的一般格式：

LINK [/参数] 文件列表 . OBJ [文件名 . EXE，文件名 . MAP，库文件名 . LIB] [;]

连接程序的常用命令：

LINK 文件名 . OBJ

如果没有严重错误，连接程序将生成一个可执行文件，否则将提示相应的错误信息。

连接程序可以将多个模块文件连接起来，多个模块文件之间的连接用“+”分隔。给出 EXE 文件名就可以替代与第一个模块文件名相同的默认名；给出 MAP 文件名将创建连续映像文件（. MAP）。库文件（. LIB）是指连接程序需要的子程序库等，通常可以没有。[ ] 内的文件名是可选的，如果没有给出，则连接程序还将提示，通常用回车表示接受默认名。为避免频繁的键盘操作，可以用一个分号“;”表示采用默认名，连接程序就不再提示键入内容。

C.4 可执行程序的调试

经汇编、连接生成的可执行程序在操作系统下只要输入文件名就可以运行：

文件名 ↙

操作系统装载该文件进入主存，开始运行。如果出现运行错误，可以从源程序开始排错，也可以利用调试程序帮助发现错误。可选用 DEBUG. EXE 来调试程序：

DEBUG 文件名 . EXE

然后，采用 U 命令反汇编语言程序静态观察，或者采用 T、P 或 G 命令动态观察。

C.4.1 DEBUG 程序的调用

在 DOS 提示符下，可键入 DEBUG 启动调试程序：

DEBUG [盘符] [路径] [文件名] [. 扩展名]

DEBUG 后可以不带文件名，仅运行 DEBUG 程序；需要时，再用 N 和 L 命令调入被调试程序。命令中可以带有被调试程序的文件名，运行 DEBUG 的同时，还将指定的程序调入主存。

在 DEBUG 程序调入后，根据有无被调试程序及其类型相应设置寄存器组的内容，发出 DEBUG 的提示符“—”，此时就可用 DEBUG 命令来调试程序。

注意：

1）运行 DEBUG 程序时，如果不带被调试程序，则所有段寄存器值相等，都指向当前可用的主存段；除 SP 之外的通用寄存器都设置为 0，而 SP 指向这个段的尾部指示当前堆栈顶；IP =0100H；状态标志位都是清 0 状态。

2）运行 DEBUG 程序时，如果带入的被调试程序扩展名不是 EXE，则 BX 和 CX 包含被调试文件大小的字节数（BX 为高 16 位），其他与不带被调试程序的情况相同。

3）运行 DEBUG 程序时，如果带入的被调试程序扩展名是 EXE，则需要重新定位。此时，CS：（E）IP 和 SS：（E）SP 根据被调试程序确定，分别指向代码段和堆栈段。DS = ES 指向当前可用的主存段，BX 和 CX 包含被调试文件大小的字节数（BX 为高 16 位），其他通用寄存器为 0，状态标志位都是清 0 状态。

C.4.2 DEBUG 命令的格式

DEBUG 的命令都是一个字母，后跟一个或多个参数：字母 ［参数］。

注意：

1）字母不分大小写。

2）只使用十六进制数，没有后缀字母。

3）分隔符（空格或逗号）只在两个数值之间是必需的，命令和参数间可无分隔符。

4）每个命令只有按了回车键后才有效，可以用〈Ctrl + Break〉中止命令的执行。

5）命令如果不符合 DEBUG 的规则，则将以“error”提示，并用“^”提示错误位置。

6）许多命令的参数是主存逻辑地址，形式是“段基址：偏移地址”。其中，段基址可以是段寄存器或数值；偏移地址是数值。如果不输入段基址，则采用默认值，可以是默认段寄存器值。如果没有提供偏移地址，则通常就是当前偏移地址。

7）对主存操作的命令还支持地址范围这种参数，其形式是“起始地址 结束地址”（结束地址不能具有段基址），或者是“开始地址 L 字节长度”。

C.4.3 DEBUG 的命令

下面是常见 DEBUG 命令的使用方法，“—”表示进入 DEBUG 状态的提示符。

1. 显示主存命令 D

D 命令显示主存单元的内容，其格式如下（注意分号后的部分用于解释命令功能，不是命令本身，下同）：

—D ［地址］ ；显示当前或指定开始地址的主存内容

—D ［范围］ ；显示指定范围的主存内容

说明：显示内容的左边部分是主存逻辑地址，中间是连续 16 个字节的主存内容（十六进制数，以字节为单位），右边部分是这 16 个字节内容的 ASCII 码字符显示，不可显示字符用点“.”表示。一个 D 命令仅显示“8 行 ×16 个字节”（80 列显示模式）内容。

2. 修改主存单元命令 E

E 命令用于修改主存内容，它有两种格式：

—E ［地址］ ；格式 1，修改指定地址的内容

—E ［地址］［数据表］ ；格式 2，用数据表的数据修改指定地址的内容

说明：格式 1 是逐个单元相继修改的方法。例如，键入“E DS：200”，DEBUG 显示原来内容，用户可以直接输入新数据，然后按空格键显示下一个单元的内容，或者按“—”键显示上一个单元的内容。不需要修改就可以直接按空格键或“—”键，这样，用户可以不断修改相继单元的内容，直到用回车键结束该命令为止。格式 2 可以一次修改多个单元。

3. 填充命令 F

F 命令用于对一个主存区域填写内容，同时改写原来的内容，其格式是：

—F ［范围］［数据表］

说明：该命令将数据表的数据写入指定范围的主存。如果数据个数超过指定的范围，则忽略多出的项；如果数据个数小于指定的范围，则重复使用这些数据，直到填满指定范围。

4. 寄存器命令 R

R 命令用于显示和修改寄存器，有三种格式。

格式 1：—R　　；显示所有寄存器内容和标志位状态

说明：显示内容中，前两行给出所有寄存器的值，包括各个标志位状态。最后一行给出了当前 CS：(E) IP 处的命令，如果涉及存储器操作数，这一行的最后还给出相应单元的内容。

格式 2：—R 寄存器名　　；显示和修改指定寄存器

说明：例如，键入“R AX”，DEBUG 给出当前 AX 内容，冒号后用于输入新数据，如不修改则按“Enter”键。

格式 3：—RF　　　　；显示和修改标志位

说明：DEBUG 将显示当前各个标志位的状态。显示的符号及其状态见表 C-1，用户只要输入这些符号就可以修改对应的标志状态，键入的顺序可以任意。

表 C-1　显示的符号及其状态

标志位	置位符号	复位符号
溢出标志位 OF	OV	NV
方向标志位 DF	DN	UP
中断标志位 IF	EI	DI
符号标志位 SF	NG	PL
零位标志位 ZF	ZR	NZ
辅助标志位 AF	AC	NA
奇偶标志位 PF	PE	PO
进位标志位 CF	CY	NC

5. 汇编命令 A

A 命令用于将后续输入的汇编语言指令翻译成指令代码，其格式如下：

—A　[地址]　　；从指定地址开始汇编命令

说明：A 命令中如果没有指定地址，则接着上一个 A 命令的最后一个单元开始；若还没有使用过 A 命令，则从当前 CS：IP 开始。输入 A 命令后，就可以输入汇编指令，DEBUG 将它们汇编成机器代码，相继存放在指定地址开始的存储区中，按“Enter”键结束 A 命令。

注意：

1）所有输入的数值都是十六进制数。

2）段超越指令需要在相应指令前，单独一行输入。

3）段间（远）返回的助记符要使用 RETF。

4）A 命令也支持最常用的两个伪指令 DB 和 DW。

6. 反汇编命令 U

U 命令将指定地址的内容翻译成汇编语言指令形式，这种方式称为反汇编。

—U　[地址]　　；格式 1，从指定地址开始，将地址内容翻译成汇编语言指令

—U　范围　　　　；格式2，对指定范围的主存内容进行反汇编

说明：U命令中如果没有指定地址，则接着上一个U命令的最后一个单元开始；若还没有使用过U命令，则从当前CS：IP开始执行。显示内容的左边是主存逻辑地址，中间是该指令的机器代码，右边是对应的指令汇编语言指令格式。

7. 运行命令G

G命令执行指定地址的指令，直到遇到断点或程序结束返回操作系统，格式如下：

—G　[=地址][断点地址1，断点地址2，……，断点地址10]

说明：G命令等号后的地址是程序段的起始地址，如不指定，则从当前的CS：(E) IP开始执行。断点地址如果只有偏移地址，则默认是代码段CS；断点可以没有，但最多只有10个。

G命令输入后，遇到断点（实际上就是断点中断指令INT 3），停止执行，并显示当前所有寄存器和标志位的内容以及下一条将要执行的指令（显示内容同R命令），以便观察程序运行到此的情况。

注意：G、T和P命令要用"="指定开始地址，如果未指定，则从当前的CS：(E) IP开始执行，并要指向正确的指令代码序列，否则会出现不可预测的结果，例如死机。

8. 跟踪命令T

T命令从指定地址起执行一条或数值参数指定条数的指令后停下来，格式如下：

—T　[=地址]　　　　；格式1，逐条指令跟踪

—T　[=地址][数值]　　；格式2，多条指令跟踪

说明：T命令执行每条指令后都要显示所有寄存器和标志位的值以及下一条指令。

T命令提供了一种逐条指令运行程序的方法，因此也常被称为单步命令。实际上T命令利用了处理器的单步中断，使用户可以细致地观察程序的执行情况。T命令逐条指令执行程序，遇到子程序调用指令（CALL）或中断调用指令（INT n）也不例外，也会进入到子程序或中断服务程序当中执行。

9. 继续命令P

P命令的格式如下：

—P　[=地址][数值]

说明：P命令类似T命令，只是不会进入子程序或中断服务程序中。当不需要调试子程序或中断服务程序时（例如运行带有功能调用的指令序列），要用P命令，而不是T命令。

10. 退出命令Q

Q命令使DEBUG程序退出，返回DOS状态。Q命令无保存功能，可使用W命令保存。Q命令的格式如下：

—Q

11. 命名命令N

N命令的格式如下：

—N　文件标识符1［，文件标识符2］

说明：N命令把一个或两个文件标识符存入DEBUG的文件控制块FCB中，以便在其后用L或W命令把文件导入或保存。文件标识符就是包含路径的文件全名。

12. 装入命令L

格式1：—L [地址] ；装入由N命令指定的文件

说明：格式1的L命令装载一个文件（由N命令命名）到给定的主存地址处。如未指定地址，则装入CS：100H开始的存储区。对于COM和EXE文件，则一定装入CS：100H位置处。

格式2：—L 地址 驱动器 扇区号 扇区数；装入指定磁盘扇区范围的内容

说明：格式2的L命令装载磁盘的若干扇区（最多80H）到给定的主存地址处，默认段地址是CS。其中，0表示A盘，1表示B盘，2表示C盘，……。

13. 写盘命令W

格式1：—W [地址] ；将由N命令指定的文件写入磁盘

说明：将指定开始地址的数据写入一个文件（由N命令命名），如未指定地址，则从CS：100H开始。要写入文件的字节数应先放入BX（高字）和CX（低字）中。如果采用这个W命令保存可执行程序，扩展名应是COM，它不能写入具有EXE和HEX扩展名的文件。

格式2：—W 地址 驱动器 扇区号 扇区数 ；把数据写入指定磁盘扇区范围

说明：将指定地址的数据写入磁盘的若干扇区（最多80H）；如果没有给出段地址，则默认是CS，其他说明同L命令。由于格式2的W命令直接对磁盘写入，没有经过DOS文件系统管理，所以一定要小心，否则可能无法利用DOS文件系统读写。

14. 其他命令

DEBUG还有一些命令，简单罗列如下：

（1）比较命令C

格式：—C 范围 地址 ；将指定范围的内容与指定地址的内容比较

（2）十六进制数计算命令H（Hex）

格式：—H 数字1，数字2 ；同时计算两个十六进制数字的和与差

（3）输入命令I

格式：—I 端口地址 ；从指定I/O端口输入一个字节，并显示

（4）输出命令O

格式：—O 端口地址 字节数据；将数据输出到指定的I/O端口

（5）传送命令M

格式：—M 范围 地址 ；将指定范围的内容传送到指定地址处

（6）查找命令S

格式：—S 范围 数据 ；在指定范围内查找指定的数据

C.5 子程序库

库管理工具程序LIB. EXE帮助创建、组织和维护子程序模块库，例如增加、删除、替换、合并库文件等。

子程序文件编写完成后，仅进行汇编形成目标文件；然后利用库管理工具程序，把子程序目标模块逐一加入到库中。加入库文件的常用命令如下：

LIB 库文件名 + 子程序目标文件名

使用库文件中的子程序模块的方法，是在连接程序提示输入库文件名时（Libraries [. lib]：），输入库文件名。

C.6 汇编语言的帮助使用

DOS 的可执行程序通常都可以采用“程序名/?”或“程序名/help”，得到该程序的命令行使用的简要说明，汇编语言开发工具也同样适用，如 MASM/?、ML/?。

参 考 文 献

［1］ James S Evans. 安腾体系结构：理解 64 位处理器和 EPIC 原理［M］. 蒋敬旗，李华伟，尹志刚，等译. 北京：清华大学出版社，2005.

［2］ 伯瑞. Intel 微处理器结构、编程与接口［M］. 6 版. 金惠华，等译. 北京：电子工业出版社，2004.